高分子の架橋・分解技術
―グリーンケミストリーへの取組み―
Crosslinking and Degradation of Polymers

監修：角岡正弘，白井正充

シーエムシー出版

はじめに

　高分子材料は現代の日常生活ではプラスチック，フイルム，繊維，ゴムあるいは塗料など汎用材料として広く利用されているだけでなく，一見しただけではよく分からないが，その他にも機能性材料として広く利用されている。そのような高分子材料のもつ特長を生かして活用するために，高分子の架橋は重要な役割を果たしてきた。例えば，熱硬化性樹脂，ゴムの加硫あるいはエポキシ樹脂などでの架橋反応がそのよい例で，その役割は大きい。これまでの架橋はどちらかというと機械的性質の発現の立場からの利用が多かったが，現在では機能性材料開発の立場から架橋反応の利用も活発になってきている。

　一方，現在利用されている合成高分子は微生物で分解しないことが利点として広く利用されてきたが，現在のように使用量があまりに多くなるとどのように処理するかが問題となり，再利用や分解性プラスチックが現代的課題となって久しい。特に，架橋した高分子材料をどのようにリサイクルするか，分解するかは重要な課題である。

　以上の観点から本書では，高分子の特長をどのように活用するかという観点から高分子の架橋と分解について話題と動向をまとめた。基礎的な立場から高分子の架橋や分解について現代的な理解を図ること，応用面では現在広く利用されている熱的な架橋反応の利用の立場から熱硬化性樹脂，エラストマー，エポキシ樹脂あるいは高分子ゲルなどについて最近の進歩を含めた動向について，さらに，光や電子線・放射線を用いた架橋反応の利用についてUV硬化システムあるいは微細加工システムの最近の話題と動向について執筆していただいた。

　また，架橋した高分子もいずれは分解するか再利用は不可欠であるとの立場から，プラスチックの分解から再利用，さらには分解反応を利用する機能性材料の合成についても原稿をお願いした。

　今年から国立大学の法人化が始まり，産官学の協力体制は一段と高められると思われる。新しい研究テーマの開発とその実用化に本書が役に立つことを願っている。

2004年6月

大坂府立大学名誉教授　　角岡正弘

普及版の刊行にあたって

本書は2004年に『高分子の架橋と分解―環境保全を目指して―』として刊行されました。普及版の刊行にあたり，内容は当時のままであり加筆・訂正などの手は加えておりませんので，ご了承ください。

2009年5月

シーエムシー出版　編集部

執筆者一覧（執筆順）

松本　　　昭	(現)関西大学　化学生命工学部　化学・物質工学科　教授
白井　正充	大阪府立大学大学院　工学研究科　応用化学分野　教授
石倉　慎一	(元)日本ペイント㈱　R＆D本部　参与
合屋　文明	(現)㈱東レリサーチセンター　有機分析化学研究部　主任研究員
岡村　晴之	(現)大阪府立大学大学院　工学研究科　応用化学分野　助教
伊藤　耕三	東京大学大学院　新領域創成科学研究科　教授
浦上　　忠	(現)関西大学　化学生命工学部　化学・物質工学科　教授
宮田　隆志	関西大学　工学部　助教授 (現)関西大学　化学生命工学部　化学・物質工学科　教授
松本　明博	(現)大阪市立工業研究所　有機材料研究部　熱硬化性樹脂研究室　室長
越智　光一	(現)関西大学　化学生命工学部　教授
原田美由紀	(現)関西大学　化学生命工学部　助教
池田　裕子	京都工芸繊維大学　工芸学部　物質工学科　助手
穴澤　孝典	㈶川村理化学研究所　高分子化学研究室　室長
角岡　正弘	(現)大阪府立大学名誉教授
林　　宣也	(現)三菱重工業㈱　名古屋航空宇宙システム製作所　研究部　複合材・化学研究課　主任
陶山　寛志	大阪府立大学大学院　工学研究科　応用化学分野　講師

大 城 戸 正 治	（現）ケーエスエム㈱　研究部　研究本部長	
市 村 國 宏	東邦大学　理学部　先進フォトポリマー研究部門　特任教授	
青 木 健 一	（現）東邦大学　理学部　先進フォトポリマー研究部門 特任講師	
松 川 公 洋	（現）大阪市立工業研究所　電子材料研究部　研究主幹	
川 月 喜 弘	（現）兵庫県立大学大学院　工学研究科　教授	
小 野 浩 司	（現）長岡技術科学大学　電気系　教授	
木 下　　忍	岩崎電気㈱　光応用事業部　光応用営業部　技術グループ 次長兼技術グループ長 （現）岩崎電気㈱　技術研究所　所長	
鷲 尾 方 一	早稲田大学　理工学総合研究センター　教授	
関　　修 平	（現）大阪大学大学院　工学研究科　応用化学専攻　准教授	
佐 藤 芳 樹	金沢大学大学院　自然科学研究科　物質工学専攻　教授	
後 藤 敏 晴	（現）日立電線㈱　技術研究所　課長代理	
澤 口 孝 志	日本大学　理工学部　物質応用化学科　教授	
舩 岡 正 光	（現）三重大学大学院　生物資源学研究科　教授	
永 松 ゆ き こ	三重大学　舩岡研究室　科学技術振興機構（JST） CREST研究員	
友 井 正 男	（現）横浜国立大学名誉教授	

執筆者の所属表記は，注記以外は2004年当時のものを使用しております。

目 次

＜第1編　高分子の架橋と分解の基礎と応用＞

第1章　高分子の架橋と分解

1　架橋反応の理論……………松本　昭… 3
　1.1　はじめに …………………………… 3
　1.2　ゲル化理論の展開 ………………… 4
　1.3　ゲル化理論のジビニル架橋重合系
　　　への応用 …………………………… 5
　1.4　架橋樹脂の（不）均質性 ………… 7
2　架橋反応の分類……………白井正充… 10
　2.1　はじめに …………………………… 10
　2.2　架橋体の分類 ……………………… 10
　　2.2.1　官能基を有する高分子から得ら
　　　　　れる架橋体 …………………… 10
　　2.2.2　官能基を有する高分子と架橋剤の
　　　　　ブレンド系から得られる架橋体 …… 10
　　2.2.3　多官能性モノマーおよびオリゴマー
　　　　　から得られる架橋体 ………… 11
　2.3　架橋反応の分類 …………………… 11
　　2.3.1　熱架橋系 …………………… 11
　　2.3.2　光架橋系 …………………… 12
　　①光で直接架橋するタイプ ………… 12
　　②感光剤が架橋剤として働くタイプ … 12

　　③光ラジカル発生を利用するタイプ … 12
　　④光酸発生を利用するタイプ ……… 12
　　⑤光アミン発生を利用するタイプ … 13
　2.4　おわりに …………………………… 13
3　分解反応の理論……………白井正充… 14
　3.1　はじめに …………………………… 14
　3.2　分解反応の理論 …………………… 14
　　3.2.1　ランダム分解反応 ………… 14
　　3.2.2　解重合型連鎖分解 ………… 15
　　3.2.3　架橋が併発する分解反応 … 16
　3.3　おわりに …………………………… 16
4　分解反応の分類……………白井正充… 18
　4.1　はじめに …………………………… 18
　4.2　連鎖型分解反応 …………………… 18
　　4.2.1　光による連鎖型分解反応 … 18
　　4.2.2　熱による連鎖型分解反応 … 18
　4.3　非連鎖型分解反応 ………………… 20
　　4.3.1　光による非連鎖型分解反応 … 20
　　4.3.2　熱による非連鎖型分解反応 … 22
　4.4　おわりに …………………………… 22

I

第2章 架橋剤と架橋反応　　石倉慎一

1　はじめに …………………………… 23
2　常温または加熱による架橋反応 …… 23
　2.1　フェノール樹脂 ………………… 23
　2.2　エポキシ樹脂 …………………… 24
　　2.2.1　アミンとの反応 …………… 25
　　2.2.2　酸触媒 ……………………… 25
　　2.2.3　カルボン酸との反応 ……… 25
　　2.2.4　カルボン酸無水物との反応 … 26
　　2.2.5　ジシアンジアミド（DICY）
　　　　　との反応 …………………… 26
　　2.2.6　ケチミンとの反応 ………… 26
　2.3　アミノ樹脂 ……………………… 26
　2.4　イソシアナート ………………… 28
　　2.4.1　水との反応 ………………… 28
　　2.4.2　水酸基含有樹脂との反応 … 29
　　2.4.3　アミン …………………… 29
　　2.4.4　環化三量化 ………………… 29
　　2.4.5　ブロックイソシアナート … 29
　2.5　架橋剤と組み合わせる高分子化合物 … 30
　　2.5.1　不飽和ポリエステル樹脂 … 30
　　2.5.2　アルキド樹脂 ……………… 31
　　2.5.3　シリコーン樹脂 …………… 31
　　2.5.4　アクリル樹脂 ……………… 32
　　（1）　水酸基官能性アクリル樹脂 …… 33
　　（2）　カルボキシル官能性アクリル樹脂 … 33
　　（3）　アミド官能性共重合体 ………… 33
　　（4）　その他 …………………… 33
　　2.5.5　ポリエステル樹脂，ウレタン
　　　　　樹脂 ………………………… 34
　　2.5.6　側鎖や主鎖に二重結合を持つ
　　　　　高分子化合物 ……………… 34
3　キレート化剤 ……………………… 35
4　光反応による架橋反応 …………… 35
　4.1　光ラジカル重合 ………………… 37
　4.2　光カチオン重合 ………………… 38
　4.3　光架橋反応 ……………………… 39

第3章 架橋剤および架橋構造の解析　　合屋文明

1　架橋剤各種の分離と定性・定量 …… 42
　1.1　紫外線硬化樹脂 ………………… 42
　　1.1.1　光重合開始剤 ……………… 42
　　1.1.2　多官能モノマー …………… 44
　1.2　フォトレジスト用感光剤 ……… 44
　1.3　化学増幅型レジスト光酸発生剤 … 45
　1.4　エポキシ硬化剤 ………………… 49
　1.5　シランカップリング剤 ………… 50
2　架橋構造の評価 …………………… 51
　2.1　粘弾性法による架橋点間分子量 … 51
　2.2　FT-IRによる劣化架橋構造の評価 … 52
　　2.2.1　シリコーンゴム …………… 52
　　2.2.2　フォトレジスト …………… 52
　　2.2.3　ポリイミド ………………… 53
　　2.2.4　エポキシ樹脂 ……………… 53
　2.3　NMRによる架橋構造の評価 …… 54

2.3.1	固体 ^{29}Si-NMRによる評価 …	54	2.4.1 プラレンズの分析 ……………	58
2.3.2	溶液 ^{29}Si-NMR ………………	57	2.4.2 エポキシ樹脂の分析 ………	60
2.3.3	ゲル状ポリマーの ^{1}H-NMR…	58	2.4.3 紫外線硬化樹脂の分析 ……	61
2.4	熱分解GC/MSによる評価 ……	58	3 まとめ ………………………………	62

第4章　架橋と分解性を利用する機能性高分子の合成　　岡村晴之，白井正充

1　はじめに ……………………………… 63
2　可逆的架橋・分解反応性を有する機能性高分子 ……………………………… 63
3　不可逆的架橋・分解反応性を有する高分子 ……………………………… 64
　3.1　熱架橋・熱分解系 ……………… 64
　3.2　熱架橋・光誘起熱分解系 ……… 66
　3.3　熱架橋・試薬による分解系 …… 67
　3.4　光架橋・熱分解系 ……………… 70
　3.5　光架橋・試薬による分解系 …… 73
4　おわりに ……………………………… 74

＜第2編　架橋および分解を利用する機能性材料開発の最近の動向＞

第5章　熱を利用した架橋反応

1　高吸水性高分子ゲルの開発…伊藤耕三… 79
　1.1　はじめに ……………………… 79
　1.2　ゲルの膨潤理論 ……………… 80
　　1.2.1　Flory-Rhener理論 ………… 80
　　1.2.2　田中理論 …………………… 82
　1.3　環動ゲル ……………………… 82
　　1.3.1　環動ゲルとは ……………… 82
　　1.3.2　環動ゲルの作成法 ………… 83
　　1.3.3　環動ゲルの応用 …………… 85
　1.4　おわりに ……………………… 86
2　分子認識高子ゲルの開発
　　………………浦上　忠，宮田隆志… 88
　2.1　はじめに ……………………… 88
　2.2　抗原-抗体高分子ゲル ………… 89
　　2.2.1　抗原応答性高分子ゲルの調製… 89
　　2.2.2　抗原応答性高分子ゲルの膨潤特性 ……………………… 90
　2.3　抗原-抗体semi-IPNヒドロゲル … 93
　　2.3.1　抗原-抗体semi-IPNヒドロゲルの調製 ………………… 93
　　2.3.2　抗原-抗体semi-IPNヒドロゲルの可逆応答性 …………… 94
　2.4　抗原応答性高分子ゲル膜の物質透過制御 …………………………… 97
　2.5　分子インプリント高分子ゲル … 98
　　2.5.1　分子インプリント法により生体分子をインプリントした高分子ゲルの調製 ……… 98

2.5.2 生体分子インプリント高分子
　　　ゲルの特性……………………99
2.5.3 内分泌攪乱物質をインプリ
　　　ントした高分子ゲルの調製…101
2.5.4 内分泌攪乱物質インプリント
　　　高分子ゲルの特性……………102
2.6 おわりに ………………………… 104
3 フェノール樹脂の最近の動向
　………………………**松本明博**…107
3.1 はじめに …………………………107
3.2 靭性の向上 ………………………107
　3.2.1 ゴム成分やエラストマー成分
　　　を添加する方法 ………………108
　3.2.2 核間結合距離を長くする方法 …108
　3.2.3 弾性率が低い熱可塑性樹脂に
　　　よる変性 ………………………108
　3.2.4 ナノコンポジット ………………109
　(1)ゾルーゲル法によるコンポジット……109
　(2)層間重合法（インターカレーション法）
　　　によるコンポジット …………110
3.3 難燃性の向上 ……………………111
3.4 FRPへの展開 ……………………111
3.5 付加反応による硬化システム ……112

3.5.1 種々の置換基の熱重合による
　　　硬化……………………………112
3.5.2 ベンゾオキサジン環の開環
　　　重合による硬化 ………………113
3.6 おわりに ………………………… 114
4 エポキシ樹脂の高性能化の最近の動向
　………………**越智光一，原田美由紀**…116
4.1 はじめに …………………………116
4.2 エポキシ樹脂の骨格構造と硬化物の
　　物性 ………………………………116
4.3 複合化によるエポキシ樹脂硬化物の
　　高機能化・高性能化 ………………121
5 エラストマーにおける架橋反応の最近の
　動向……………………**池田裕子**…126
5.1 はじめに …………………………126
5.2 加硫 ………………………………126
5.3 パーオキシド架橋 ………………128
5.4 シラノール基を利用した架橋 ……130
5.5 リサイクル可能な架橋反応とその
　　脱架橋反応 ………………………131
5.6 物理的相互作用に基づく架橋 ……132
5.7 その他の架橋反応 ………………135
5.8 おわりに …………………………137

第6章　UV硬化システム

1 UV硬化による相分離を利用した液晶相の
　形成………………………**穴澤孝典**…139
1.1 はじめに …………………………139
1.2 相図を用いたミクロ相分離構造の
　　予測と制御 ………………………139
　1.2.1 2元相図 ………………………140

1.2.2 3元相図 ………………………142
1.3 ミクロ相分離構造に影響するその
　　他の因子 …………………………143
　1.3.1 非平衡過程による相図からの
　　　ずれ……………………………143
　1.3.2 ポリマーマトリクス相の構造 …144

2 チオール-エンおよび開始剤フリーUV
　硬化 ················ 角岡正弘··· 148
2.1 はじめに ···················· 148
2.2 チオール-エンUV硬化 ·········· 150
　2.2.1 チオールの構造と反応性 ······ 151
　2.2.2 エンの構造と反応性 ·········· 151
　2.2.3 硬化時のゲル化点と体積収縮 ··· 152
　2.2.4 最近の動向 ················· 153
2.3 開始剤フリーUV硬化 ·········· 155
　2.3.1 ドナー(ビニルエーテル類)と
　　　　アクセプター(マレイミド誘導体)
　　　　からの開始 ················· 156
　2.3.2 励起マレイミド基の水素引き
　　　　抜きによるラジカルの生成 ··· 156
　2.3.3 励起マレイミド基とマレイミド
　　　　基あるいはアクリロイル基か
　　　　らのラジカル生成 ············ 157
2.4 おわりに ···················· 158

3 連鎖硬化型UVカチオン硬化システム
　(連鎖硬化システム) ········ 林 宣也··· 160
3.1 はじめに ···················· 160
3.2 UVカチオン硬化 ·············· 160
3.3 熱および光重合開始剤とカチオン
　　重合性モノマー・オリゴマー ······ 161
　3.3.1 熱および光重合開始剤 ········ 161
　3.3.2 カチオン重合性モノマー・オ
　　　　リゴマー ··················· 162
3.4 連鎖硬化型UVカチオン硬化システム··· 163
3.5 炭素繊維強化樹脂(CFRP)への適用 ······ 167
3.6 おわりに(今後の展望) ·············· 169

4 アニオンUV硬化システム
　············ 陶山寛志, 白井正充··· 171
4.1 アニオンUV硬化システムの特徴 ······ 171
4.2 光で生成するアニオンを利用した
　　UV硬化システム ················ 171
4.3 第一, 二級アミン生成を利用した
　　UV硬化システム ················ 173
4.4 第三級アミン生成を利用したUV
　　硬化システム ···················· 176
　4.4.1 アンモニウム塩 ················ 176
　4.4.2 ニフェジピン ·················· 177
　4.4.3 α-アミノケトン ·············· 178
　4.4.4 アミジン前駆体 ················ 178
　4.4.5 アミンイミド ·················· 178
4.5 おわりに ························ 178

5 紫外線硬化型水分散ポリマー
　···················· 大城戸正治··· 180
5.1 はじめに ························ 180
5.2 特徴 ···························· 180
5.3 モデル構造 ······················ 180
5.4 製品化タイプ ···················· 180
5.5 結果 ···························· 181
　5.5.1 硬度および密着性 ·············· 181
　5.5.2 耐溶剤性 ······················ 182
　5.5.3 二重結合導入量と硬化性の
　　　　違いについて ················ 183
　5.5.4 熱硬化性テスト ················ 184
5.6 結論 ···························· 185
5.7 おわりに ························ 185

第7章　光を利用する微細加工システム

1　酸・塩基の熱増殖とその化学増幅型微細加工への活用
　　　　　　　　市村國宏, 青木健一 …… 186
　1.1　はじめに ……………………………… 186
　1.2　酸増殖型フォトポリマー …………… 186
　　1.2.1　酸増殖剤 …………………………… 186
　　1.2.2　強酸分子の拡散挙動 …………… 187
　　1.2.3　酸増殖型フォトレジスト ……… 191
　　1.2.4　酸増殖性ポリマー ……………… 193
　1.3　塩基増殖型レジスト ………………… 194
　　1.3.1　塩基増殖反応と塩基増殖剤 …… 194
　　1.3.2　エポキシポリマーのUV硬化
　　　　　　促進 ……………………………… 195
　　1.3.3　塩基増殖性オリゴマー ………… 197
　1.4　おわりに ……………………………… 198
2　ゾル・ゲル薄膜の微細パターニングへ
　　の応用 ………………… 松川公洋 …… 200
　2.1　はじめに ……………………………… 200
　2.2　光2元架橋反応による有機無機ハ
　　　　イブリッドの作製 ………………… 200

　2.3　アクリル／シリカ有機無機ハイブ
　　　　リッドのネガ型レジストへの応用 …… 202
　2.4　有機無機ハイブリッドから電子線
　　　　ポジ型アナログレジストへの展開 …… 204
　2.5　アクリル／シリカハイブリッド系
　　　　電子線ポジ型アナログレジストへ
　　　　の特性 ………………………………… 206
　2.6　おわりに ……………………………… 207
3　光架橋性高分子液晶による表面レリーフ形成
　　とその応用 …… 川月喜弘, 小野浩司 … 209
　3.1　はじめに ……………………………… 209
　3.2　光配向性高分子液晶 ………………… 209
　3.3　干渉露光の種類：強度変調と偏光
　　　　状態の変調 …………………………… 209
　3.4　分子配向パターンと表面レリーフの
　　　　形成およびそれらの特性 ………… 211
　　3.4.1　強度変調露光 ……………………… 211
　　3.4.2　偏光状態を変調した露光 ……… 213
　3.5　おわりに ……………………………… 214

第8章　電子線・放射線を利用した架橋反応

1　低出力電子線の高分子機能化における
　　利用 ……………………… 木下　忍 … 218
　1.1　はじめに ……………………………… 218
　1.2　EBの特長と物質への作用 ………… 219
　1.3　高分子へのEB照射 ………………… 221
　1.4　応用例 ………………………………… 223

　　1.4.1　電線照射 …………………………… 223
　　(1) PVC（ポリ塩化ビニル）電線 …… 223
　　(2) PE（ポリエチレン）電線 ………… 223
　　1.4.2　発泡体への応用 …………………… 224
　　1.4.3　熱収縮体への応用 ………………… 224
　　1.4.4　天然ゴムラテックスへの応用 … 224

1.5 EB装置 …………………………… 225	3 放射線を利用する架橋高分子の形状制御
1.5.1 小型低出力EB処理装置例 … 225	………………………………関　修平 … 238
(1)実験用小型EB処理装置 …………… 225	3.1 放射線による高分子の架橋・分解
(2)EZCure^{TM}装置 ………………… 225	反応 …………………………………… 238
(3)円筒型EB処理装置 ………………… 225	3.2 放射線による架橋・分解反応の定量
1.6 おわりに ……………………………… 228	的評価法 ……………………………… 238
2 放射線を利用するポリテトラフルオロ	3.3 放射線と物質との相互作用について … 240
エチレンの機能化 ……… 鷲尾方一 … 229	3.3.1 荷電粒子によるエネルギー
2.1 はじめに ……………………………… 229	付与の基礎過程 ……………… 240
2.2 架橋PTFE ……………………………… 229	3.3.2 空間的に不均一なエネルギー
2.3 放射光を用いたPTFEの機能化 ……… 231	付与についての理論的考察 … 241
2.3.1 放射光による架橋PTFEの	3.4 不均一な化学反応の積極的な利用 … 242
微細加工 ……………………… 231	3.4.1 高いLETを有するビームに
2.3.2 放射光によるVirginPTFEの	よる穿孔形成 …………………… 242
架橋 ……………………………… 234	3.4.2 高いLETを有するビームに
2.4 架橋PTFEを基材としたイオン交	よる架橋高分子ナノ組織体の
換膜創製 ……………………………… 234	直接形成 ………………………… 242

第9章 リサイクルおよび機能性材料合成のための分解反応

1 プラスチックのケミカルリサイクル	2.3 超臨界流体 …………………………… 260
…………………………佐藤芳樹 … 249	2.4 超臨界流体によるXLPEの熱可塑化 … 261
1.1 はじめに ……………………………… 249	2.4.1 XLPEへの超臨界流体の溶解 … 261
1.2 プラスチックの構造，合成法とリ	2.4.2 超臨界処理したXLPEの評価 … 261
サイクル方法の関係 ………………… 250	2.4.3 超臨界アルコール処理した
1.3 油化技術の現状 ……………………… 251	XLPEの構造 …………………… 262
1.4 モノマーリサイクル技術 …………… 252	2.5 超臨界処理したXLPEの物性 …… 266
1.5 電気・電子製品のリサイクル …… 256	2.6 おわりに ……………………………… 266
2 架橋ポリエチレンのリサイクル：超臨	3 ポリプロピレンのリサイクル：機能性
界アルコールの利用 …… 後藤敏晴 … 259	化合物の合成 ……………澤口孝志 … 269
2.1 はじめに ……………………………… 259	3.1 はじめに ……………………………… 269
2.2 架橋ポリエチレン …………………… 259	3.2 テレケリックオリゴプロピレンの

		生成機構 ………………………… 270
3.3		キャラクタリゼーション ………… 273
3.4		ブロック共重合 …………………… 274
3.5		おわりに …………………………… 277
4		天然素材リグニンを利用する機能性材料の開発……舩岡正光，永松ゆきこ … 280
4.1		はじめに …………………………… 280
4.2		リグニン高分子の形成と構造的特徴 … 280
4.3		天然リグニンを循環型機能性高分子へ… 281
	4.3.1	1次変換設計 …………………… 281
	4.3.2	選択的構造制御システム（相分離系変換システム）…… 282
	4.3.3	分子内機能変換素子とその効果 … 283
	4.3.4	高次構造制御 …………………… 284
4.4		リグニンの逐次循環活用 ………… 287
	4.4.1	セルロース複合系……………… 287

	4.4.2	無機質複合系…………………… 288
	4.4.3	タンパク質複合系……………… 288
	4.4.4	ポリエステル複合系…………… 288
4.5		おわりに …………………………… 289
5		エンプラのフォトレジストへの応用 ……………………………友井正男 … 291
5.1		はじめに …………………………… 291
5.2		反応現像画像形成法：エンプラと求核試薬の反応 ………………… 292
5.3		反応現像画像形成（RDP）法を基盤とする感光性エンプラの開発 … 293
5.4		微細パターン形成のメカニズム … 294
5.5		エンプラおよび求核剤の構造と感光特性の関連 …………………… 296
5.6		おわりに …………………………… 298

第1編
高分子の架橋と分解の基礎と応用

第1章　高分子の架橋と分解

1　架橋反応の理論

松本　昭[*]

1.1　はじめに

　高分子は形状によって，線状，分岐および架橋高分子の三つに大別される。高分子を溶媒中に入れるとしだいに溶媒を吸収して膨潤し，前2者では個々の高分子鎖が完全に溶媒中に分散した溶解状態に達するのに対し，架橋高分子では有限の膨潤性を示し溶解状態に至らない。この有限の膨潤度をもつ架橋高分子はゲルともよばれる。換言すれば，ゲルはあらゆる溶媒に不溶であり，その複雑な架橋構造のために不融でもある。このような架橋高分子の歴史は古く，20世紀初頭のBaekelandによるフェノール樹脂の発明を嚆矢とする[1]。Staudingerによって，"高分子は共有結合によって結び付けられた高分子量の分子である"との概念が確立されたのが1930年頃のことであることを思えば，いかに長い歴史をもつかがわかる。非常に興味深いことに，20世紀の輝かしいプラスチック時代は最も複雑な構造を有する架橋高分子によって幕開けされたのである。フェノール樹脂は汎用材料としてだけでなく，高性能・高機能先端材料としても注目されており，当然のことながら，これまでに基礎および応用の両面にわたって膨大な研究が一世紀もの長きにわたり途切れることなく粘り強く展開されている[2～4]。しかしながら，フェノール樹脂で代表される架橋高分子の生成反応は複雑であり，特にゲル化点以降の反応解析が難しく，まだ不明の点が多い。格段に反応解析の進展した熱可塑性樹脂と対照的に，最終硬化物の物性との関連において最も重要なゲル化点以降の架橋反応機構はまだブラックボックス的であるといえる。

　現在，デカルト以来の要素還元論的手法で発展し続けてきた近代科学にもついに陰りが見え始め，逆に，"複雑系の科学"や"超分子の化学"の時代，多様な要素を非線形に組み合わせ，ダイナミックなネットワークシステムを構築する時代へと転換しようとしている。科学が格段に進展した21世紀初頭にあっても架橋高分子は手強い研究対象であり，その精細なキャラクタリゼーションとなると不溶・不融性のため最先端の分析機器も歯が立たず，複雑極まりない架橋高分子についてはまだブラックボックス的要素が多い現状にある。ここでは，新しい反応解析方法の開発をも含め，ゲル化点以降の架橋反応の究明は21世紀に残された重要な研究課題であり，"温故知新"に倣って，複雑なネットワーク構造をもつ架橋高分子を今一度見直してみることは，21

　＊　Akira Matsumoto　関西大学　工学部　応用化学科　教授

世紀社会を先導する新技術の開発といった観点から，ひいては架橋高分子の復権にもつながるとの期待感を抱かせるものであることを強調しておきたい。

1.2 ゲル化理論の展開

　2官能モノマー同士の反応で線状ポリマーが生成するのに対し，3官能以上の多官能モノマー存在下での架橋重合では分岐ポリマーが生じ，反応の進行とともに分岐が高度化し，ついには不溶・不融の架橋高分子となる。なお，この架橋高分子の前段階のポリマーを"プレポリマー"とよんでいる。当然のことながら，反応が不溶・不融の架橋高分子の生成に至るまで進んでしまうと取り扱いができなくなるため，実際的には，ゲル化前のプレポリマーの段階で反応を停止して単離し，プレポリマーをあらためて加熱融解し，高分子反応を進めることによって架橋高分子へと誘導し，硬化される。このように，熱を加えることによって硬化樹脂へと誘導されるところから"熱硬化性樹脂"とよばれるようになった。化学の進歩とともにその意味する範囲は広がり，合成樹脂を熱可塑性と熱硬化性に大きく二大別する際には逐次重合系およびビニル系架橋高分子のすべてが熱硬化性の範疇に入ることになる。このような熱硬化性樹脂の生成反応過程において，系中にゲルが生成し始める重合率のことをゲル化点といい，プレポリマーの効率よい合成という実際面からゲル化点を知ることは重要であり，また，ゾルからゲルへの変化がゲル化点を境に急激であるところから理論的にも興味のもたれる問題である。

　このようなゲル化反応には種々のタイプがあるが，その理論解析にあたっての共通の認識は，ゲルが無限大の三次元網目構造をもつ巨大分子であるという点である。このことを最初に指摘したのはStaudinger[5]であり，架橋高分子の工業的重要性とも相まって，その後，理論および実験面から多くの基礎的研究が展開されてきた。理論化を最初に試みたのはCarothers[6]であったが，その結果は十分とはいえなかった。巨大分子であるゲルの生成する条件を定め，実験結果との対比にはじめて成功したのはFlory[7]であった。一方，Stockmayer[8]は統計的手法を用いて多官能モノマーから生成するポリマーの分子量分布を求め，この分布を基礎に重量平均重合度が無限大となる点をゲル化点とした。まったく別の観点から出発したにもかかわらず，二人のゲル化に関する結論は完全な一致を見たことによってゲルに対するイメージが固まり，ここにゲル化理論の基礎ができ上がった。詳しくは成書[9〜14]を参照されたい。

　ゲル化理論のその後の進展は，Flory-Stockmayerの理論（FS理論）を補正し，実際の反応系にいかに適合させていくかという点にあった。FS理論を実際の反応系に適用してみると，多くの架橋重縮合系への適合性はほぼ良好であったが，詳細には実測ゲル化点は理論値よりも常に高反応率側にずれており，そのずれは溶液中でのゲル化において拡大した。このずれの原因は理論式の誘導にあたって分子内環化反応を無視したことにあり，この環化反応の理論への組み入れ

がGordon[15]，Dusek[16]，さらにはStepto[17]らによって行われてきた。彼らの精緻で複雑化した理論に関してはそれぞれの総説にまとめられている。たとえば，SteptoらはGordon反応を起こす官能基周辺に存在する相手の官能基濃度を同一分子内と他分子とに分け，同一分子内に存在する相手官能基の分布はGauss分布に従うとの仮定の下に反応速度論的な解析を行っている。

ところで，FS理論においては官能基の反応性はすべて等しいと仮定されている（等反応性の理論）。それに対して，Case[18]は分子種による反応性の差を考慮に入れた式を誘導しており，浦上ら[19]はCaseの取り扱いをさらに拡張して付加縮合系におけるゲル化点のほか，ゾル・ゲルの割合やゾル部分の平均分子量などと反応率の関係を理論づけた。その他，放射線架橋のような高分子間の反応に対するCharlesbyの取り扱い[20]，Floryの取り扱いをf, g-官能基反応まで拡張したKahn[21]，田中[22]，Matejka[23]の取り扱い，さらには山辺ら[24]の多分子結合による三次元化を取り扱った理論がある。

上述の理論はすべて古典的なFS理論の延長上で展開されてきたものであるが，最近，まったく別の角度からゲル化の見直しをしようとする試みがStaufferら[25]物理の理論家によってなされている。この新しい理論はパーコレーションモデルに基づいており，ゲル化点を境にしてゾル－ゲルの変化が急激であることに着目し，たとえば気体一液体の臨界現象と同じように取り扱おうとするものである[12, 26]。ただ，古典論あるいは新理論，どちらが妥当かを議論するためには，ゲル化点近傍でほんのわずかの反応率の変化によってもたらされる，ゲル分率，プレポリマーの重量平均重合度，ゲル化点までの重合液粘度，ゲル化点以降の弾性率などの変化を実験的に精度よく求める必要がある。周知のようにゲル化点そのものを厳密に決定することの困難さ[27]，さらにはゲル化を支配する反応の複雑さ[28]を考えると，この問題は臨界指数の精度の吟味を含め慎重に取り扱う必要があるように思われる。

以上，紙幅に余裕がないので，ここではゲル化理論の展開として基本的な考え方についてのみ述べたが，理論式の誘導については文献を参照していただきたい。

次に，筆者らが長年にわたって取り組んでいるビニル系架橋重合へのゲル化理論の適用を代表的な応用例として取り上げ，最後に架橋樹脂の物性との関連で重要な不均質性の問題について若干言及することにする。

1.3 ゲル化理論のジビニル架橋重合系への応用

上述のように，多官能ビニルモノマーの研究の歴史は古く，早くも1930年代にはスチレンとジビニルベンゼンの架橋重合が取り上げられ[5]，1940年代前半にはゲル化の基礎を成すFS理論が提案されている[7, 8]。周知のように重縮合系へのゲル化理論の適合性は良好であったのに対し，ジビニル架橋重合系へのFS理論の適合性となると，重合条件を絞り込んだ場合[29～32]以外は無

力であるといって差し支えないほど悪く，通常，そのずれは実測ゲル化点が理論値よりも1～2桁大きいといった具合である。この理論と実験の大きな乖離は，逆に，大変魅力的な研究課題となっており，新しいゲル化理論の提案，反応論の立場からの究明，あるいは最新の機器分析手段を適用してのゲルのキャラクタリゼーションへの挑戦といったように，工業的に重要な分野でもあるだけに，多くの研究グループによって活発な議論が展開されてきた。筆者らの研究の出発点はジアリルフタレートに代表されるジアリルエステルの重合であったが，アリル重合では一次ポリマー鎖長が短く，ゲル効果を伴わないなどの特長が複雑な三次元化機構を反応論的に究明する上で大きな利点となり，多官能ビニルモノマーの三次元化に関する議論を深化させるとともに，いくつかの新しい提案を行うことができた[28,33]。すなわち，重合初期からミクロゲル様ポリマーパーティクルの生成を伴うようになる通常のモノビニル／ジビニル架橋共重合[34]とは大きく異なり，モノアリル／ジアリル架橋共重合では図1に示すように一次ポリマー鎖が短いため，重合の進行とともに逐次的に線状→分岐→架橋高分子へと成長し，コア部から周辺へ拡大成長していく三次元化のモデルとも合致し，FS理論の適合性が良好になる。

Stockmayer[8]は理想的な三次元網目の形成を仮定して，モノビニル／ジビニル架橋共重合系におけるゲル化式（1）を誘導した。ここで，α_cはゲル化点でのビニル基の反応率，ρはジビニル単位に属するビニル基の割合，P_wは一次ポリマー鎖の重量平均重合度である。

$$\alpha_c = (1/\rho)(P_w - 1)^{-1} \tag{1}$$

なお，式(1)の誘導にあたって仮定された理想鎖の形成条件は次のようである。①反応はすべて分子間で進行し，したがって同一分子内での環化反応は生起せず，ポリマー鎖へのジビニル単位の取り込みは架橋に有効なペンダントビニル基の生成をもたらす，②ポリマー中のペンダントビニル基の反応性はモノマーのそれに等しい。

一方，Gordon[35]はジビニルモノマーの単独重合について，①の仮定をおかず，分子内環化反応の補正を加えた，式（2）を誘導した。ここで，$1-b_c$はゲル化点でのモノマーの反応率，rはペンダントビニル基をもつ未環状単位の割合である。

$$(1-b_c) = 1 - [\{r(2P_w - 3) - 1\}/\{r(2P_w - 3) + 1\}]^2 \tag{2}$$

したがって，ゲル化点を実験的に求め，それを式（1）あるいは（2）を用いて算出した理論ゲル化点と比較することによって，架橋が理想的に進行しているかどうか，もし理想的に進行していないのであれば多官能ビニルモノマーの三次元化における問題点は何かを考察できることになる。筆者らはジアリルエステルの単独架橋重合やモノアリルエステルとの架橋共重合，さらには連鎖移動剤存在下でのモノビニル／多官能ビニル架橋共重合の反応解析を取り扱った[28]。

なお，ラジカル架橋重合系においては，微視的にはプレポリマー中のペンダントビニル基が局所的に存在しているところから平均場近似の古典的取り扱いが不適であるとの視点から，種々の

第1章 高分子の架橋と分解

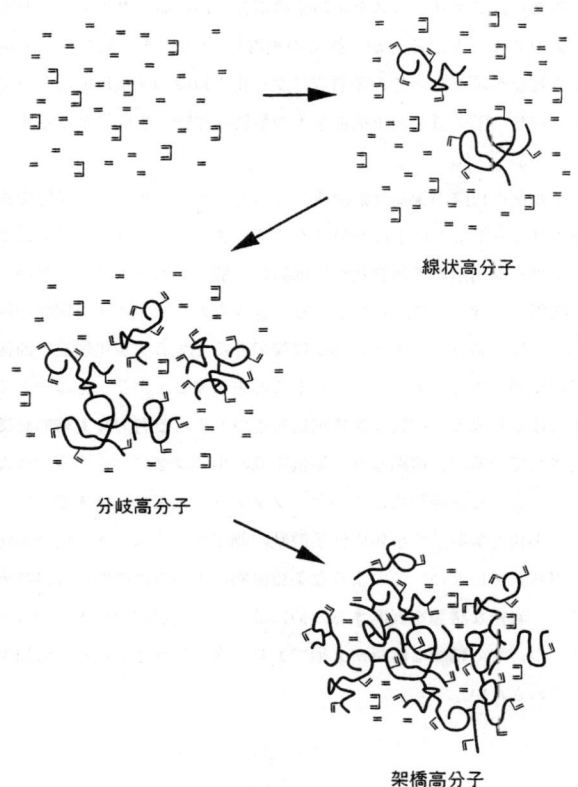

図1 モノアリル／ジアリル架橋共重合における成長過程の模式図

新しい理論展開[36〜41]が試みられていることを付記しておく。

1.4 架橋樹脂の（不）均質性

　ネットワーク構造が均質，かつ，高架橋密度であれば，ダイアモンドには及ばないものの，高強度の架橋樹脂が得られると期待される[42]。しかしながら，通常，最終硬化物は脆く，その機械的強度は予想をはるかに下回るものであり，ミクロゲルの集合体から成るためであることが電子顕微鏡観察からも指摘されていることは周知の通りである[43,44]。ところで，架橋密度が局所的に高度化したミクロゲルの形成には分子内架橋反応の生起が必須である[28]ことを考えると，ゲル化理論の適合性の良好さとミクロゲル形成は一見して矛盾しているようにも思われる。これと

の関連において,筆者らはジアリルエステルの架橋重合におけるミクロゲルの形成を光散乱測定によって直接的に観測しようと試みたが,従来の報告[43]とは大きく異なり,ゲル化点までのミクロゲル化は認められなかった[45]。この矛盾点はゲル化点以降の架橋反応においてネットワーク構造の不均質化が進行し,不均質な架橋構造をもつ最終硬化物の生成に至るとすれば解決されることになる。

しかしながら,ゲル化点以降の架橋反応解析となると,ゲルが不溶・不融性であるため,あまり有効なキャラクタリゼーションの手段が見あたらず,まだブラックボックス的であり,ゲル化の進行に伴うネットワーク構造の不均質化が反応論的に解明されたわけではない。この不均質化の問題はエポキシ樹脂でも詳しく議論されている[46]。すなわち,エポキシ樹脂の硬化反応へのゲル化理論の適合性は良好であり,分子内反応が無視できるとするゲル化理論の前提条件が少なくともゲル化点までの反応過程では充たされていることを示唆している。その一方で,最終硬化物がミクロゲルの集合体から成る不均質な架橋構造をもつとされる有力な実験的証拠は電子顕微鏡観察によって報告されているが,電顕写真と架橋密度の相関は必ずしも明確ではない。コロイド様粒子の集合体と見なされる電顕写真はアーティファクト(人工物)にすぎないとの見解が出される所以でもある。小角X線散乱や小角中性子散乱の測定からもエポキシ樹脂硬化物の不均質性を支持する結果は得られていない。このような架橋樹脂の不均質性の問題は最終硬化物の物性との関連で重要であり,厳密な議論を展開するためには,ゲル化点以降の重合の進行に伴うネットワーク構造の変化についての精細な解析が必須であり,今後に残された喫緊の研究課題であることを最後に指摘しておきたい。

文　　献

1) 日本化学会編,日本の化学百年史―化学と工業の歩み,東京化学同人(1978)
2) 井本　稔ほか,重付加と付加縮合(講座重合反応論8),化学同人(1972)
3) A. Knop *et al.*,瀬戸正二監訳,フェノール樹脂,プラスチック・エージ(1987)
4) 福田明憲,高分子学会編,高分子の合成と反応(2)(高分子機能材料シリーズ2),共立出版,p.371(1991)
5) H. Staudinger *et al., Chem. Ber.*, **67**, 1174(1934)
6) W. H. Carothers, *Trans. Faraday Soc.*, **32**, 39(1936)
7) P. J. Flory, *J. Am. Chem. Soc.*, **63**, 3083(1941)
8) W. H. Stockmayer, *J. Chem. Phys.*, **11**, 45(1943);**12**, 125(1944)
9) P. J. Flory,岡　小天ほか訳,高分子化学(下),丸善,p.323(1956)

10) 大岩正芳, 高分子学会編, 共重合 2, 培風館, p.400 (1976)
11) 垣内　弘, 高分子学会編, 重縮合と重付加 (高分子実験学 5), 共立出版, p.53 (1980)
12) 大岩正芳, 高分子学会編, 高性能液状ポリマー材料 (先端高分子材料シリーズ 1), 丸善, p.67 (1990)
13) J.-P. Pascault et al., "Thermosetting Polymers", p.67, Marcel Dekker, New York (2002)
14) K. Dusek, "Polymer Networks", R. F. T. Stepto Ed., p.64, Blackie Academic & Professional, London (1998)
15) M. Gordon et al., Pure Appl. Chem., **43**, 1 (1975)
16) K. Dusek, "Developments in Polymerisation-3", R. N. Haward Ed., p.143, Appl. Sci. Pub., London (1982)
17) R. F. T. Stepto, "Developments in Polymerisation-3", R. N. Haward Ed., p.81, Appl. Sci. Pub., London (1982)
18) L. C. Case, J. Polym. Sci., **26**, 333 (1957)
19) T. Uragami et al., Makromol. Chem., **153**, 255 (1972)
20) A. Charlesby, J. Polym. Sci., **11**, 513 (1953)
21) A. Kahn, J. Polym. Sci., **49**, 283 (1961)
22) Y. Tanaka et al., J. Appl. Polym. Sci., **7**, 1951 (1963)
23) L. Matejka et al., Polymer, **32**, 3195 (1991)
24) T. Yamabe et al., J. Polym. Sci., **45**, 305 (1960)
25) D. Stauffer et al., Adv. Polym. Sci., **44**, 103 (1982)
26) 堀江一之, 熱硬化性樹脂, **3**, 78 (1982)
27) K. Aldal et al., Polym. Gels & Networks, **1**, 5 (1993)
28) A. Matsumoto, Adv. Polym. Sci., **123**, 41 (1995)
29) A. Matsumoto et al., Makromol. Chem., Macromol. Symp., **93**, 1 (1995)
30) A. Matsumoto et al., Angew. Makromol. Chem., **240**, 275 (1996)
31) A. Matsumoto et al., Polym. J., **31**, 711 (1999)
32) A. Matsumoto et al., Macromolecules, **32**, 8336 (1999)
33) A. Matsumoto, Prog. Polym. Sci., **26**, 189 (2001)
34) C. Walling, J. Am. Chem. Soc., **67**, 441 (1945)
35) M. Gordon, J. Chem. Phys., **22**, 610 (1954)
36) H. M. J. Boots et al., Polym. Bull., **11**, 415 (1984)
37) A. G. Mikos et al., Macromolecules, **19**, 2174 (1986)
38) N. A. Dotson et al., Macromolecules, **21**, 2560 (1988)
39) H. Tobita et al., Macromolecules, **22**, 3098 (1989)
40) A. B. Scranton et al., J. Polym. Sci., Part A : Polym. Chem., **28**, 39 (1990)
41) S. Zhu et al., Makromol. Chem., Macromol. Symp., **63**, 135 (1992); **69**, 247 (1993)
42) J. H. de Boer, Trans. Faraday Soc., **32**, 10 (1936)
43) E. H. Erath et al., J. Polym. Sci., **C3**, 65 (1963)
44) S. C. Mirska et al., ACS Symp. Ser., **114**, 138 (1979); **114**, 157 (1979)
45) 松本　昭ほか, 熱硬化性樹脂, **9**, 141 (1988)
46) K. Dusek, Adv. Polym. Sci., **78**, 1 (1986)

2 架橋反応の分類

白井正充*

2.1 はじめに

架橋反応とは，複数の官能基を有する低分子化合物の分子間反応や高分子化合物が分子間で共有結合し，三次元網目構造を形成する事である。十分に架橋した高分子では分子量が無限大であり，どのような溶剤にも溶解しないし，加熱しても溶融しない。架橋体形成に利用される化学反応自体は特別なものではなく，有機化学や無機化学で取り扱われる一般的な反応である場合が多い。しかし，架橋体形成可能な物質としては，これらの反応を起こしうる官能基を1分子中に複数個含む化合物や官能基を側鎖に含む高分子としてデザインされているのが特徴である。ここでは，架橋体を形成する分子のタイプについて，また光あるいは熱を用いる種々の架橋反応を整理して述べる。

2.2 架橋体の分類[1～4]

2.2.1 官能基を有する高分子から得られる架橋体

反応性の官能基を側鎖あるいは主鎖に有する高分子が分子間で反応して架橋構造を形成したものである。希薄な溶液中での反応では高分子内でもおこりうるが，濃厚溶液や固体・膜状態では主な反応は分子間反応であり，効率良く架橋体が形成される。架橋体形成による溶剤への不溶化の効率は，高分子の分子量が大きいものほど高い。また，固体での架橋反応では高分子のガラス転移温度（高分子の主鎖が自由に運動し始める温度）が架橋反応効率に重要な影響を与える。

2.2.2 官能基を有する高分子と架橋剤のブレンド系から得られる架橋体

反応性の官能基を側鎖あるいは主鎖に有する高分子と複数の官能基を持つ低分子量体あるいはオリゴマー（架橋剤）とのブレンド物の架橋反応で得られるものである。通常，高分子鎖中の官能基と架橋剤中の官能基との反応で架橋反応がおこる。しかし，高分子鎖中の官能基間や架橋剤の官能基間での反応が競争的に起こる場合もある。この系では架橋剤の選択に対する自由度は大きいが，高分子と架橋剤とは相溶であることが必要である。非相溶系の場合は使用できない。

---

* Masamitsu Shirai 大阪府立大学大学院 工学研究科 応用化学分野 教授

第1章　高分子の架橋と分解

2.2.3　多官能性モノマーおよびオリゴマーから得られる架橋体

　多官能性モノマーの重合や多官能性オリゴマーの反応で形成される架橋体である。タイプの異なる多官能性モノマーをブレンドして使用される場合も多い。ブレンド系での使用では，それぞれのモノマー・オリゴマーの相溶性が重要な因子になる。通常，これらの系は液体あるいは粘性体であるが，架橋反応後は硬化物になるので塗膜・塗料や接着剤などとして多用される。

2.3　架橋反応の分類

2.3.1　熱架橋系

　加熱によってはじめて架橋反応が起こるものや，加熱を必要としないで室温で放置すれば架橋反応を起こすものなど，利用目的に合わせていろいろなタイプのものがある。しかしこれらはいずれも熱エネルギーによって架橋反応が進行するものである。熱架橋反応で得られる代表的な樹脂には以下にあげるようなものがある。①フェノールとホルムアルデヒドをアルカリ条件下あるいは酸性条件下で反応させて得られるフェノール樹脂，②フェノール樹脂と同様，弱アルカリ性条件下で，尿素やメラミンとホルムアルデヒドとの付加縮合反応によって得られるアミノ樹脂，③反応活性な3員環であるエポキシドと一級あるいは二級アミン，ルイス酸，カルボン酸，カルボン酸無水物，イソシアネート，ポリメルカプタン，ノボラックのようなポリフェノール，ジシアンジアミドなどと反応させて得られるエポキシ樹脂，④無水マレイン酸とエチレングリコール（その他，プロピレングリコール，ジエチレングリコール，1，3-ブタンジオールも使用される）との

重縮合反応で得られる不飽和ポリエステル樹脂にスチレンやメタクリル酸メチルなどのビニルモノマーを混ぜ、ラジカル重合させて得られる架橋・硬化不飽和ポリエステル樹脂、⑤多官能アルコールと多官能イソシアナートの重付加で得られるポリウレタン樹脂、⑥クロロシランやアルコキシシランの加水分解反応に続く、脱水縮合反応によって得られるシリコーン樹脂などがある。

2.3.2 光架橋系[5〜8]

架橋反応を起こす引き金に光が使われる系を光架橋系として分類することができる。大別して2つのタイプに分けられる。①高分子鎖に結合した官能基（この場合は感光基とも呼ぶ）やオリゴマー中の官能基が光のエネルギーによって直接反応し、架橋を形成するタイプと、②官能基を含む高分子や多官能性モノマー・オリゴマーに添加した特殊な化学物質（感光剤）が、まず光で反応し、その結果生成した活性化学種が熱的架橋反応を引き起こすタイプがある。後者のタイプでは感光剤の光反応で生成する活性種として、ラジカル、強酸、アルキルアミンが活用される。代表的な光架橋系を以下にあげる。

① 光で直接架橋するタイプ

側鎖にケイ皮酸エステルユニットを含む高分子、例えばポリケイ皮酸ビニルがその代表である。ケイ皮酸エステルユニットは光照射により効率よく2量化する。同様な2量化反応をする官能基として、シンナミリデン基、ベンザルアセトフェノン基、スチルベン基、α-フェニルマレイミド基などがある。

② 感光剤が架橋剤として働くタイプ

ビスアジド化合物と環化ゴムのブレンド系では、光照射により、アジド基が分解し高活性なナイトレンを生成する。このものは高分子中の2重結合に付加したり、C-H結合に挿入反応をしたりする。ビスアジド化合物は2官能であるので、光架橋剤として働く。

③ 光ラジカル発生を利用するタイプ[5]

基本的な構成は、光照射により重合開始種となるラジカルを発生する化合物（光ラジカル発生剤）と多官能アクリルモノマーの混合物である。光で発生したラジカルがアクリルモノマーの重合を引き起こし、架橋体が生成する。代表的な光ラジカル発生剤としては、ベンゾインアルキルエーテル型、ベンジルケタール型、α-ヒドロキシアセトフェノン型、α-アミノアセトフェノン型、アシルホスフィンオキシド型などがある。

④ 光酸発生を利用するタイプ[9]

基本的な構成は、光照射により強酸を発生する化合物（光酸発生剤）と酸で重合する多官能性モノマーあるいは酸で反応する官能基を側鎖に有する高分子を組み合わせたものである。光で発生した酸が多官能モノマーの重合や、高分子側鎖の官能基間の反応により、架橋が形成される。代表的な光酸発生剤としては、スルホニウム塩型やヨードニウム塩型のようなイオン性のものの

第1章　高分子の架橋と分解

ほか，非イオン性のものではフェナシルスルホン型，o-ニトロベンジルエステル型，イミノスルホナート型，N-ヒドロキシイミドのスルホン酸エステル型などがある．エポキシ基やビニルエーテル基が反応基として使われる．

⑤ 光アミン発生を利用するタイプ[9]

アミンと反応したり，アミンを触媒として反応する官能基を複数個有するモノマー，オリゴマーあるいは高分子と光によりアミンを発生する化合物（光塩基発生剤）との組み合わせで構成される．アミンを触媒あるいは反応試剤として架橋体を形成するものとしては，エポキシ化合物を中心に多数開発されている．一方，光塩基発生剤の種類は多くないが，代表的なものとしては，Co-アミン錯体，オキシムのカルボン酸エステル，カルバミン酸エステル，4級アンモニウム塩化合物などがある．

2.4　おわりに

架橋体を形成する分子のタイプを述べるとともに，光あるいは熱を用いる種々の架橋反応系について，具体的な反応例を通して説明した．熱による架橋反応や光を利用する架橋反応は実にさまざまなものがある．これらを組み合わせることによって，さまざまな目的・用途に応じた架橋体を分子設計することが可能であり，新しい架橋系の創出が期待できる．

文　献

1) 石倉慎一ほか，"架橋システムの開発と応用技術"，技術情報協会（1998）
2) 堀江一之ほか，"新高分子実験学4，高分子の合成・反応(3)"，共立出版（1996）
3) 古川淳二ほか，"高分子新材料"，化学同人（1987）
4) 今井淑夫ほか，"高分子構造材料の化学"，朝倉書店（1998）
5) 市村國宏ほか，"光硬化技術実用ガイド"，テクノネット社（2002）
6) 永松元太郎，"感光性高分子"，講談社サイエンティフィク（1984）
7) 山岡亜夫，"フォトポリマー・テクノロジー"，日刊工業新聞社（1987）
8) 上野 巧ほか，"短波長フォトレジスト材料"，ぶんしん出版（1988）
9) M. Shirai, *Bull Chem. Soc. Jpn.*, **71**, 2483（1998）

3 分解反応の理論

白井正充[*]

3.1 はじめに

高分子の分解は主鎖の結合が切断されることで引き起こされる。化学結合を切断する因子としては，熱的因子，機械的因子，光化学的因子，放射線化学的因子，化学薬品による因子などがある。これらの因子による高分子の分解反応においては，お互いに関係がある場合が多い。たとえば，光化学的因子による分解においては，分解反応の開始は光によって引き起こされるが後続反応は暗下でおこる熱反応である。したがって分解反応を理論的に取り扱うには分解反応を誘起する因子ごとに述べることは困難である。ここでは分解反応の形態に着目し，ランダム分解反応，解重合型連鎖分解反応および架橋が併発する分解反応について，その理論的取り扱いを述べる[1〜5]。

3.2 分解反応の理論

3.2.1 ランダム分解反応

直鎖状の高分子に関しては，ランダムな主鎖切断が起こると切断反応の収率が低くても，最初の分子量が大きければ，平均分子量が著しく低下する。したがって，主鎖切断の生成を証明するためや，反応機構を解明するためには分子量測定が有効である。通常，合成高分子は種々の分子量をもつ高分子化合物の混合物である。枝分かれがない鎖状高分子に関しては，主鎖がランダム切断した場合の分子量分布の変化は理論的に取り扱うことができる。鎖状高分子において，ランダムな主鎖切断が起こると，その数平均分子量 Mn は，分子当たりの切断数 α が増大するとともに（1）式に従って減少する。

$$\frac{Mn}{Mn_0} = \frac{1}{1+\alpha} \tag{1}$$

ここで Mn_0 は分解反応前の数平均分子量である。一方，重量平均分子量 Mw については，（2）式のように示される。

$$\frac{Mw}{Mw_0} = \frac{2}{\alpha \sigma_0} \left\{ 1 + \frac{1}{\alpha} \left[\left(1 + \frac{\alpha}{b_0}\right)^{-b_0} - 1 \right] \right\} \tag{2}$$

ここで Mw_0 は最初の重量平均分子量を示し，$\sigma_0 = Mw_0/Mn_0$，$b_0 = Mn_0/(Mw_0-Mn_0)$ である。種々の σ_0 値を有する高分子について，いろいろな分解率での高分子の分子量を求め，Mw/Mw_0 対 Mn/Mn_0 のプロットを行うと図1のような理論曲線が得られる。σ_0 値が既知の高分子の分解

---

[*] Masamitsu Shirai　大阪府立大学大学院　工学研究科　応用化学分野　教授

を行った場合について，Mw/Mw_0 対 Mn/Mn_0 のプロットが理論曲線に合致すればその分解はランダム分解であることがわかる。

3.2.2 解重合型連鎖分解

高分子の主鎖切断にはランダム分解のほかに，解重合により分解するタイプがある。解重合で分解する場合は切断が主鎖のどこか一箇所で起こると，末端から順次モノマーが脱離する。ポリメタクリル酸メチル（PMMA）やポリ（α-メチルスチレン）（PαMST）の熱分解は解重合型で起こる代表例である。解重合反応は重合反応の逆反応である。ある高温度では重合反応と解重合反応が同時に進行し，平衡状態になる（式3）。

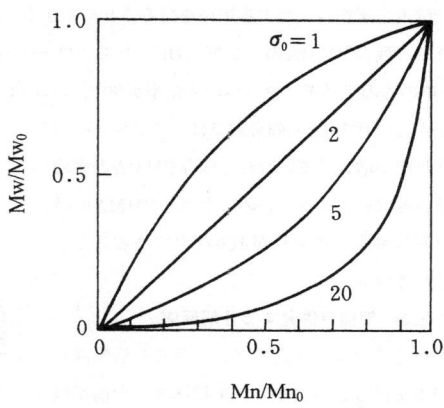

図1　Mw/Mw_0 対 Mn/Mn_0 プロットの理論曲線

$$M_n^* + M \rightleftarrows M_{n+1}^* \tag{3}$$

このような平衡状態をもたらす温度を天井温度（Tc）と呼ぶ。たとえば，PMMA の Tc は 220 ℃，PαMST の Tc は 7 ℃である。図2に示すように，解重合反応は重合反応の逆反応であるので，高分子の熱分解機構と重合熱の間には深い関係がある。一般に，解重合型で熱分解する高分子は，その高分子を合成する時の重合熱が小さい。メタクリル酸メチルと α-メチルスチレンの重合熱は，それぞれ 54.8KJ/mol と 35.1KJ/mol である。一方，ランダム分解型のポリスチレン（PST），ポリアクリル酸メチル（PMA）あるいはポリエチレン（PE）を得るためにそれぞれ対応するモノマーを重合させた時の重合熱は，それぞれ，69.8KJ/mol，84.8KJ/mol および 92.9KJ/mol である。PMMA や PαMST を熱分解すると，ほぼ 100 ％の収率でモノマーを得ることができる。しかし，PST の熱分解でのスチレンモノマーの収率は 50 ％程度であり，PMA および PE のよう

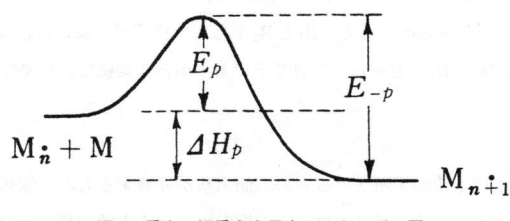

図2　重合・解重合素反応のエネルギー図

なポリオレフィンの熱分解では，モノマーはほとんど回収できない。

解重合型で分解する高分子については，熱分解途中で残存する高分子の分子量を測定することで解重合連鎖長に関する知見を得ることができる。重合度が異なるPMMAを270℃で熱分解したときの残存PMMAの重合度（DP）とモノマーへの変換率の関係は図3のようになる。重合度が440のものではモノマーへの変化率が90％においても残存PMMAの重合度は変化しない。重合度が大きいPMMAの熱分解では，モノマーへの変化率が増大するにつれて残存PMMAの平均重合度は低下する。このことは，PMMAの熱分解の解重合連鎖長が400程度であることを示している。

3.2.3 架橋が併発する分解反応

高分子の分解反応では，ラジカル活性種中間体を経るものが多く，主鎖切断と架橋が競争的に起こる場合がある。このような現象は紫外線や高エネルギーの放射線による高分子の分解で見られる。分解と架橋が同時に起こる場合に，それぞれの反応の割合を定量的に評価する方法として，Charlesby-Pinner式（式4）を用いた解析が有用である。

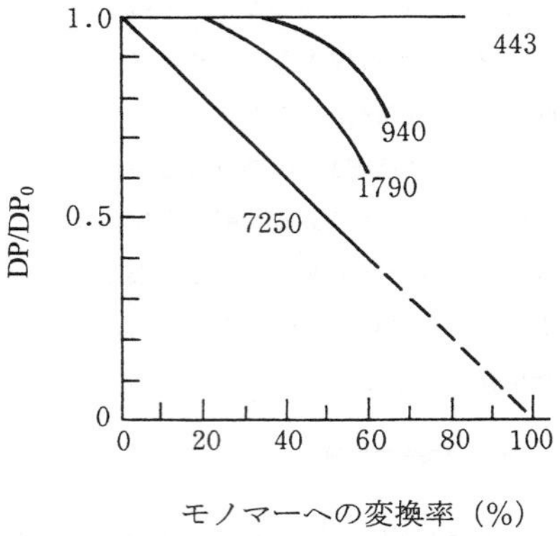

図3 PMMAの熱分解
図中の数字は分解前の試料の平均重合度（Dp_0）を示す。

$$S + S^{1/2} = \frac{G(S)}{2G(X)} + \frac{100 N_A}{Mw_0 G(X) mD} \tag{4}$$

ここで，Sは反応で生成した不溶分率，$G(S)$は主鎖切断の収率，$G(X)$は架橋の収率，Mw_0は重量平均分子量，mは高分子の繰り返し単位の分子量，N_Aはアボガドロ定数，Dは照射線量を示す。重量平均分子量が既知の高分子に放射線を照射し，照射線量Dと不溶化分率Sを求める。得られたデータについて，$S+S^{1/2}$対$1/D$のプロットを行い，得られた直線の傾きと切片から$G(S)$値と$G(X)$値を求めることができる。種々の高分子の主鎖切断収率と架橋収率を表1に示す。高分子主鎖が−$(CH_2-CR_1R_2)$−で示されるとき，R_1とR_2がともにH原子でない場合は主鎖切断が優先する傾向にある。一方，R_1とR_2のどちらかがH原子である場合は架橋反応が優先する傾向にある。

3.3 おわりに

高分子の分解には直接主鎖が切断されるもの，側鎖基が分解するもの，側鎖基の分解から誘発される主鎖切断などがある。ここでは，熱，光，放射線による主鎖切断について，その量論的な

第1章 高分子の架橋と分解

表1 種々の高分子の放射線による主鎖切断と架橋の収率

高分子	G (S)	G (X)	主な過程
Polyethylene		2.0	架橋
Polyisobutene	1.5〜5.0	<0.05	切断
Polystyrene	0.02	0.03	架橋
Poly (α-methylstyrene)	0.25		切断
Poly (methyl methacrylate)	1.2〜2.6		切断
Polytetrafluoreethylene	0.1〜0.2		切断
Poly (ethylene oxide)	2.0	1.8	架橋
Poly (phenyl vunyl ketone)	0.35		切断
Poly (propylene sulfide)	0.4〜0.7		切断
Polydimethylsiloxane	0.07	2.3	架橋
Poly (butene-1sulfone)	12.2		切断
Poly (hexane-1sulfone)	10.7		切断
Cellulose	3.3〜6.8		切断

取り扱いを述べた。ここでは述べなかったが、ずり応力の影響下でおこる機械的因子による高分子の分解も重要である。このような分解は固体のみならず、高分子溶液を高速攪拌した場合や超音波振動を与えた場合にも起こる。また、当然のことながら、化学薬品による高分子の分解もある。このように、高分子の分解反応はいろいろな因子により引き起こされるので、これらを一元的に取り扱うことは困難である。それぞれのケースに対応した理論的取り扱いが必要である。

文　　献

1) W.Schnabel著，相馬純吉訳，高分子の劣化，裳華房（1993）
2) 大澤善次郎，高分子の光劣化と安定化，シーエムシー出版（1986）
3) 大澤善次郎，高分子材料の劣化と安定化，シーエムシー出版（1990）
4) 西原　一監修，高分子の長寿命化技術，シーエムシー出版（2001）
5) 村橋俊介，高分子化学，共立出版（1993）

4 分解反応の分類

白井正充*

4.1 はじめに

　高分子の分解反応は，高分子を構成している原子間の結合エネルギーに相当する，あるいは上回る熱や光・放射線などのエネルギーが外部から加えられたときに起こる。高分子の分解反応に関してはいろいろな視点で分類することができる。ここでは，まず分解反応を連鎖型反応と非連鎖型反応の2タイプに分類し，ついでそれぞれのタイプの反応を引き起こす因子として光および熱が関与する場合について，具体例をあげて説明する[1〜5]。

4.2 連鎖型分解反応

4.2.1 光による連鎖型分解反応

　光により誘起される連鎖型分解反応の例としては，ポリエチレンやポリプロピレンの光酸化分解がある。これらのポリオレフィン類では，成形加工時の熱酸化により，微量のヒドロペルオキシドおよびペルオキシド基が生成すると考えられている。これらは不安定であり，光でも容易に開裂し，活性なラジカルを与えるので高分子の光酸化劣化の重要な開始種になる。生じた活性なアルコキシラジカル（RO・）はβ-位結合の開裂，他の高分子からの水素原子の引き抜き，および他のヒドロペルオキシド基の分解を誘発しながら連鎖的に高分子の分解を起こす（スキーム1）。

　汎用の高分子ではないが，マイクロエレクトロニクス用のフォトレジスト材料では，高感度化を達成するために光誘起される連鎖反応が利用されている。この系では，スキーム2に示すように，アルキル基で保護したフェノール性OH基やCOOH基を側鎖に有する高分子に，光によって強酸を発生する光酸発生剤を極少量加え，光照射後加熱する。光で生成した酸が触媒となり脱保護反応が連鎖的に進行する。光照射した部分だけがアルカリ水溶液に溶解し，ポジ型のパターンが得られる。これは，高分子の連鎖型分解を積極的に活用する例である[6]。

4.2.2 熱による連鎖型分解反応

　熱による連鎖型分解反応の例としては，ポリメタクリル酸メチル（PMMA）の解重合型熱分解反応がある。ラジカル重合で得たPMMAは不均化停止により，二種類の異なった構造の末端基を有している。また，再結合停止が起こった場合は頭−頭構造が主鎖中に生成している。ラジカル重合で得たPMMAの窒素雰囲気下での熱分解は，熱重量分析の結果から，165，270，および360℃の三段階に分かれて進行することが知られている。165℃での分解は再結合停止により生成した頭−頭結合の切断によるものである。また，270℃での分解はビニリデン型末端からの

---

*　Masamitsu Shirai　大阪府立大学大学院　工学研究科　応用化学分野　教授

第1章 高分子の架橋と分解

スキーム1 ポリプロピレンの光自動酸化

　ものであり，360℃での分解は通常の頭一尾結合の高分子鎖のランダム切断によるものである。高分子鎖が1箇所で切断されると，末端から順次モノマーが脱離する。高分子鎖中にモノマー単位の異種配列がなければ，その高分子鎖はすべてモノマーに変換される（スキーム3）。
　ポリ塩化ビニルの窒素雰囲気下での熱分解による脱HCl反応による2重結合の生成は連鎖型分解反応の例である。この場合，解重合は起こらない。200℃よりも少し高い温度での加熱により，C-CやC-Hに比べて比較的弱いC-Cl結合が解裂し，Clラジカルが生成する。このものが連鎖型分解反応を開始する（スキーム4）。

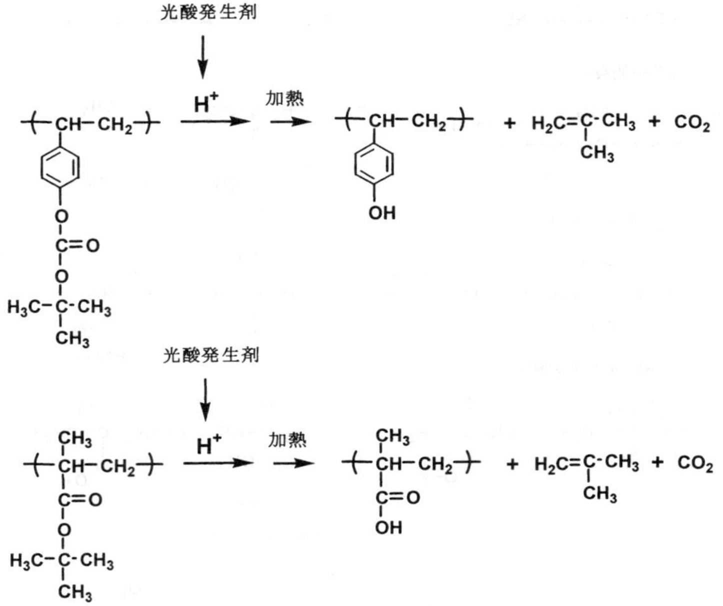

スキーム2　光誘起脱保護基反応

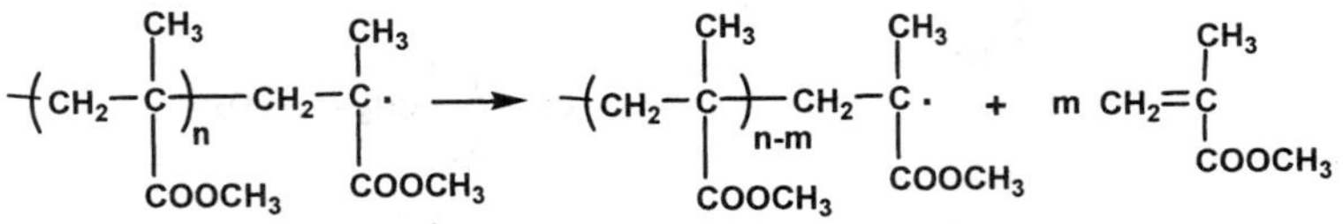

スキーム3　PMMAの解重合

4.3 非連鎖型分解反応

4.3.1 光による非連鎖型分解反応

　光による非連鎖型分解反応には多くの例があるが，ここではカルボニル基を含む高分子の光分解を例にあげる。主鎖や側鎖にカルボニル基を有する高分子に紫外線を照射すると，カルボニル基が光吸収し，Norrish I 型および Norrish II 型と呼ばれる反応により主鎖切断や側鎖の脱離がおこる（スキーム5）。このような高分子の光分解においてはその固体物性が重要な因子になる。高分子の固体物性はガラス点転移温度（T_g）や融点（T_m）を境にして著しく変化する。例えば，カルボニル基を有するエチレン――酸化炭素共重合体の Norrish II 型の光反応の量子収率（Φ）

第1章 高分子の架橋と分解

スキーム4 ポリ塩化ビニルの脱HCl反応

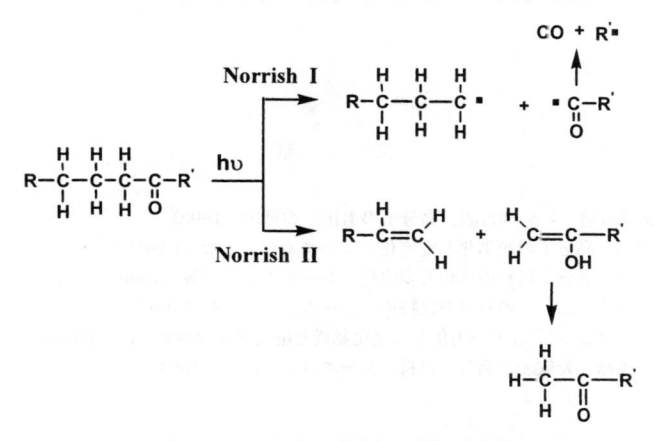

スキーム5 カルボニル基含有高分子の光分解

は－25～－50℃および－95～－150℃の間で変化する。炭素数20～40のセグメントの運動が始まる温度（Tg）は－30℃であり，これより高温になるとΦ値は大きくなり，一定になる。この値は液相での値とほぼ等しい。Norrish II型反応が起こるためには局部的な主鎖の運動が必要である事がわかる。スチレン－フェニルビニルケトン共重合体についても同様の結果が得られている。しかし側鎖が回転する温度（Tγ，－110℃）以下ではNorrish II型反応は起こらない。高

分子固体の反応では高分子主鎖の動きが重要な因子になる。

4.3.2 熱による非連鎖型分解反応

熱による非連鎖型で分解する高分子は多い。解重合型で分解しない高分子はすべてこの型に分類でき，多くの汎用高分子はこの型で分解する。分解反応機構は複雑であり，個々の高分子について研究されている。これらの研究は高分子のケミカルリサイクルやサーマルリサイクルに関連して重要である。

4.4 おわりに

高分子の分解反応の分類について述べた。多岐にわたる分解反応を一義的に分類することは容易ではないが，ここでは反応のタイプとそれらの反応を引き起こす因子に注目して分類した。反応を引き起こす因子については光や熱の他にも放射線，化学薬品，機械的摩擦や超音波振動などがある。従来より，高分子材料の劣化と安定化あるいは長寿命化の観点から，分解反応の研究がなされてきた。しかし，最近では高分子の分解反応を積極的に活用し，高分子の高機能化やリサイクルにつなげる試みがなされている。研究の進展が期待されている。

文　　献

1) W. Schnabel 著，相馬純吉訳，高分子の劣化，裳華房（1993）
2) 大澤善次郎，高分子の光劣化と安定化，シーエムシー出版（1986）
3) 大澤善次郎，高分子材料の劣化と安定化，シーエムシー出版（1990）
4) 西原　一監修，高分子の長寿命化技術，シーエムシー出版（2001）
5) 白井正充，第23回高分子の劣化と安定化基礎と応用講座要旨集，p.7（2003）
6) 市村國宏監修，光機能と高分子材料，シーエムシー出版（1991）

第2章　架橋剤と架橋反応

石倉慎一*

1　はじめに

　架橋とは高分子化合物が通常共有結合により分子間に結合を生じる結果，三次元化ポリマー（もしくは網目状ポリマー）が形成され不溶・不融化することをいう。結合を生じる反応はすべて適用できるが，通常は熱や光や触媒の作用により引き起こされる反応が利用される。自己反応性の官能基を有する高分子化合物や，官能性が2より大きなモノマーでは，それらを単独で反応させ三次元化ポリマーを得ることが出来る。それ以外の多くの架橋系では架橋剤が用いられる。

　1834年にN. Haywardが天然ゴムに硫黄を加えて加熱するとゴムの弾性が高くなることを見いだした。これが架橋剤による高分子化合物の三次元化の最初の例である。1905年のG.Oenslagerによる有機加硫促進剤の開発も相まって，今日では巨大なゴム産業が形成されている。1910年にBakelandがフェノール樹脂の工業生産を開始した。以降尿素樹脂やメラミン樹脂の開発を経てエポキシ樹脂やイソシアナート化合物の実用化に至り，今日ではあらゆる産業分野で架橋剤を用いた三次元化ポリマーが利用されているといっても過言ではない。

　この章では，架橋剤を種類別に挙げその架橋反応について述べていく。あわせて架橋剤と組み合わせる高分子化合物について簡単に触れる。

2　常温または加熱による架橋反応

2.1　フェノール樹脂

　フェノールと塩基触媒と過剰のフォルムアルデヒドの反応でレゾール樹脂が生成する[1]。メチレン結合かメチロール結合を通じて芳香環が結合され高分子化していく。原料配合を調整することにより流動性のあるフェノール樹脂を得ることが出来る。

　ブチルゴムの耐熱性配合用架橋剤として著名である[2]。ニトリル基やメルカプト基やカルボキシル基を有する高分子化合物と反応し，また加熱により自己縮合して三次元化し不溶化する。

---

*　Shinichi Ishikura　（元）日本ペイント㈱　R＆D本部　参与

[Reaction scheme showing phenol + CH₂O → hydroxymethylphenol → (with Phenol) → dimer → (CH₂O) → further products → resole resins]

resole resins

2.2 エポキシ樹脂

エポキシ基(オキシラン基)はいろんな試薬と開環反応するので,エポキシ基を有する各種化合物や樹脂が架橋剤として用いられる。具体的にはビスフェノールAとエピクロロヒドリンの反応生成物[3]

$$\underset{CH_2}{\overset{O}{\diagdown}}\!\!-\!\!CHCH_2\!\!-\!\!O\!\!-\!\!\overset{CH_3}{\underset{CH_3}{C}}\!\!-\!\!\!\!-\!\!OCH_2CHCH_2\!\!-\!\!\underset{n}{\!\!}\!\!O\!\!-\!\!\overset{CH_3}{\underset{CH_3}{C}}\!\!-\!\!\!\!-\!\!OCH_2CH\!\!-\!\!CH_2$$

where n is 1–10.

や,脂環式エポキシ樹脂,脂肪族エポキシ樹脂,エポキシ変性乾性油,メタクリル酸グリシジル(GMA)の共重合体,ノボラック樹脂とエピクロロヒドリンの反応生成物などが挙げられる。

エポキシ基は活性水素化合物と付加反応をするときは官能性(f)=1であるが,開環重合時にはf=2である。よく用いられる活性水素化合物はアミン類やカルボン酸類である。

$$R\!\!-\!\!\underset{}{\overset{O}{\diagdown}}\!\!CH\!\!-\!\!CH_2 + HA \longrightarrow R\!\!-\!\!\overset{OH}{\underset{}{C}}HCH_2\!\!-\!\!A \qquad f = 1$$

$$2\,R\!\!-\!\!\underset{}{\overset{O}{\diagdown}}\!\!CH\!\!-\!\!CH_2 \longrightarrow R\!\!-\!\!\underset{O}{\overset{}{C}}H\!\!-\!\!CH_2\!\!-\!\!\underset{}{\overset{CH_2\!\!-\!\!CH\!\!-\!\!R}{|}} \qquad f = 2$$

第2章 架橋剤と架橋反応

2.2.1 アミンとの反応

1級，2級アミンとも付加反応を行うので，1級アミンは2官能性として作用する。

$$-\overset{O}{\overset{|}{CH}-CH_2} + RNH_2 \longrightarrow -\overset{OH}{\overset{|}{CH}}-CH_2-NHR$$

$$-\overset{O}{\overset{|}{CH}-CH_2} + R_2NH \longrightarrow -\overset{OH}{\overset{|}{CH}}-CH_2-NR_2$$

架橋剤としてジエチレントリアミン（f=5），トリエチレンテトラミン（f=6），m-フェニレンジアミン（f=4），メチレンジアニリン（f=4）などが用いられる。反応性は脂肪族アミンのほうが芳香族アミンよりも高い[4]。

o-（ジメチルアミノメチル）フェノールやトリス-（ジメチルアミノメチル）フェノール等の3級アミン類はエポキシ基の開環重合の触媒となる。この時分子中に二つ以上のエポキシ基を有する化合物を使用すると，架橋したポリエーテルが得られる[5]。

アミン末端ポリアミドとの組成物はエポキシ接着剤として使用される[6]。

2.2.2 酸触媒

ルイス酸（三フッ化ボロン，塩化第二錫，塩化アルミ）は架橋反応触媒となる[7]。三フッ化ボロンとモノエチルアミンの錯体がよく用いられる。貯安性が良好で加熱によりエポキシ基のカチオン重合が起こる[8]。

$$-\overset{O}{\overset{|}{CH}-CH_2} + BF_3RNH_2 \longrightarrow -\overset{OH}{\overset{|}{CH}}-\overset{+}{CH_2}\cdot BF_3R\bar{N}H$$

$$-\overset{O}{\overset{|}{CH}-CH_2} + -\overset{OH}{\overset{|}{CH}}-\overset{+}{CH_2}\cdot BF_3R\bar{N}H \longrightarrow -\overset{OH}{\overset{|}{CH}}-CH_2-O-CH-\overset{+}{CH_2}\cdot BF_3R\bar{N}H$$

下記の塩は光分解してカチオン重合を起こさせる酸を発生する。

$ArN=N^+MF_6^-$　　　　　　　　$(Ar)_2I^+MF_6^-$

aryldiazonium salt　　　　　　diaryliodonium salt

ここで，MはB，P，As，Sbであり，触媒活性はSb＞As＞Bの順である。塩の光感度は芳香環への置換基の導入や増感剤（アクリジンやベンゾフラビン）の併用により調整される。六フッ化金属のトリアリルスルフォニウム塩も光カチオン開始剤として用いられる[9]。

2.2.3 カルボン酸との反応

ポリカルボン酸やジカルボン酸が用いられる[10]。工業的にはGMA共重合樹脂系粉体塗料の架橋に応用されている。

$$-\text{CH}-\text{CH}_2 + \text{RCOOH} \longrightarrow -\text{CH}-\text{CH}_2-\text{O}-\overset{\text{O}}{\underset{}{\text{C}}}-\text{R}$$
(エポキシ環 + カルボン酸 → ヒドロキシエステル)

2.2.4 カルボン酸無水物との反応

フタール酸無水物,ベンゾフェノンテトラ酸無水物,ヘキサヒドロフタール酸無水物,ピロメリット酸ジ無水物が架橋剤として用いられる[11]。トリエチルアミンやルイス酸が触媒となる[12]。エポキシ樹脂中の水酸基も酸無水物と反応するので架橋反応は複雑である。

(無水物 + エポキシ → ジエステル架橋構造の図)

2.2.5 ジシアンジアミド (DICY) との反応[13]

$(\text{H}_2\text{N})_2\text{C}=\text{N-CN}$

DICY

ジシアンジアミドは融点が高いため130℃以下ではエポキシ化合物と反応しない。熱潜在性の反応試薬となり,2〜6部配合してポットライフは数ヶ月確保できるが,150℃以上に温度を上げると30分程度で架橋反応が終了する[14]。

2.2.6 ケチミンとの反応

$\text{R}_2\text{C}=\text{N-R-N}=\text{CR}_2$

diketimine

ブロックアミンであり,湿気などの水分と反応してアミンを再生する。湿気硬化の二液型塗料として応用される。

その他エポキシ樹脂との反応にはポリメルカプタンやポリフェノールやイソシアナートが使用される。

2.3 アミノ樹脂

通常ウレア (f=4) やメラミン (f=6) やベンゾグアナミン (f=6) とフォルムアルデヒドを弱アルカリ触媒の存在下で縮合させて調製される[15]。

$$\text{H}_2\text{N}-\overset{\text{O}}{\underset{}{\text{C}}}-\text{NH}_2 + 2\,\text{CH}_2\text{O} \longrightarrow \text{HOCH}_2\text{NH}-\overset{\text{O}}{\underset{}{\text{C}}}-\text{NHCH}_2\text{OH} \xrightarrow{2\,\text{CH}_2\text{O}} \begin{matrix}\text{HOCH}_2\\ \text{HOCH}_2\end{matrix}\text{N}-\overset{\text{O}}{\underset{}{\text{C}}}-\text{N}\begin{matrix}\text{CH}_2\text{OH}\\ \text{CH}_2\text{OH}\end{matrix}$$

dimethylol urea   tetramethylol urea

第2章 架橋剤と架橋反応

[melamine + 6 CH$_2$O → hexamethylol melamine の反応式]

melamine → hexamethylol melamine

上記のN-メチロール基は酸触媒の存在下で加熱により縮合反応をし三次元化していく[16]。

HOCH$_2$NH—CO—NHCH$_2$OH $\xrightarrow{-H_2O}$ CH$_2$=N—CO—N=CH$_2$ →
dimethylene urea

—CH$_2$—N—CO—N—CH$_2$—N—CO—N=CH$_2$ →

$\downarrow$

—CH$_2$—N—CO—N—CH$_2$—N—CO—N—CH$_2$
                                    |
                                    CH$_2$=N
                                    |
                                    C=O
                                    |
                                    N—

塗料とした場合, 塗膜の耐熱性と加水分解性はウレア樹脂架橋に比べメラミン樹脂架橋のほうがよい。ベンゾグアナミン樹脂はさらに良好な性質をもたらすがコストが高い。

アミノ樹脂は酸性触媒の存在下で, 水酸基を含有するポリエステル樹脂やアクリル樹脂などの架橋に用いられ, 工業的に重要である。貯安性向上のためにC_1-C_4アルコールでアルキル化される。このようにすると自己縮合性が低くなり水酸基官能性樹脂との反応が優先する[17]。

[hexamethylol melamine + 6 C$_4$H$_9$OH → hexabutoxymethyl melamine の反応式]

[hexabutoxymethyl melamine + HO— の反応式]

27

$$(CH_2OC_4H_9)_2N-\underset{N}{\overset{N}{\underset{\|}{\bigcirc}}}-N\underset{CH_2-O\{}{\overset{CH_2OC_4H_9}{\diagup}} + C_4H_9OH$$
$$\underset{N(CH_2OC_4H_9)_2}{|}$$

メラミン樹脂は 125～160℃×10～30 分の焼き付けに最適で，自動車用塗料はメラミン樹脂を架橋剤としたものが多く用いられる。

2.4 イソシアナート

活性水素と容易に反応する[18]。イソシアナート基自体は一官能性であり，架橋剤として使用するときは，二つ以上のイソシアナート基を有する化合物が，二官能以上の水酸基化合物またはアミン化合物と組み合わせて使用される。それぞれウレタン（カーバメート）結合と尿素結合が形成される[19,20]。

$$-N=C=O + ROH \longrightarrow -NH-\underset{urethane}{\overset{O}{\overset{\|}{C}}}-O-R$$

$$-N=C=O + RNH_2 \longrightarrow -NH-\underset{ureas}{\overset{O}{\overset{\|}{C}}}-NH-R$$

芳香族イソシアナートとしてトルエンジイソシアナートや 4,4'-ジフェニルメタンジイソシアナートがあり，反応性が高くコストが安い。脂肪族イソシアナートとしてはイソホロンジイソシアナート，水添 4,4'-ジフェニルメタンジイソシアナート，ヘキサメチレンジイソシアナートの三量体，イソシアナートエチルメタクリレートの共重合体などが知られている。芳香族イソシアナートと比べ反応性が低くコスト高であるが，耐光性に優れている。

イソシアナートは水酸基化合物やアミノ化合物以外にもフェノール，酸，ヒドラジン，アミド，尿素，ウレタン，オキシランなどと反応する。反応の結果形成される架橋結合の熱安定性は以下の順である[21]。

allophanate<biuret<urethane<urea<carbodiimide<imide<isocyanurate

以下，個々の反応について具体的に述べる。

2.4.1 水との反応

カルバミン酸を経てアミンとなる。

$$C_6H_5N=C=O + H_2O \rightarrow \underset{pheylcarbamic\ acid}{C_6H_5NHCOOH} \rightarrow C_6H_5NH_2 + CO_2$$

第2章　架橋剤と架橋反応

イソシアナート過剰の時はアミンがさらに反応して尿素を生成する。この反応は湿気硬化のウレタン塗料やウレタン発泡に応用されている[22,23]。

2.4.2　水酸基含有樹脂との反応

代表的な水酸基含有樹脂としてポリエステル樹脂[24]とポリエーテル樹脂[25]とアクリル樹脂が挙げられる。前述のようにウレタン結合を形成して架橋体となる。これら樹脂の製法につきごく簡単に触れる。ポリエステル樹脂はアルコール過剰で重縮合を行う。ポリエーテル樹脂はグリセロールやサッカローズなどの多価水酸基化合物を出発物質としてエチレンオキシドやプロピレンオキシドを開環重合させる。アクリル樹脂は水酸基を含有するモノマーを共重合させる。アクリル樹脂は色安定性や耐光性やその他の諸性質に優れ，塗料ではよく使用される[26]。

水酸基含有樹脂と過剰のイソシアナートを反応させるとイソシアナート末端のプレポリマーが出来る。これはトリオールと反応して架橋構造体を与える[27]か，または125～150℃で自己架橋する[28]。

$$-NCO + -NH-\overset{\overset{O}{\|}}{C}-O- \longrightarrow \begin{array}{c} -N-\overset{\overset{O}{\|}}{C}-O- \\ | \\ -NH-C=O \end{array}$$
allophanate

2.4.3　アミン

アミンと反応して尿素結合を形成し，さらに高温で反応してビューレット結合を形成する[29]。

$$RNCO + RNH_2 \longrightarrow RHN-\overset{\overset{O}{\|}}{C}-NHR$$
urea

$$RNCO + RHN-\overset{\overset{O}{\|}}{C}-NHR \longrightarrow \begin{array}{c} RHN-\overset{\overset{O}{\|}}{C}-NR \\ | \\ O=C-NHR \end{array}$$
biuret

2.4.4　環化三量化

アミンやアルキル金属などの触媒存在下でイソシアナートは環化三量化してイソシアヌレートを与える[30]。1,6-ヘキサンジイソシアナートの環化三量体は重要な架橋剤である[31]。

2.4.5　ブロックイソシアナート

ブロックイソシアナートは加熱時にフリーのイソシアナートを発生するもので，イソシアナート架橋系の1液化のために用いられる[32]。塗料ではカチオン電着塗料の架橋剤の原料として大量に使用されている。ブロック化はイソシアナートとカプロラクタム，フェノール，三級アルコー

ル，オキシムなどを反応させて行われる。

$$3\ RNCO \longrightarrow \text{isocyanurate}$$

$$RNCO + (CH_3)_3COH \rightleftharpoons RNH-\overset{O}{\underset{\|}{C}}-OC(CH_3)_3$$

$$RNCO + HN\overset{\displaystyle\overset{O}{\|}}{\underset{}{C}}(CH_2)_5 \rightleftharpoons RNH-\overset{O}{\underset{\|}{C}}-N\overset{\displaystyle\overset{O}{\|}}{\underset{}{C}}(CH_2)_5$$

$$RNCO + C_6H_5OH \rightleftharpoons RNH-\overset{O}{\underset{\|}{C}}-OC_6H_5$$

$$RNCO + HON=C\begin{matrix}C_2H_5\\CH_3\end{matrix} \rightleftharpoons RNH-\overset{O}{\underset{\|}{C}}-O-N=C\begin{matrix}C_2H_5\\CH_3\end{matrix}$$

ブロックイソシアナートの解離温度は以下の順である[33]。

　アルコール＞ラクタム＞フェノール＞オキシム

2.5　架橋剤と組み合わせる高分子化合物

　架橋反応は産業界の様々なところで利用されている。今日では多様な架橋剤が開発され使用されているが，架橋に供される高分子化合物も多種多様である。

2.5.1　不飽和ポリエステル樹脂

　不飽和ポリエステル樹脂は通常無水マレイン酸とジオールの共縮合で調製される[34]。

$$\begin{matrix}CH\\\|\\CH\end{matrix}\begin{matrix}O\\\|\\C\\\\C\\\|\\O\end{matrix}O + HOCH_2-CH_2OH \longrightarrow \begin{matrix}CH\\\|\\CH\end{matrix}\begin{matrix}COOCH_2-CH_2O-\\\\COOCH_2-CH_2O-\end{matrix}$$

linear unsaturated polyester

　この樹脂にスチレンなどのモノマーとラジカル開始剤を配合した組成物は，加熱することによ

りラジカル連鎖付加機構で架橋する。樹脂の調整時に共縮合モノマーを選んだり，組成物のモノマー種を選択することで，架橋体の性質が調整できる。

2.5.2 アルキド樹脂

ポリエステル樹脂の製造時に天然乾性油を配合して得られる。トリグリセライドのエステル交換により油が樹脂に取り込まれる[35]。

$$CH_2-O-\underset{O}{\overset{O}{C}}-R \quad CH_2-O-\underset{O}{\overset{O}{C}}-R$$

側鎖に導入された不飽和基同士が空気酸化により反応して架橋する[36]。常温乾燥型の塗料に用いられる。

$$-CH_2-CH=CH-CH_2- \xrightarrow{O_2} -CH_2-CH=CH-CH_2- \longrightarrow$$
$$\qquad\qquad\qquad\qquad\qquad\qquad\quad\overset{|}{OOH}$$

$$-CH-CH=CH-CH_2- + \cdot OH$$
$$\overset{|}{O\cdot}$$

$$-CH_2-CH=CH-CH_2- + \cdot OH \longrightarrow -CH_2-CH=CH-\overset{\cdot}{CH}- + H_2O$$

$$-CH_2-CH=CH-\overset{\cdot}{CH}- + O_2 \longrightarrow -CH_2-CH=CH-CH-$$
$$\qquad\qquad\qquad\qquad\qquad\qquad\qquad\qquad\overset{|}{OO\cdot}$$

$$-CH_2-CH=CH-CH_2- + RO\overset{\cdot}{O} \longrightarrow -CH_2-CH=CH-\overset{\cdot}{CH}- + ROOH$$

$$2 -CH_2-CH=CH-\overset{\cdot}{CH}- \longrightarrow -CH_2-CH=CH-CH-$$
$$\qquad\qquad\qquad\qquad\qquad\qquad\qquad\qquad\overset{|}{-CH_2-CH=CH-CH-}$$

2.5.3 シリコーン樹脂

シラノールは酸触媒の存在下，室温で迅速に反応する。この反応は接着剤やシーラーで実用化されている[37]。

$$2\ CH_3-\underset{O}{\overset{O}{Si}}-OH \longrightarrow CH_3-\underset{O}{\overset{O}{Si}}-O-\underset{O}{\overset{O}{Si}}-CH_3 + H_2O$$

シラノール架橋系の一液化のためにアセトキシ誘導体が使用される。湿気に触れると室温で加

水分解反応を起こす[38]。生成する酢酸はシラノール基縮合の触媒となる。一液型室温硬化シリコーンの基礎反応である。

$$CH_3-\underset{\underset{O}{|}}{\overset{\overset{O}{|}}{Si}}-O-\overset{\overset{O}{\|}}{C}-CH_3 + H_2O \longrightarrow CH_3-\underset{\underset{O}{|}}{\overset{\overset{O}{|}}{Si}}-OH + CH_3COOH$$

トリアルコキシシランの反応はシランカップリング剤として応用されている[39]。

$$3\ CH_3-\underset{\underset{O}{|}}{\overset{\overset{O}{|}}{Si}}-OH + RO-\underset{\underset{OR}{|}}{\overset{\overset{OR}{|}}{Si}}-R \longrightarrow CH_3-\underset{\underset{O}{|}}{\overset{\overset{O}{|}}{Si}}-O-\underset{\underset{O}{|}}{\overset{\overset{O}{|}}{Si}}-R$$

（右側に $-O-\underset{|}{\overset{CH_3}{Si}}-O-$ および $-O-\underset{|}{\overset{|}{Si}}-O-$、$CH_3$ 構造）

ポリジメチルシロキサンは過酸化物で架橋する。

$$CH_3-\underset{\underset{O}{|}}{\overset{\overset{O}{|}}{Si}}-CH_3 + RO\cdot \longrightarrow CH_3-\underset{\underset{O}{|}}{\overset{\overset{O}{|}}{Si}}-CH_2\cdot + ROH$$

2.5.4 アクリル樹脂

側鎖に各種の官能基を有するアクリル樹脂が下記の官能基モノマーの共重合により調製できる[40〜43]。

$$CH_2=\underset{\underset{CH_3}{|}}{C}-\overset{\overset{O}{\|}}{C}-OCH_2CH_2OH$$
2-hydroxyethyl methacrylate

$$CH_2=\underset{\underset{CH_3}{|}}{C}-\overset{\overset{O}{\|}}{C}-OCH_2\underset{\underset{CH_3}{|}}{C}HOH$$
2-hydroxypropyl methacrylate

$$CH_2=CH-\overset{\overset{O}{\|}}{C}-NHCH_2OH$$
N-methylol acrylamide

$$CH_2=\underset{\underset{CH_3}{|}}{C}-\overset{\overset{O}{\|}}{C}-NHCH_2OC_4H_9$$
N-butoxymethyl methacrylamide

$$CH_2=\underset{\underset{CH_3}{|}}{C}-\overset{\overset{O}{\|}}{C}-O-CH_2CH_2N\underset{CH_3}{\overset{CH_3}{<}}$$
dimethylaminoethyl methacrylate

第2章 架橋剤と架橋反応

$$CH_2=C(CH_3)-C(=O)-OCH_2CH-CH_2(O)$$
glycidyl methacrylate

$$CH_2=C(CH_3)-C(=O)-OCH_2CH_2N=C=O$$
isocyanatoethyl methacrylate

アクリル樹脂の性質は共重合モノマーの選択により調整される。スチレンやメタクリル酸メチルは高Tgの剛直性モノマーであり，低Tg耐衝撃性モノマーであるアクリル酸ブチルやアクリル酸2-エチルヘキシルなどと組み合わせて，樹脂の物性値が調節される。樹脂の分子量は開始剤の種類や量とか反応温度により異なるが，さらに便利には連鎖移動剤を使用して調整される。塗料用では溶液重合でMw＝5,000～20,000に調整するが，最近は固形分濃度を上げることが要望され，より低分子量にすることが多い。架橋剤で架橋する場合が多いが単独で自己硬化するようにして使用される例もある。

(1) **水酸基官能性アクリル樹脂**

5～20％の水酸基モノマーを共重合して調製する。架橋剤はアミノ樹脂[44]（この場合一液型）やイソシアナート化合物（この場合二液型）が用いられる。

(2) **カルボキシル官能性アクリル樹脂**

1～10％のアクリル酸またはメタクリル酸を共重合して調製する。多くの場合，架橋剤としてエポキシ化合物が用いられ[45]，反応性は水酸基含有樹脂／アミノ樹脂と水酸基含有樹脂／イソシアナートの中間である。

$$\sim\!COOH + CH_2-CH\sim \longrightarrow \sim\!COO-CH_2-CH(OH)\sim$$

また，多価カチオンで架橋し，フロアーポリッシュとして実用化されている。

$$\sim\!COO^-NH_4^+ + Zn^{2+} \longrightarrow \sim\!COO^-Zn^{2+\,-}OOC\sim$$

ポリアジリジン架橋もある。

(3) **アミド官能性共重合体**

N-メチロールアクリルアミドやN-ブトキシメチルアクリルアミドを共重合して調製される。水酸基と反応するが，単独で加熱すると自己縮合反応を起こすので，自己硬化性の樹脂としても用いられる。

(4) **その他**

それぞれ該当するモノマーの共重合によりエポキシ基やイソシアナート基やアジリジン基などをペンダントに導入した反応性のアクリル樹脂が調製できる。

2.5.5 ポリエステル樹脂, ウレタン樹脂

　水酸基を有するポリエステル樹脂がアミノ樹脂やイソシアナート樹脂と組み合わせて, 反応性組成物として使用される。また, アクリル樹脂やポリエステル樹脂は強靱性や可撓性が要求されるときに, イソシアナートで変成してウレタン基を導入して使用する。このような樹脂をウレタン樹脂と称するが, この場合架橋反応性基は通常水酸基である。

2.5.6 側鎖や主鎖に二重結合を持つ高分子化合物

　天然ゴムや合成ゴムとかエチレンやプロピレンの共重合体などの架橋は, エラストマーの品質を調整する上で有用な工業的手段となっている。

　ゴムの加硫は架橋反応のルーツであり, 最も古くに工業化された。以下のように進行する[46]。

$$-CH_2-\underset{\underset{CH_3}{|}}{C}=CH-CH_2- + S_x \longrightarrow \begin{array}{c} -CH_2-\underset{\underset{S_x}{|}}{\overset{\overset{CH_3}{|}}{C}}-\underset{\underset{CH_3}{|}}{\overset{\overset{S_x}{|}}{CH}}-CH_2- \\ -CH_2-CH-\underset{\underset{S_x}{|}}{C}-CH_2- \end{array}$$

よく用いられる重要な架橋剤は過酸化物である。反応はフリーラジカルの反応で, 不飽和二重結合のα位の水素引き抜きから始まり, 以下のように進行する[47]。

$$RO· + -CH_2-\underset{\underset{R}{|}}{C}=CH- \longrightarrow -\overset{·}{CH}-\underset{\underset{R}{|}}{C}=CH- + ROH$$

$$-\overset{·}{CH}-\underset{\underset{R}{|}}{C}=CH- + -CH=\underset{\underset{R}{|}}{C}-CH_2- \longrightarrow \begin{array}{c} -CH-\underset{\underset{}{|}}{\overset{\overset{R}{|}}{C}}=CH- \\ -CH-\underset{\underset{R}{|}}{\overset{\overset{·}{|}}{C}}-CH_2- \end{array}$$

第2章 架橋剤と架橋反応

3 キレート化剤

Al，Ti，Zr のアルコキシドやキレート化合物を架橋剤として用いると，共有結合ではなく配位結合による架橋が形成できる。アルコールやキレート化物を添加することで架橋反応を抑制でき，それらを揮散などにより系中から除外することで，反応を進行させることができる点が特徴である。

最もよく用いられるアルミニウム化合物の例を示す（表1，表2）[48)]。
架橋反応は樹脂中の水酸基やカルボキシル基とのエステル交換反応で進行する。

4 光反応による架橋反応

光反応を応用した架橋はUV硬化塗料・インクなどで利用されてきたが，近年，レリーフ画像形成を目的に電子材料や印刷版の製造になくてはならないものとなり，工業的な重要度を増している。反応は光エネルギーが光活性化合物に吸収されることで始まり，三次元化網目構造が生成することにより高分子材料が不溶化する。光活性化合物とは光開始剤や光架橋剤や光硬化のポリマーを意味し，単量体から高分子を生成する光重合かあるいは高分子間の橋かけ反応が起こる。

表1 アルミニウムアルコキシド

略称	AIPD		AMD	ASBD
化学名	アルミニウムイソプロピレート		モノsec-ブトキシアルミニウムジイソプロピレート	アルミニウムsec-ブチレート
分子式	$(i-C_3H_7O)_3Al$		$(i-C_3H_7O)_2Al\ (sec-C_4H_9O)$	$(sec-C_4H_9O)_3Al$
分子量（計）	204.2		218.2	246.3
形状色相	白色固体		淡黄色粘稠液体	淡黄色粘稠液体
融点（℃）	約131		—	—
沸点（℃）	125-130/4mmHg		140-145/3mmHg	140-145/2mmHg
	135-140/7mmHg			160-165/5mmHg
比重	1.035（20/4）		0.955（50/4）	0.967（20/4）
Al（%）	13.2±0.2		12.4±0.2	11.0±0.2
純分（%）	99以上		99以上	99以上
	（蒸留精製品）		（蒸留精製品）	（蒸留精製品）
溶解度（%）	25℃	50℃	常温	常温
n-ヘキサン	約48	約56	易溶	易溶
ベンゼン	〃39	〃49	〃	〃
トリクレン	〃35	〃56	〃	〃
イソプロパノール	〃4	〃10	〃	〃
その他	非常に加水分解しやすいので湿気に注意が必要			

表2 アルミニウムキレート化合物

製品名	ALCH	ALCH-TR
化学名 構造式	エチルアセトアセテートアルミニウム ジイソプロピレート	アルミニウム トリス(エチルアセトアセテート)
分子量(計)	274.3	414.4
形状, 色相	淡黄色粘稠液体	白色固体
沸点(℃)	165 – 175/3mmHg	170 – 190/2mmHg
融点(℃)		約75
比重	1.035 (25/4)	
Al (%)	9.8±0.3	6.4±0.2
純分(%)	99以上(蒸留精製品)	99以上(蒸留精製品)
溶解度(%)	常温	常温　　　　50℃
n-ヘキサン		約 6 　　 約 28
シクロヘキサン		〃 8 　　 〃 38
ベンゼン		〃 56 　　 〃 60
トルエン	∞	〃 51
キシレン		〃 28 　　 約 43
イソプロパノール		〃 11 　　 〃 34
n-ブタノール		〃 17 　　 〃 42
トリクレン		〃 8 　　 〃 43
四塩化エチレン		〃 17 　　 〃 40
その他	湿気に注意が必要	

$$2 \underset{OH\ OH}{|} \xrightarrow{Ti(OR)_4} \text{[Ti chelate]} + 4ROH$$

$$2 \underset{OH\ OH}{|} \xrightarrow{Al(OR)_3} \text{[Al chelate]} + 3ROH$$

また,次のような架橋反応も可能である.

$$\underset{\substack{OH\ OH \\ COOH}}{|} \xrightarrow{Al(OR)_3} \text{[Al chelate]} + 3ROH$$

第2章 架橋剤と架橋反応

4.1 光ラジカル重合

　光ラジカル重合はラジカル開始剤が光を吸収することによりラジカル種を生成し，それが単量体に付加することにより重合が開始され，連鎖的に進行する。

　光ラジカル重合開始剤の条件は光によるラジカル生成の量子収率が高いことである。異なった生成機構が知られており，代表例を示す[49,50]。

$$I \xrightarrow{h\nu} R\cdot$$

$$R\cdot + M \xrightarrow{k_i} R-M\cdot$$

$$R-M\cdot + M \xrightarrow{k_p} \sim\sim\sim m\cdot$$

$$\sim\sim\sim m\cdot + \sim\sim\sim m\cdot \xrightarrow{k_t} ポリマー$$

(a) ベンゾフェノン

$$BP \xrightarrow{h\nu} {}^1BP^* \longrightarrow {}^3BP^*$$

$${}^3BP^* + R-H \longrightarrow Ph_2\dot{C}(OH) + R\cdot$$

(b) ベンゾインアルキルエーテル

（Norrish Type I 開裂）
(R = i-Pr, n-Bu)

(c) α,α-ジエトキシアセトフェノン

（Norrish Type II 開裂）

(d) ベンゾフェノン-アミン電子移動系

$$BP + (C_2H_5)_3N \xrightarrow{h\nu} Ph_2\dot{C}(OH) + CH_3\dot{C}HN(C_2H_5)_2$$
　　　　　　TEA

(e) 色素(チオニン，メチレンブルー)増感系

$$Dye \xrightarrow{h\nu} {}^1Dye^* \longrightarrow {}^3Dye^*$$

$${}^3Dye^* + CH_3ArSO_2^- \longrightarrow (Dye)^\tau + CH_3ArSO_2\cdot$$

光ラジカル重合用単量体の例を示す。

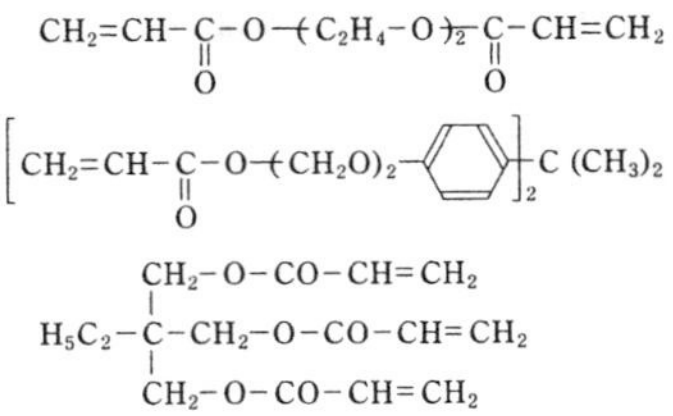

$$CH_2=CH-\underset{O}{C}-O-(C_2H_4-O)_2-C-CH=CH_2$$

$$\left[CH_2=CH-\underset{O}{C}-O-(CH_2O)_2-\underset{}{\bigcirc}\right]_2 C(CH_3)_2$$

$$H_5C_2-C\begin{array}{c}CH_2-O-CO-CH=CH_2\\|\\-CH_2-O-CO-CH=CH_2\\|\\CH_2-O-CO-CH=CH_2\end{array}$$

4.2 光カチオン重合

光ラジカル重合は酸素により重合が阻害されるので，大気中で行うことは問題がある。これに対し光カチオン重合は酸素の影響を受けない。代表的な光カチオン重合開始剤とその光分解機構を示す[51〜54]。

(a) アリールジアゾニウム塩

$$ArN_2^+X^- \xrightarrow{h\nu} Ar^+X^- + N_2$$

(b) ジアリールヨードニウム塩，トリアリールスルホニウム塩

$$Ph_2I^+X^- (Ph_3S^+X^-) \xrightarrow{h\nu} Ph\cdot + PhI^+X^- (Ph_2S^+X^-)$$

$$PhI^+X^- (Ph_2S^+X^-) + RH \longrightarrow PhI^+H\ (Ph_2S^+H) + R\cdot$$

$$PhI^+H\ (Ph_2S^+H) \longrightarrow PhI\ (Ph_2S) + HX$$

(c) 光電子移動増感系

$$S \xrightarrow{h\nu} {}^1S^*$$

$${}^1S^* + Ph_2I^+X^- (Ph_3S^+X^-) \longrightarrow S^{+\cdot}X^- + PhI(Ph_2S) + Ph\cdot$$

$$S^{+\cdot} + モノマー \longrightarrow ポリマー$$

光カチオン重合に用いられる単量体は多官能ビニルエーテルか多官能エポキシ化合物である。後者の例を示す。

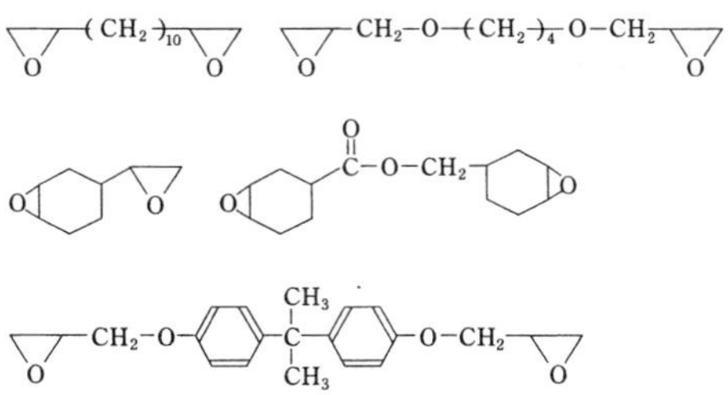

第2章 架橋剤と架橋反応

4.3 光架橋反応

高分子間の橋かけ反応としてポリ（ビニル桂皮酸）の側鎖不飽和基の光環化二量化反応がよく知られている。架橋剤を用いる二成分系として環化ゴム-ビスアジド系，ジアゾ樹脂-ポリビニルアルコール系，ポリエン-ポリチオール系[55]などがある。

(a) ポリ(ビニルケイ皮酸)

(b) 環化ゴム-ビスアジド系

(c) ポリエン-ポリチオール系

$$H_2C=HC-H_2C-R^1-CH_2-CH=CH_2 + HS-R^2-SH$$ (with SH groups)

$$\longrightarrow \sim S-R^2-S \sim$$

文　献

1) H. Lebach, *Z. Angew. Chem.*, **22**, 1598 (1909)
2) H. F. Wakefield, *Rubber Age*, **39**, 147 (1936)
3) R. W. Lenz, Organic Chemistry of Synthetic High Polymers, Interscience Publishers, New York, 1967, pp.160-163
4) L. Schechter and J. Wynstra, *J. Ind. Eng. Chem.*, **48**, 86 (1956)
5) H. Lee and K. Neville, Handbook of Epoxy Resins, McGraw Hill, New York, 1967
6) D. H. Wheeler and D. E. Peerman in R. R. Myers and J. Long eds., Treatise on Coatings, Vol. 1, Part III, Marcel Dekker Inc., New York, 1972, pp253-274

7) C. A. May and Y. Tanaka, Epoxy Resins Chemistry and Technology, Maecel Dekker Inc., New York, 1973, pp293-296
8) J. J. Harris and S. C. Temin, *J. Appl. Polym. Sci.*, **10**, 523 (1966)
9) S. P. Pappas and L. W. Hill, *J. Coatings Technol.*, **53**, 43 (1981) ; S. P. Pappas and H. Feng, Proceedings, Tenth International Conference in Organic Coatings Science and Technology 1984, pp217-228
10) U. S. Pat. 4091049
11) L. S. Penn and T. T. Chiao, in G. Lubin, ed., Handbook of Composites, Van Nostrand Reinhold Company, New York, 1982, pp.68-74
12) K. M. Hollands and I. L. Kalnin, *ACS Org. Coat. Plast. Chem. Pap.* **28**(1), 383 (1968)
13) H. H. Levin, ACS Org. Coat. Plast. Preprints, Washington, D. C., 1964
14) T. F. Saunders, ACS Org. Coat. Plast. Preprints, Washington, D. C., 1966
15) D. C. Miles and J. H. Briston, Polymer Technology, Chemical Publishing Co., New York, 1965, pp.52-62
16) I. P. Updegraph and T. J. Suen, in C. E. Schildknecht and I. Skeist, eds., Polymerization Process, Wiely-Interscience, New York, 1977, Chap.14
17) H. P. Wohn sieldler and W. L. Hensley in R. R. Myers and J. S. Long, eds., Treatise on coatings, Vol. 1, Part Ⅱ, Mercel Dekker, New York, 1972, pp.281-308
18) J. H. Saunders and K. C. Frisch, Polyurethane: Chemistry and Technology, Vol. 1, Wiley Interscience, New York, 1964, Chapt. 3
19) A. Damusis and K. C. Frisch in R. Myers and J. S. Long, eds., Treatise on Coatings: Film-forming Compositions, Vol. 1, Part 1, Marcel Dekker, New York, 1971, pp.435-516
20) F. N. Larsen and C. H. Smith, *ACS Polymeric Materials Science and Engineering*, **49**, 164 (1983)
21) J. Backus, D. L. Bernard, W. C. Darr and J. H. Saunders, *J. Appl. Polym. Sci.*, **12**, 1053 (1968)
22) M. E. Bailey, *Offic. Digest.*, **31** (408), 116 (1959)
23) W. E. Becker, ed., Reaction Injection Molding, Van Nostrand Reinhold Co., New York, 1979
24) K. C. Frisch in B. F. Bruins ed., Polyurethane Technology, Weiley-Interscience, New York, 1969, pp.1-38
25) D. J. David and B. Staley, Analytical Chemistry of the Polyurethanes, Wiley-Interscience, New York, 1969, pp.269-276
26) U. S. Pat. 2381063
27) Y. Hira, S. Tsuzuki, H. Yokono and M. Hatano, *ACS Polymeric Materials Science and Technology*, **49**, 336 (1983)
28) I. C. Kogan, *J. Org. Chem.*, **26**, 3004 (1961)
29) H. Lakra and F. B. Dains, *J. Am. Chem. Soc.*, **51**, 2220 (1929) ; M. Furukawa and T. Yokoyama, *J. Polym. Sce. Lett. Ed.*, **17**, 175 (1979)
30) C. L. Wang, D. Klempner and S.W. Wong, *ACS Polymeric Materials Science and Engineering*, **49**, 159 (1983) ; H. Ulrich, *Macromol. Rev.* **11**, 93 (1976)

第2章 架橋剤と架橋反応

31) M. Shindo, *ACS Polymeric Materials Science and Engineering*, **49**, 169 (1983)
32) P. H. Scott, in K. C. Frisch and S. l. Reegen eds., Advances in Urethane Science and Technology, Vol. 6, Tecjnomic Publishing, Stanford, Conn., 1978, pp.89-120
33) J. W. Rosthauser and J. L. Williams, *ACS Polymeric Materials Science and Technology*, **50**, 344 (1984)
34) H. V. Boenig, Unsaturated Polyesters, Elsevier Publishing Company, New York, 1964, Chapt. 3
35) C. R. Martens, Alkyd Resins, Reinhold Publishing Co., New York, 1961
36) H. F. Payne, Organic Coatings Technology, Vol. 1, John Wiley & Sons, New York, 1954, pp.26-117; D. Swern, Autoxidation and Autoxidants, Vol. 1, Interscience Publishers, New York, 1961. Chapt. 1
37) U. S. Pat. 3,127,363
38) U. S. Pat. 3,035,016, 3,077,465, 3,382,205 and 4,257,932
39) J. A. C. Watt, *Chem. Brit.*, **6**, 519 (1970)
40) G. Allyn, Treatise on Coatings, Film Forming Compositions, Vol. 1, Part 1, Marcel Dekker, New York, 1967, pp.57-69
41) S. S. Labana, S. Newman and A. J. Chompff in A. J. Chompff and S. Newman eds., Polymer Networks, Structural and Mechanical Properties, Plenum Press, New York, 1971, pp.453-462
42) W. H. Brown and T. J. Miranda, *Offic. Dig.*, **36**, 92 (1964)
43) K. E. Piggott, *J. Oil Color Chem. Assoc.*, **46**, 1009 (1963)
44) A. N. Theodore and M/ S. Chattha, *J. Coatings Technol.*, **54**, 77 (1980)
45) U. S. Pat. 3,758,633
46) L. Bateman, C. G. Moore and M. Porter, *J. Chem. Soc.*, 2866 (1958)
47) L. O. Arnberg and W. D. Willis, Proceedings of the International Rubber Conference, Washington, D. C., 1959, p. 565
48) 川研ファインケミカル(株). 川研技報, No. 14
49) V. D. McGinnis, *Photogr. Sci. Eng.*, **23**, 124 (1979)
50) T. Sumiyoshi, W. Scjmable, A. Henne and P. Lechtken, *Polymer*, **26**, 141 (1985)
51) S. I. Schlesinger, *Photogr. Sci. Eng.*, **18**, 387 (1974)
52) J. V. Crivello, J.H. W. Lam and N. Volante, *J. Radiat. Curing*, July 2 (1977)
53) S. P. Pappas and H. Jilek, *Photogr. Sci. Eng.* **23**, 140 (1979)
54) F. Lohse and H. Zweifel, *Advances in Polymer Sci.*, Springer-Verlag (1986), p. 62
55) C. E. Holye, R. D. Hensel and M. B. Grubb, *J. Polym. Sci., Polym. Chem. Ed.*, **22**,1865 (1984)

第3章　架橋剤および架橋構造の解析

合屋文明*

1　架橋剤各種の分離と定性・定量

1.1　紫外線硬化樹脂

1.1.1　光重合開始剤

　光硬化性を利用する塗膜材料にはUVインキ，UV塗料，UV接着剤などがあり，光重合開始剤はラジカル重合が最も広く用いられている。現在最も多く使用されている化合物はイルガキュア-184［1］，イルガキュア-651［2］，ベンゾフェノン［3］，ダロキュア-1173［4］，カヤキュア-DETX［5］，カンタキュア-EPD［6］などであり，イルガキュア-907［7］，ルシリン-TPO［8］，イルガキュア-369［9］，は顔料系用として使用され，Cl-HABI［10］は画像形成用として使用されている。なお最近では酸素の影響を受けない光カチオン重合の開始剤が使用されていることもある。

　通常の化合物はGC/MS測定により同定が可能であるが，化合物［7］～［10］は分子量が大きくGC測定では検出されないため，他の方法で分離（GPC，HPLC）した後，DI/MS測定を行う必要がある。なおMS測定による定性の代わりに液クロ測定を行い，標品での溶出時間との比較により定性することも可能であるが，できればフォトダイオードアレイ検出器を用いて同時にUVスペクトルを測定することにより，定性の確実性を上げることができる[1, 2)]。図1，2にイルガキュア-369の^{1}H-NMRスペクトルと直接導入による質量スペクトルを示した。また光重合開始剤のHPLCを図3に示した。

［7］　　　　　　　　　　　　　　　　［8］

---

*　Humiaki Gouya　㈱東レリサーチセンター　有機分析化学研究部　主任研究員

第3章　架橋剤および架橋構造の解析

[9]

[10]

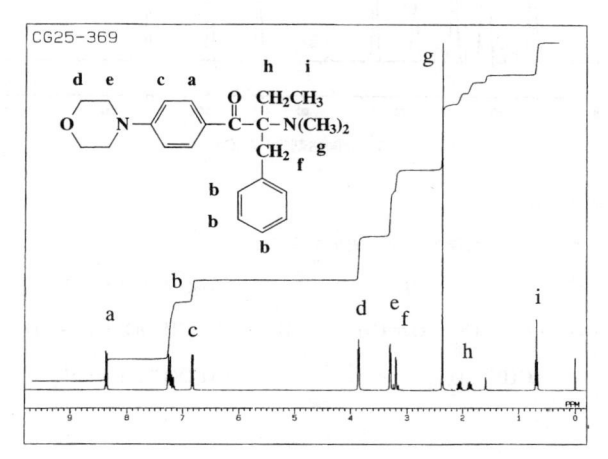

図1　イルガキュア-369の ¹H-NMR

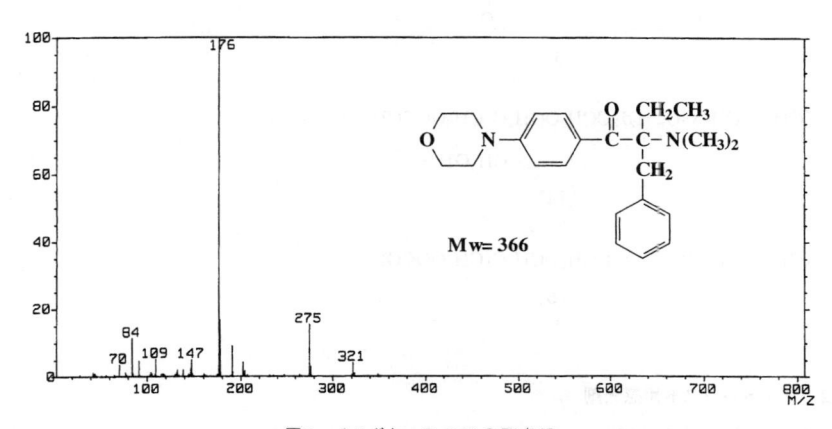

図2　イルガキュア-369のDI/MS

図3 光開始剤の HPLC

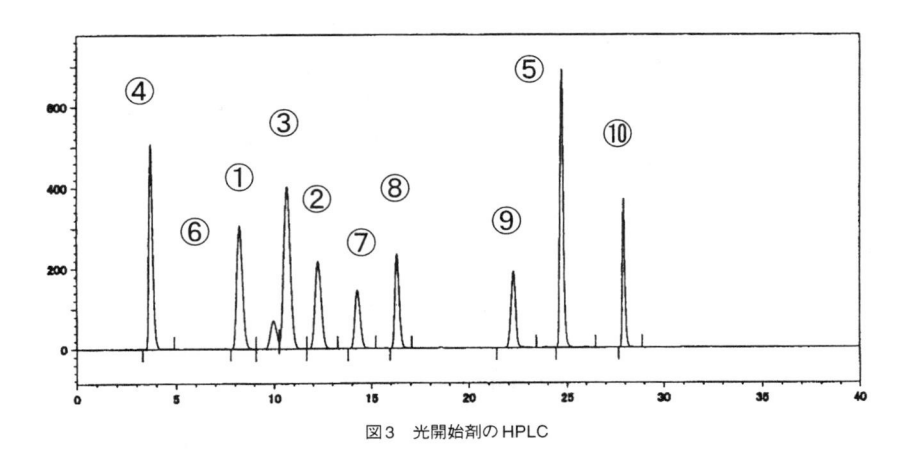

1.1.2 多官能モノマー

最も多く利用されている多官能モノマー成分を次に示した。

$$CH_2=C(CH_3)-COOCH_2C(CH_3)(CH_2OC(=O)-C(CH_3)=CH_2)$$

[1]

$$CH_3CH_2C(CH_2OOCCH=CH_2)_3$$

[2]

$$(CH_2=CHCOCH_2CH_2CH_2CH_2COCH_2)_3C-CH_2CH_3$$

[3]

$$(CH_2=CHCOOCH_2)_3CCH_2OCH_2C(CH_2OOCCH=CH_2)_2(CH_2OH)$$

[4]

$$(CH_2=CHCOOCH_2)_3CCH_2OCH_2C(CH_2OOCCH=CH_2)_3$$

[5]

1.2 フォトレジスト用感光剤

これまでのg線露光（436nm）のポジレジストはアルカリ可溶性のノボラック樹脂，ヒドロキ

第3章 架橋剤および架橋構造の解析

ジベンゾフェノン系化合物のナフトキノンジアジドスルフォン酸エステルである感光剤、さらに溶剤および染料などの添加剤などから構成されている。また高解像度化が進み、i線露光(365nm)のポジレジストは非ベンゾフェノン系の感光剤が使用されている。一般的に高分子量の樹脂成分と、分子量が1,000～500程度の感光剤とを分離して構造解析を行うにはGPC分取法を用いる必要がある。このようなレジスト材料は溶媒THFにはよく溶解するが、GPC分取の溶離液にTHFを使用すると溶出物の濃縮時に縮合物が生成し、スペクトルの妨害を生じる。なおレジストは、溶媒クロロホルム単独には溶解しないのでクロロホルム／メタノール混合液にてGPC分取を行う。

図4にg線レジストのGPCを示す。Fr-2をさらにHPLC分取分析を行うと4成分に（図5）、Fr-3は2成分に分離され（図6）、各々のスペクトル測定により構造解析を行う。分取ピーク①はフェノール系の添加剤成分を同定でき（図7）、ピーク⑥はヒドロキシベンゾフェノンのナフトキノンジアジドスルフォン酸エステル（図8）が同定できた。

またi線レジストも同様な方法で分析することにより感光剤としては、クレゾールノボラックの3核体～5核体のナフトキノンジアジドスルフォン酸エステルが同定された。

1.3 化学増幅型レジスト光酸発生剤

リソグラフィにおいて高感度化が望まれ、酸触媒反応を利用した化学増幅型レジストが市販されている。化学増幅型レジストの酸発生剤としてはオニウム塩がよく利用され、その他ハロゲン化イソシアヌレート、スルフォン酸エステル、ビスアリールスルホニルジアゾメタンなどが実用

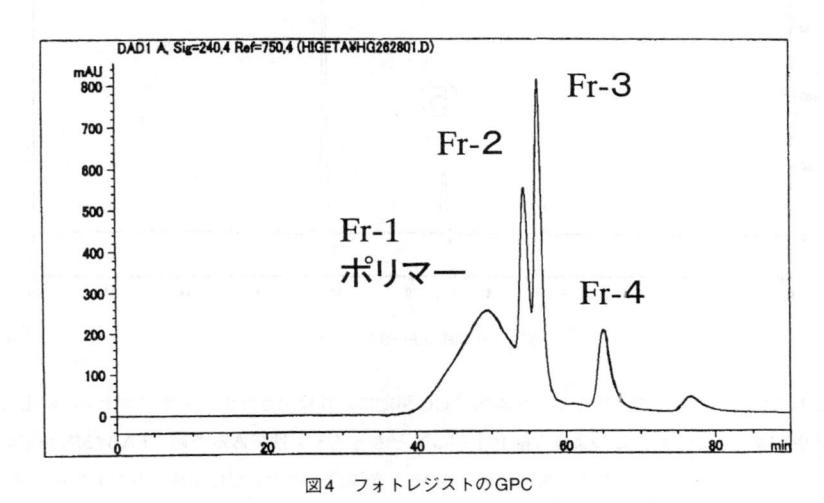

図4　フォトレジストのGPC

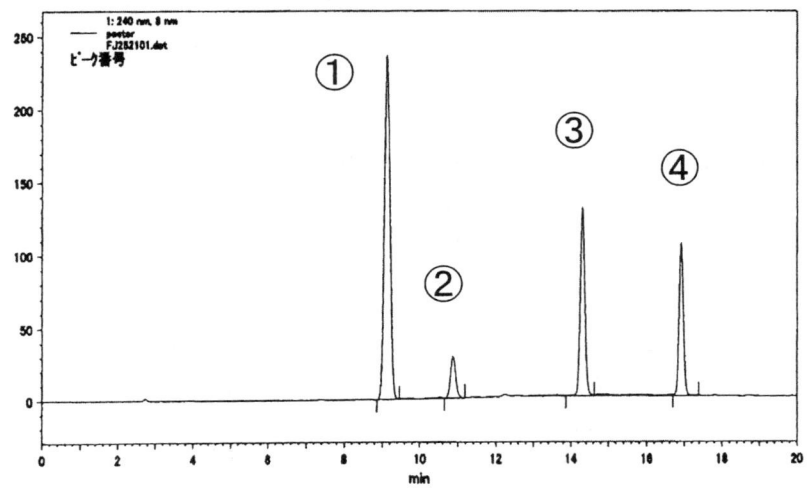

図5　分取Fr-2のHPLC

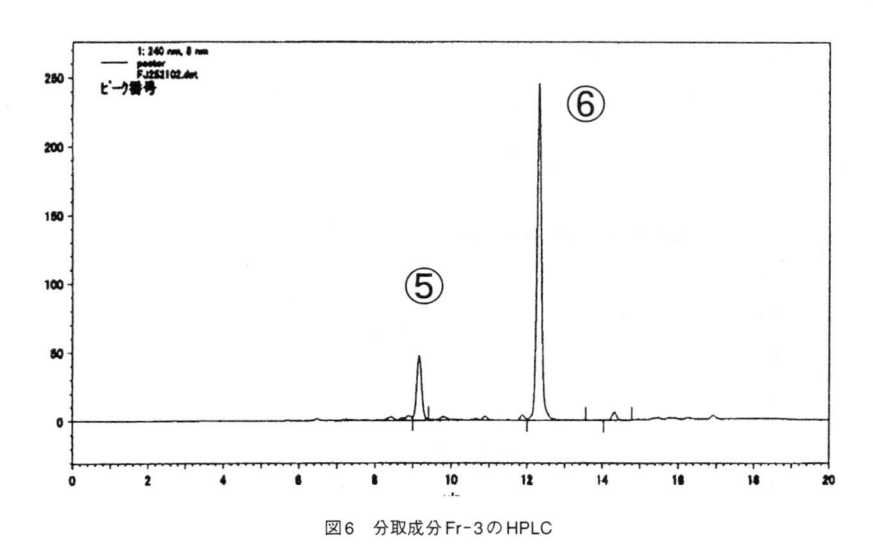

図6　分取成分Fr-3のHPLC

化されている。酸発生剤の中でオニウム塩はGC測定により検出されず，またアニオンの同定には苦慮することが多い。このような酸発生剤はもともとイオン性であるため，FAB/MS測定が適している。図9にFAB/MSの測定原理と図10に光酸発生剤のFAB/MSスペクトルを示す。

第3章 架橋剤および架橋構造の解析

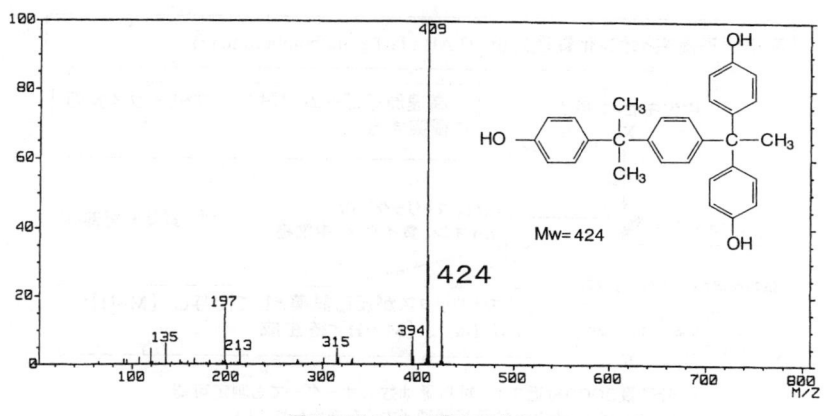

図7 HPLC ピーク①の DI/MS

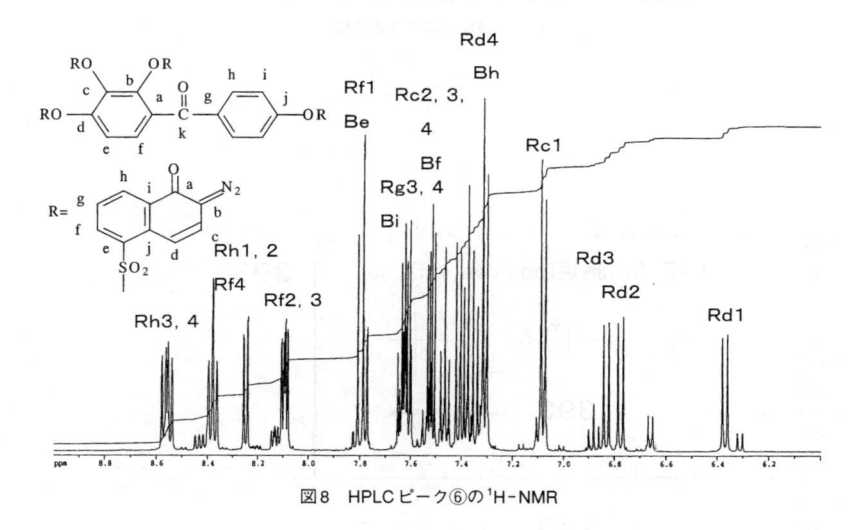

図8 HPLC ピーク⑥の ^{1}H-NMR

ポジティブ測定により質量数393を検出でき，ネガティブ測定により質量数149が検出でき，酸発生剤の構造を確認することができる。なおオニウム塩は，通常の液クロではピークが広がるか検出されないことが多いが，溶離液にイオンペアー試薬を用いることにより検出が可能となる。

1) イオンペアー試薬：
　移動相に加えられた有機性カウンターイオンによってイオン性物質の保持をコントロールする試薬

高速原子衝突イオン化質量分析 (FAB : fast atom bombardment)

中性キセノン原子 Xe
① 高速原子ビームが試料／マトリックス表面に衝突する

試料ホルダー → 試料、マトリックスの正イオン、負イオン、中性種 ……→ 質量分析部へ

試料を溶かしたマトリックス
マトリックス化合物：
NBA(m-Nitrobenzyl alcohol)、Glycerol など

② マトリックスが反応試薬として関与し、$[M+H]^+$、$[M+Na]^+$、$[M-H]^-$ を生成

- 分子量3000付近まで、試料量は数ngオーダーでも測定可能
- ソフトなイオン化で、分子量関連イオンを検出しやすい
- 揮発性の低い化合物（イオン性化合物）を検出できる

図9　FAB/MSの測定原理

FAB/MS測定(positive ion)

393

FAB/MS測定(negative ion)

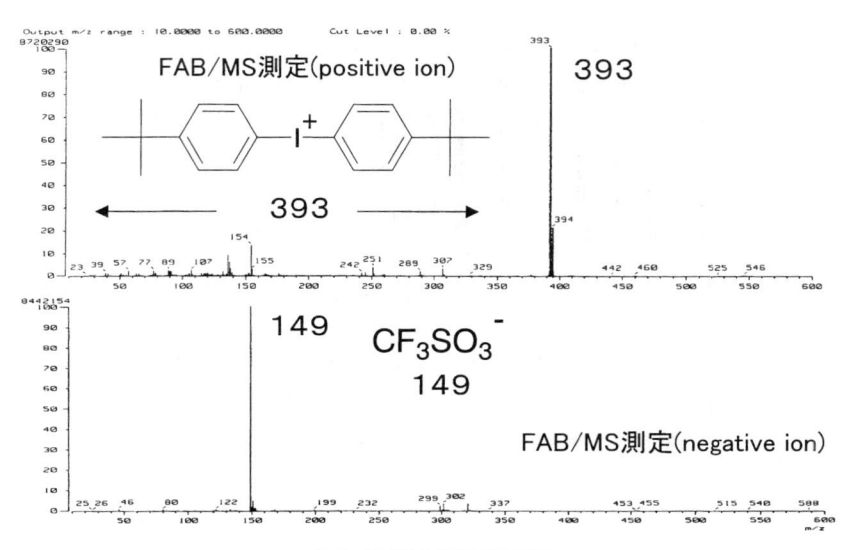

$CF_3SO_3^-$

149

図10　光酸発生剤のFAB/MS

第3章　架橋剤および架橋構造の解析

2) イオンペアー試薬の主な使用目的：
① 測定物質がイオンとして解離していて水溶性が高いためにほとんど充填剤に保持されない時
② イオン性物質が混在しているサンプルで移動相のpHを変えても良好なクロマトグラムが得られない時

用いたPIC-B8（Waters社製）とは5mMオクタンスルホン酸水溶液をリン酸緩衝液でpH調整したものでカチオン性物質の分離に使用される。

$$R-NH_3^{\oplus}(\text{at pH }3\cdot5) + \text{PIC B}^{\ominus} \rightleftharpoons [RNH_3^{\oplus\ominus}\text{PIC B}]$$

1.4 エポキシ硬化剤

エポキシ樹脂の硬化反応には下記の多くの反応機構がある。
① エポキシ基と硬化剤の架橋反応（有機ポリアミンによる硬化，ハロゲン化ホウ素錯塩による硬化，ケチミンによる硬化，酸無水物による硬化）
② エポキシ樹脂の水酸基およびジアルカノールアミンによる変性樹脂水酸基と硬化剤との架橋反応（イソシアネートによる硬化，ブロックイソシアネートによる硬化）
③ 架橋結合樹脂による硬化反応（フェノール樹脂による硬化，尿素樹脂，メラミン樹脂による予備縮合）
④ 脂肪酸とのエステル化反応

最近ではエポキシ樹脂の硬化に光カチオン重合開始剤（ヨードニウム塩，スルフォニウム塩）が利用され始め，封止樹脂の硬化剤として応用されている。なおエポキシ環と同等な環歪みと，より高い塩基性を有しているオキセタン化合物は，カチオン開環重合に対する反応性がエポキシ化合物より高いと言われている。オニウム塩の光分解反応とオキセタン化合物の例を下記に示した[3]。

$$(C_6H_5)_3S^{\oplus}X^{\ominus} \xrightarrow{h\nu} (C_6H_5)_2S^{\oplus\cdot}X^{\ominus} + C_6H_5\cdot$$

$$(C_6H_5)_2S^{\oplus\cdot}X^{\ominus} + R-H \longrightarrow (C_6H_5)_2S^{\oplus}HX^{\ominus} + R\cdot$$

$$(C_6H_5)_2S^{\oplus}HX^{\ominus} \longrightarrow (C_6H_5)_2S + HX$$

高分子の架橋と分解—環境保全を目指して—

このような光カチオン重合開始剤はもともとイオン性であるため，FAB/MS測定が適している。図11に光カチオン重合開始剤のFAB/MSスペクトルを示す。ポジティブ測定により質量数231を検出でき，ネガティブ測定により質量数235が検出でき，光カチオン重合開始剤のカチオン部，アニオン部の構造を確認することができる。

1.5 シランカップリング剤

ポリマーの官能基に反応しやすい官能基を有するアルコキシシランは，水分の存在下で架橋剤として反応する。この際充填剤としてシリカが存在すると，ゴム分子間の架橋反応の他，シリカとゴム分子間に結合が生じシリカの補強性が高められる。一般的にシランカップリング剤はGC法あるいはGC/MS測定することにより同定が可能である。図12，13にエポキシ系シランカップリング剤の質量スペクトルとNMRスペクトルを示す。

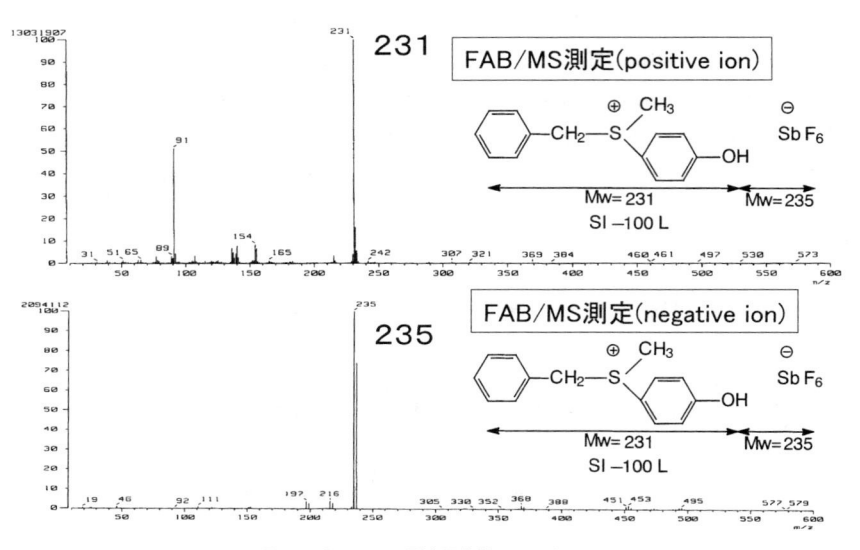

図11 光カチオン重合開始剤のFAB/MS

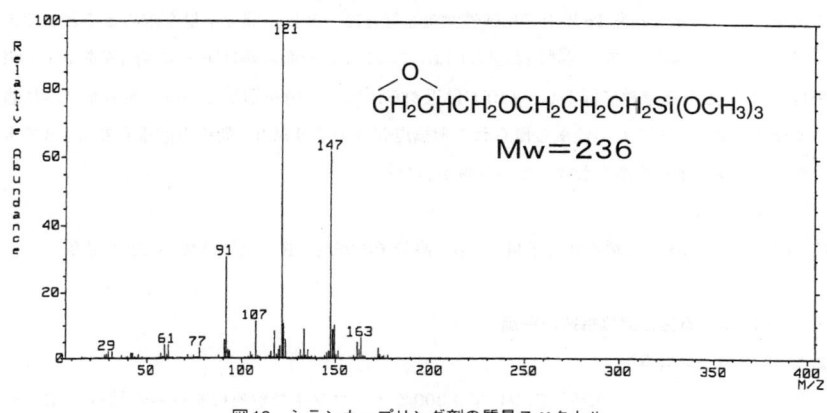

第3章　架橋剤および架橋構造の解析

図12　シランカップリング剤の質量スペクトル

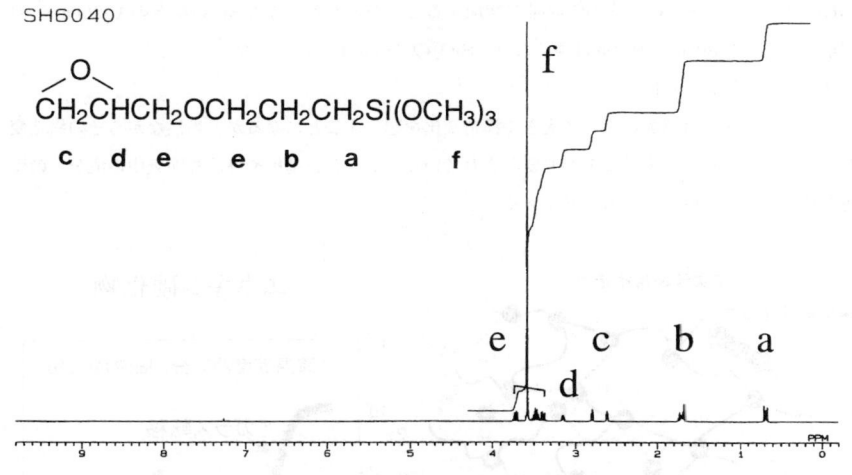

図13　シランカップリング剤の¹H-NMRスペクトル

2　架橋構造の評価

2.1　粘弾性法による架橋点間分子量

線状高分子材料として最も基本的な評価項目は分子量であるのと同様に、架橋型高分子では架橋点間分子量または重合度である。ここではエポキシ樹脂の測定例を示す。エポキシ樹脂は室温では固体状態であるが、温度を上昇させると柔らかくなり、ガラス転移温度（Tg）を過ぎると

ゴム状態になる。すなわちTg以上で粘弾性測定を行えば、架橋点間分子量を求めることができる。図14に三次元架橋構造の模式図および図15にエポキシ樹脂の剛性率－温度曲線を示す。剛性率は90℃付近から急激に低下し、110℃付近からほぼ一定値を示している。後者がゴム状態を示す領域である。120℃の値から得られた架橋点間分子量は820，架橋点間重合度は1.8であり，かなり緻密な網目構造を形成している事がわかる[4]。

$G = \rho RT / Mx$

G：剛性率， Mx：架橋点間分子量， ρ：高分子の密度，R：気体常数， T：温度

2.2 FT-IRによる劣化架橋構造の評価
2.2.1 シリコーンゴム

シリコーンゴムシート（加硫）について，300℃オーブン中で熱処理を行った試料のIRスペクトルを図16に示す。測定はシートの表層部を採取して行った。処理時間が長くなるに従ってSiCH$_3$が減少し、Si-O結合の吸収帯が増加することがわかる。なおSi-O結合の1020cm^{-1}の吸収は弱く，1080cm^{-1}の吸収は強くなり，SiO$_2$のスペクトルに近くなっている[4]。

2.2.2 フォトレジスト

フォトレジストは露光によって大きく構造変化を起こすことになるが、当然ながらその構造変化は深さ方向に均一であることが必要とされている。しかし、基板や外部雰囲気中の成分との反応で不均一となり問題となることがある。

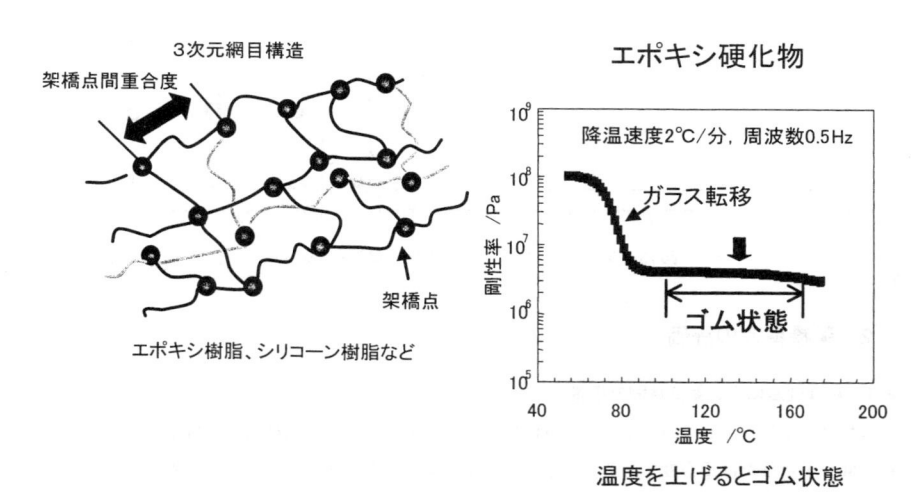

図14　三次元架橋構造の模式図

図15　エポキシ樹脂の剛性率－温度曲線

第3章　架橋剤および架橋構造の解析

　露光後の試料を精密斜め切削法にて作成したレジストのIRスペクトルを図17に示した。スペクトルより表面と界面とではエステル吸収の強度が異なることがわかった[5]。

2.2.3　ポリイミド

　カプトンの閉環反応を熱走査FT-IR測定で調べた。IRスペクトルを図18に示す。測定は昇温速度5℃／分，走査温度は50〜350℃であり，分解能4cm^{-1} 1分間で1つのスペクトルが得られる。低温側のスペクトルは3000〜2800cm^{-1}にNMPのνCH$_3$，カルボキシル基のνC＝Oが

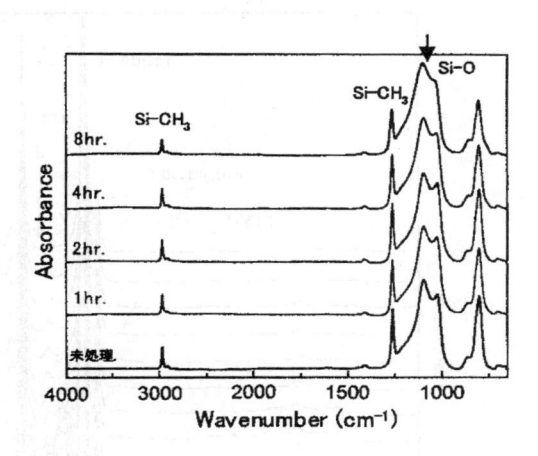

図16　シリコーンゴムのIR

1710cm^{-1}，アミド基のνC＝Oが1650cm^{-1}，δNHが1530cm^{-1}付近に観測される。高温側ではイミド環に帰属されるピークνC＝Oが1780cm^{-1}，1730cm^{-1}付近に観測できる[6]。

2.2.4　エポキシ樹脂

　エピコート828を主剤にヘキサヒドロ無水フタル酸を硬化剤とする系について熱走査FT-IR測定を行った。IRスペクトルを図19に示す。熱処理は90℃にて25時間加熱した後，150℃にて25時間加熱した。加熱前のスペクトルにはビスフェノールAに特徴的なエポキシ基（930cm^{-1}），フ

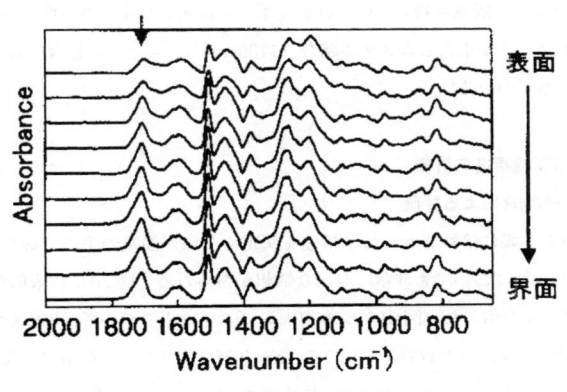

図17　露光後レジストのIR

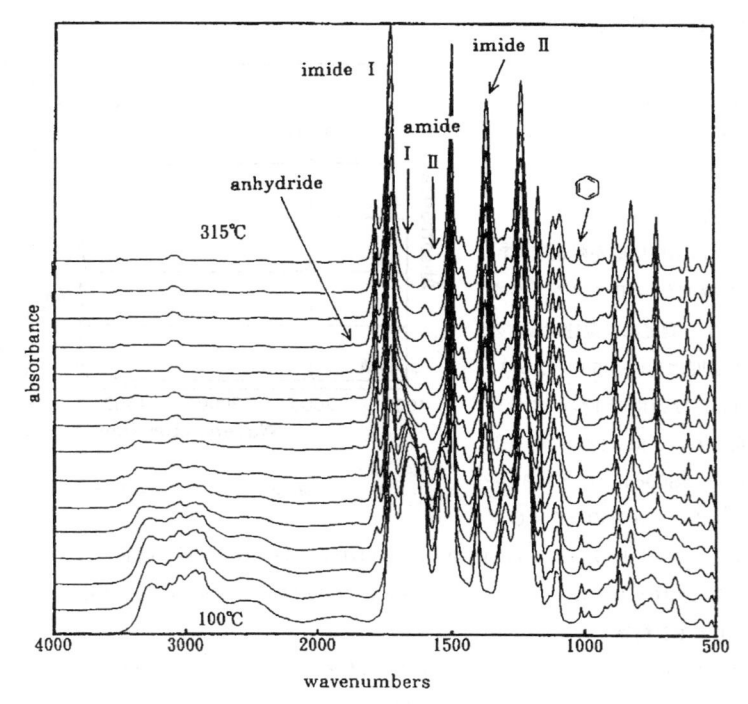

図18 ポリアミック酸の熱走査FT-IR

ェニル基（1605cm^{-1}，1510cm^{-1}）などの吸収帯が主体となっている。硬化剤のピークとしては1850cm^{-1}，1780cm^{-1}に酸無水物のνC＝Oが分離して観測される。熱処理が進行したスペクトルは，酸無水物のピークが消失しエステル結合（1730cm^{-1}），エーテル結合（1120cm^{-1}）のピークが生成している事がわかる[6]。

2.3 NMRによる架橋構造の評価

2.3.1 固体^{29}Si-NMRによる評価

NMRは，試料を溶媒に溶解させて分子構造を決定するのが通常の手法であるが，溶媒に不要な架橋構造物質の評価においても非常に有用な情報が得られる。図20に代表的な化合物の^{29}Si-NMRの化学シフト値を示した。図21にシリコーンゴムシートについて，300℃オーブン中で1，2，4，8時間の熱処理を行った資料についての^{29}Si-NMRスペクトルを示す。通常のシリコーンゴム（CH$_3$）$_2$Si（O）$_2$のピークが－21ppmに大きなピークとして観察されているほかに，一

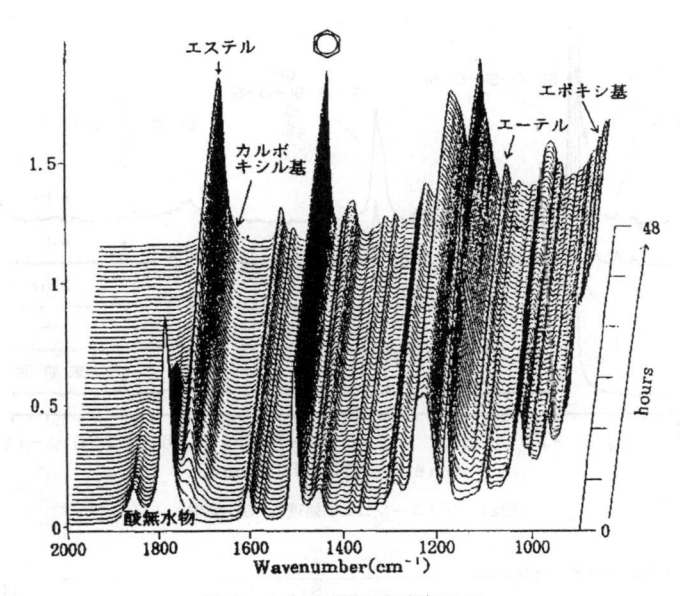

第3章 架橋剤および架橋構造の解析

図19 エポキシ樹脂の熱走査FT-IR

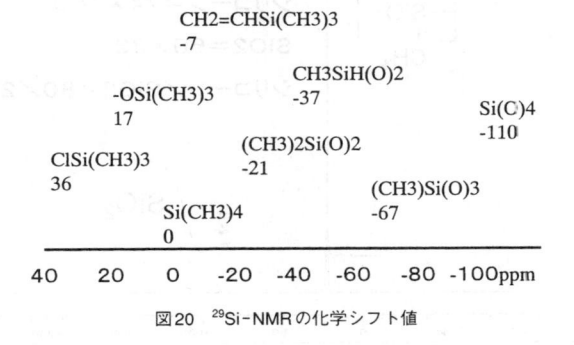

図20 ^{29}Si-NMRの化学シフト値

67ppmには熱劣化による新たな架橋構造である$(CH_3)Si(O)_3$のピーク，および−110ppmにはSiO_2のピークが熱処理時間とともに増加していることがわかる[5]。

図22にシリコーンゴムチューブの^{29}Si-NMRスペクトルを示す。IRスペクトルの測定よりシリコーン以外にシリカが存在していることが予想された。灰分よりシリカを求めようとしたが，シリコーンは燃焼によりシリカが生成するので^{29}Si-NMR法によりシリコーンとシリカの量比を

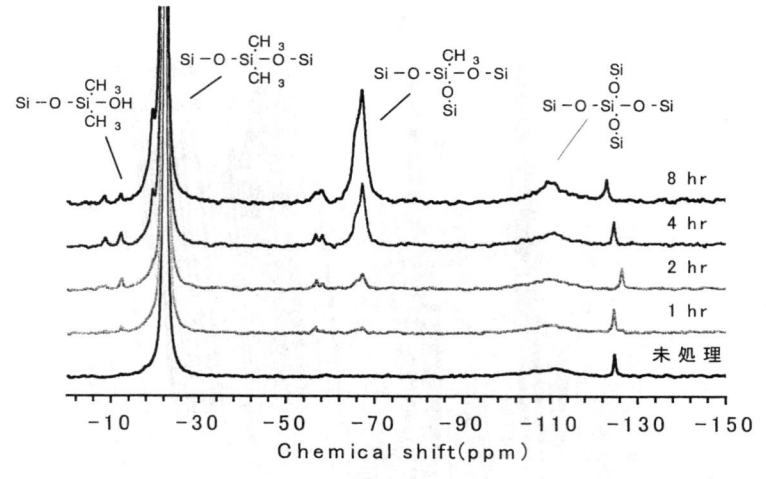

図21 シリコーンゴム熱処理の^{29}Si-NMR

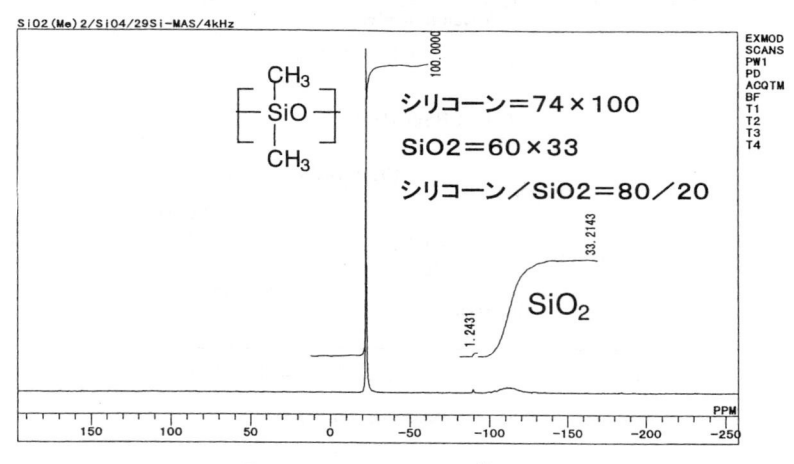

図22 シリコーンゴムの固体^{29}Si-NMR

求めてみた。−21ppmはシリコーンゴムの $(CH_3)_2Si(O)_2$ であり，−110ppmにはフィラー成分 SiO_2 のピークが観察されている。ピークの積分強度比よりシリコーン／フィラー＝80/20であった。

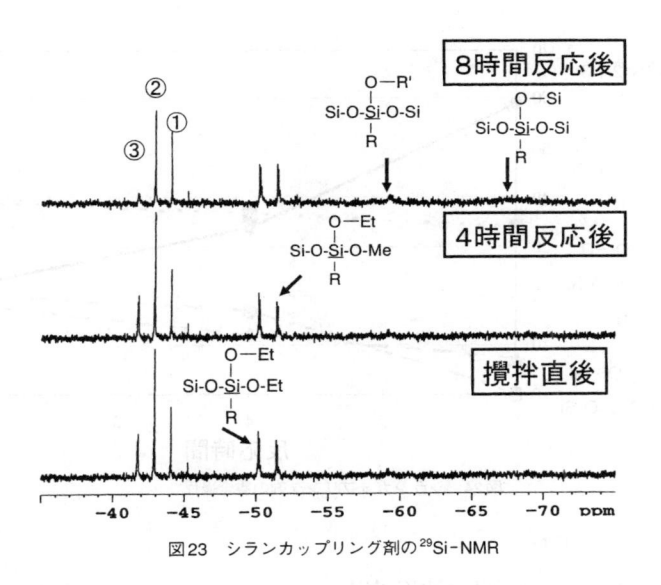

第3章 架橋剤および架橋構造の解析

図23 シランカップリング剤の^{29}Si-NMR

2.3.2 溶液^{29}Si-NMR

図23にシランカップリング剤の加水分解実験の^{29}Si-NMRスペクトルを示す。試料は尿素プロピルトリエトキシシランをメタノール／水＝95/5に溶解し，室温で撹拌，試料の重合過程を調べた。時間の経過とともにR-Si(O)$_3$が増加していることがわかる。シランカップリング剤の重合過程を図24に示す[7]。

$$\text{CH}_3\text{CH}_2\text{O}-\underset{\underset{\text{CH}_3\text{CH}_2\text{O}}{|}}{\overset{\overset{\text{CH}_3\text{CH}_2\text{O}}{|}}{\text{Si}}}-(\text{CH}_2)_3\text{NHCONH}_2 + \text{MeOH}$$

① 13%　$\text{CH}_3\text{CH}_2\text{O}-\underset{\underset{\text{CH}_3\text{CH}_2\text{O}}{|}}{\overset{\overset{\text{CH}_3\text{O}}{|}}{\text{Si}}}-(\text{CH}_2)_3\text{NHCONH}_2$

② 35%　$\text{CH}_3\text{O}-\underset{\underset{\text{CH}_3\text{CH}_2\text{O}}{|}}{\overset{\overset{\text{CH}_3\text{O}}{|}}{\text{Si}}}-(\text{CH}_2)_3\text{NHCONH}_2$

◆ : A+①+②+③

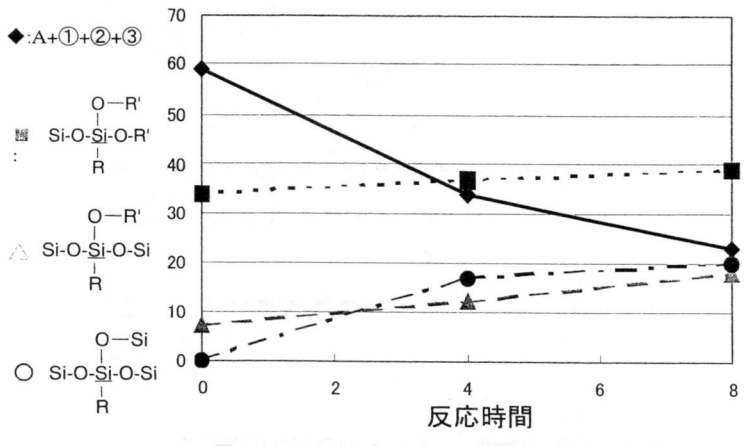

■ : Si-O-Ṣi-O-R' (O—R', R)

△ : Si-O-Ṣi-O-Si (O—R', R)

○ : Si-O-Ṣi-O-Si (O—Si, R)

横軸: 反応時間

図24　シランカップリング剤の重合過程

③　52%　CH$_3$O—Si(CH$_3$O)(OCH$_3$)—(CH$_2$)$_3$NHCONH$_2$

2.3.3　ゲル状ポリマーの ^{1}H-NMR

架橋ポリマーは通常の溶液プローブではピーク幅が広がり測定が困難であるが，ナノプローブでは高分解能・高感度にて測定が可能である。図25にはアクリルアミドゲルの ^{1}H-NMRスペクトルを示した。架橋点のメチレンが4.7ppmに観察されている[5]。

2.4　熱分解GC/MSによる評価

2.4.1　プラレンズの分析

熱分解GC/MS分析は，ポリマーを500～600℃で加熱し，熱分解により生成した低分子量成分をGCで分離した後MS測定を行う方法であり，架橋したポリマーの構造解析を行うには最も適した手法である。図26に高屈折率プラスチックレンズの熱分解GC/MSのイオンクロマトグラムを示す。質量スペクトルの解析より2-ヒドロキシエチルメタクリレートとキシリレンジイソシアネートとのウレタンアクリレートから構成され，架橋剤としてエチレングリコールジメタクリレートが同定された。

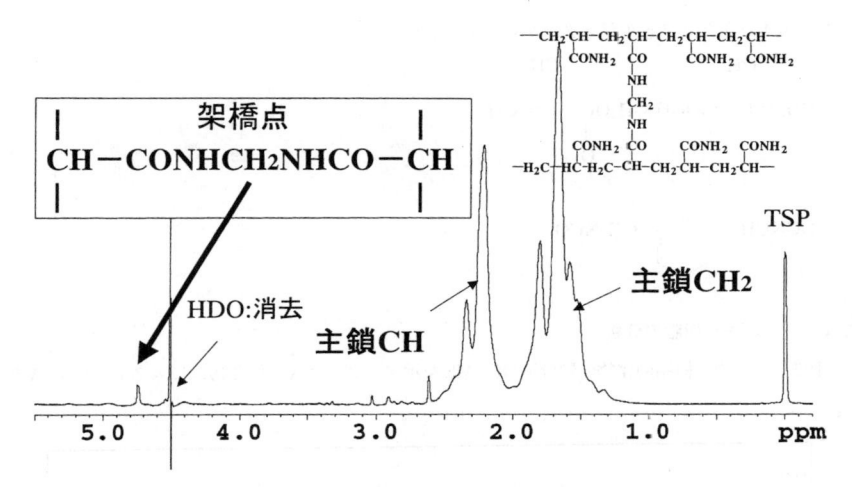

第3章　架橋剤および架橋構造の解析

図25　アクリルアミドゲルの ^{1}H-NMR

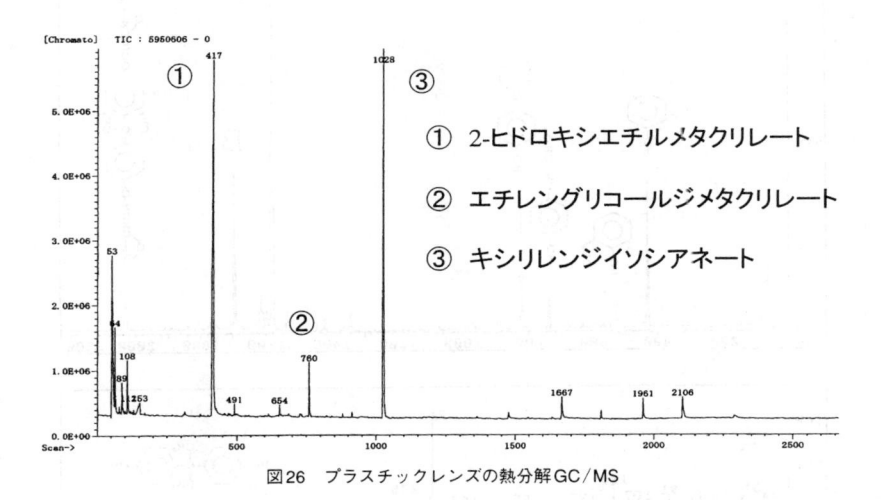

図26　プラスチックレンズの熱分解GC/MS

① 2-ヒドロキシエチルメタクリレート
② エチレングリコールジメタクリレート
③ キシリレンジイソシアネート

① 2-ヒドロキシエチルメタクリレート

$$CH_2=C(CH_3)-COCH_2CH_2OH$$
$$\parallel$$
$$O$$

② エチレングリコールジメタクリレート

$$CH_2=C(CH_3)-COCH_2CH_2OC(CH_3)=CH_2$$
(両側のカルボニルは $\|$ O)

③ キシリレンジイソシアネート

$OCNCH_2-\text{(benzene)}-CH_2NCO$

2.4.2 エポキシ樹脂の分析

図27にエポキシ樹脂硬化物の熱分解GC/MSを示す。ピークAの化合物はビスフェノール-Aを

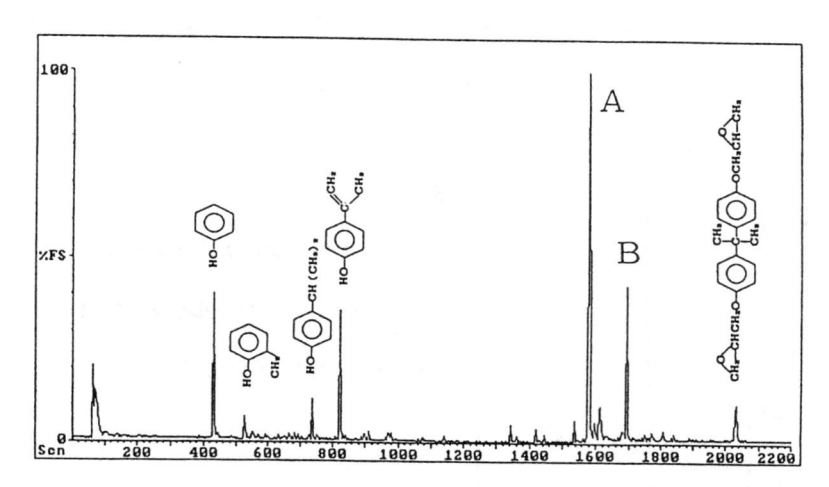

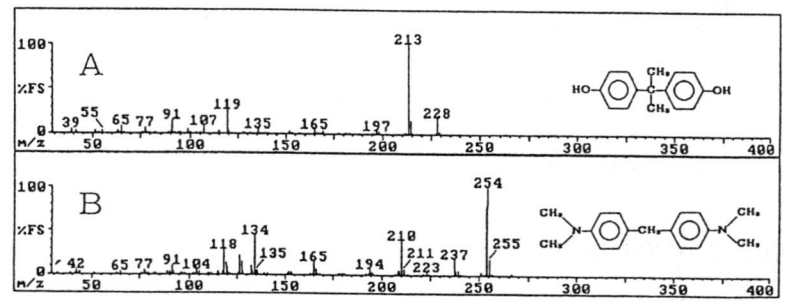

図27 エポキシ硬化物の熱分解GC/MS

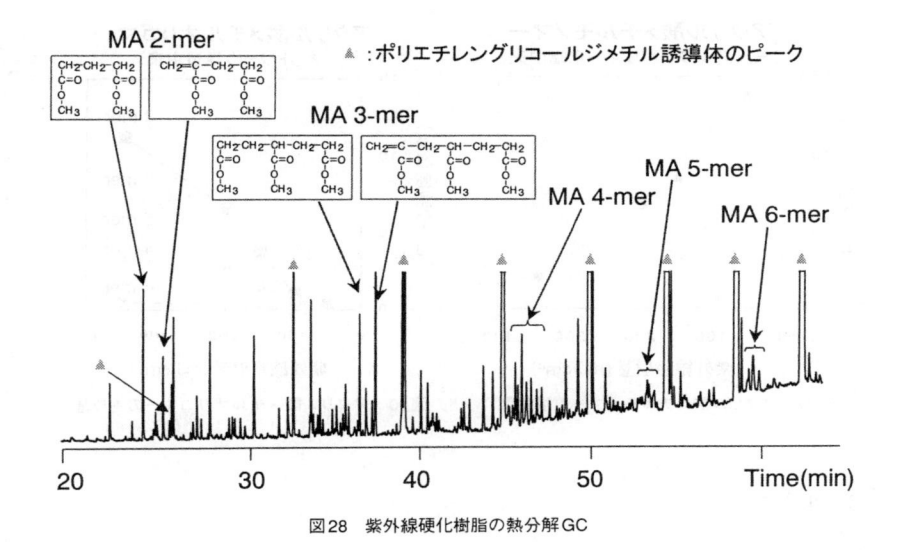

第3章　架橋剤および架橋構造の解析

▲:ポリエチレングリコールジメチル誘導体のピーク

図28　紫外線硬化樹脂の熱分解GC

同定でき，ピーク-Bはテトラメチルジアミノジフェニルメタンが同定でき，したがって硬化剤としてジアミノジフェニルメタンを用いたビスフェノール-A型エポキシ樹脂であることがわかった[5]。

2.4.3 紫外線硬化樹脂の分析

紫外線硬化樹脂の架橋構造を水酸化テトラメチルアンモニウム（TMAH）添加誘導体化熱分解GC法により検討を行った。用いたアクリルプレポリマーはポリエチレングリコールジアクリレート，光重合開始剤はIrgacure907を100/3で混合し紫外線を照射した。TMAH共存下での熱分解により，選択的にエステル結合が開裂する。

$$CH_2=CH-\overset{O}{\overset{\|}{C}}-O-(CH_2CH_2-O)_n-\overset{O}{\overset{\|}{C}}-CH=CH_2 \xrightarrow[\triangle]{TMAH}$$

$$H_3CO-(CH_2CH_2-O)_n-CH_3 + 2CH_2=CH-\overset{O}{\overset{\|}{C}}-OCH_3$$

紫外線硬化樹脂の熱分解GCを図28に示す。架橋部の熱分解によりアクリル酸メチルオリゴマーが検出されている。また紫外線照射量とアクリル酸メチルモノマーおよびアクリル酸メチルオリゴマーの生成量を図29, 30に示した。この結果よりプレポリマーは2分子から少なくとも6分子結合している架橋部の存在が明らかになった[8]。

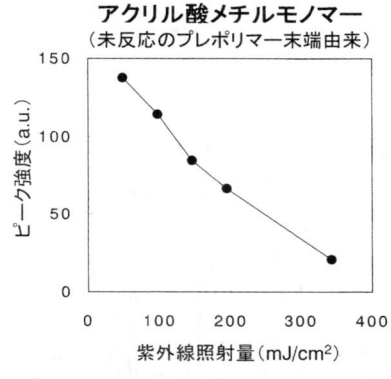

図29 アクリル酸メチルモノマーの生成量

図30 アクリル酸メチルオリゴマーの生成量

3 まとめ

以上，架橋反応を用いた未硬化物および硬化後の材料の評価方法について，具体例を示し説明した。分析においては架橋反応の本質を理解し，どの手法を用いれば目的を達成できるかをよく調べる必要がある。

文　　献

1) 山田知子, 合屋文明, 第1回高分子分析討論会, p.19 (1996)
2) 藤吉智子, 合屋文明, 第5回高分子分析討論会, p.125 (2000)
3) 佐々木祐, 架橋システムの開発と応用技術, 技術情報協会 (1998)
4) 石室良孝, THE TRC NEWS, 79, 9 (2002)
5) TRCポスターセッション (2002)
6) 正田訓弘, 架橋システムの開発と応用技術, 技術情報協会 (1998)
7) TRCポスターセッション (2001)
8) 吉田明日香, 第5回高分子分析討論会, p.101 (2000)

第4章　架橋と分解性を利用する機能性高分子の合成

岡村晴之[*1]，白井正充[*2]

1　はじめに

　架橋した高分子は不溶・不融であり，耐熱性，耐溶剤性および機械強度に優れているため，接着剤，塗料，半導体用の封止剤，プリント配線基板や複合材料のマトリックスなどに多用されている。架橋した高分子の熱的，力学的，あるいは化学的安定性は，架橋構造や架橋密度に強く依存する。より高性能な架橋高分子を得ることを目的として，これまでに極めて多くの種類が開発され，利用されている。

　近年，環境負荷を軽減させるという観点から，架橋高分子が利用されるいろいろなケースにおいて，リユース・リワーク・リペア性を付与することが考えられている[1~3]。リユース性，リワーク性，リペア性を有する架橋性高分子とは，分解可能な架橋ユニットを含んだものである。このような架橋性高分子では，一度架橋させた後，一定の条件下で処理すれば架橋構造が分解し，溶媒に可溶な直鎖状高分子あるいは低分子化合物へと変換することができる。このような架橋性高分子の応用例としては，医用材料，特に生分解性材料やドラッグデリバリーシステム用材料などがあり，また，リサイクル機能を付与したエラストマーあるいは半導体封止材，およびフォトレジスト等があげられる。

　本章では，分解能を有する架橋性高分子について，架橋ユニットの分子設計とそれらの架橋反応および分解ユニットの分子設計と分解反応について述べる。

2　可逆的架橋・分解反応性を有する機能性高分子

　可逆的に架橋・分解反応をする高分子は架橋体として利用した後，分解してもとの高分子に戻せば再利用が可能である。

　ビシクロオルソエステルを側鎖に有する高分子1は三フッ化ホウ素・エーテル錯体存在下で側鎖のビシクロオルソエステル部位が開環架橋反応をおこし，架橋高分子2を与える[4]。一方，架

---

*　Haruyuki Okamura　　大阪府立大学大学院　工学研究科　応用化学分野　助手
*　Masamitsu Shirai　　大阪府立大学大学院　工学研究科　応用化学分野　教授

橋高分子2はトリフルオロ酢酸による処理により，もとの高分子1へともどる（スキーム1）。この系の特徴は，使用後も適切な処理により高分子1が再生するため，材料として用いた時，リサイクルが可能であるという点である。

Diels-Alder反応の可逆性を利用すると，分解が可能な架橋型エラストマー3が得られる[5]。ジエノフィルとしてのマレイミド部位を有するポリシロキサン3と，架橋剤としてジエンであるフラン部位を1分子に2個有するシロキサン4を溶液中で混ぜ合わせると，架橋ポリマー5が生成する。架橋ポリマー5にフェニルマレイミド6を加え，加熱すると付加物7の生成とともに3が再生する（スキーム2）。この系もリサイクルが可能な熱可塑性エラストマーとしての応用が期待される。

3 不可逆的架橋・分解反応性を有する高分子

不可逆的架橋・分解反応性を有する高分子では，架橋部位と分解部位の分子設計の自由度が大きいので多くの研究例がある。ここでは，架橋方法として熱架橋および光架橋，分解方法として熱分解，光誘起熱分解，および試薬による分解による場合に分類して述べる。

3.1 熱架橋・熱分解系

熱硬化性樹脂は室温で液体もしくは溶媒に可溶な固体であるが，加熱により三次元架橋構造となり，固体でかつ溶媒に不溶となる。そのため，従来の熱硬化性樹脂は使用後の除去がきわめて困難である。しかし

スキーム1

スキーム2

第4章 架橋と分解性を利用する機能性高分子の合成

ながら,架橋した熱硬化性樹脂の架橋部位を何らかの方法で切断することができれば,架橋構造が崩壊して溶媒に対して溶解するようになる。熱架橋・熱分解型高分子の設計においては,架橋反応温度が分解温度より低いように分子構造を選択することが重要である。架橋・硬化した樹脂の熱処理により架橋構造が崩壊する高分子は多く研究されており,取り外しができる半導体封止材料用樹脂として分子設計されている。

分子内に1級,2級,および3級アルコールのカルボン酸エステル部位を有するジエポキシド8〜12と,4-メチルヘキサヒドロフタル酸無水物15との混合物は加熱により架橋・硬化する[6,7]。硬化樹脂の重量の50％が減少する温度はそれぞれ270（12),315（11),350（10),370（9),380℃（8）であり,硬化物の熱重量減少は,3級アルコールのカルボン酸エステル部位を2箇所有する12がもっとも低温で起こる。15と3級アルコールのカルボン酸エステル部位を有する11の熱架橋・熱分解機構をスキーム3に示す。まず,エポキシ基と酸無水物との架橋反応が進行して架橋構造を有する樹脂16が生成する。これは,さらに高温の熱処理を行うことにより,主に3種類の分解生成物17〜19を生成し,架橋構造が崩壊する。1級および2級アルコールのカルボン酸エステル部位を有する8,9をジエポキシドとして用いたときの架橋体も熱分解するが,その分解機構はよくわかっていない。

ベンゼン環を有する2級アルコールのカルボン酸エステル13,3級アルコールのカルボン酸エステル14,あるいは8と14の混合物を15で硬化させた硬化樹脂の熱分解温度はそれぞれ261,

8 : R = R' = R'' = H
9 : R = H, R' = CH$_3$, R'' = H
10 : R = R' = CH$_3$, R'' = H
11 : R = R' = R'' = CH$_3$

12

13 : R = H
14 : R = CH$_3$

Structure1

スキーム3

206、および224℃であった[8]。11、17および18から得られた硬化樹脂を実際の半導体封止材料として用いたところ、この硬化樹脂は加熱後、ブラシでこすり取ることができた。硬化樹脂中における17部位の熱分解反応は14と同様であると考えられる。

炭酸エステル部位を有するジエポキシド20あるいは21と15からなる硬化樹脂の熱分解開始温度は250℃である[9]。取り外しのできる半導体封止材用樹脂の理想的な分解温度は220℃であり、20と21は有力な候補になる。

カルバメート部位を有するジエポキシド22あるいは23と15との熱硬化は、ジエポキシド8を用いた場合と比較すると、低温で進行する[10]。硬化樹脂の分解開始温度は、ジエポキシドとして23を用いたときは220℃、22では280℃である。3級アルコールから合成されるカルバメート部位の熱分解温度は1級アルコールから合成されるカルバメート部位よりも熱分解温度が低い。

エーテル部位を有するジエポキシド24あるいは25と15からなる硬化樹脂の熱分解開始温度は、24を用いたときは304℃、25では239℃である[11]。25は取り外しのできる半導体封止材用樹脂として利用できる可能性が高い。

3.2 熱架橋・光誘起熱分解系

熱架橋・光誘起熱分解系は、熱架橋・熱分解系と異なり、分解反応を光により誘起するものである。このため、熱架橋・熱分解系においては、架橋が分解温度より低い温度で起こることが必要であるが、光を用いる系の場合、分解温度は架橋温度より低く設定することが可能となる。また、光を用いることにより、光照射部位の選択的な分解を起こすことができるため、感光性材料、特にフォトレジスト材料として有用である。

ポリマー26は加熱によりアセタール結合を有する架橋高分子27を生成する[12]。この架橋高分子27は光酸発生剤存在下で光照射した後、加熱を行うと、溶媒に可溶となる。27は酸存在下、加熱により架橋部位のアセタール結合が加水分解され、アルコール性水酸基とフェノール性水酸基を含むポリマー28およびアセトアルデヒドに分解する（スキーム4）。さらに、ポリビニルフェノール、フェノールノボラック、あるいはカルボン酸含有ポリマーをベースポリマーとして、

20 : R = H
21 : R = CH$_3$

22 : R = H
23 : R = CH$_3$

24 : R = H
25 : R = CH$_3$

Structure2

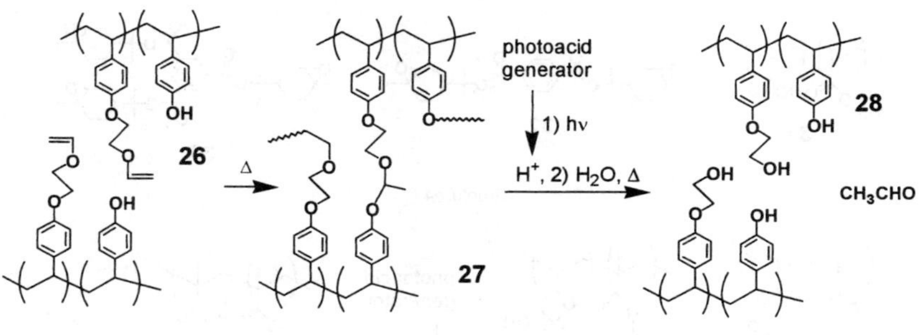

第4章 架橋と分解性を利用する機能性高分子の合成

スキーム4

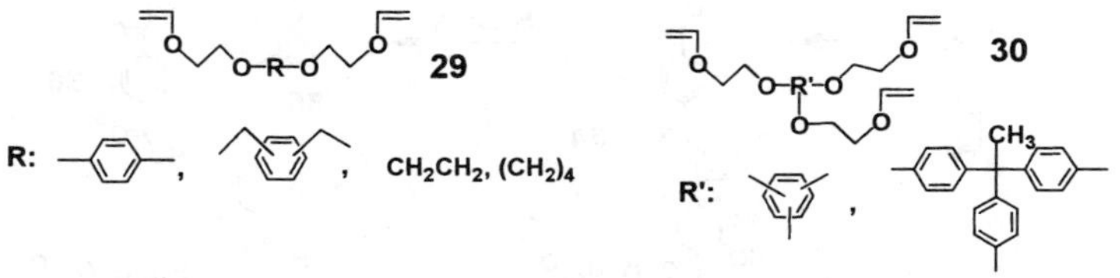

Structure3

　種々のジビニルエーテル29もしくはトリビニルエーテル30を架橋剤として用いたブレンド物は，加熱により架橋体を形成し溶媒に不溶になる。これら架橋体は光照射後の加熱により溶媒に可溶となる[13]。これら一連の樹脂はフォトレジストとしての利用が考えられる。

　カルボン酸とエポキシ基が加熱により付加反応を起こすこと，また，三級アルコールのカルボン酸エステル部位が酸触媒存在で加熱分解されることを利用する立場から，メタクリル酸－メタクリル酸エチル共重合体31，ジエポキシド32もしくはトリエポキシド33，および光酸発生剤からなるブレンドフィルムの熱架橋・光誘起熱分解性が検討されている[14]。これらのブレンドフィルムは加熱により架橋構造を有する34となり，溶媒に不溶となる。不溶化に必要な加熱温度は，33を用いたほうが，32を用いたときより低い。33のほうが一分子あたりのエポキシ基の数が32より多いため，効率的な架橋が起こるためである。34に光照射を行い，加熱すると溶媒に可溶となる（スキーム5）。この系は新規ポジ型フォトレジストとしての有用性が期待される[15]。

3.3　熱架橋・試薬による分解系

　熱架橋・試薬による分解系は，現在行われている熱硬化性樹脂の処理法の一つである強酸・強塩基による処理に代わる処理方法であり，リサイクル可能な熱硬化性樹脂を指向している。分子

高分子の架橋と分解—環境保全を目指して—

Structure 4 (化合物 31, 32, 33)

スキーム 5 (化合物 34, 35, 36)

　設計における基本的な概念は，ある種の試薬に対して結合が切断される官能基を架橋部位に導入するというものである．つまり，官能基が熱的に安定である限り，熱架橋・熱分解系と異なり，熱架橋反応時における制約がない．しかしながら，架橋部位を試薬と接触させる必要があるため，試薬の浸入が困難な高度な架橋体の場合は分解反応が極めて遅いか，もしくは起こらない．

　熱架橋・試薬による分解系として，エポキシ末端を有するビスフェノールAグリシジルエーテルオリゴマー37の硬化剤として，-SS-結合を有する4,4'-ジチオジアニリン38を用いた系がある[16,17]．架橋反応はエポキシ基とアミンの付加反応を用いている．架橋間分子量が400～500を超えないように架橋・硬化した樹脂は，還元剤であるトリブチルホスフィンもしくはトリフェニルホスフィン存在下，有機溶媒中で還流することにより溶解した．架橋剤38中の-SS-結合が還元されて-SH基となり，架橋が崩壊するためである（スキーム6）．この系は還元剤により架橋部位を切断するため，高度に架橋した樹脂に対しては還元剤が架橋樹脂中に浸透しないので，反応は完全には進行しない．

　分解部位として，ケタール，アセタールおよびホルマール結合を有する二官能性エポキシ化合物39～41および分解部位を有しない二官能性エポキシ化合物8とヘキサヒドロフタル酸無水物

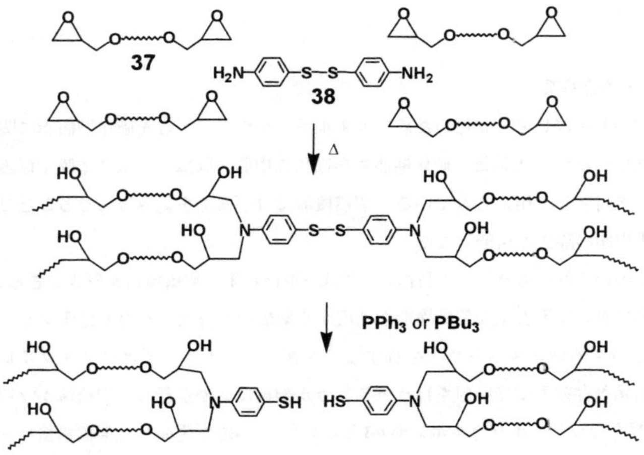

第4章 架橋と分解性を利用する機能性高分子の合成

スキーム6

39 : R = R' = H
40 : R = H, R' = CH$_3$
41 : R = R' = CH$_3$

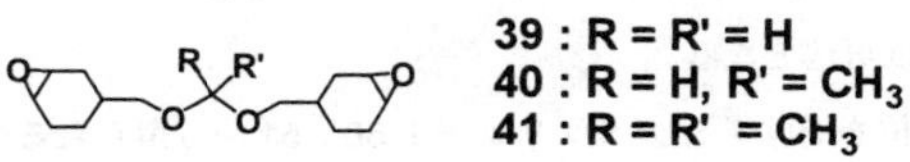

Structure5

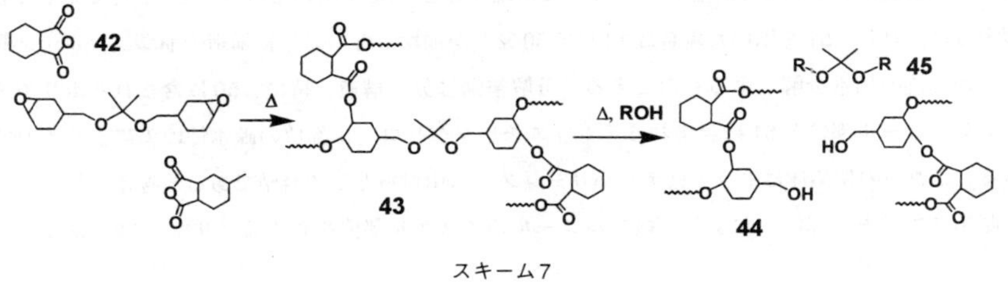

スキーム7

42との混合物は分解型熱架橋系である[18]。架橋した樹脂をエタノール／水／酢酸混合溶媒中で分解させると，ケタール結合を有する41の架橋体がもっとも早く分解し，次いでアセタール結合40の架橋体が分解する。一方，ホルマール結合を有する39の架橋体および分解部位を有しない8の架橋体はほとんど分解しない。エポキシ化合物として，41を用いたときの架橋・分解反応をスキーム7に示す。熱架橋はエポキシ基と酸無水物との付加反応で起こり，架橋体43が生成する。アルコール存在下で加熱を行うと，ケタール部位の交換反応が進行して，水酸基を有する分解生成物44と低分子ケタール45が生成する。ケタールおよびアセタール部位は分解部位とし

て有用である。

3.4 光架橋・熱分解系

熱硬化性樹脂と比較して，硬化のためのエネルギーが少量ですむ光硬化型樹脂に関する研究が盛んに行われている[19]。光架橋・硬化樹脂も熱硬化性樹脂と同様に，永久塗膜や保護膜，あるいはマトリックス材として用いられている。架橋機能に分解機能を組み合わせることで，簡便な処理による硬化樹脂の除去が可能となる。

光架橋系が用いられるもう一つの特徴は，熱処理を行わずに架橋構造を形成できることである。このため，熱に対して不安定な架橋構造を利用する架橋体の合成に威力を発揮する。

種々の長さのメチレンスペーサーを有するジアクリレートもしくはジメタクリレート**46**は，光ラジカル開始剤存在下で光照射を行うとラジカル架橋反応が進行し，架橋体**47**が生成する[20]。**47**は加熱分解を行うと，ポリカルボン酸**48**とオレフィン**49**を生成し，架橋構造は崩壊する（スキーム8）。しかしながら，この場合，生成するポリカルボン酸の脱水反応が副反応として起こるため，系の架橋構造は完全には崩壊しない。アルカリ水処理により，生成した酸無水物を加水分解することにより系は可溶となる。

カルボン酸無水物部位を有するジメタクリレート**50**，**51**から得られる架橋体はリン酸緩衝溶液中，37℃で分解反応が起こる[21]。**50**，**51**は光ラジカル開始架橋を行うことにより架橋体となる。この架橋体をリン酸緩衝溶液中，37℃で放置すると，**50**を用いた場合は1～2日で完全に崩壊するのに対し，**51**を用いた場合は14日で50％しか崩壊しない。架橋構造の崩壊はカルボン酸無水物部位の加水分解によるものである。分解挙動は分子構造，特に，**50**に含まれるポリエチレングリコール部位と**51**に含まれるテトラエチレングリコール部位の疎水性の差によるものである。これらの架橋体はドラッグデリバリーシステム用材料として有望であると考えられる。

側鎖にエポキシ部位，および三級アルコールのエステル部位を有するポリマー**52**，あるいは

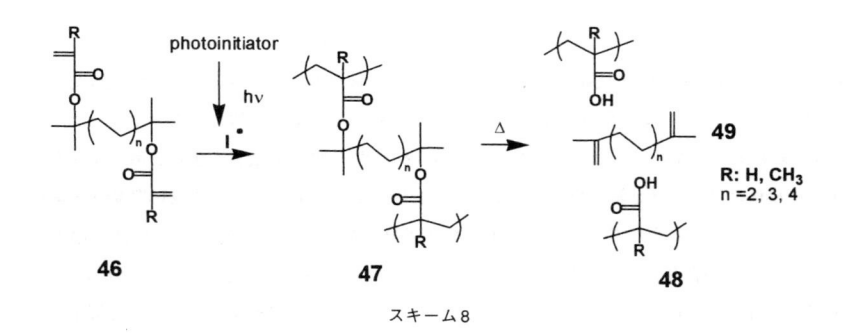

スキーム8

第4章 架橋と分解性を利用する機能性高分子の合成

三級アルコールのカルボン酸エステル部位もしくはスルホン酸エステル部位を有するポリマー53〜55は光酸発生剤存在下で光照射を行うと架橋構造を形成し，溶媒に不溶となる[22〜24]。架橋体を加熱することにより架橋構造が崩壊して，系は溶媒に可溶となる。熱分解温度は，光酸発生剤の種類，およびポリマー構造に影響を受ける。55を用いた場合の架橋・分解機構をスキーム9に示す。55は光酸発生剤の存在下で光照射を行うと，エポキシ基の開環架橋反応が進行し，

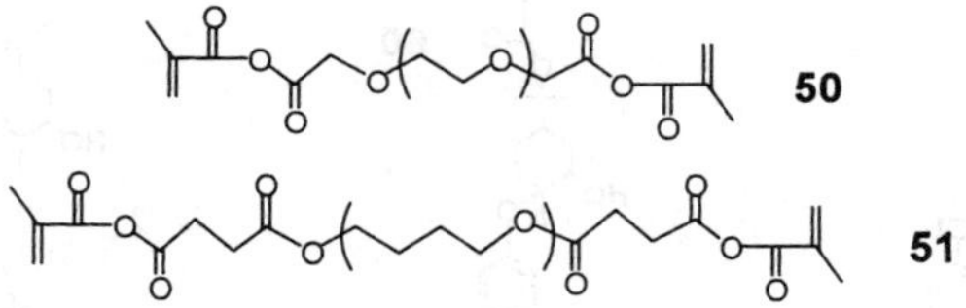

Structure6

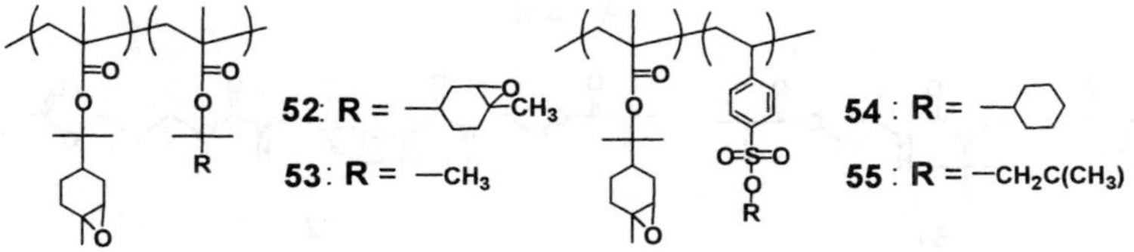

Structure7

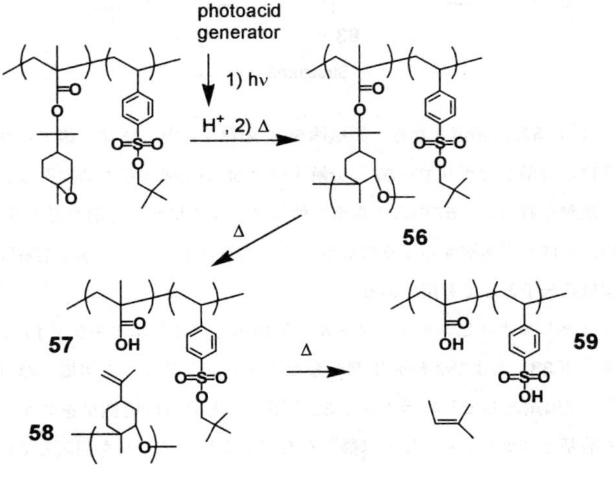

スキーム9

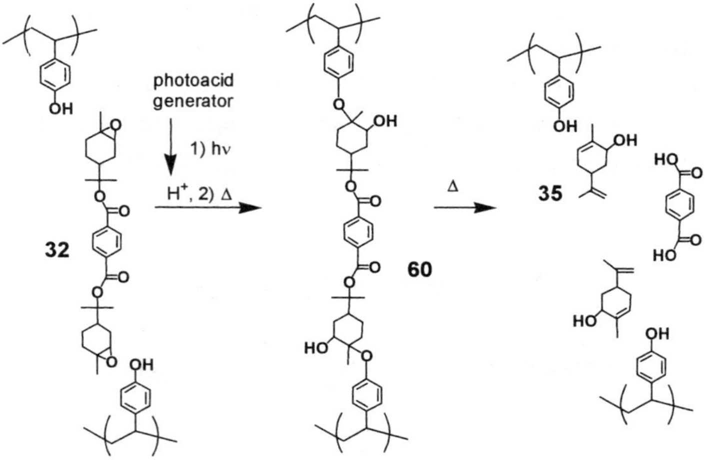

高分子の架橋と分解—環境保全を目指して—

スキーム10

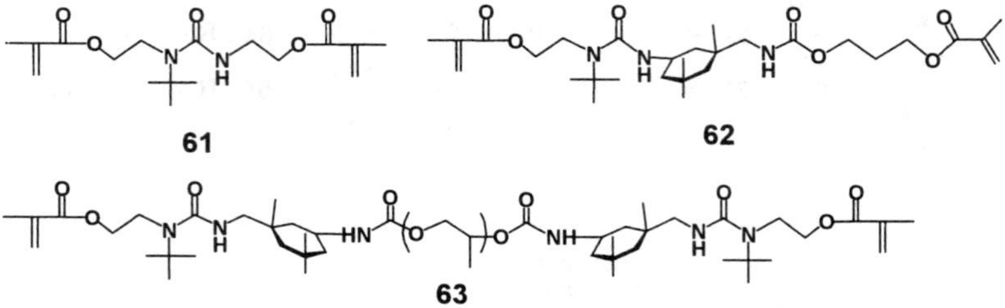

Structure8

架橋体 56 を形成して溶媒に不溶となる。架橋体 56 を加熱すると，まず三級アルコールのカルボン酸エステル部位が分解してポリマー 57 と分解生成物 58 が生成するため，系は有機溶媒に可溶となる。さらに加熱を行うと，57 中のスルホン酸エステル部位が熱分解してポリマー 59 を生成する。このため，系は水に溶解するようになる。このようなポリマーは水で溶解除去できる環境にやさしい光架橋高分子として有用である。

　ベースポリマーとしてポリビニルフェノール，架橋剤としてジエポキシド 11，12，32，もしくはトリエポキシド 33，および光酸発生剤からなるブレンド系は，光架橋・熱分解系として利用できる[14, 25]。架橋剤としてジエポキシド 32 を用いたときの反応機構をスキーム 10 に示す。フェノール性水酸基とエポキシ基の反応は酸の存在下で進行することを利用している。ポリビニルフェノール，32，および光酸発生剤のブレンドフィルムは光照射により架橋体 60 を生成する。

第4章 架橋と分解性を利用する機能性高分子の合成

架橋体60は熱分解により,ポリビニルフェノールおよび分解生成物35および36を生成するため,架橋構造が崩壊し,溶媒に可溶となる。本系も溶解除去可能な光架橋樹脂として利用できる。

3.5 光架橋・試薬による分解系

光架橋・試薬による分解系の特徴は,光架橋・熱分解系と同様であり,リサイクル対応の光架橋・硬化樹脂,もしくは低温での分解が必要な医用用途での応用が主である。熱架橋・試薬による分解系と同様に,架橋構造の完全分解のためには架橋密度を上げすぎない工夫が必要となる。

嵩高いウレア部位を有するジメタクリレート61～63は光ラジカル開始材存在下で光照射を行うとラジカル架橋反応が進行し,架橋体が生成する[26, 27]。架橋体をアルコールあるいはアミン存在下で加熱すると,架橋構造が崩壊し,架橋体の重量が減少した。ウレア部位のアルコールもしくはアミンの交換反応が架橋構造の崩壊の原因であると考えられるが,詳細は不明である。

ヒドロキシエチルメタクリレート64,アクリル酸65,N,N-メチレンビス(アクリルアミド)66,および-SS-結合を有するビスアクリルアミド67を光ラジカル共重合することにより得た架橋ヒドロゲル68は,-SS-部位の還元反応で架橋構造が崩壊する[28]。架橋ヒドロゲル68は,リン酸緩衝溶液(pH=7.4)中で膨潤した。ヒドロゲル中におけるアクリル酸部位がアクリル酸塩に変化し,ネットワーク間の反発が起こったからである。この状態で還元剤69と反応させることにより,さらなるゲルの膨潤が観測された。還元剤の作用により-SS-結合が還元されて-SH

スキーム11

基となり，68における架橋部位が切断され，より架橋密度の低い架橋ヒドロゲルである70を生成したためである（スキーム11）。架橋ヒドロゲル68は，pH応答性，および還元剤に対する応答性を示す材料として利用可能である。今後，バイオセンサー，ドラッグデリバリーシステム用材料，生分解性材料としての応用が期待される。

4 おわりに

本章では，架橋と分解性を利用する機能性高分子について，可逆反応を利用するものと不可逆反応を用いるものに分け，それぞれの特徴を述べた。不可逆反応を用いるものについては，架橋反応として熱架橋および光架橋，分解反応として熱分解，光誘起熱分解，および試薬による分解と大まかに分類することができる。架橋と分解性を利用する機能性高分子の研究はまだ始まったばかりである。高機能性や環境調和の視点から，架橋・分解性を有する新しい高分子材料が開発されるものと考えられる。

文　　献

1) 白井正充，高分子加工，**50**，290（2001）
2) 岡村晴之ほか，接着，**47**，396（2003）
3) 白井正充，色材，**76**，301（2003）
4) M. Hitomi *et al., Macromol. Chem. Phys.*, **200**, 1268（1999）
5) R. Gheneim *et al., Macromolecules*, **35**, 7246（2002）
6) S. Yang *et al., Chem. Mater.*, **6**, 1475（1998）
7) J. -S. Chen *et al., Polymer*, **43**, 131（2002）
8) H. Li *et al., J. Polym. Sci. Part A : Polym. Chem.*, **40**, 1796（2002）
9) L. Wang *et al., J. Polym. Sci. Part A : Polym. Chem.*, **38**, 3771（2000）
10) L. Wang *et al., J. Polym. Sci. Part A : Polym. Chem.*, **37**, 2991（1999）
11) Z. Wang *et al., Polymer*, **44**, 923（2003）
12) S. Moon *et al., Chem. Mater.*, **5**, 1315（1993）
13) S. Moon *et al., Chem. Mater.*, **6**, 1854（1994）
14) H. Okamura *et al., J. Polym. Sci. Part A : Polym. Chem.*, in press.
15) H. Okamura *et al., Proc. RadTech Asia '03*, 659（2003）
16) G. C. Tesoro *et al., J. Appl. Polym. Sci.*, **39**, 1425（1990）
17) V. Sastri *et al., J. Appl. Polym. Sci.*, **39**, 1439（1990）
18) S. L. Buchwalter *et al., J. Polym. Sci. Part A : Polym. Chem.*, **34**, 249（1996）

19) J. P. Fouassier et al., "Radiation Curing in Polymer Science and Technology", Elsevier Applied Science, New York (1993)
20) K. Ogino et al., Chem. Mater., **10**, 3833 (1998)
21) B. S. Kim et al., J. Polym. Sci. Part A : Polym. Chem., **38**, 1277 (2000)
22) M. Shirai et al., Chem. Mater., **14**, 334 (2002)
23) M. Shirai et al., Chem. Lett., 940 (2002)
24) M. Shirai et al., Chem. Mater., **15**, 4075 (2003)
25) H. Okamura et al., J. Polym. Sci. Part A : Polym. Chem., **40**, 3055 (2002)
26) J. Malik et al., Polym. Degrad. Stabil., **76**, 241 (2002)
27) J. Malik et al., Sur. Eng., **19**, 121 (2003)
28) K. N. Plunkett et al., Macromolecules, **36**, 3960 (2003)

第2編
架橋および分解を利用する機能性材料開発の最近の動向

第5章　熱を利用した架橋反応

1　高吸水性高分子ゲルの開発

伊藤耕三*

1.1　はじめに

　高分子ゲルは，高分子がネットワークを形成し溶媒を含んだ材料であり，溶媒種・温度・イオン環境の変化に応じて著しい膨潤収縮挙動を示す．特に，高分子主鎖にイオン性基を導入した場合には，膨潤倍率が格段に向上して千倍以上にも達し，高吸水性ゲルと呼ばれる（JISによる定義では，重量で乾燥時の百倍以上に膨潤するゲルを高吸水性ゲルと呼んでいる）[1]．高吸水性ゲルにはこのような高い膨潤倍率以外に，速い吸水速度や，塩など（特に多価の金属イオン）を含む水溶液に対する高い膨潤性などの機能が実用上要求されている[1]．高分子ゲルの吸水速度は表面積に依存するため，ゲルを破砕して表面積を大きくすれば一般に吸水速度は速くなる．また，塩に対する膨潤率を高めるためには，強酸性のスルホン酸を側鎖に持つ高分子や，イオン性ではないが水との親和性が高い高分子などが用いられている．以上のような改良の結果，高吸水性ゲルは材料としてわれわれの身の回りに急速に浸透し，紙おむつなどの生理衛生用品を筆頭に，化粧品，食品保冷材，止水材，農業用資材，建築用資材などさまざまな用途に現在利用されている．

　そもそもゲルの膨潤倍率の限界は何によって決まっているのであろうか．次節で紹介するゲルの膨潤理論によれば，架橋密度が小さいほどゲルは膨潤する．したがって，高分子ゲルの膨潤倍率を上げるためには架橋密度を低下させればよいが，するとゲルの機械強度も大幅に低下して場合によっては膨潤とともに自然にゲルは壊れてしまう．一般に，高い膨潤倍率と機械強度は相反する性質となっている．しかも，通常の高分子ゲル内部での架橋点の分布は著しく不均一であることがよく知られており，その結果ゲルの膨潤は最も短い高分子鎖によって制限されてしまうので，長い高分子鎖は膨潤にまったく寄与しないということが実際には起こっている（図1）．この架橋構造の問題が，高吸水材料としての高分子ゲルの限界を決める大きな要因の1つと考えられている．

　近年，分子の幾何学的構造に着目し，その特徴を生かした分子集合体いわゆるトポロジカル超分子が注目を集めている[2]．具体的には，環状分子が低分子を環内部に取りこんだ包接化合物，

---

*　Kohzo Ito　東京大学大学院　新領域創成科学研究科　教授

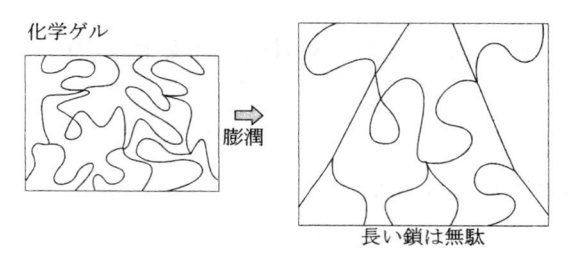

高分子の架橋と分解―環境保全を目指して―

図1 化学ゲルの膨潤挙動の模式図

環状分子が互いに入れ子になったカテナン，紐状分子を環状分子に通してその両端を脱けないように留めたロタキサン（環状分子がたくさん入るとポリロタキサン[3]という）など現在までにさまざまな超分子が報告されている．最近，物理ゲルや化学ゲルとは異なり，このような分子の幾何学的拘束を用いてネットワークを形成したまったく新しい架橋構造をもつゲルが登場した[4]．このようなゲルはトポロジカルゲルと呼ばれている．本稿では，ゲルの膨潤理論を紹介した後に，トポロジカルゲル特にその中でも架橋点が自由に動くことができる環動ゲルについて解説する．環動ゲルでは架橋点が自由に動けるため，長い高分子鎖が短い部分に移動して全体に均一に膨潤することができる．このため，すべての高分子鎖が均等に膨潤に寄与することになり，従来の高吸水性高分子ゲルに比べ，膨潤倍率が格段に高くなるだけでなく高膨潤状態でも強靭な力学特性が期待できる．

1.2 ゲルの膨潤理論

1.2.1 Flory-Rhener理論

FloryとRhenerは高分子と溶媒の混合についての有名なFlory-Huggins理論にゲル特有のゴム弾性の項を加えることにより，ゲルの膨潤収縮を記述する理論を提唱した[5,6]．FloryとHugginsは，高分子と溶媒の混合の自由エネルギーF_mを計算する際に，エネルギーについては通常の2成分混合の問題として扱い，エントロピーの計算にのみ高分子の結合性を考慮して状態数を数え上げることにより，以下のような式を導いた．

$$F_m(\Omega, \phi) \equiv \Omega k_B T f_m(\phi) \tag{1}$$

ここで，ΩはFlory-Hugginsモデルにおける系全体の格子数，ϕは高分子の体積分率，$k_B T$は熱エネルギー，$f_m(\phi)$は1格子当たりの混合自由エネルギーを表し，以下のように与えられる．

$$f_m(\phi) = \frac{\phi}{N} \ln \phi + (1-\phi) \ln(1-\phi) + \chi \phi (1-\phi) \tag{2}$$

第5章 熱を利用した架橋反応

ここで，Nは高分子の長さ（1本の高分子が占める格子数），χはカイパラメータと呼ばれる無次元量で2成分間の相互作用の差し引きを表す．(2)式の最初の2項は混合によって必ず得をするエントロピー項であり，第3項が混合エンタルピーを意味している．したがって，χの大小によって2成分が混合するか相分離するかが決まるのである．このとき浸透圧 Π は，

$$\Pi = -\frac{\partial F_m(\Omega, \phi)}{\partial V}\bigg|_n = \frac{k_B T}{v_c}\left[\frac{\phi}{N} - \ln(1-\phi) - \phi - \chi\phi^2\right] \tag{3}$$

で与えられる．ここで，$V = \Omega v_c$ は高分子溶液全体の体積（システムサイズ），n は溶液全体に含まれる高分子のモノマー総数，v_c は1格子（1溶媒分子に対応）の体積を表す．高分子溶液が溶媒と溶媒のみを通す膜で接しているときの膜に働く圧力が浸透圧であるから，$\Pi < 0$ のときには高分子溶液の体積は収縮することになり，$\Pi > 0$ のときには逆に膨潤することになる．前者を貧溶媒，後者を良溶媒と呼ぶ．

次に，高分子溶液を架橋してゲルにしたときを考えてみよう．高分子溶液とゲルの違いは，架橋されたために高分子が並進のエントロピーを失うこと（上式で $N \to \infty$ とすればよい）と，静的物性にエントロピー弾性の寄与が入ることである．ゴム弾性の理論から，エントロピー弾性の自由エネルギーへの寄与は

$$F_r(\lambda) = \frac{3}{2} n_p k_B T (\lambda^2 - 1 - \ln \lambda) \tag{4}$$

で与えられる．ここで，n_p はゲル中の架橋点間高分子鎖の総数，λ は伸長倍率を表す．膨潤収縮挙動の場合は3方向同じとみなすため，基準状態の体積を V_0 または高分子の体積分率を ϕ_0 とすると $\lambda^3 \equiv \alpha = V/V_0 = \phi_0/\phi$ の関係がある（α は膨潤度）．混合の自由エネルギー F_m と弾性の自由エネルギー F_r を加えると高分子ゲルの自由エネルギーが得られる．これより，高分子ゲルの浸透圧 Π は，

$$\frac{\Pi}{k_B T} = \frac{n_p}{V_0}\left[\frac{\phi}{2\phi_0} - \left(\frac{\phi}{\phi_0}\right)^{1/3}\right] - \frac{1}{v_c}\left[\ln(1-\phi) + \phi + \chi\phi^2\right] \tag{5}$$

で与えられる．平衡状態では浸透圧 $\Pi = 0$ より，Flory-Rhener の式

$$\frac{n_p v_c}{V_0}\left[\frac{\phi}{2\phi_0} - \left(\frac{\phi}{\phi_0}\right)^{1/3}\right] = \ln(1-\phi) + \phi + \chi\phi^2 \tag{6}$$

が得られる．ゲルが膨潤して ϕ が小さくなると左辺はカッコ内の第2項が主要項となる．一方，ϕ が小さいので右辺は展開することができるため，上式は

$$\alpha^{5/3} = \phi_0 N_c \left(\frac{1}{2} - \chi\right) \tag{7}$$

に帰着する．ここで，N_c は架橋点間高分子鎖のセグメント数を表す．温度上昇あるいは溶媒が

良溶媒に変化するとともにχ(<0)が減少するので右辺が増加し、αが大きくなるすなわちゲルが膨潤することが説明できる。また、架橋密度が低下し架橋点間高分子鎖のセグメント数が増加するとともにゲルは膨潤する。

1.2.2 田中理論

田中は、ゲルが電荷を持つ場合を考え、低分子イオンの並進エントロピーを上述したゲルの自由エネルギーにさらに加えることによって体積相転移現象を説明した[7]。低分子イオンの並進エントロピーによる浸透圧は、ゲルの体積中に理想気体が閉じ込められている場合と同じと仮定して以下の式を導いた。

$$\frac{\Pi}{k_B T} = \frac{n_p}{V_0}\left[\frac{\phi}{2\phi_0} - \left(\frac{\phi}{\phi_0}\right)^{1/3}\right] - \frac{1}{V_c}[\ln(1-\phi) + \phi + \chi\phi^2] + \frac{fn_p}{V_0} - \frac{\phi}{\phi_0} \tag{8}$$

ここで、fは架橋点間高分子鎖1本から解離したイオンの数すなわち架橋点間高分子鎖1本が持つイオン基の数を表す。平衡状態$\Pi=0$では、換算温度τを$\tau \equiv 1 - 2\chi$で定義すると、

$$\tau = \frac{2\phi_0}{N_c \phi^2}\left[\left(\frac{\phi}{\phi_0}\right)^{1/3} - \left(f + \frac{1}{2}\right)\frac{\phi}{\phi_0}\right] + \frac{2}{\phi^2}[\ln(1-\phi) + \phi] + 1 \tag{9}$$

が得られる。ここで、前に述べたように$\phi \ll 1$とすると

$$\frac{N_c \tau}{2\phi_0}\phi^2 = \left(\frac{\phi}{\phi_0}\right)^{1/3} - \left(f + \frac{1}{2}\right)\frac{\phi}{\phi_0} - \frac{N_c}{3\phi_0}\phi^3 \tag{10}$$

を得る。左辺は2体相互作用、右辺の最初の2項は弾性、第3項は3体相互作用を表している。ここで、(10)式が極小値と極大値をそれぞれ1つ持つようなMaxwellループを描くと1次相転移が出現する。その条件は、

$$f + \frac{1}{2} > \frac{4}{3}\left(\frac{5}{3}\right)^{3/4}(N_c \phi_0^2)^{1/4} \tag{11}$$

で与えられる。すなわち、fが大きいかあるいはN_c、ϕ_0が小さいとき不連続な体積相転移になる。N_c、ϕ_0を極端に小さくするとゲルでなくなってしまうため、実質的にはfすなわち高分子主鎖上のイオン基を増やすことによって体積相転移を起こすことができる。これは実験的にも確認されている[8,9]。(9)式から明らかなように、イオン基を増やすということはゲルの弾性率の増大に相当することに注意してほしい。

1.3 環動ゲル

1.3.1 環動ゲルとは

ゲルは、食品、医療品、工業製品等に幅広く利用されており、用いられる高分子の種類も多様である。しかし架橋構造という視点から眺めてみると、物理ゲルと化学ゲルのわずか2種類しか

第5章 熱を利用した架橋反応

ない。物理ゲルは，ゼラチン，寒天などのように自然界によく見られるゲルであり，また生体組織の大半も多種多様な物理ゲルが占めている。この物理ゲルは，高分子（ひも状分子）間にはたらく水素結合や疎水性相互作用などの物理的引力相互作用による架橋点によってネットワークを構成している。試料の調製が比較的容易という利点もあるが，長時間経過すると逆に収縮・結晶化し，また物理的相互作用が失われる条件（高温や溶けやすい溶媒中）では液化してしまうなどの欠点がある。

一方，化学ゲルは高分子合成が盛んになった今世紀後半になって急速に発展したゲルであり，高分子間を共有結合で直接架橋することでネットワークを形成する。化学ゲルはゲルのネットワーク全体が共有結合で直接つながった巨大な1分子であるため良溶媒中でも溶けない長所がある反面，架橋点が固定されているため架橋反応において不均一な構造ができやすく，機械強度の面で高分子本来の強度に比べ大幅に劣っている。

このような物理ゲルや化学ゲルとは異なり，分子の幾何学的拘束を用いてネットワークが形成されているゲルをトポロジカルゲル（Topological Gel）と呼ぶことにする[10]。分子の幾何学的拘束としては，紐状分子をたくさんの環状分子に通してその両端を脱けないように留めたポリロタキサンなどがよく知られており，このポリロタキサン構造を利用したポリロタキサンゲル（Polyrotaxane Gel）が現在までにいくつか報告されている[10〜12]。その中でも，ポリロタキサン上の環状分子の数を抑制し，環状分子どうしを架橋して架橋点が自由に動ける構造を持たせた環動ゲル（Slide-Ring Gel）は，従来の物理ゲルや化学ゲルとは大きく異なる物性を示す点で基礎・応用両面から注目されている[13]。本稿では，環動ゲルの作成法，構造・物性，応用分野などについて述べることにする。

1.3.2 環動ゲルの作成法

まず，高分子量（平均分子量2万〜50万）のポリエチレングリコール（PEG）を用いα-シクロデキストリン（α-CD）との包接錯体（分子ネックレス）を形成する。高分子量のPEGを用いるとシクロデキストリンがすかすかに包接した低密度のポリロタキサンが容易に調整できる。PEGとα-CDの混合比を調整すれば充填率が5〜28％の範囲で調整可能であり，このとき線状高分子は逆に72〜95％がむき出しになる。図2(a)のようなポリロタキサンにおいて，α-CDが1分子当たり18個の水酸基を有するのとは対照的に，主鎖であるPEGは幸いにも両末端以外には官能基がないため，このポリロタキサンの溶液中に塩化シアヌルやカルボニルジイミダゾールなど水酸基に反応する架橋剤を投入すると，必然的にポリロタキサンに含まれるシクロデキストリン間が化学架橋されて図2(b)に示す「8の字架橋点」を形成し，透明で強いゲルが得られる。ゲル中において両端がかさ高い置換基でとめられた高分子鎖は，図2(c)に示すように8の字架橋点により位相幾何学的に（トポロジカルに）拘束されることで線状高分子のネットワークを保持

高分子の架橋と分解—環境保全を目指して—

している。

実際にゲルのネットワークがトポロジカルな拘束で保持されていることを検証するため，以下のような実験が行われた。まず，両端がかさ高い置換基でとめられたポリエチレングリコールとα-CDをポリロタキサンと同じ組成で混合して同様の架橋反応を行ったところ，トポロジカルな拘束がないためにゲル化が起こらない。またこのゲル中の高分子鎖の末端の置換基を強アルカリ中で加熱して切断するとゲルは液化する。したがって図2(c)のような8の字架橋点によってゲルが実際に構成されており，しかも架橋点に拘束された状態でも高分子が分子鎖に沿った方向に自由に動けることが明らかになった。このような環状分子が自由に動ける構造を持つゲルを特に環動ゲルと呼ぶことにする。

図3に化学ゲルと環動ゲルを伸長させたときの比較の模式図を示す。化学ゲルでは高分子溶液

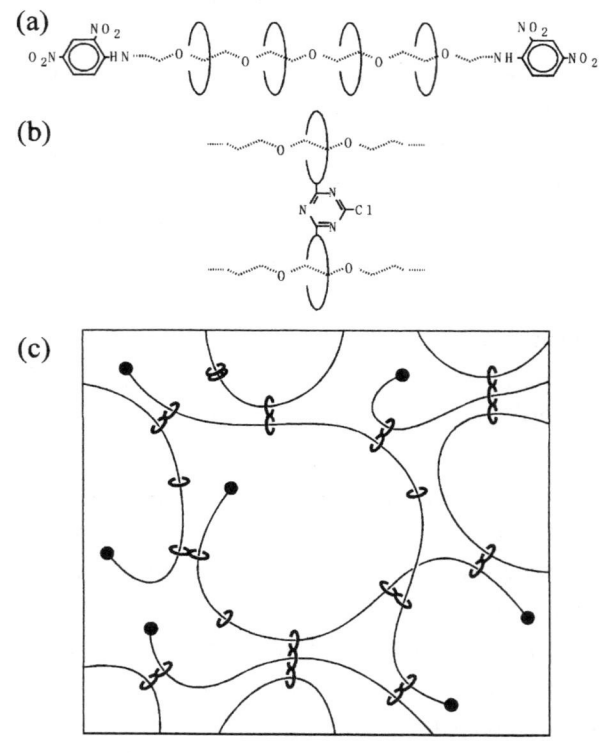

図2 (a) ポリロタキサン，(b) 8の字架橋点，(c) 環動ゲル

第5章 熱を利用した架橋反応

のゲル化に伴って，動かない化学架橋点により本来1本だった高分子が力学的には別々で長さが異なる高分子に分割されている。そのため，外部からの張力が最も短い高分子に集中してしまい順々に切断されるため，高分子の潜在的強度を生かすことなく容易に破断することになる。一方，環動ゲルに含まれる線状高分子は，架橋点を大量に導入しても架橋点を自由に通り抜けることができるため，力学的には高分子は1本のままとして振る舞うことができる。この協調効果は1本の高分子内にとどまらず，架橋点を介して繋がっている隣り合った高分子同士でも有効なため，ゲル全体の構造および応力の不均一を分散し，高分子の潜在

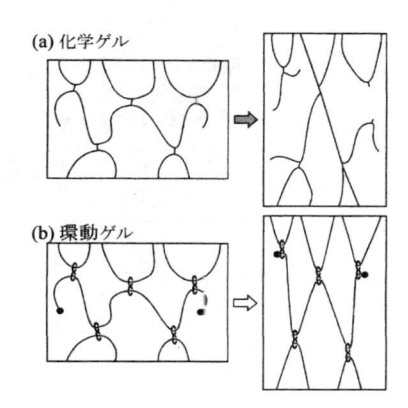

図3 化学ゲルと環動ゲルの伸長の比較
(a)化学ゲルの破壊と(b)環動ゲルの滑車効果のイメージ

的強度を最大限に発揮することが可能だと考えられる。架橋点が滑車のように振る舞っていることから，この協調効果を滑車効果（Pulley Efect）と呼ぶ。この効果は，線状高分子の長さの不均一性を解消し，大幅な体積変化や優れた伸長性などを生み出していると考えられ，従来の物理ゲル，化学ゲルとは大きく異なる環動ゲルの特性をもたらす要因になっている。

膨潤収縮挙動についても，化学ゲルと環動ゲルでは大きな違いが生じる。図1に示すように化学ゲルでは膨潤の限界が一番短い高分子鎖で決まってしまい，長い高分子鎖は膨潤に何ら寄与しないのに対して，環動ゲルでは滑車効果によって高分子鎖どうしで長さを互いにやり取りできるため，化学ゲルに比べて大きな膨潤収縮挙動が予想される（図4）。実際に，環動ゲルは乾燥重量の約8000倍と大幅に膨潤・収縮をすることが明らかになっている。また環動ゲルを伸長したときには，架橋の程度にもよるが最高で24倍にも伸長することも分かっている。さらに環動ゲルは透明・均一なゲルであり，長期にわたってその透明度が維持される。以上のような環動ゲルの特性は，滑車効果と密接に関連していると考えられている。

1.3.3 環動ゲルの応用

ゲルの材料としての最大の特徴は，構成成分がほとんど液体でありながら液体を保持し固体（弾性体）として振舞う点である。従来の化学ゲルの材料設計では，高い液体分率と機械強度は相反するベクトル軸を形成していた。これに対して環動ゲルは，可動な架橋点を導入することで高分子を最大限に効率よく利用することにより，従来のゲル材料では実現不可能であった高い液体分率と機械強度を両立させることが可能である。以上のような理由から，環動ゲルの応用先としては，高吸水性ゲルとしてだけでなく，ゲルのあらゆる分野に及ぶと考えられている。

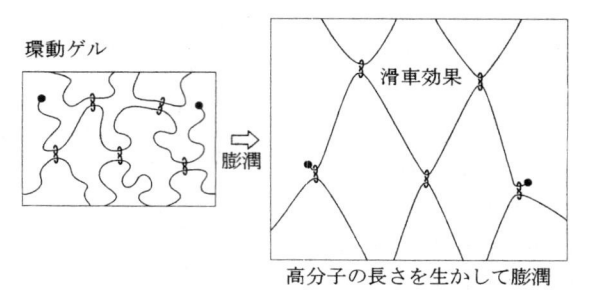

図4　環動ゲルの膨潤挙動の模式図

　特に，ポリエチレングリコールとシクロデキストリンからなる環動ゲルは生体に対する安全性が高いことが期待されるので，生体適合材料・医療材料分野への応用が期待されている。具体的には，ソフトコンタクトレンズ，創傷被覆材，眼内レンズ，人工血管，義眼，人工関節などへの応用展開が進められている。また，化粧品や食品分野なども電池関係（リチウムイオンポリマーゲル電池，燃料電池）への応用も考えられている。さらに，環動ゲルの大量生産が可能になり作製コストが下がれば，衝撃吸収剤や建築資材などへの利用も予想されている。

1.4　おわりに

　新しい高吸水性高分子ゲルである環動ゲルを中心に解説した。従来の高分子ゲルとは異なる架橋構造をとる環動ゲルでは，架橋点が自由に動くことにより，従来の高吸水性ゲルが持っていた架橋点の不均一性という本質的な問題を解決することができる。このことは，架橋構造のわずかな違いによって物性が大きく変化すること，すなわち高分子材料では架橋構造がきわめて重要であることを示している。環動ゲルの架橋構造は，ゲルだけでなく高分子材料一般に応用可能である。たとえば，ゴム材料に環動ゲルのデザインを適用した「環動ゴム」が実現すれば，従来の材料とは特性が大きく異なる優れた粘弾性体が実現すると考えられている。環動ゲルの今後の展開に期待したい。

文　　献

1) 増田房義，高吸水性ポリマー，高分子新素材 One Point 4，高分子学会編，共立出版

第5章 熱を利用した架橋反応

  (1987)
2) 妹尾学，荒木孝二，大月穣，超分子化学，東京化学同人 (1998)
3) A. Harada, J. Li and M. Kamachi, *Nature*, **356**, 325 (1992)
4) 伊藤耕三，下村武史，奥村泰志，物理学会誌，**57**，321 (2002) 現代化学，**336**，55 (2001);機能材料，**21**，51 (2001)
5) P. J. Flory：Principles of Polymer Chemistry, Cornell University Press (1953);フローリー著，岡小天・金丸競共訳，高分子化学，丸善 (1956)
6) 田中文彦，高分子の物理学，裳華房 (1998)
7) 田中豊一，物理学会誌，**41**，542 (1986)
8) S. Katayama, Y. Hirokawa and T. Tanaka, *Macromolecules*, **17**, 2641 (1984)
9) S. Hirotsu, Y. Hirokawa and T. Tanaka, *J Chem. Phys.*, **87**, 1392 (1987)
10) Y. Okumura and K. Ito, *Adv. Mater.* **13**, 485 (2001)
11) J. Li, A. Harada and M. Kamachi, *Polym, J.*, **26**, 1019 (1993)
12) J. Watanabe, T. Ooya, N. Yui, *J. Artif. Organs*, **3**, 136 (2000)
13) 奥村泰志，伊藤耕三，日本ゴム協会誌，**76**，31 (2003)

2 分子認識高分子ゲルの開発

浦上　忠[*1], 宮田隆志[*2]

2.1 はじめに

　高分子ゲルは，一般に「多量の溶媒で膨潤した架橋高分子網目」と定義されている[1]。すなわち，高分子ゲルは溶媒に不溶な三次元網目構造を有する高分子が溶媒に膨潤した膨潤体であり，固体と液体との中間の性質を有している。この性質のため膨潤特性，透過特性，吸着特性，光学特性，力学特性，表面特性などにおいてきわめてユニークに振る舞い，食品から医療材料まで幅広く利用されている[2~6]。高分子ゲルの架橋構造は化学架橋（化学結合）あるいは物理架橋（分子間相互作用）の形成によっている。化学架橋では，架橋剤により高分子間が強固に結合されているため生成する高分子ゲルは強いものが多い。一方，物理架橋では，主に高分子間の水素結合，ファンデルワールス力，疎水性相互作用，キレート形成などによって架橋されているので，得られる高分子ゲルは可逆的である場合が多い[3]。

　これまでの高分子ゲルは，環境の変化に伴う膨潤状態の急激な変化を利用した液体の吸収保持機能や衝撃吸収機能のような受動的な機能が活かされてきた。近年，これに対して温度[7,8]，溶媒組成[9~12]，pH[13~15]，イオン組成[16~18]，光[19,20]，電場[21~23]などの外部環境変化に能動的に応答する刺激応答性高分子ゲルが調製されている。これらの高分子ゲルは，ある一定の条件下で不連続に体積変化（体積相転移）を起こし，その相転移現象は可逆的であり，環境変化に応じて自発的にその形態を変化する。このような高分子ゲルの相転移挙動はゲル内の物理架橋をもたらしている水素結合，ファンデルワールス力，疎水性相互作用などの分子間力の相違に基づいている。このような高分子ゲルは化学エネルギーの力学エネルギーへの変換，人工筋肉モデル，軟体機械，ロボット用アクチュエーターをはじめ，医療分野など幅広い領域への応用が検討されている[24~27]。また，外的な刺激により高分子ゲルの網目鎖濃度を制御して薬物などの放出速度を規制するドラッグデリバリーシステム（DDS）へのインテリジェント化も進められている[28,29]。

　従来報告されている刺激応答性高分子ゲルでは，温度やpH変化による高分子鎖の脱水和の変化やゲルネットワーク内の解離基の変化などの物理化学的変化に応答するものである。特定の成分や分子の存在を認識して形態を変化させる高分子ゲルは，グルコース応答性[30,31]の報告がなされているが，この応答性ゲルにおいてもpH応答性と酵素反応を組み合わせて応答機能が発現されており，特定分子を直接的に感知する応答性ゲルではない。このような観点から眺めると，特定の分子を直接認識して形態変化するような高分子ゲルの開発は，医療分野をはじめ多くの分

[*1] Tadashi Uragami　関西大学　工学部　教授
[*2] Takashi Miyata　関西大学　工学部　助教授

第5章 熱を利用した架橋反応

野への利用が可能であり,そのような新しい高分子ゲルの開発が待たれる。

ゲルの膨潤-収縮挙動は,ゲルを構成する高分子ネットワーク中の解離基や高分子鎖と溶媒との親和性だけでなく,ゲルを形成している架橋点の数にも強く影響される。そこで,外部環境の変化に応じて可逆的に結合・解離するような架橋構造をゲル内に導入することにより,新規な分子応答性高分子ゲルの調製が可能であると考えられる。

そこで本稿では,生体内の特異的な結合として知られている抗原-抗体結合を高分子ゲル内の可逆的架橋構造とする,分子認識能を有する分子応答性高分子ゲルの調製とその特性を述べる。一方,生体あるいはその集合体は,特定の化学種(分子)のみに応答する高度な分子認識能を持っている。そこで,このような分子認識能を材料に付与する手段として,標的分子を鋳型分子として用いる分子インプリント法[30,31]により生体成分や内分泌攪乱物質をインプリントしたインプリント高分子ゲルの調製法を示し,さらにその機能について記述する。

2.2 抗原-抗体高分子ゲル

2.2.1 抗原応答性高分子ゲルの調製

生体内に存在するタンパク質(抗体)は,生体外からの異物(抗原)と選択的に相互作用するホスト-ゲスト現象の典型的なものである。抗原は,動物にとって免疫応答を刺激する物質で,その分子量は10,000より大きく,化学的にはタンパク,多糖体,糖脂質およびリボタンパクなどから成り立っている。一方,血清中に存在するタンパク質である抗体は,対応する抗原分子上の一部の構造に対して結合する部位として,通常1分子当たり2個の結合基を持っている。一般に,抗原と抗体との間には共有結合はなく,酵素-基質間の結合のように他のタンパク質間に相互作用して働くのと同様に,主に静電相互作用が,また水素結合やファンデルワールス力が,関係する分子間力が抗原-抗体結合に関与している。おのおのの抗原に対してそれぞれ対応する抗体が存在し,酵素反応における鍵と鍵穴のように特定のもの同士で抗原と抗体は特異的に結合する[32,33]。本節では,このような極めて特異的な抗原-抗体結合をゲル内の可逆的な架橋点として利用することによる生体分子認識能を持った分子応答性高分子ゲルの調製について述べる。

ビニル基導入抗原(III)は,スキーム1に示したようにりん酸緩衝液(PBS)に抗原のRabbit IgG(I)を溶かし,N-スクシンイミジルアクリレート(NSA)(II)を加えた後,撹拌することにより合成した[34,35]。そして,抗原-抗体ヒドロゲル(V)はスキーム2に示したように,ビニル基導入抗原と抗体のGoat anti-Rabbit IgG(IV)の混合液にアクリルアミド(AAm),N,N-メチレンビスアクリルアミド(MBAA),過硫酸アンモニウム(APS),N,N,N',N'-テトラメチレンジアミン(TEMED)を加えガラス管内で重合することによって調製した[36,37]。一方,PAAmヒドロゲルは上述の抗原-抗体ヒドロゲルの調製時にビニル基導入抗原と抗体が存在

$$\boxed{抗原}-NH_2 + \underset{(II)}{\overset{O}{\underset{O}{\bigcirc}}N-O-\overset{O}{\overset{\|}{C}}-CH=CH_2} \xrightarrow[\text{pH7.4, PBS}]{36°C, 1h} \boxed{抗原}-\overset{H}{\underset{}{N}}-\overset{O}{\overset{\|}{C}}-CH=CH_2$$

(I)　　　　　(II)　　　　　　　　　　　　　　　　　(III)

スキーム1　ビニル基導入抗原の合成

$$\underset{(III)}{\boxed{抗原}-\overset{H}{\underset{}{N}}-\overset{O}{\overset{\|}{C}}-CH=CH_2} \xrightarrow[\text{MBAA, APS/TEMED}]{\text{抗体(IV), AAm}} \underset{(V)}{抗原-抗体ヒドロゲル}$$

スキーム2　抗原-抗体ヒドロゲル

しない状態で調製した。

2.2.2　抗原応答性高分子ゲルの膨潤特性

　図1には，PBS中のPAAmヒドロゲルおよび抗原-抗体ヒドロゲルに抗原としてRabbit IgGを添加した場合のヒドロゲルの膨潤比の変化を示した。PAAmヒドロゲルの膨潤比は，抗原の存在で若干減少を示した。この減少は，抗原溶液の浸透圧がPBSのそれより高いことによると考えられる。一方，抗原-抗体ヒドロゲルの膨潤比は，PAAmヒドロゲルとは著しく異なり，抗原の存在する溶液中で急激に増加した。このことは，抗原-抗体ヒドロゲルはフリーな抗原の存在を認識し，膨潤するという抗原応答性を有することが明らかである。また，図2は，PAAmヒドロゲルおよび抗原-抗体ヒドロゲルの平衡膨潤比に及ぼす外部溶液の抗原濃度の影響を示した。PAAmヒドロゲルの平衡膨潤比は，抗原濃度の増加に伴う浸透圧の変化によってわずかに減少する傾向を示した。しかし，抗原-抗体ヒドロゲルのそれは，抗原濃度の増加に伴って著しく増加した。この結果は，図1でみられたように，抗原-抗体ヒドロゲルが抗原の存在を認識して膨潤するのみならず，その膨潤挙動は抗原濃度に依存していることが明らかである。このことは，新しいセンサー素子としての利用の可能性を暗示している。

　図1，2に見られた外部溶液中のフリーの抗原の存在による膨潤比の変化は，ヒドロゲル構造の変化に基づくと考えられる。このヒドロゲル構造の変化を明らかにするため，ヒドロゲルの圧縮弾性率の測定から算出される架橋密度と外部溶液中の抗原濃度との関係を図3に示した。PAAmヒドロゲルの架橋密度は，外部溶液中の抗原濃度にかかわらずほぼ一定であるが，抗原-抗体ヒドロゲルの架橋密度は抗原濃度の増加に伴って次第に減少した。この結果は，抗原-抗体ヒドロゲルが抗原溶液中の抗原に応答する膨潤の程度が抗原-抗体ヒドロゲルの架橋構造の密度

第5章 熱を利用した架橋反応

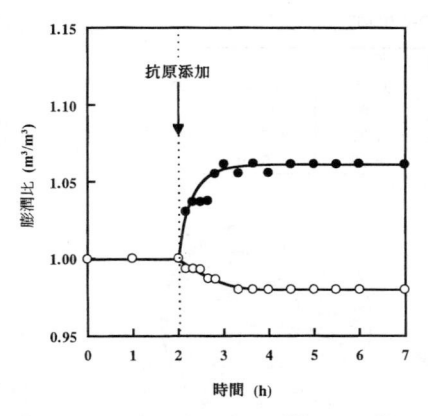

図1 抗原添加に伴う PAAm（○）および抗原－抗体（●）ヒドロゲルの膨潤比変化

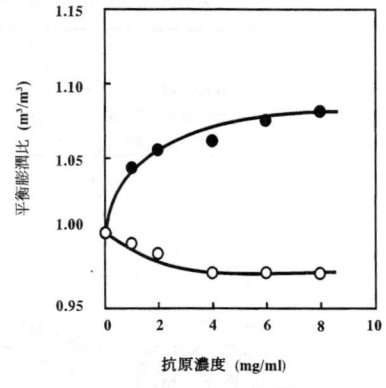

図2 PAAm（○）および抗原－抗体（●）ヒドロゲルの平衡膨潤比に及ぼす外部溶液中の抗原濃度の影響

に顕著に依存していることを暗示している。

表1には，BIAcoreのセンサー表面に抗体を固定化し，未修飾抗原，ビニル基導入抗原およびポリマー化抗原を結合させた場合の3種類の抗原と抗体との結合定数（Kass），解離定数（Kdiss）および平衡定数（Ka）をかかげた。ここで，ポリマー化抗原はスキーム2で抗体（IV）とMBAAを存在させずに調製したものである。抗原をビニル化，ポリマー化と修飾するにつれ，結合定数は低下し，解離定数は増加した。また，平衡定数から抗原をポリマー化すると，抗原－抗体間の相互作用が著しく低下することが認められる。これらの抗原の化学修飾による結合定数の低下，解離定数の増加，平衡定数の低下は，ビニル基導入時の抗原の変性，さらにポリマー化に伴う立体障害に強く影響されていると考えられる。

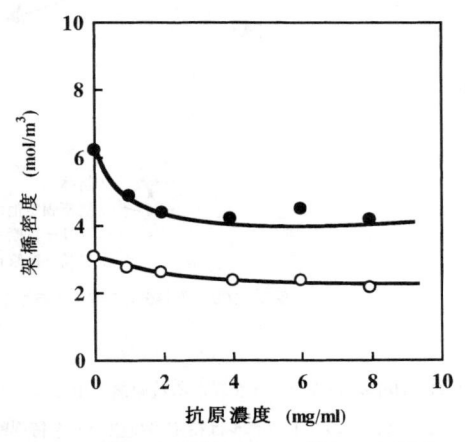

図3 外部溶液の抗原濃度とPAAm（○）および抗原－抗体（●）ヒドロゲルの架橋密度との関係

Rabbit IgGのビニル基導入抗原，AAm，MBAAの架橋共重合体と抗体のGoat anti-Rabbit IgGからの抗原－抗体ヒドロゲル（スキーム2参照）は，Rabbit IgG以外のGoat IgG，Bovine

高分子の架橋と分解―環境保全を目指して―

表1 化学修飾抗原と抗体との動力学的パラメーター

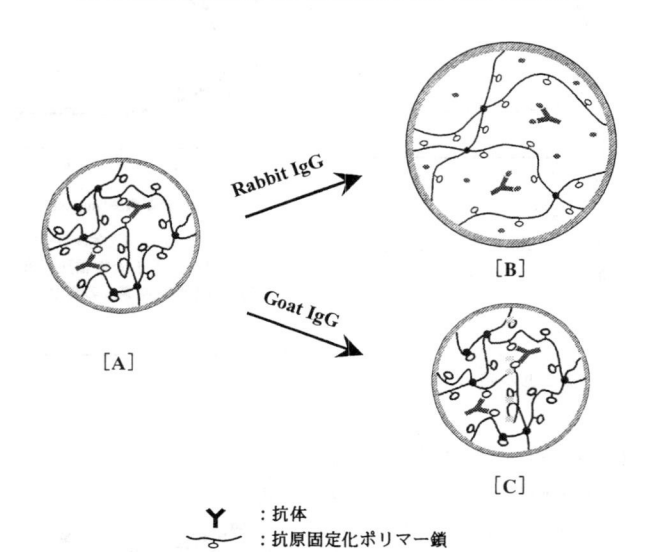

	K_{ass} $10^4 M^{-1} s^{-1}$	K_{diss} $10^4 s^{-1}$	K_a $10^6 M^{-1}$
未修飾抗原	1.63	11.5	704
ビニル基導入抗原	2.25	7.37	327
ポリマー化抗原	115	5.88	5.10

図4 フリーな抗原に応答する抗原―抗体ヒドロゲルの膨潤挙動

Y : 抗体
 : 抗原固定化ポリマー鎖
 : フリー抗原 (Rabbit IgG)
 : フリー抗原 (Goat IgG)

IgG, Horse IgGのような異なる抗原溶液中ではヒドロゲルの膨潤比は全く変化しなかった。このことは，このヒドロゲルは特定の抗原のみを特異的に認識し，膨潤する優れた分子認識能を持つことを示す。

　抗原―抗体ヒドロゲルの抗原応答性は，BIAcoreシステムによる抗原―抗体間の相互作用の解析，架橋密度測定などから，図4に示すようなモデルで理解できる。すなわち，PBS中ではヒドロゲル内のポリマー鎖に固定化された抗原（ ）は抗体（Y）と結合して，架橋点として作用している（図4 [A] の状態）。このヒドロゲルをフリーの抗原（ ）であるRabbit IgGを含む溶液に移すと，ヒドロゲル内のポリマー鎖に固定された抗原よりもフリーの抗原の方が抗体との相互作用が強いため，ヒドロゲル内に架橋点として働いていた抗原―抗体結合が解離され，ヒ

第5章 熱を利用した架橋反応

ドロゲルの架橋密度が減少される結果,ヒドロゲルの膨潤がおこる(図4[B]の状態)。また,架橋密度の測定結果からも明らかなように,このようなヒドロゲルの解離挙動に基づく架橋密度の減少度がフリーの抗原の濃度に依存していたので,ヒドロゲルの平衡膨潤比は明確な抗原濃度依存性を示すと考えられる。一方,異なる抗原,たとえばGoat IgG(※)の溶液中では,図4に示すようにヒドロゲル内の抗原-抗体結合は解離されず,ヒドロゲルの架橋構造に変化がないためヒドロゲルの膨潤がみられないと考えられる(図4[C]の状態)。

ヒドロゲルの膨潤挙動はその構造に著しく影響されることが知られている。そこで,ビニル基導入抗原のビニル基導入率を変え,ヒドロゲル内の抗原-抗体結合濃度を変えた時のヒドロゲル構造と膨潤挙動との関係が調べられた。抗原へのビニル基の導入率が低い方がヒドロゲルの平衡膨潤率は増加し架橋密度は低下した。これは,ヒドロゲルの膨潤を抑制していた共有結合の数が,ビニル基導入率の低下に伴い減少することに基づき,図4に示した抗原-抗体結合の解離によるヒドロゲルの膨潤率がより顕著になることを示している。すなわち,ビニル基導入率を変えることにより,抗原-抗体ヒドロゲルの抗原応答性に基づく膨潤状態の制御が可能であることを暗示している。

また,ビニル基導入抗原の濃度を変え調製した抗原-抗体ヒドロゲルの膨潤率の変化は,ビニル基導入抗原濃度が高い方が顕著であった。そして,ビニル基導入抗原濃度が高いものから調製した抗原-抗体ヒドロゲルの方が平衡膨潤率の変化が著しく,また架橋密度の低下の程度が大きくなっていた。つまり,ビニル基導入抗原の濃度の増加は,外部溶液中の抗原濃度に対する依存性がよりはっきりとなることを示している。

ビニル基導入抗原が低い濃度から得た抗原-抗体ヒドロゲル[A]は,抗原溶液中に移すと,図5の[A]から[B](図4と同じ)のように膨潤する。一方,ビニル基導入抗原の高い濃度から調製した抗原-抗体ヒドロゲル[D]は,架橋点として働く抗原-抗体結合が多く,[A]と比べて架橋構造が大きく異なっている。そのため,抗原存在下での抗原-抗体結合の解離によるヒドロゲルの架橋密度の減少が,[A]から[B]の変化に比べて[D]から[E]への変化の方が大きく,結局ヒドロゲルの著しい膨潤がみられると考えられる。

2.3 抗原-抗体semi-IPNヒドロゲル

2.3.1 抗原-抗体semi-IPNヒドロゲルの調製

分子応答性高分子ゲルをインテリジェント材料として利用しようとする場合,外部環境の変化に応答して可逆性を示すことが重要な条件である。上述の抗原-抗体ヒドロゲルは抗原溶液中でヒドロゲルの架橋点を形成している抗体とフリーの抗原とが相互作用することによって膨潤するが,この相互作用した抗原-抗体を解離し,抗原濃度を減少させても解離で生じた抗体はヒドロ

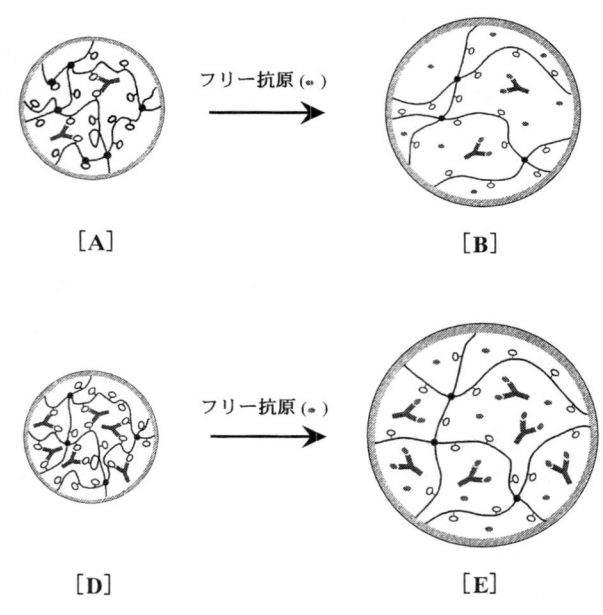

図5 抗原－抗体結合量の異なるヒドロゲルの膨潤挙動

ゲル内で再びポリマー鎖に固定された抗原と相互作用し難いため，このヒドロゲルは再び収縮することは難しい。そこで，本節ではこのようなヒドロゲルの抗原応答に可逆性を付与させる目的で抗原－抗体結合のヒドロゲル内架橋点を形成させる時に，semi-IPN構造を導入するヒドロゲルの調製について述べる。

ビニル基導入抗体（VII）は，スキーム1に示したビニル基導入抗原の合成と同様，抗体（VI）にNSA（II）を反応させて合成した（スキーム3）。そして，抗原－抗体semi-IPNヒドロゲル（IX）は，スキーム4にしたがって調製した。すなわち，まずビニル基導入抗体（VII）にAAmを加え，レドックス開始剤であるAPS/TEMEDを用いて重合することによってポリマー化抗体（ ）（VIII）を調製し，次にこのポリマー化抗体溶液にビニル基導入抗原（III），AAm，MBAAおよびAPS/TEMEDを加え，ガラス管内で重合して調製した[37]。一方，PAAm semi-IPNヒドロゲルは，ビニル基導入抗体とAAmの共重合体溶液にAAm，MBAAおよびAPS/TEMEDを加え重合することによって調製した。

2.3.2 抗原－抗体semi-IPNヒドロゲルの可逆応答性

PAAm semi-IPNヒドロゲルおよび抗原－抗体semi-IPNヒドロゲルに抗原のRabbit IgGを

第5章 熱を利用した架橋反応

スキーム3 ビニル基導入抗体の合成

スキーム4 抗原-抗体semi-IPNヒドロゲルの調製

添加すると，PAAm semi-IPNヒドロゲルではPBSの浸透圧の影響を受け，膨潤比は若干減少するが，抗原-抗体semi-IPNヒドロゲルではスキーム2で得たポリマー化抗原ゲルに抗体を包括した包括型抗原-抗体ヒドロゲルの場合と同様，著しい膨潤が見られ，また高い抗原濃度依存性を示した。そして，抗原-抗体semi-IPNヒドロゲルの架橋密度は，抗原濃度の増加に伴い減少し，包括型抗原-抗体ヒドロゲルの場合と同じように抗原に応答して架橋の状態が異なることが暗示された。

抗原-抗体semi-IPNヒドロゲルを異なる抗原（Goat IgG，Bovime IgG，Horse IgG）溶液に浸透すると，Rabbit IgGとは異なり，このヒドロゲルは全く膨潤しない。すなわち，抗原-抗体semi-IPNヒドロゲルは，特定の抗原のみを認識し，膨潤する優れた分子認識能を有することがわかる。

図6にはPAAm semi-IPN，抗原-抗体semi-IPN，PAAm，包括型抗原-抗体ヒドロゲルを抗原溶液およびPBSに交互に浸漬したときの膨潤比の変化を示した。図から明らかなように，PAAmおよびPAAm semi-IPNヒドロゲルの膨潤比は，外部溶液を変えてもほとんど変化しない。一方，包括型抗原-抗体ヒドロゲルと抗原-抗体semi-IPNヒドロゲルは抗原に応答し，前者はその応答性が不可逆であるのに対して，後者は抗原応答性が可逆的であることが明らかである。このような抗原応答性，不応答性および可逆的，不可逆的な膨潤挙動は，各ヒドロゲルの抗原溶液およびPBS中での平衡膨潤での架橋密度の変化からも示唆されている。

上述のことから，抗原-抗体semi-IPNヒドロゲルの抗原応答可逆性は，ヒドロゲル内に導入したsemi-IPN構造が重要な役割を果たしていると言える。すなわち，図7(a)に示すように，包括型抗原-抗体ヒドロゲル［F］では，フリー抗原（❀）の存在下でヒドロゲルが膨潤（［G］の状態）すると，抗体（Y）がフリーとなり，ゲル内部から溶出し，外部溶液の濃度変化に十

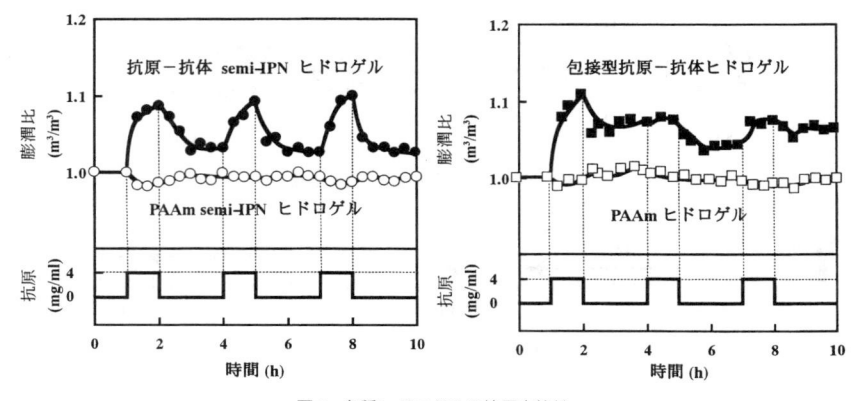

図6　各種ヒドロゲルの抗原応答性

(a) 包括型抗原－抗体ヒドロゲル

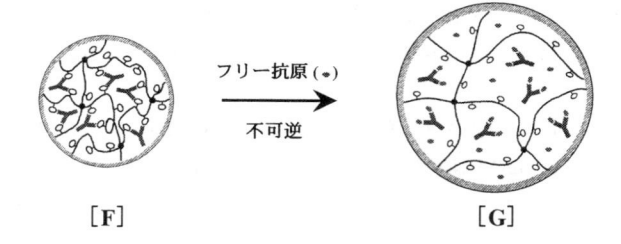

[F] →(フリー抗原)不可逆→ [G]

(b) 抗原－抗体 semi-IPN ヒドロゲル

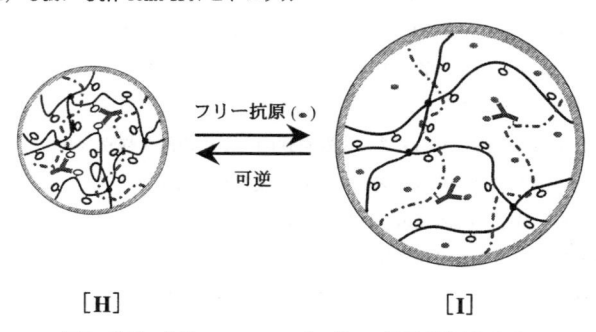

[H] ⇌(フリー抗原)可逆 [I]

図7　抗原－抗体 semi-IPN ヒドロゲルの抗原可逆応答性

第5章 熱を利用した架橋反応

分な可逆性を示さないと考えられる。しかし，図7(b)の抗原－抗体semi-IPNヒドロゲル［H］では，抗体がポリマー化（✗）されてゲル内に固定されているため，フリーの抗原存在下においてゲル内のポリマー化抗原（☞）とポリマー化抗体（✗）の抗原－抗体結合が解離（［I］の状態）してもゲル外に溶出せず，フリーの抗原濃度が減少すると，再びポリマー化抗原とポリマー化抗体の結合が形成されるためゲルは収縮する結果，可逆的な抗原応答性を示すと考えられる。このように，抗原－抗体semi-IPNヒドロゲルは，特定の抗原のみを認識し，さらに外部抗原濃度に応答して可逆的に膨潤収縮するインテリジェントなヒドロゲルである。

2.4 抗原応答性高分子ゲル膜の物質透過制御

ダイヤフラム型セルにヒドロゲル膜をセットし，膜を隔てた一方側にビタミンB_{12}あるいはヘモグロビン水溶液を入れ，他方側にPBSを仕込むと，PAAmヒドロゲル膜と包括型抗原－抗体ヒドロゲル膜では，時間経過に伴いビタミンB_{12}はPBS側に拡散透過し増加する。ある時間後PBS側に抗原を添加すると，PAAmヒドロゲル膜ではビタミンB_{12}の透過に大きな変化は見られないが，包括型抗原－抗体ヒドロゲル膜ではビタミンB_{12}の透過量が顕著に増大した。一方，ヘモグロビンの場合には，両ヒドロゲル膜ともにPBS側に抗原を添加する以前にはその透過は認められなかったが，包括型抗原－抗体ヒドロゲル膜の場合には抗原をPBS側に添加すると，ヘモグロビンの透過が観察され，PAAmヒドロゲル膜ではヘモグロビンの透過は認められなかった。このことはPBS中のヒドロゲルの網目サイズはビタミンB_{12}（11Å）よりも大きくヘモグロビン（40Å）より小さいが，抗原添加でゲルが膨潤すると，その網目サイズがヘモグロビンより大きくなっていることがうかがえる。

図8にはダイヤフラム型セルの一方側にヘモグロビン水溶液を入れ，他方側をPBSと抗原溶液を入れ替えた場合のヘモグロビンの透過量を示した。図8(a)，(b)のPAAm，PAAm semi-IPNヒドロゲル膜では，ヘモグロビンの透過は認められない。そして，図7(a)の包括型抗原－抗体ヒドロゲル膜の場合には，抗原の添加でヘモグロビンの透過が認められるが，PBS中でもヘモグロビンの透過量は迅速に減少せず，抗原応答性を次第に示さなくなっている。一方，図8(b)の抗原－抗体semi-IPNヒドロゲル膜では，抗原の添加によりヘモグロビンが透過され，PBS中ではほとんど遅れ時間なしにヘモグロビンの透過が停止されている[38]。この抗原－抗体semi-IPNヒドロゲル膜の抗原濃度に応じたヘモグロビンの透過量の変化は，上述の抗原濃度によってこのヒドロゲルが可逆的に膨潤比を変化されることに深く関係していることが明らかである。そして，抗原－抗体semi-IPNヒドロゲル膜はヘモグロビン透過の短時間でのon-off制御が可能であることがわかる。また，このヒドロゲル膜はごく微量の抗原の存在においてもヘモグロビンの透過が可能であり，センサーなどの分野への応用に期待が持てる。

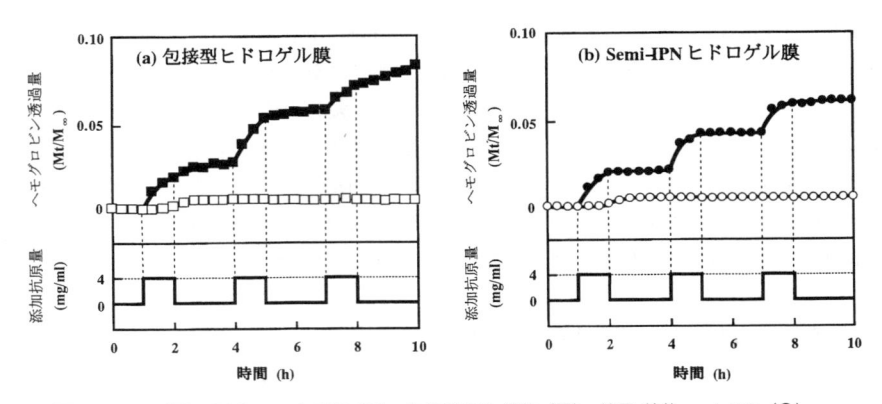

図8 PAAm（□），PAAm semi-IPN（○），包接型抗原-抗体（■），抗原-抗体semi-IPN（●）ヒドロゲル膜の抗原応答性に基づく物質透過制御

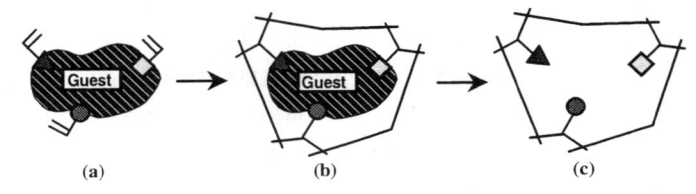

図9 分子インプリント高分子ゲルの調製の模式図

2.5 分子インプリント高分子ゲル

　分子インプリント高分子ゲルは，鋳型分子とモノマーの相補的な結合によりコンプレックスを形成させた状態（図9(a)）で架橋剤の存在下で重合させ（図9(b)），その後鋳型分子を取り除き，空間的配置を固定化（図9(c)）して調製される。

2.5.1 分子インプリント法により生体分子をインプリントした高分子ゲルの調製

　糖タンパク質の一種であるα-フェトプロテイン（AFP）は，肝癌患者などの血清中で著しく増加すると言われている。このAFPの増加を感知できれば，肝癌などの血清診断に利用できると考えられる。一方，糖質と結合するタンパク質の一種であるレクチンの一つであるコンカナバリンA（Con.A）は，特定の糖鎖（アスパラギン結合型糖鎖）を認識する糖結合タンパク質である。そして，AFPはアスパラギン結合糖鎖をもっているので，Con.AはAFPを認識し結合することが容易に予測できる。また，AFPのペプチド部位はAFPの抗体である抗ヒト・ウサギポリクロナール抗体（anti AFP）によって認識される。本節では，AFP中の糖鎖部位をCon.Aで，ペプチド部位をanti AFPで認識させることによるAFPをインプリントした生体分子インプリン

第5章 熱を利用した架橋反応

ト高分子ゲルの調製について述べる。

　ビニル基導入 Con.A（XI）はスキーム5に示したように PBS に Con.A（X）を溶解し，NSA（II）を加え，撹拌することによって合成した[31,32]。このビニル基導入 Con.A をスキーム6に示したように AAm，APS/TEMED 存在下で重合してポリマー化 Con.A（XII）を合成した[39〜41]。一方，ビニル基導入 anti AFP もスキーム7に示したように anti AFP（XIII）を（II）でビニル化して合成した[39〜41]。AFPインプリント高分子ゲル［K］は図10に示したように，ポリマー化 Con.A（XII）とビニル基導入 anti AFP（XIV）に AFP を加えて図10の［J］のような錯体を形成させた状態で，AAm と MBAA を加え，ガラス管内で共重合した後，鋳型として加えた AFP を除去することによって調製した[39〜41]。

2.5.2 生体分子インプリント高分子ゲルの特性

　図11には，AFPインプリント高分子ゲル，ノンインプリント高分子ゲルおよびPAAmゲルをAFP溶液中に浸漬したときの乾燥ゲルに対するAFPの吸着量の経時変化を示した[39]。図から明らかなように，PAAmゲルに比べてAFPインプリント高分子ゲルおよびノンインプリント高分子ゲルは，AFPをゲル中に多く取り込んでいる。また，AFPインプリント高分子ゲルはノンインプリント高分子ゲルよりAFP吸着量が高いことが明らかである。AFPインプリント高分子ゲ

スキーム5　ビニル基導入Con.Aの合成

スキーム6　ポリマー化Con.Aの合成

スキーム7　ビニル基導入Con.Aの合成

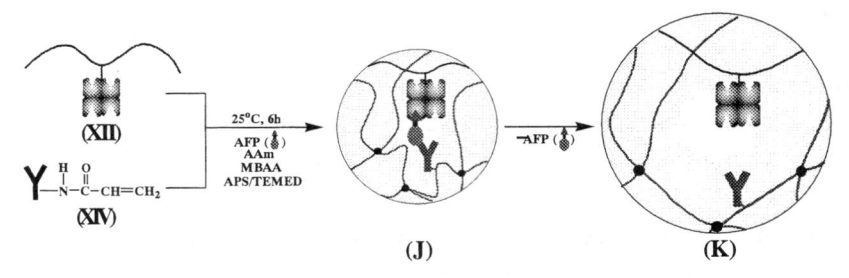

図10 AFPインプリント高分子ゲルの調製

ル，ノンインプリント高分子ゲルおよびPAAmゲルをPBS中で平行膨潤させた後，AFPを添加すると，PAAmゲルはAFPの存在にかかわらず膨潤比にはほとんど変化がみられず，また，ノンインプリント高分子ゲルでは，AFPの添加によって膨潤する傾向がある。しかし，AFPインプリント高分子ゲルの場合には，AFPの添加に伴い急激な収縮が観察された。このようなAFPに対する応答挙動の著しい違いは，AFPインプリント高分子ゲルがAFPの存在を認識し，ゲルが収縮するAFP応答性を示すことを暗示している。

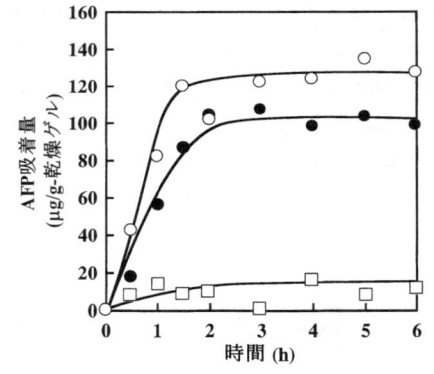

図11 AFPを含むPBS溶液中でのAFPインプリント高分子ゲル（〇），ノンインプリント高分子ゲル（●），PAAmゲル（□）のAFP吸着量の経時変化

このAFPインプリント高分子ゲルのAFP応答性収縮挙動は，図12のモデル図で説明できる。すなわち，AFPインプリント高分子ゲル[K]は，このゲル内のリガンドであるCon.AはAFPの糖鎖部位を，antiAFPはAFPのペプチド部位を正確かつ同時に認識し，図12(a)の[L]に示したようなAFPが架橋剤の型をとる架橋構造を形成するため，AFPの存在に応答して収縮すると考えられる。一方，ノンインプリント高分子ゲル[M]の場合には，このゲル中のCon.Aやanti AFPはAFP中の糖鎖部位やペプチド部位をそれぞれ認識し，結合するものの図12(a)の[L]に示したような架橋構造をとらず，図12(b)の[N]のような状態となるためAFPに対する認識が異なり，AFPインプリント高分子ゲルのような著しいAFP応答性がみられなかったと考えられる。これらの結果は，生体分子インプリント法を用いて特定の生体分子をインプリントした高分子ゲルを調製すると，特定の生体分子

郵 便 は が き

101-8791

料金受取人払郵便

神田支店承認

468

差出有効期限
平成23年1月
30日まで

520

（受取人）
千代田区内神田 1－13－1
豊島屋ビル

株式会社　シーエムシー出版
　　　　　　編集部 行

お名前		ご所属	
勤務先		TEL FAX	
電子メール アドレス			
ご住所	〒		

弊社「総合出版図書目録」要・不要（どちらかに○をおつけ下さい）

＊上記のご記入事項は新刊・既刊のお知らせのために利用する場合がございます。

読 者 カ ー ド

(お手数ですが書名をご記入下さい)

書 名	

本書をお知りになったのは
1. 弊社のカタログで
2. ホームページで
3. 書店で (　　　　　　　　　　　　　　　書店)
4. 広告または書評で (紙誌名　　　　　　　　　　　)
5. その他 (　　　　　　　　　　　　　　　　　　)

本書をお買いになった理由は
1. テーマに注目して　　2. 内容が良いので
3. 執筆者に注目して　　4. 知人に勧められて
5. その他 (　　　　　　　　　　　　　　　　　　)

本書についてのご意見・ご感想
1. 本のまとめ方 (　　　　　　　　　　　　　　　)
2. 情報の貴重さ (　　　　　　　　　　　　　　　)
3. 仕事上役に　たった・たたない
4. 改訂を希望　　する　(　　　年後)・しない

その他ご意見・ご感想をお聞かせ下さい

本書以外に出版ご希望のテーマをお聞かせ下さい

＊ご返送いただきました方に粗品を進呈いたします。　　2009.1.30000

第5章 熱を利用した架橋反応

(a) AFPインプリント高分子ゲル

(K) → AFP → (L) 収縮

(b) ノンインプリント高分子ゲル

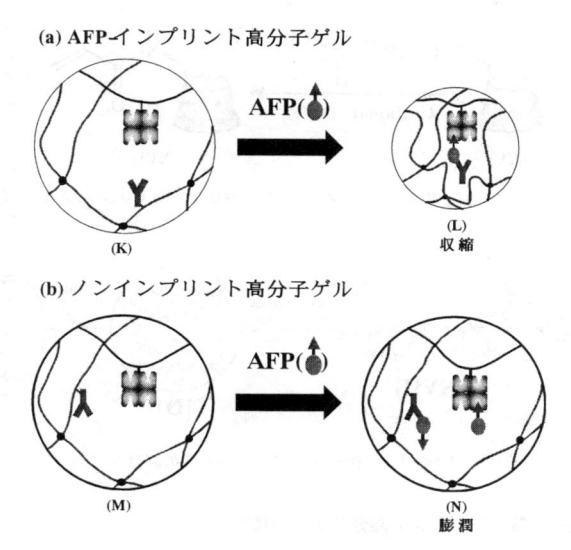

(M) → AFP → (N) 膨潤

図12 AFPインプリント高分子ゲルとノンインプリント高分子ゲルのAFP応答挙動のモデル図

を特異的に認識し，収縮する刺激応答性インテリジェント高分子ゲルの開発が可能であることを示唆している。

2.5.3 内分泌攪乱物質をインプリントした高分子ゲルの調製

本節では，分子インプリント法を用いる内分泌攪乱物質に応答する高分子ゲルの調製の一例を示す。β-シクロデキストリン（β-CD）は内分泌攪乱物質の一つであるビスフェノールA（BisA）を包接することが知られているので，BisAを鋳型分子とし，CDをリガンドとした分子インプリント法により内分泌攪乱物質応答性高分子ゲルを次のような方法で調製した[42]。まず，スキーム8に示すように6-アミノ-6-デオキシ-β-シクロデキストリン（XV）を炭酸緩衝液に溶解させ，塩化アクリロイルを滴下し，アクリロイル-6-アミノ-6-デオキシ-β-シクロデキストリン（AAm-β-CD）（XVI）を合成した。このAAm-β-CDとBisAをAAm-β-CD/BisA＝2/1（モル比）の割合で水に溶解させ，BisAをAAm-β-CDに包接させた後（スキーム9の（XVII）参照），AAmをAAm-β-CD/AAm＝1/100（モル比）になるように加え，架橋剤としてMBAA，開始剤としてAPS/TEMEDを用い，ガラス管内で共重合した（スキーム9［O］参照）。生成したゲルをアセトン水溶液中に浸漬し，BisAを洗浄・除去した後，純水中で平衡膨潤させ，BisAインプリント高分子ゲル［P］を得た。

スキーム8　アクリロイル-6-アミノ-6-デオキシ-β-シクロデキストリン（AAm-β-CD）の合成

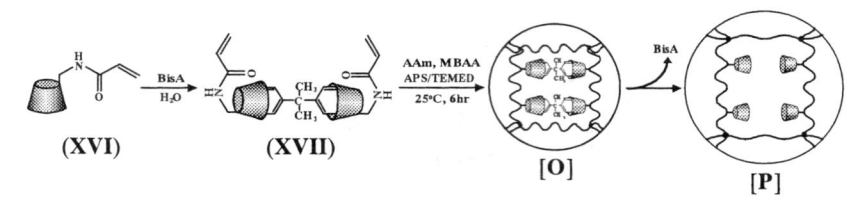

スキーム9　BisAインプリントゲルの調製

2.5.4　内分泌攪乱物質インプリント高分子ゲルの特性

　水中で十分に平衡膨潤させたBisAインプリント高分子ゲル，ノンインプリント高分子ゲルおよびPAAmゲルをBisA飽和水溶液中に浸漬させると，いずれの高分子ゲルの場合にもBisA飽和水溶液中での膨潤比は時間と共に次第に減少したが，BisAインプリント高分子ゲルの膨潤比の減少はノンインプリント高分子ゲルやPAAmゲルに比べて著しく，このゲルの顕著な収縮が観察された[42]。

　上記の3種類の高分子ゲルを乾燥させ，これらをBisA飽和水溶液中に浸漬したときのBisA吸着量は，BisAインプリント高分子ゲルでは，ノンインプリント高分子ゲルやPAAmよりBisAの吸着量が高かった。そこで，これらの収縮挙動の機構を明らかにするため，ゲルの弾性率測定を行い，BisA存在下でのゲルの架橋構造の変化を検討した。

　表2には，水中およびBisA水溶液中で平衡膨潤させたインプリントゲル，ノンインプリントゲルおよびポリアクリルアミドゲルの圧縮弾性率（G）とこれらの結果から，式（1）を用いて得られる有効架橋密度（v_e）をかかげた[43]。

$$G = RTv_e v_2^{1/3} \tag{1}$$

　ここで，Rは気体定数，Tは絶対温度，v_2はゲル中のポリマー体積分率である。

　表より，ノンインプリントゲルおよびポリアクリルアミドゲルの弾性率は水中とBisA飽和水溶液中ではほとんど変化しなかったが，インプリントゲルではBisA存在下で著しく弾性率が増加した。この結果から式（1）を用いて架橋密度を算出すると，インプリントゲルのみBisA存在

第5章 熱を利用した架橋反応

表2 水およびビスフェノールA水溶液中のビスフェノールAインプリントゲル，ノンインプリントゲルおよびアクリルアミドゲルの圧縮弾性率（G）と有効架橋密度（v_e）

	水		ビスフェノールA水溶液[a]	
	G (kPa)	v_e (mol/m^3)	G (kPa)	v_e (mol/m^3)
インプリントゲル	25.90	10.52	45.70	19.09
ノンインプリントゲル	18.70	7.59	20.40	8.31
アクリルアミドゲル	12.30	4.98	12.50	5.08

a) 120mg/l

(a) BisA インプリント高分子ゲル

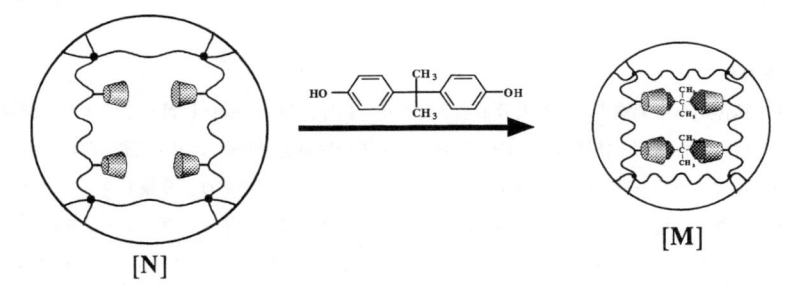

[N] → [M]

(b) ノンインプリント高分子ゲル

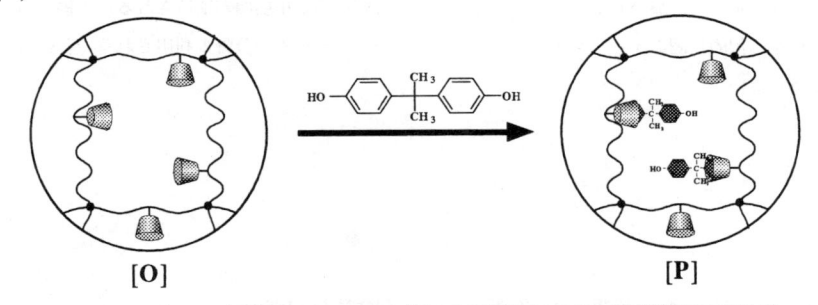

[O] → [P]

図13 Bis Aインプリント高分子ゲルとノンインプリント高分子ゲルのBis A応答挙動のモデル図

下で架橋密度が増加することが明らかとなった。これは，ノンインプリントゲルとは異なってインプリントゲルでは，ネットワークがBisAの構造をある程度記憶しており，BisA水溶液中でBisAとCD二分子が錯体を形成し，ゲル内に多くの架橋点が形成されたことを示している。インプリントゲルのBisA応答収縮は，このような架橋点の形成に基づくと考えられる。

これらの結果からBisAインプリント高分子ゲルのBisAに応答し収縮する挙動は，図13に示

したモデル図で理解できる[42]。すなわち，BisAインプリント高分子ゲルおよびノンインプリント高分子ゲルがBisA飽和水溶液中で収縮した結果は，これらの高分子ゲル内の二つのCD分子がBisA分子を包接するためCD-BisA-CD架橋構造が形成されることに起因する。さらに，BisAインプリント高分子ゲルの場合には，CD-BisA-CD架橋構造が容易に形成される状態にCDがネットワーク内に配置されており，CDがゲルネットワーク内にランダムに配置されたノンインプリント高分子ゲルに比べて，図13の(a)の状態をとり易いためゲルの収縮が顕著になったと考えられる。このような分子インプリント高分子ゲルは，内分泌攪乱物質に応答するインテリジェントな応答性高分子ゲルであり，内分泌攪乱物質に対するセンサーや分離材料としての応用の可能性がある。

2.6 おわりに

抗原―抗体結合を架橋点とした高分子ヒドロゲル，抗原―抗体 semi-IPN ヒドロゲルの調製と抗原応答性，また抗原―抗体 semi-IPN ヒドロゲル膜の物質透過制御について述べた。これらのヒドロゲルは，抗原を選択的に認識するインテリジェントなものであり，今後ドラッグデリバリーシステムなど，種々の分野への応用に期待がもてる。さらに，分子インプリント法を用いた高分子ゲルの調製とその機能特性についても言及した。これらの分子インプリント高分子ゲルは，鋳型分子として用いた生体分子や内分泌攪乱物質に対して著しい分子認識能を示すインテリジェントなゲルで，医療診断やセンサーなどの幅広い分野への応用展開が期待される。本稿に述べた分子を選択的に認識するインテリジェントな高分子ゲルが種々の分野で利用されることに大いに期待したい。

文　献

1) 高分子学会編，"新版高分子辞典"，p.129，朝倉書店（1988）
2) N. A. Peppas, Hydrogels in Medicine and Pharmacy, CRC Press（1987）
3) 入江正浩，"機能性高分子ゲルの製造と応用"，シーエムシー出版（1987）
4) 山内愛造，廣川能嗣，"高分子新素材 One Point-24 機能性ゲル"，共立出版（1990）
5) 日本化学会編，"有機高分子ゲル［季刊　化学総説　No.8］"，学会出版センター（1990）
6) 萩野一善，長田義仁，伏見隆夫，山内愛造，"ゲル―ソフトマテリアルの基礎と応用―"，産業図書（1991）
7) Y. H. Bae, T. Okano and S. W. Kim, *J. Polym. Sci., Part B*. **28**, 923（1990）
8) W. F. Lee and P. L. Yeh, *J. Appl. Polym. Sci.*, **65**, 909（1997）

第5章 熱を利用した架橋反応

9) Y. Hirokawa and T. Tanaka, *J. Chem. Phys.*, **81**, 6379 (1984)
10) S. Katayama and A. Ohata, *Macromolecules*, **18**, 2781 (1985)
11) Y. Hirokawa, T. Tanaka and E. Sato, *Macromolecules*, **18**, 2782 (1985)
12) T. Amiya and T. Tanaka, *Macromolecules*, **20**, 1162 (1987)
13) T. Sawai, S. Yamazaki, Y. Ikariyama and M. Aizawa, *Macromolecules*, **24**, 2117 (1991)
14) K. D. Suh and J. Y. Kim, *Polym. Bull.*, **38**, 403 (1997)
15) E. Philippova, D. Hourdet, P. Audebert and A. R. Khokhlov, *Macromolecules*, **30**, 8278 (1997)
16) I. Ohmine and T. Tanaka, *J. Chem. Phys.*, **77**, 5725 (1982)
17) J. Ricka and T. Tanaka, *Macromolecules*, **17**, 2916 (1984)
18) L. Y. Chou, H. W. Blanch and J. M. Prausnitz, *J. Appl. Polym. Sci.*, **45**, 1411 (1992)
19) M. Irie and D. Kunwatchakun, *Macromolecules*, **19**, 2476 (1986)
20) A. Suzuki, *Adv. Polym. Sci.*, **110**, 199 (1993)
21) T. Tanaka, I.Nishio, S. T. Sun and S. U. Nishio, *Science*, **218**, 467 (1982)
22) Y. Osada, *Adv. Polym. Sci.*, **82**, 37 (1987)
23) T. Shiga and T. Kurauchi, *J. Appl. Polym. Sci.*, **39**, 2305 (1990)
24) K. Dusek, Responsive Gels: Volume Transitions I & II, *Adv. Polym. Sci.*, **109 & 110**, Springer, Berlin (1993)
25) T. Miyata, Supramolecular Design for Biological Applications (ed. N. Yui), Chapters 6 & 9, CRC Press, 95-136 & 191 (2002)
26) T. Miyata, T. Uragami, Polymeric Biomaterials (ed. S. Dumitriu), Chapter 36, Marcel Dekker, Inc., 959 (2002)
27) T. Miyata, T. Uragami, K. Nakamae, *Adv. Drug Delivery Rev.*, **54**, 79 (2002)
28) A. S. Hoffman, *J. Controlled Release*, **6**, 297 (1987)
29) T. Okano, *Adv. Polym. Sci.*, **110**, 179 (1993)
30) G. Wulff, A. Sarhan, *Angew. Chem.*, **84**, 364 (1972)
31) G. Wulff, *Angew. Chem. Int. Ed. Engl.*, **34**, 1812 (1995)
32) G. J. V. Nossal, "抗体と免疫—免疫学入門—", p.12. 東京化学同人 (1980)
33) J. Cunningham, "基礎免疫学", p.9. 東京化学同人 (1980)
34) N. Monji and A. S. Hoffman, *Appl. Biochem. Biotech.*, **14**, 107 (1987)
35) S. G. Shoemaker, A. S. Hoffman and J. H.Priest, *Appl. Biochem. Biotech.*, **15**, 11 (1987)
36) T. Miyata, N. Asami, T. Uragami, *Macromolecules*, **32**, 2082 (1999)
37) T, Miyata, N. Asami, T. Uragami, *Nature*, **399**, 766 (1999)
38) 宮田隆志, 浅見典子, 浦上 忠, 膜シンポジウム, No.11, 9 (1999)
39) 浦上 忠, 治下正志, 宮田隆志, *Polym. Prep. Jpn.*, **50**, 829, 3053 (2001); **51**, 862, 3252 (2002); 第13回高分子ゲル研究討論会, 47 (2002); 平成14年度繊維学会年次大会, **57**, 58 (2002)
40) T. Uragami, M. Jige, T. Miyata, *IUPAC Polym. Conf.*, **578** (2002)
41) 生体高分子含有ゲル, 特願2001-139280; Biopolymer-Containing Gel, European Patent 02722906. 1-2404-JP0204332
42) 浦上 忠, 西畑 武, 宮田隆志, *Polym. Prep. Jpn.*, **52**, 861, 3190 (2002); 第14回高分

子ゲル研究討論会（2003）
43) 浦上　忠，西畑　武，宮田隆志，第7回関西大学先端科学技術シンポジウム講演集，p.285（2003）

3 フェノール樹脂の最近の動向

松本明博＊

3.1 はじめに

フェノール樹脂は耐熱性，難燃性，低発煙性，電気絶縁性，機械的性質，寸法安定性，成形加工性などがバランスよく優れており，かつ低価格であるため，20世紀の初めに生産，実用化されて以来，今日まで約100年間，成形材料，積層板，化粧板コア，接着剤およびシェルモールドや摩擦材などの工業用レジンの各種産業用分野で重要な地位を構築してきた。ここ数年の不況のため，全体としての成長は停滞しているものの，"古くて新しい樹脂"として，特に電子部品を中心とした新しい製品開発，用途展開は各分野とも着実に行われ実績化されている。

フェノール樹脂は周知のように，フェノール類とアルデヒド類を原料として，それらの付加反応と縮合反応の繰り返しによって得られるが，用いる触媒の種類によって生成物の構造が異なる。酸性条件下反応させると，付加反応よりも縮合反応の速度が優先するため，アルデヒド類に対してフェノール類を過剰に加えることにより，ノボラックと呼ばれるフェノール類がメチレン結合でつながった線状ないし多少分岐のある縮合生成物が得られる。ノボラックは一般的に，数平均分子量が500～800程度の常温で固体のオリゴマーであり，アセトンやTHFなどの有機溶媒に可溶で，加熱すると融解するが，これにヘキサメチレンテトラミンやパラホルムアルデヒドなどのアルデヒド類を加えて加熱すれば，これらと反応して硬化する。一方，塩基性条件下反応させると，縮合反応よりも付加反応が優先するため，アルデヒド類がフェノール類に付加したレゾールと呼ばれるヒドロキシメチルフェノール類が生成する。レゾールは一般に，数平均分子量が200～500と低く，アルコールやアセトンなどの有機溶剤に可溶な粘調な液体である。レゾールは加熱するか，または酸を加えると常温でもヒドロキシメチル基とフェノール核との縮合反応が進行し，三次元網目構造の不溶不融の固体となる。

3.2 靱性の向上

フェノール樹脂硬化物は上述したような多くの特長があるが，欠点として，熱硬化性樹脂全般に共通のことであるが，靱性に劣るということがあげられる。そこで，フェノール樹脂の脆さを改善するために各方面でさまざまな検討が行われている[1]。フェノール樹脂の靱性を改善するために，例えば，硬化剤の量を減らしたり，天然ゴムやNBRなどの各種ゴム類を添加する方法が古くから知られているが，これらの方法では靱性は向上しても耐熱性が大きく低下する。そこで，フェノール樹脂の特長である耐熱性を損なうことなく靱性を向上させるためのさまざまな方法が

＊ Akihiro Matsumoto　大阪市立工業研究所　熱硬化性樹脂研究室　研究副主幹

報告されているが，他の物性，成形性，コストなどのさまざまな因子を考慮したオールマイティな方法はないため，用途や製品形状なども含めた他の因子に合わせてベストな方法を選択する必要がある．

3.2.1 ゴム成分やエラストマー成分を添加する方法

径が100μm以上のNBRをノボラックーヘキサメチレンテトラミン系に添加した場合，成形材料の流動性の低下や硬化物の耐熱性の低下をまねく．そこで，粒子径が0.1～1μmのゴム成分をマトリックス樹脂中に分散させることにより強靭化する方法が近年多く検討されている．多くの場合，ゴム粒子がマトリックス中に溶解しないように粒子内部を架橋させている．また，ノボラックとゴム成分を溶融混練する際に，ゴム成分を動的に架橋させ，さらに，マトリックス樹脂とゴム粒子との界面接着力を向上させるために，カルボキシル基やエポキシ基などの官能基を有するゴム成分を用いて，それらとノボラックを反応させたり，エポキシ化SEBSなどの相溶化剤を用いることにより，ゴム粒子をマトリックス樹脂中に微分散させる方法も多く検討されている．例えば，分子内にSi-H基を2個以上有する有機シリコーン系架橋剤，架橋助剤および相溶化剤を配合し，不飽和二重結合を有するゴムを用いる例などが知られている．

3.2.2 核間結合距離を長くする方法

ノボラックのフェノール核間にシロキサン結合の繰り返しからなるシリコーン系オリゴマーを挿入して平均核間結合距離を長くすることにより，一般的なフェノール樹脂よりも強靭で，かつ耐水性にも優れたフェノール樹脂が開発されている．また，ホルムアルデヒドに代えて，グルタルアルデヒドやウンデセニルアルデヒドを用いてノボラック型中間体を合成し，これらを従来のフェノール―ホルムアルデヒドノボラックに混合することにより，硬化物の強靭化が図られている．

3.2.3 弾性率が低い熱可塑性樹脂による変性

フェノール樹脂マトリックス中に変性ポリオレフィンなどの熱可塑性樹脂を分散させることによりフェノール樹脂の強靭化が図られている．ゴムやエラストマーを添加した時と同様，マトリックス樹脂との界面接着強度を向上させるために，フェノール樹脂と化学結合あるいは水素結合するような官能基で変性したポリオレフィンが用いられている．フェノール樹脂と化学結合する変性ポリオレフィンとして，エポキシ基を有するポリエチレン，エチレン―アクリレート共重合体，スチレン系共重合体などがある．また，フェノール樹脂と水素結合する変性ポリオレフィンとして，無水マレイン酸基を有するアクリレート系共重合体などがある．また，ポリエチレンオキシドをノボラックに少量添加することにより，硬化物の靭性が向上することも確かめられている．また，p-ヒドロキシフェニルマレイミドとアクリル酸ブチルとの共重合体（HPMI-BuA，図1）のように，ノボラックと相溶し，硬化反応過程でヘキサメチレンテトラミンと反応して三

第5章　熱を利用した架橋反応

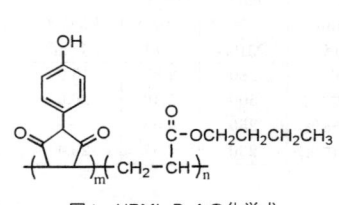

図1　HPMI-BuAの化学式

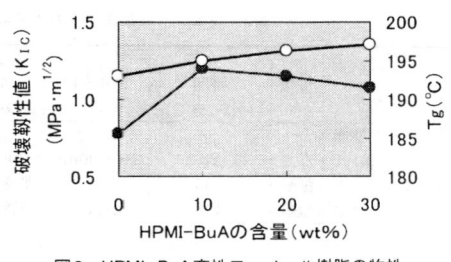

図2　HPMI-BuA変性フェノール樹脂の物性
●— 破壊靭性値　○— Tg（℃）

次元網目構造体に組み込まれるユニット（HPMI成分）と，凝集してマトリックス中に弾性率の低いドメインとして分散するユニット（BuA成分）を併せもつような共重合体をノボラックに10重量部程度添加することにより，耐熱性を低下させることなく，強靭なフェノール樹脂が得られている（図2）。このほか，ポリアミドやポリエーテルスルホン，ポリブチレンエーテル，エポキシ基含有ポリフェニレンエーテルなどのエンジニアリングプラスチックを添加することによっても強靭化されると報告されている。

3.2.4　ナノコンポジット

(1)　ゾル-ゲル法によるコンポジット

レゾールとテトラメトキシシラン（TMOS）を各種触媒下，水およびメタノール混合溶媒中，室温で溶解混合し，得られた均一溶液をポリスチレン板上に流延し，TMOSの加水分解および重縮合を進め，最終的に150℃で2時間熱処理してハイブリッドフィルムが作製されている。レゾール／TMOS混合溶液のゲル化時間（流動性がなくなるまでの時間）は表1に示すように，触媒の有無および種類により大きく異なる。すなわち，触媒を用いないコンポジット1のゲル化時間が28分であるのに対し，酢酸をTMOSに対して0.12モル用いたコンポジット2では153分と長くなり，塩酸をTMOSに対して0.2モル用いたコンポジット3では408分とさらに長くなった。すなわち，系内のpH値が低いほどゲル化時間が長くなることがわかった。

ハイブリッドフィルムの透明性を比較した結果，コンポジット1は透明性に優れており，波長750nmの光に対して95％の透過率があった。一方，半透明なコンポジット2は透過率が55％，不透明なコンポジット3は透過率が15％であった。TEMを用いてシリカ粒子の分散状態を比較した結果，透明なコンポジット1はマトリックス中に平均粒径10～30nmのシリカ超微小粒子が分散しており，半透明なコンポジット2はマトリックス中にシリカ粒子は分散しているが，部分的に濃淡があり，超微小粒子の凝集が示唆された。一方，不透明なコンポジット3はマトリックス中に約1μm以下のシリカ層の凝集が観察された。これらのハイブリッドフィルムと樹脂単

高分子の架橋と分解—環境保全を目指して—

表1 フェノール樹脂シリカナノコンポジットの性状

	触媒	ゲル化時間(分, 25℃)	シリカ径	透明性(750nmの透過率)	曲げ強さ(MPa)	曲げ最大たわみ率(%)	アイゾット衝撃強度(kJ/m²)
フェノール樹脂	—	—	—	透明	180	2.82	16.0
コンポジット1	なし	28	10〜30nm	透明(95%)	300	5.40	26.0
コンポジット2	酢酸	153	—	半透明(55%)	250	4.55	—
コンポジット3	塩酸	408	1μm以下	不透明(15%)	230	3.97	23.4

独フィルムの機械的な物性を検討した結果、ハイブリッドフィルムの方が曲げ弾性率、曲げ強さ、曲げ最大たわみ率および衝撃強さとも優れており、中でも、酸性度が低い触媒を用いた系ほどこれらの値は向上し、触媒を用いない系から作製したハイブリッドフィルムの諸物性が最も優れていた（表1）。このことから、ゲル化時間が短い溶液から作製した透明度の高いフィルムほどシリカ粒子が細かくなり機械的性質が優れることがわかった。

(2) 層間重合法（インターカレーション法）によるコンポジット

クレイ層間に挿入させたフェノール樹脂を硬化させてナノコンポジットが作製されている[2]。用いたクレイは、有機化処理した2種類のモンモリロナイト（ビス（2-ヒドロキシエチル）メチルタローアンモニウム変性モンモリロナイト（THEM）、ベンジルジメチルオクタデシルアンモニウム変性モンモリロナイト（C18BM））および変性フッ素化ヘクトライト（C18M）である。直鎖状ノボラックに対してクレイを1〜5wt%加え、均一に攪拌後、真空下140℃で2時間アニールした。アニール後のクレイ層間距離をクレイ元来の層間距離と比較した結果、層間距離が広がったことがわかり（表2）、クレイ層間にフェノール樹脂がインターカレーションされたことが示された。また、THEMを用いた系（P1THEM）のクレイ層間距離が最も増加したことがわかった。アニール後のコンポジットにヘキサメチレンテトラミンを添加し、140℃／1時間＋180℃／1時間硬化させることによりナノコンポジットを作製した。図3にナノコンポジットの靭性を示す。C18Mを用いたP1C18Mはほとんど物性の向上が見られなかった。これは、この系のアニール後の層間距離が最も小さかったことから、層状シリケートの分散が不十分なためと推察される。THEMを用いたP1THEMおよびC18BMを用いたP1C18BMでは、両者ともクレイ含量が3wt%まで靭性が向上した。特に、P1THEMでは73%向上した。これは、フェノール樹脂マトリックス中にナノオーダーでシリケート層が分散したことと、シリケート層のアスペクト比が非常に高いため、フェノール樹脂と接触できる表面積が大きいこと、フェノール樹脂とTHEM間の水素結合性が強いことなどの理由が考えられる。また、クレイ含量が3wt%を超えるとナノコンポジットの溶融粘度が増加し、ヘキサメチレンテトラミンがシリケート層間に拡散するのが困難になり、また、シリケートの凝集も起こるため諸物性が低下したと考えられる。

3.3 難燃性の向上

フェノール樹脂は他のプラスチック材料と比較して,元来難燃性に優れているが,さらなる難燃性向上のためには,ハロゲン系の化合物や有機リン酸エステル類の添加が一般的である。また,p-キシリレンやナフタレン構造を導入し,樹脂中のベンゼン環密度を向上させることにより熱分解後の残炭率を向上させることも効果的である。近年では,リン酸エステル系化合物とメラミン誘導体などの窒素系化合物との混合物を難燃剤として用いたり[3],トリアジン骨格を有するフェノール樹脂の開発が行われている[4,5]。さらに,ビスナフトーロニトリルをノボラックの硬化剤として用いた硬化物の難燃性も他の熱硬化性樹脂と比べて非常に優れていた[6]。

表2 X線解析法による層状シリカの層間距離 (クレイ含量:5 wt%)

	原料 (nm)	アニール後 (nm)	差 (nm)
P1THEM	1.86	3.80	1.94
P1C18BM	1.84	3.62	1.76
P1C18M	1.83	3.39	1.56

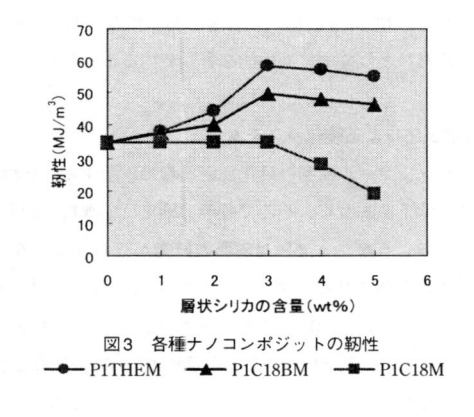

図3 各種ナノコンポジットの靱性
●—P1THEM ▲—P1C18BM ■—P1C18M

3.4 FRPへの展開

フェノール樹脂は硬化反応が縮合反応であるため硬化過程で水蒸気やアンモニアガスなどの副生物が発生し,さらに,従来,FRP分野の主要樹脂である不飽和ポリエステルと比べて,溶融粘度が高く,硬化速度が遅く,着色の自由度が少なく,ガラス繊維との接着強度が劣るなどの理由でFRPとしての需要は少なかった。しかし,フェノールFRPは従来の不飽和ポリエステルFRPと比べて,耐熱性(高温時強度保持率),難燃性,低発煙性,低有毒ガス性などの諸物性が優れているため,FRP分野への展開が期待される。例えば,変性ノボラックを用いた引抜成形やアリル化ノボラックに硬化剤としてビスマレイミド(BMI)を配合した系(BMI変性ノボラック)のレジントランスファ成形(RTM)[7,8]などが報告されている。平均分子量,アリル化率,希釈剤量を変えてRTMに適した組成を検討した結果,Mn≒450,アリル化率≒48%,希釈剤(アリルフェノール)含量=5wt%のBMI変性ノボラックの溶融粘度が100～110℃でRTMに適した溶融粘度(0.15～0.3Pa·s)になることがわかった。また,この系の樹脂は100℃で4時

表3 RTMコンポジットの物性

	曲げ強さ（MPa）	保持率（%）	曲げ弾性率（GPa）	保持率（%）
23℃	413	—	27.7	—
200℃	371	90	25.3	91
300℃	267	65	21.5	78

間保持しても溶融粘度は約0.3Pa·s以下であることから，十分なポットライフを有することがわかった．また，RTM成形品の物性も非常に優れており，特に，高温での強度保持率が高いことから，構造材料として十分な性能を有していることがわかった（表3）．

3.5 付加反応による硬化システム

一般的なフェノール樹脂の硬化反応過程で副生する揮発物が，何らかの原因で製品中に残存すれば物性の低下をまねく．そこで近年，硬化反応課程で副生物が発生しないように付加反応で硬化が進行するようなフェノール樹脂の研究が行われている．これらのフェノール樹脂はFRP分野への展開が期待される．例えば，ポリp-ビニルフェノール（PVP）の硬化剤としてフェニレンビスオキサゾリン（2,2'-(1,3-フェニレン)ビス（オキサゾリン），PBO）を用いた硬化システムが開発された．PBOとPVPを重量比40：60で配合し，反応希釈剤として2-フェニルオキサゾリン，触媒としてトリフェニルフォスファイトを配合し，175℃で0.5～1時間硬化，225℃で1～2時間後硬化を行うことにより，硬化収縮率が低く，強靭で耐熱性に優れた硬化物が得られている．また，ハイオルトノボラックをジビニルベンゼンに溶解させ，塩化アルミニウムなどのルイス酸，スルホン酸などのプロトン酸などを触媒として添加することにより，常温下でも付加反応で硬化するフェノール樹脂が開発された．この系は潜在性硬化剤としてベンジルスルフォニウム塩を用いることにより，100℃以下で安定になり，引抜成形やフィラメントワインディング成形などの各種含浸成形やコンパウンド成形が可能な樹脂系になった．また，ノボラック／ジビニルベンゼン系硬化物は不飽和ポリエステルやノボラック硬化型エポキシ樹脂と比べて，強度や耐熱性が優れており，特に，高温時の強度保持率が優れていた．また，一般的なフェノール樹脂は耐アルカリ性に劣るが，本硬化系は耐アルカリ性や耐酸性にも優れていた．

3.5.1 種々の置換基の熱重合による硬化

近年では，上述したアリル基を有する中間体をビスマレイミドで硬化させる系，フェノール核に置換したマレイミド基を熱重合させる系[9,10]，フェノール核に置換したフェニルエチニル基[11]やエチニルフェニルジアゾニウム基[12]などのC≡C結合を熱重合させる系，ノボラックのフェノール性水酸基の一部をプロパギル化し，それを熱重合させる系[13]，さらに，ノボラックの硬化剤としてナフトロニトリルを用い，C≡N結合とフェノール核との熱重合で硬化させる系[6]な

第5章　熱を利用した架橋反応

どが報告されている。いずれも，硬化反応に220℃以上の高温を要するものの，硬化物の機械的強度や耐熱性などが従来の一般的なフェノール樹脂よりも優れている。

3.5.2　ベンゾオキサジン環の開環重合による硬化

ノボラックとヘキサメチレンテトラミンとの硬化反応でフェノール核がメチレン結合でつながった三次元網目構造が形成されるが，その反応過程でベンゾオキサジン化合物やベンジルアミン類が形成されることがすでに知られている。そこで，このベンゾオキサジン化合物を出発物質として，付加反応で硬化反応が進行する新規なフェノール樹脂硬化物を作製した。ベンゾオキサジン化合物はフェノール化合物，ホルムアルデヒド，およびアニリンなどの1級アミン化合物から容易に合成できる。例えば，フェノール化合物としてビスフェノールAやフェノールノボラックから図4に示すようにそれぞれの出発物質を骨格とするベンゾオキサジン化合物が得られる。これらのベンゾオキサジン化合物は加熱することによりオキサジン環が開環し，フェノール核が－CH_2-N(Ph)-CH_2-でつながった硬化物が得られると期待したが，N-Ph基の脱離によりフェノール核がメチレン結合でつながった一般的なフェノール樹脂になってしまうことがわかった。このN-Ph基の脱離を抑える一手段として，オキサジン環の開環によって生成したフェノール性水酸基と反応しうる化合物，すなわち，エポキシ基を有する化合物（DGEBA）やオキサゾリン環を有する化合物（PBO）を第2成分として添加することが有効であることを見出した[14]。

ベンゾオキサジン化合物にエポキシ化合物やオキサゾリン化合物などの第2成分と硬化触媒を加えた系は，①一般的なフェノール樹脂並みの硬化温度（170～200℃）で製造できる，②硬化反応過程で一般的なフェノール樹脂のようにアンモニア系のガスや水蒸気などの副生物が発生し

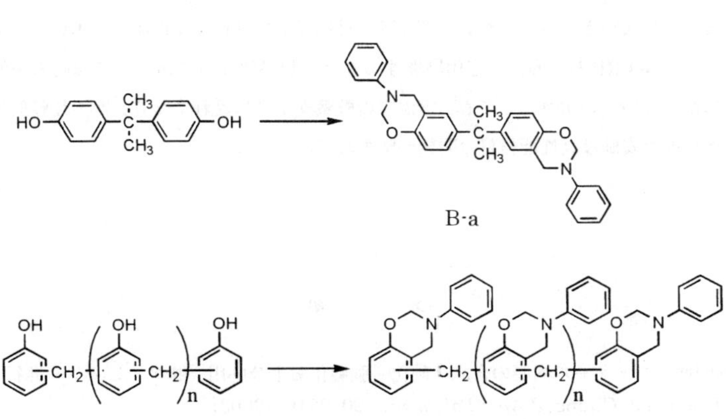

図4　種々のベンゾオキサジン化合物

表4 各コンポジットの物性

	Tg (℃)	層間せん断強度 (MPa)	酸素指数
B-a/PBO系[1]	193	107	54
DGEBA/TETA系[2]	117	90	14
UPE/MEKPO系[3]	99	83	13

1) 150℃/2h+170℃/2h+200℃/2h
2) 室温一晩+100℃/30min
3) 室温一晩+100℃/2h

ないため，複合材料用樹脂として期待される．③硬化物の耐熱性が一般的なフェノール樹脂よりも優れている．④ハロゲン系，アンチモン系およびリン系の難燃剤を加えなくても難燃性が非常に優れている，などの特長を有している．

種々の組成からなる溶融樹脂をマトリックス樹脂として，ハンドレイアップ法によりガラス繊維平織りクロス10枚を積層し，それぞれの条件で硬化させたコンポジットのTg，層間せん断強度および酸素指数を表4に示す．その結果，ベンゾオキサジン系FRPは一般的なエポキシ樹脂FRPあるいは不飽和ポリエステルFRPと比べて，層間せん断強度が優れており，耐熱性や難燃性が非常に優れていることがわかった[15]．

3.6 おわりに

フェノール樹脂の靭性や難燃性などの諸物性を向上させるための方法は，樹脂成分の変性に主眼を置き，樹脂に新たな骨格や官能基を導入したり，種々の変性剤（改質剤）を添加して樹脂を改質する方法，およびフェノール樹脂製品をコンポジットとしてとらえ，充填材や成形方法などを検討する方法に大別される．しかし，例えば，付加反応で硬化する樹脂系を用いて，従来の不飽和ポリエステルFRPの成形法を応用展開するなど，製品化するにあたっては両者を個別に考えることは出来ない．いずれにしても，室温での貯蔵安定性に優れており，かつ比較的低温で短時間に成形可能な安価な高性能材料の開発が望まれている．

文　献

1) 松本明博，フェノール樹脂の合成・硬化・強靭化および応用，㈱アイピーシー発行（2000）
2) M.H.Choi, I.J. Chung, *J.Appl.Polym.Sci.*, **90**, 2316（2003）
3) 例えば，日立化成工業㈱，特開平11-172071
4) 大日本インキ工業㈱，特開2000-143752

第5章 熱を利用した架橋反応

5) 松本明博,木幡光範,木村肇,大塚惠子,ネットワークポリマー,**23**,17 (2002)
6) M.J.Sumner, M.Sankarapandian, J.E.McGrath, J S.Riffe, U.Sorathia, *Polymer*, **43**, 5069 (2002)
7) Y.Yan, X.Shi, J.Liu, T.Zhao, Y.Yu, *J.Appl.Polym.Sci.*, **83**, 1651 (2002)
8) Y.Yan, L.Zhi, H.Wang, J.Liu, T.Zhao, Y.Yu, *J.Appl.Polym.Sci.*, **86**, 1265 (2002)
9) B.L.Bindu, C.P.R.Nair, K.N.Ninan, *J.Polym.Sci.Part A Polym. Chem.*, **38**, 641 (2000)
10) B.L.Bindu, C.P.R.Nair, K.N.Ninan, *J.Appl.Polym.Sci.*, **80**, 1664 (2001)
11) C.P.R.Nair, R.L.Binde, K.N.Ninan, *J.Mater.Sci.*, **36**, 4151 (2001)
12) C.P.R.Nair, R.L.Binde, K.N.Ninan, *Polymer*, **43**, 2609 (2002)
13) B.L.Bindu, C.P.R.Nair, K.N.Ninan, *Polym.Int.*, **50**, 651 (2001)
14) 木村肇,第120回大阪市立工業研究所報告,大阪市立工業研究所発行 (2003)
15) 木村肇,田代和久,松本明博,日本接着学会誌,**36**,442 (2000)

4 エポキシ樹脂の高性能化の最近の動向

越智光一[*1], 原田美由紀[*2]

4.1 はじめに

エポキシ樹脂は代表的なネットワークポリマーの一つであり,60年以上の長い歴史を持つ[1]。しかし,この技術革新の激しい時代にあって,現在でも高性能ネットワーク高分子材料の一つとしての地位を保っている[2]。エポキシ樹脂がこのような長い寿命を持っているのは,エポキシ樹脂そのものやこれと反応させる硬化剤の構造選択の幅が広く,さまざまな構造・特性を持つ硬化物を用途に応じて選択できることが大きな要因であろう。また,最近ではエポキシ樹脂を他の有機化合物や無機化合物と分子あるいはナノオーダーで複合化することによって新しい機能や高い性能を発現させることが可能となっていることも重要な因子と考えられる。

ここでは,エポキシ樹脂硬化物の熱的・力学的性質についての高機能化と高性能化の動向を樹脂や硬化剤の構造制御と複合化の両面から整理し紹介することとしたい。

4.2 エポキシ樹脂の骨格構造と硬化物の物性

エポキシ樹脂の耐熱性向上や吸水性の低下を目的として,樹脂ネットワークへの多環芳香族核の導入が数多く報告されている(表1)。その代表的なものは剛直で疎水性のナフタレン環の導入である。ナフタレン型エポキシ樹脂は常温で固形あるいは半固形の性状を示し,耐熱性にすぐれた硬化物を与える高性能エポキシ樹脂の一つである。

筆者ら[3]は,この樹脂をナフタレン環を含むジアミンで硬化し,ナフタレン環を含む硬化物が高い剛性と耐熱性を持つことを報告している。また,ナフタレン環の2,6位にアミノ基を持つジアミンは室温域に力学緩和を持ち,特異的に強靱性の高い硬化物を与えることも報告している。梶ら[4]はナフタレンやアントラセンなどの環状構造の導入が硬化物の耐熱性や力学物性など種々の材料物性におよぼす影響を検討している。図1にその一例を示す。硬化物の材料特性(ここではTg)は硬化物の橋かけ密度にともなって変化するが,ネットワーク中に多環芳香族を導入することによって,材料特性を橋かけ密度から独立してコントロールできる可能性を示している。

[*1] Mitsukazu Ochi 関西大学 工学部 応用化学科 教授
[*2] Miyuki Harada 関西大学大学院 工学研究科 応用化学専攻

第5章 熱を利用した架橋反応

表1 多官能エポキシ樹脂の構造

化 学 構 造	エポキシ当量*	Tg (℃)	吸水率 (wt%)
(構造式)	310	149	0.9
(構造式)	197	165	1.0
(構造式)	348	—	—

* 分子量からの計算値

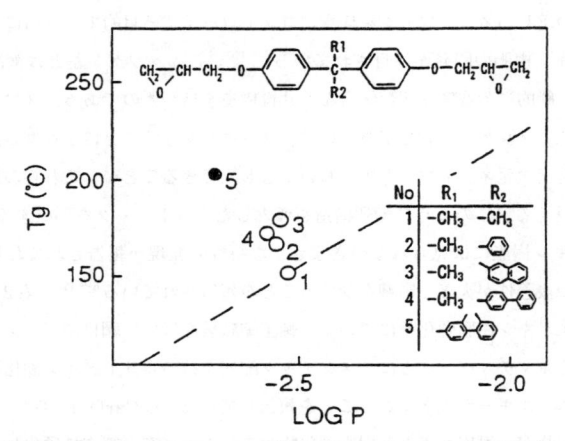

図1 ビスフェノール型エポキシ樹脂の橋架け密度とガラス転移温度

代表的な多官能エポキシ樹脂であるノボラック型エポキシ樹脂にジシクロペンタジエン環やナフタレン環を導入した樹脂も市販されている(表1)。これらの樹脂は一分子中に多くのオキシラン環を持つため硬化物の橋かけ密度が高く,硬化物は耐熱性にすぐれる反面,力学的には脆い性

高分子の架橋と分解―環境保全を目指して―

質を示す．剛直で疎水性のジシクロペンタジエン環を導入することによって耐熱性を低下させることなく吸湿性を改善し，同時に橋かけ密度を低下することによって強靭性や接着性を改善している．一方，ナフタレン環を導入した系では吸湿性の改善はわずかであるが，耐熱性が大幅に改善され，同時に低膨張係数が達成されている．

ビフェニル型樹脂はユニークな性状のエポキシ樹脂で，常温では結晶性の固形樹脂であるが，融点以上では非常に低い粘度を示す．樹脂の融点を下げるため，メチル基を導入したテトラメチルビフェニル型エポキシ樹脂（融点：約110℃）：

$$\mathrm{CH_2-CH-CH_2-O-}\left[\begin{array}{c}\underset{CH_3}{\underset{|}{}}\underset{CH_3}{\underset{|}{}}\\ \\ \underset{CH_3}{\underset{|}{}}\underset{CH_3}{\underset{|}{}}\end{array}\right]\mathrm{-O-CH_2-CH-CH_2-}\underset{OH}{}\left[\cdots\right]_{0.06}\mathrm{-O-CH_2-CH-CH_2}$$

が多く用いられる．このタイプの樹脂は溶融時の粘度が低いため多量の無機質の充填が可能で配合物としての膨張係数を低下できる．また，銅などの金属への密着性にすぐれている．これらの特性を利用して，電子部品の封止剤用の高性能エポキシ樹脂として先端技術分野で用いられている．筆者ら[5]はこの樹脂のガラス状領域の弾性率が低く，内部応力の発生の少ないことを報告している．

元来，秩序性の乏しいネットワークを任意にコントロールする目的で，骨格にメソゲン基を導入した新規エポキシ樹脂の開発が注目されている[6〜10]．このメソゲン基とは液晶構造形成の最小単位であり，一般的に芳香環を複数個含んだ共役構造を持つものである．メソゲン基を骨格中に導入することで，メソゲン基同士がお互いにスタッキングすることにより生じる配列した集合体（ドメイン）を三次元ネットワーク中においても形成できることが，これらの樹脂の最も大きな特徴であると言える．このように配列構造を導入したネットワークを形成することによって，これまでのエポキシ樹脂には見られないさまざまな特性の発現が報告されており，硬化物の熱的・力学的性質や接着性が大きく影響を受けることが報告されている[6〜17]（表2）．C.Ortisら[12]はスチルベン型エポキシ樹脂硬化系について一軸圧縮試験を行い，網目鎖がランダム分布した等方性硬化物よりもネマチック，さらにスメクチック配列を持つポリドメイン硬化物でヤング率が低くおよび破壊エネルギーが大きくなることを報告している．C.Carfagnaら[13]も網目鎖中に液晶配列を持つ硬化物が，汎用エポキシ樹脂硬化物やランダム分布の等方性硬化物に比べて高い強靭性を示すことを報告している．このように強靭性が向上する機構について筆者らは，偏光顕微IR法を用いて解析しており[14]，破壊過程でのメソゲン基の配列によるエネルギー消費が影響しているものと考えている．また筆者ら[10,15]はテレフタリリデン型エポキシ樹脂を磁場中で硬化することでスメクチック相を有するモノドメイン構造の硬化物が得られることを報告し，この硬

第5章　熱を利用した架橋反応

表2　骨格にメソゲン基を含む液晶性エポキシ樹脂の構造と転移点

エポキシ樹脂の構造	転移点（℃）
RO-[C6H4]-C(CH3)=CH-[C6H4]-OR	C77 N 108I
RO-[C6H4]-N=CH-[C6H4]-CH=N-[C6H4]-OR	C 195 S205 N215 I
RO-[C6H3(CH3)]-N=CH-[C6H4]-CH=N-[C6H3(CH3)]-OR	C 169 N 212 I
RO-[C6H4]-C(=O)-O-[C6H4]-O-C(=O)-[C6H4]-OR	C 181 N 229 I
RO-[C6H4]-CH=N-[C6H4]-N=N-[C6H4]-N=CH-[C6H4]-OR	C 219 N

R: $-CH_2-CH-CH_2-$ (エポキシ)　　C：結晶，S：スメクチック相，N：ネマチック相，I：等方相

化物が汎用エポキシ樹脂硬化物に比べて一桁以上もの大きな破壊強靱性値を持つことを示した（表3）。これは，配列した網目鎖の共有結合を切断する方向に亀裂が進行する場合には，エポキシ樹脂硬化物は非常に大きな強靱性を示すようになることを意味するものと考えられる。また，配列方向への膨張係数が非常に低く，ガラス転移後には収縮を示すという特異的な挙動を示した（図2）。このようにメソゲン

表3　テレフタリリデン型エポキシ樹脂硬化物の強靱性

	磁場方向	JIC（KN/M）
無磁場	—	4.29±0.62
磁場下	z軸方向	8.61±0.80

＊：試料形状：4.4×40×2.2mm

基の配列を利用することで，より欠陥の少ないネットワークの形成が可能となり，エポキシ樹脂硬化物の力学物性を飛躍的に向上できることを示しているものと考えられる。

赤塚ら[17]はツインメソゲン型エポキシ樹脂を反応させることでスメクチック相を有した硬化物が得られ，この硬化物が汎用のエポキシ樹脂に比べて4〜5倍程度の高い熱伝導率を示す（表4）ことを示した。この高い熱伝導率は規則的に配列したメソゲン基間でのフォノンの伝達によって達成されると推定されている。筆者ら[10]は磁場下で硬化したモノドメイン構造の硬化物が配列したネットワークの軸方向に大きな熱伝導率を示すことを報告している。エポキシ樹脂を電子部品あるいは重電用途に使用する場合には，発生する熱をいかにして除去するかが大きな問題とな

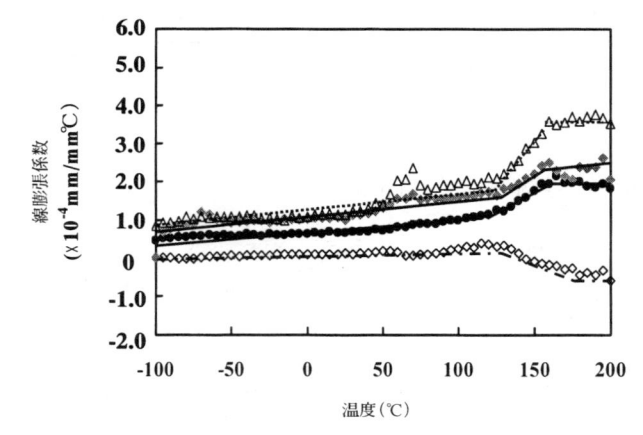

高分子の架橋と分解—環境保全を目指して—

図2 磁場配列した硬化物の熱膨張係数の温度依存性

● ： 無磁場（ポリドメイン）
◆ ： X方向 （10T, モノドメイン），
△ ： Y方向 （10T, モノドメイン），
◇ ： Z方向 （10T, モノドメイン），

表4 エポキシ樹脂硬化物の熱伝導率

実験No.	樹　脂	熱伝導率 (W/m・K)
1	TME8/DDM	0.85
2	TME8/DDM	0.89
3	TME8/DDM	0.96
4	ビフェニル型エポキシ樹脂	0.22〜0.33
5	汎用エポキシ樹脂	0.17〜0.21
6	高密度ポリエチレン	0.46〜0.51

TMEn : （構造式）

っており，このようなエポキシ樹脂の電気絶縁性を保持しながらの高熱伝導率化は，この問題に新しい解決の方向を与えるものと期待される。

筆者ら[18, 19]は，鎖状シロキサンあるいはより剛直なラダー状のシルセスキオキサンを骨格とするエポキシ樹脂を報告している。このうちラダー状シルセスキオキサン骨格型エポキシ樹脂をビスフェノールA型樹脂に添加した系の動的粘弾性を図3に示す。主鎖骨格の剛直性のためにミクロブラウン運動が非常に強く抑制され，ガラス転移がほとんど消失している。この樹脂系では，

第5章 熱を利用した架橋反応

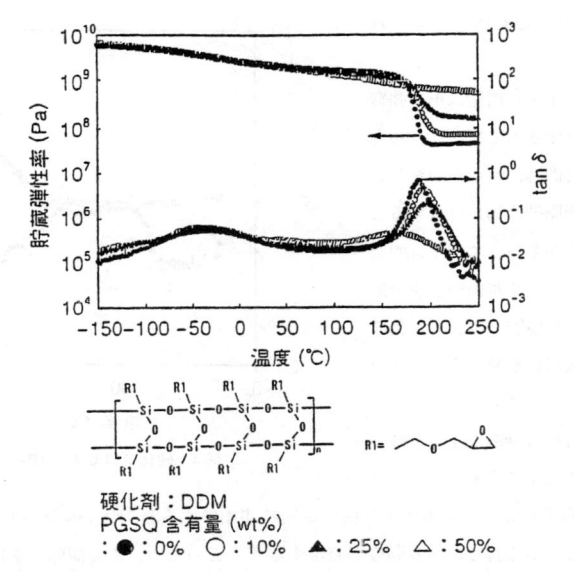

図3 ビスフェノールAジグリシジルエーテル／シルセスキオキサン型樹脂（PGSQ）混合物の動的粘弾性

エポキシ樹脂硬化物の耐熱性の大幅な向上が達成される。力学物性では硬度の大幅な向上が達成される反面，硬化物の脆化を生じる。室温域の膨張係数は汎用のビスフェノールA型エポキシ樹脂とほぼ同じ値を示す。この他，エポキシシランとアミノシランの混合物からのエポキシ／シリカハイブリッドの合成も報告され[19]，硬化物が優れた耐熱性と高い表面硬度を持つことが示されている。また，アミノシランのアミノ基をケトン類で保護してからシランアルコキサイドを重合することによりケチミンシランの鎖状重合体を合成できることが報告されている[20]。このオリゴマーを硬化剤とすることにより，一液型のエポキシ／シランハイブリッドが得られ，硬化物は優れた耐熱性を示すが膨張係数はわずかに増加することが報告されている。

4.3 複合化によるエポキシ樹脂硬化物の高機能化・高性能化

　エポキシ樹脂は耐熱性や力学的・電気的性質および接着性などにバランスのとれた特性をもつことが特徴とされているが，その欠点は一般に硬化物が硬くて脆い性質を示すことである。その欠点を克服するためにエラストマーなど他の有機材料との複合化が多く報告されている[21]。この複合型エポキシ樹脂が大きな変形能力を持つのは，弾性率の高いエポキシ樹脂硬化物中に弾性率の低いゴム成分を分散することによって，ゴム相に挟まれた薄いマトリックスの拘束が解放され，

塑性変形が可能となるためと考えられている。

最近の複合型エポキシ樹脂は単に強靱性の改善を目的とするのではなく、複合化により強靱化と同時に何らかの新しい機能をエポキシ樹脂硬化物に付与することを目指したものが多い。エポキシ樹脂中にコア／シェルアクリル微粒子を分散した複合型エポキシ樹脂では、ゲル化前でもある程度の接着性を発現する仮止め機能が発現するものがある[22〜24]。この仮止め可能の接着剤の硬化過程での粘弾性特性の変化を図4に示す。コア／シェルアクリル微粒子が分散したエポキシ樹脂を短時間加熱すると、シェル部のPMMAが樹脂で膨潤されて増粘し、ある程度の接着強度が発現する[22]。このため、この樹脂系を接着剤として用いれば、製品の組み立て工程の途中で長時間の加熱を行う必要がない。最終的な接着強度は、塗装工程などの組立終了後の加熱でエポキシ樹脂が硬化し発現する。このアクリル微粒子のコア部はアクリレートエラストマーからなる。シェル部は初期の報告では化学架橋したPMMA[23]が用いられていたが、その後の報告では接着剤の貯蔵安定性を維持したまま仮接着性がより短時間で発現するようにイオン架橋を導入したPMMA[24]が用いられている。このコアシェル粒子の添加に伴う接着強度の増加は、コアを形成していたエラストマーのエポキシ樹脂硬化物中への分散とシェルを形成していたPMMAの周辺への膨潤の相乗効果による硬化物の強靱化に起因すると考えられる。

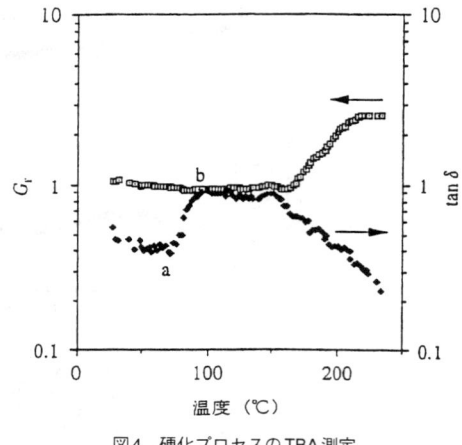

図4 硬化プロセスのTBA測定

シリル基末端ポリプロピレンオキサイド（STPPO）のマトリックスにエポキシ樹脂を微粒子として分散させた複合型エポキシ樹脂の硬化物[25〜28]は、比較的優れた接着性を持ちながらゴム弾性を示す。このため、この樹脂は弾性率や膨張係数の異なる異種材料の接着および脆性の被着体（セラミックスなど）や精密部品の接着などに用いられている[25]。これは、弾力性のある接着剤層が被着体の熱膨張や熱収縮の違いによる接着界面のひずみを緩和するためと考えられる。被着体の力学特性の相違（メカニカルミスマッチ）を接着剤層が吸収しているといえる。

筆者ら[27,28]は、このタイプの複合型接着剤では接着界面におけるエポキシ樹脂濃度が被着体の極性に応じて変化することを報告した。図5に被着体の表面自由エネルギーとこれに接触していた弾力性接着剤の表面自由エネルギーの関係を示す。接着剤の平均組成は同じであるにもかか

第5章 熱を利用した架橋反応

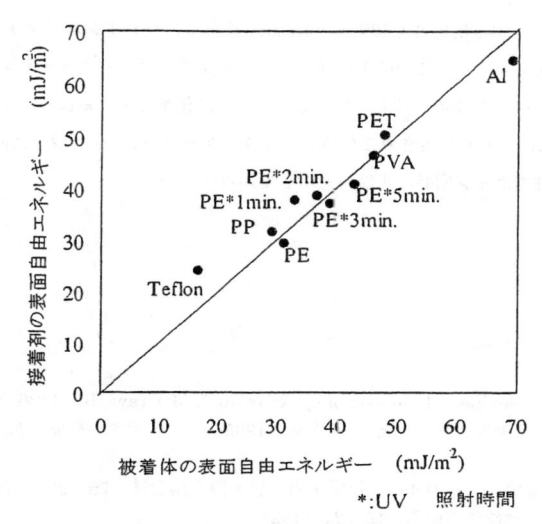

図5 被着体と接着剤の表面自由エネルギー

わらず，被着体の表面自由エネルギーが増加するのに伴って接着剤の表面自由エネルギーも増加し，両者の値はほぼ一致している。これは被着体の表面自由エネルギーに応じて最も安定な界面を形成するように接着剤表面のエポキシ樹脂濃度が変化することを意味するものと考えられる。この結果は，表面特性の異なる異種材料を接合する場合に接着剤自身が被着体に応じて最も安定な界面を自動的に作ることを示している。

H.Okuhiraら[29]はケチミン化合物を硬化剤として用いることにより，エポキシ基とイソシア

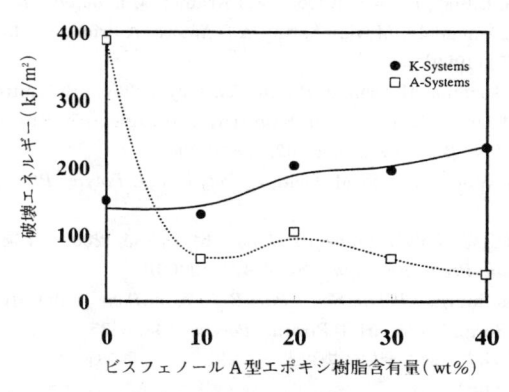

図6 エポキシ樹脂含有量の変化に伴う硬化物の破壊エネルギー

ネート基のアミンに対する反応性を制御し，In situ重合でのウレタンエラストマーとエポキシ樹脂のアロイ化を可能とした．この硬化物はウレタンエラストマー中にサブミクロン直径のエポキシ樹脂硬化物が分散した構造を持ち，単なるアミンを硬化剤とする系に較べて2倍以上の破壊靱性値を持つ（図6）ことが報告されている．ウレタンエラストマーの優れた弾力性を持つ，新しいタイプの弾力性エポキシ樹脂の可能性を示している．

文　　献

1) L.E.Lee and K.Neville, "Handbook of epoxy resins", McGraw-Hill（1967）
2) 垣内　弘編著，"新エポキシ樹脂"，昭晃堂（1985）；"エポキシ樹脂　最近の進歩"，昭晃堂（1994）
3) 越智光一，坪井卓行，景山洋行，新保正樹，日本接着協会誌，**25**，222（1989）
4) 梶　正史ほか，熱硬化性樹脂，**15**，71（1993）
5) M.Ochi, K.Yamashita, M.Yoshizumi and M.Shimbo, *J.Appl.Polym.Sci.*, **38**, 789（1989）
6) G.G.Barclay, C.K.Ober, K.I.Papathomas D.W.Wang, *J.Polym.Sci.：PartA：Polym. Chem.*, **30**, 1831（1992）
7) J.Y. Lee, J.Jang, S.M.Hong, *Polymer*, **40**, 3197（1999）
8) P.Castell, M.Galia, A. Serra, *Macromol.Chem.Phys.*, **202**, 1649（2001）
9) M.Ochi, H.Takashima, *Polymer*, **42**, 2379（2000）
10) M.Harada, M.Ochi, M.Tobita, T.Kimura, T.Ishigaki, N.Shimoyama, H.Aoki, *J.Polym.Sci.：Part B：Polym.Phys.*, **41**, 1739（2003）
11) M.Ochi, N.Tsuyuno, Y.Nakanishi, Y.Murata, *J.Appl.Polym.Sci.*, **56**, 1161（1995）
12) C.Ortiz, R.Kim, E.Rodighiero, C.K.Ober, E.J.Kramer, *Macromolecules*, **31**, 4074（1998）
13) C.Cargagna, E.Amendola, M.Giamberini, A.D'Amore, A.Priola, G.Malucelli, *Macromol. Symp.*, **148**, 197（1999）
14) M. Harada, K. Aoyama, M. Ochi, *J. Polym. Sci. Polym. Phys.*, Submitted
15) M.Harada, M.Ochi, M.Tobita, T.Kimura, T.Ishigaki, N.Shimoyama, H.Aoki, *J.Polym.Sci.：Part B：Polym.Phys.*, **42**, 758（2004）
16) M. Harada, M. Morimoto and M. Ochi, *J. Polym. Sci. Polym. Phys.*, **41**[(11)], 1198-1209（2003）
17) 赤塚正樹，竹澤由高，*Polym. Preprints, Japan*, **51**[(3)], 535（2002）；越智光一，松村智行，中山幸治，*Polym. Preprints, Japan*, **52**[(3)], 421（2003）
18) M.Ochi, T.Matsumura, *J.Polym.Sci.：Part B：Polym.Phys.*, submitted
19) P.Cardiano, S.Sergi, K.Lazzari, P.Piraino, *Polymer*, **43**, 6635（2002）
20) 紀　朝也，奥平浩之，徐　華枝，越智光一，武山秀一，第53回ネットワークポリマー講演討論会予稿集（2003）

21) 例えば，N.C.Paul, D.H.Richards, D.Thompson, *Polymer*, **18**, 945 (1977)
22) 芦田　正，日本接着学会誌，**32**，384 (1996)
23) T.Ashida, M.Ochi, *J.Adhesion Sci.Technol.*, **11**, 519 (1997)
24) T.Ashida, M.Ochi, K.Handa, *J.Adhesion Sci.Technol.*, **12**, 749 (1998)
25) 諫山克彦，接着，**32**, 149 (1988)
26) 松浦信輝，接着の技術，**14**，10 (1994)
27) T.Okamatsu, M.Kitajima, H.Hanazawa, M.Ochi, *J.Adhesion Sci.Technol.*, **13**, 109 (1999)
28) T.Okamatsu, M.Ochi, *Polymer*, **43**, 721-730 (2002)
29) H.Okuhira, N.Iwamoto, M.Ochi, H.Takeyama, *J.Polym.Sci. : Polym.Phys.*, **42**, 1137 (2004)

5 エラストマーにおける架橋反応の最近の動向

池田裕子*

5.1 はじめに

　一定の条件下，絡み合いの臨界分子量より大きな分子量を持つ高分子はゴム状態においてゴム弾性を示し，弾性液体として振る舞う。しかし，物理的な絡み合いだけで材料として恒常的にゴム弾性を示す物質は多くない。一般に架橋というゴム分子の三次元化を行うことにより，材料として有用なエラストマー（ゴム弾性体）となる。通常，化学反応を行って共有結合によりゴム分子を三次元化させる。また，熱可塑性エラストマーに代表されるように，ゴムマトリックス中にドメインを形成させて網目構造を作る方法もある[1, 2]。本稿では，過去約10年間の架橋の研究例から，ゴム・エラストマーの架橋とリサイクルに焦点を当てて，その一部を紹介する。

5.2 加硫

　ゴム・エラストマーでもっとも一般的な架橋方法は加硫である。加硫とは，単体硫黄が開裂してゴム分子の間に橋かけ構造が形成される反応である。ゴムの化学において最も重要な架橋反応であるとも言える。したがって，汎用ゴムには加硫のために主鎖に二重結合が導入されたジエン系ゴムが多い。単体硫黄のみを用いた架橋では架橋体を得るのに何時間もかかるので，加硫促進剤や加硫促進助剤が使用される。一般に，ジエン系ゴムでアリル水素，すなわち二重結合に隣接した炭素に結合した水素の方が，ビニル水素，すなわち二重結合に結合した水素に比べて硫黄と促進剤から生成した中間体との反応性が高く,引き抜かれ易いことによって加硫反応は進行する[3]。タイヤをはじめとして加硫物は様々な用途に使われており，ゴム・エラストマー材料にとって，加硫反応は古くて，かつ，進化すべき現在の架橋反応である。従って，加硫反応の動向に，先ずは目を向けよう。

　加硫によって形成される架橋構造は，モノスルフィド結合，ジスルフィド結合，ポリスルフィド結合，およびC-C結合，ペンダント構造からなり，これらの架橋形態の割合によって力学的性質をはじめとする諸物性は異なる。ポリスルフィド結合の結合解離エネルギーは32kcal/molと比較的小さく[4]，架橋の進行とともに分解してゴムと再結合を繰り返し，モノスルフィド結合およびジスルフィド結合に変化するので，加硫ゴムでは熱履歴によって変化しない架橋構造の付与が重要となる。これまで，促進剤の量に対して硫黄の量を減らした準有効加硫や有効加硫が行われ，熱履歴の受けにくいゴム材料の作製が行われてきた。さらに，熱履歴によって架橋形態に変化が生じない1，2-ジチアシクロオクタン[5]などの加硫剤が開発されてきた。図1に示す構造

---

*　Yuko Ikeda　京都工芸繊維大学　工芸学部　物質工学科　助手

第5章 熱を利用した架橋反応

のビス（チオカルバモイルジスルフィド）アルカン系化合物[6]で、R^2に耐酸化効果のある化学構造を導入すれば、さらに優れた機能性加硫剤となり、熱安定性の良いゴム材料が得られる。

加硫促進剤N-*tert*-ブチル-2-ベンゾチアゾールスルフェンアミドを加えた有効加硫系で、スチレンブタジエンゴム（SBR）、ブタジエンゴム（BR）、天然ゴム（NR）加硫体の熱老化による網目鎖密度の変化はSBRでもっとも網目鎖密度の上昇が生じる。また、それらの二成分共加硫系でもSBR含量が多くなるほど熱劣化の程度が大きくなる。SBRで大きくなる理由が最近、分子力学計算によって、使用した加硫促進剤の反応残基メルカプトチアゾールペンダント部がスチレンセグメントと強い相互作用をするためにSBRで加硫が十分に進まなかったことによると報告されており[7]、ゴム種に対する加硫促進剤の選択が重要であることがわかる。

天然ゴムの熱安定性を上げるひとつの方法として、エチレンプロピレンゴム（エチレン-プロピレン-ジエン共重合体、EPDM）とのブレンドがある。図2に示す化学反応により、チオアセテート化されたEPDMとメルカプト基を有するEPDMが新たに合成され、相溶化剤としてNRとの共架橋性が2,2'-ジチオベンゾチアゾール加硫促進剤添加および無添加系で調べられた[8]。いずれの場合もこれらの化学修飾されたEPDMは加硫を促進させ、特に、メルカプト基を有するEPDMはそれ自体架橋構造を形成して網目鎖密度を増加させて力学的性質を向上させた。

架橋構造とともに加硫ゴムの諸物性に影響を与えるのが網目鎖密度である。ゴムの熱プレスにおいて、金型での熱拡散の不均一性から架橋体の網目鎖密度が一様でないことはこれまで直感的に理解されていたが、定量的な検証はほとんど無かった。近年、SBR加硫体の網目鎖密度の傾斜化に関する研究[9,10]で、厚さ約2mmのシート作製するために、単一のゴム配合物を25.0×20.5×4.5cmの大きさの金型にて熱プレスした場合でも、表面から内部に進むほど網目鎖密度は小さくなることがミクロ硬度計を使用した測定で定量的に明らかとなっている。この試料とオーバーオールの網目鎖密度がほぼ同じで厚さ方向に傾斜を付けたSBR架橋体を比較すると後者の方が損失正接のピークは幅広く、ピーク高さは低くなる傾向が認められた。大きなゴム製品になるほど、熱プレスによる網目鎖密度の不均一

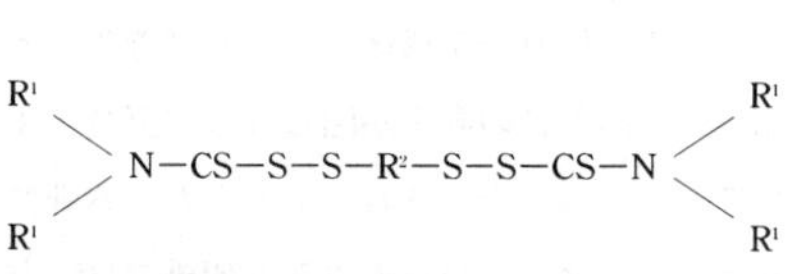

図1　ビス（チオカルバモイルジスルフィド）アルカン系化合物

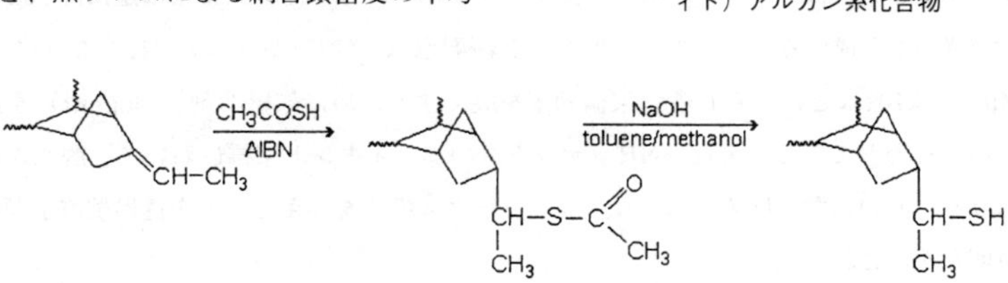

図2　EPDMへの官能基の導入

高分子の架橋と分解—環境保全を目指して—

性が与える物性への影響は顕著になると考えられるので，材料設計において見逃してはならない点である。

加硫は現在でもゴム工業において重要な加工反応のひとつであるが，加硫物の回収，再利用の点からはリサイクル困難な材料の架橋法であり，多くの使用済みタイヤは熱源として使われている。しかし，地球環境保全・エネルギーの有効利用を目指した循環型社会を形成させるためには加硫ゴムのリサイクルプロセスの確立は今や必須となっている。加硫ゴムのリサイクルは行われつつあるが，回収物の多くは，マテリアルリサイクルでは架橋体を粉末にしたものであり，ケミカルリサイクルでは低分子量のオイル状物質である。ゴムを原料ゴム（生ゴム）としてリサイクルするには選択的に架橋点を開裂させる必要がある。この観点から行ったNR加硫物のケミカルリサイクルに関する研究では，超臨界二酸化炭素中，ジフェニルジスルフィド存在下，180℃，10MPa，60分間という反応条件でNRの加硫物の脱架橋反応を良好に進行させることができ，混練り可能なゲル分と分子量が数万オーダーのゾル分が効率よく得られることがわかっている[11,12]。この再生ゴムとバージンゴムから作製した再加硫物は，再生ゴムが60重量部加えられた場合でも元の加硫ゴムとほぼ同等，あるいは80％以上の保持率で引張物性を示した。カーボンブラックやシリカなどのフィラー充てんNR加硫物の場合でも合成ゴム加硫物の場合でもこの反応は良好に進行すること[13,14]から，将来，有望なリサイクル法の一つとなろう。さらに，モノスルフィド結合に対する解裂反応促進のための良好な試薬が必要となっている。

5.3 パーオキシド架橋

加硫は二重結合を有しているジエン系ゴムに限られるが，パーオキシド架橋は飽和ゴムにも適用することができる。パーオキシド架橋は加硫に比べて強度の点で劣るが耐熱性や高温下でのクリープ性に優れた架橋体を与える。近年，水素添加ニトリルゴムに代表される汎用ゴムの水素添加による耐熱性の向上が図られるに至り，また，メタロセン系触媒からこれまでにない構造のオレフィンゴムが合成され，それらのゴム弾性体への加工においてパーオキシド架橋はますます重要となってきた。パーオキシド架橋では，有機過酸化物のホモリシスで生じたラジカルがゴムのアリル位の水素や第三級水素を引き抜き，生成ラジカルがカップリングまたは連鎖付加反応を起こして架橋構造を形成する。カップリングによる架橋反応はイソプレンゴム（IR）などに，また，連鎖付加反応はBRなどに見られる。架橋効率を高くするために架橋助剤（coagent）を用いることが一般に行われている。最近，NRラテックスのパーオキシド架橋において，脱たんぱく質の効果はラジカルの拡散を早め，均一なネットワークス構造を与えることを透過型電子顕微鏡観察により明らかにされた[15]。

また，パーオキシド架橋は配合や加工工程が比較的単純であるという特徴を有し，機能性エラ

第5章 熱を利用した架橋反応

ストマー材料への応用が盛んである。加硫では多くのゴム試薬が添加されるので、それらが材料の機能性に影響を与え易いのに対して、パーオキシド架橋では添加する試薬が少なく、悪影響が低いからである。例えば、高分子量分岐型ポリ（オキシエチレン）から作るイオン伝導性エラストマー材料の研究[16]で、ベンゾイル-m-トルオイルパーオキシドとN, N'-m-フェニレンビスマレイミドを用いてパーオキシド架橋した物質は優れた高分子固体電解質となった。網目鎖密度が10^{-5}mol/cm^{3}オーダーの架橋体でリチウムビス（トリフルオロメチルスルフォニル）イミドをドープした固体電解質は、未架橋体のイオン伝導性に匹敵する30℃で10^{-4}S/cmオーダーの導電率を有し、かつ、1.8MPaの破断強度と290％破断伸びを示す力学特性に優れた機能性材料となっている。

さて、パーオキシド架橋における架橋助剤のひとつとして、ジビニルベンゼン（DVB）はこれまでにも使用されてきたが、ゴム工業においてEPDMを超えるオレフィン系ゴムの開発にDVB構造が利用された[17]。パーオキシド、熱、光反応による架橋効率が高く、化学修飾にも有利なDVB構造を有するオレフィン系ゴムが、図3(a)に従ってrac-Et(Ind)$_2$ZrCl$_2$/MAO触媒を用いて合成された。ランダム性が高く、高分子量（約1万〜14万）で分子量分布の狭い（2.0〜2.4）ポリ（エチレン-ter-プロピレン-ter-ジビニルベンゼン）（EP-DVB）とポリ（エチレン-ter-1-オクテン-ter-ジビニルベンゼン）（EO-DVB）である。高分子に導入されたスチレン単位は重合中、メタロセン触媒には配位できないので、ゲルの生成は無い。DVB含量2モル％以下でガラス転移温度が−45〜−55℃以下のゴムが作られている。ペンダントに付いているスチレン単位は図3(b)に示すように熱架橋やUV架橋でき、マレイミド基の導入やメタル化反応も可能で、種々のグラフト反応ができる。たとえば、図3(c)に示すようにアモルファスポリスチレンや結晶性のシンジオタクチックポリスチレン鎖をグラフトさせることにより、新しいタイプのポリオレフィン系熱可塑性エラストマーを合成することもできる。EP-DVBとEO-DVBは、新規エラストマー材料創製の出発物質として今後の展開が楽しみな高分子である。

ここで、パーオキシド高温架橋シリコーンエラストマーのケミカルリサイクルについても触れておこう。碍子等に使用されたフィラー充てんシリコーンゴム架橋体の新規ケミカルリサイクル法がある[18〜20]。特に、フィラー充てん高温架橋シリコーンゴムを(CH$_3$)$_4$NOHのメタノール溶液とジエチルアミン、ヘキサンからなる混合溶媒中で還流させることにより、再重合可能な環状シロキサンモノマーを約78％の高収率で得ることができる。リサイクル過程でフィラーに残存する(CH$_3$)$_4$NOHは加熱により(CH$_3$)$_3$NとCH$_3$OHに分解するので、モノマーのみならず、不純物の少ないフィラーを95％以上の収率で容易に回収することもできる[20]。

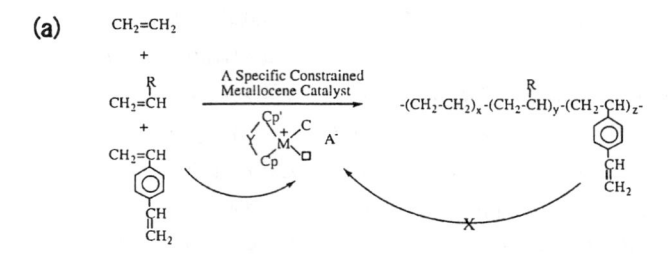

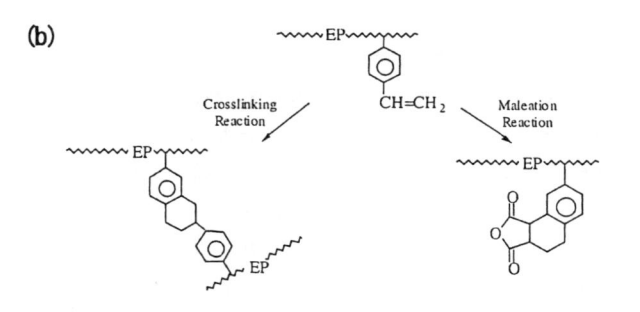

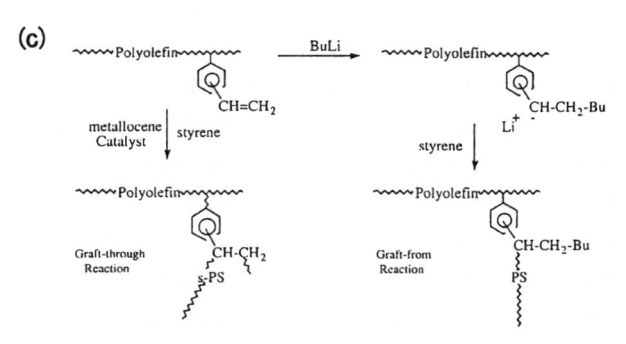

図3 DVB単位を有するポリオレフィンの合成と応用

5.4 シラノール基を利用した架橋

汎用ゴムにシランカップリング剤を用いてアルコキシシリル基を導入した後，水存在下，アルコキシシリル基のゾル−ゲル反応を行うと架橋体を得ることができる[21]。いわゆる水架橋，あるいはシラン架橋であり，市販のシリカを充てんしたゴムに用いると，シリカ粒子を介した架橋構

第5章 熱を利用した架橋反応

造も付与することができる。特に，ビス（3-トリニトキシプロピル）テトラスルフィド(TESPT)[22]をシランカップリング剤として用いた系では，ゴムへアルコキシシリル基を導入せずとも，TESPTのS-S単位がゴム鎖と反応して，アルコキシシリル基が加水分解後シリカと結合するのでTESPTおよびその類似物質は工業的に多用されている。シランカップリング剤はジエン系ゴムのin situシリカ充てん補強の研究にも用いられ，TESPT添加SBR加硫体マトリックス中[23]や3-アミノプロピルトリエトキシシランで架橋したエポキシ化天然ゴム中[24]でテトラエトキシシランのゾル-ゲル反応を行うことによって，in situシリカ粒子を介した架橋構造が形成されている。TESPT添加SBR架橋体では非常に小さなin situシリカが分散性よく生成しており，優れた力学特性を示す架橋体となっている。近年，新しいシランカップリング剤も開発されるに至り，ますます，シランカップリング剤を使用したゴムの架橋ならびに補強は盛んである。例えば，アジドスルホニルシラン化合物は，熱あるいはUV照射によって飽和炭化水素系化合物に対しても水素引き抜き反応を起こすナイトレン基を生成するので，図4に示すようにゴムのカップリング試薬あるいは架橋剤となる[25]。これは，ジエン系ゴムだけでなくオレフィン系ゴムにも有用であり，高性能架橋体が作製できる。

5.5 リサイクル可能な架橋反応とその脱架橋反応

現在，高分子リサイクルにおける高分子の分別過程の軽減のために，プラスチックからゴムに至る特性をカバーできるオレフィン系高分子の需要が増加している。その中で，架橋構造の制御によるリサイクル特性付与の研究も進んできた。例えば，ディールズ-アルダー反応を利用したリサイクル容易なエラストマーの合成法が最近報告された[26]。図5に示すネットワーク(1)と(2)である。1はヘキシルアクリレートと2-フルフリルメタクリレートとのラジカル共重合体とマレイミド末端ポリエーテルから作られた。2は，ポリシロキサンの側鎖にマレイミド基をペンダントに導入したオリゴマーとジフラン化合物から作られた。いずれもメチレンクロライド溶媒中，室温で反応させることにより，約80％の高収率で得うれる。ディールズ-アルダー反応から形成されたこれらの架橋は熱可逆性であり，1のネットワークスをクロロベンゼン中，過剰の2-メチルフランの存在下80℃で12時間反応させることにより出発物質のラジカル共重合体が定量的に回収できる。2のネットワークスの場合は，トルエン中，N-フェニルマレイミドを加えて2時間還流することにより定量的に出発物質のポリシロキサンが得られる。いずれの場合も再架橋を防ぐために生成してくる架橋剤をトラップしながら行われている。2はSi-O-C結合を有しており，通常加水分解によりこの結合は切断されると思われるので，2の系については架橋剤の合成において更なる工夫が必要であろう。

また，メンシュトキン反応による第三級アミンの四級塩化に基づくアイオネン構造形成および

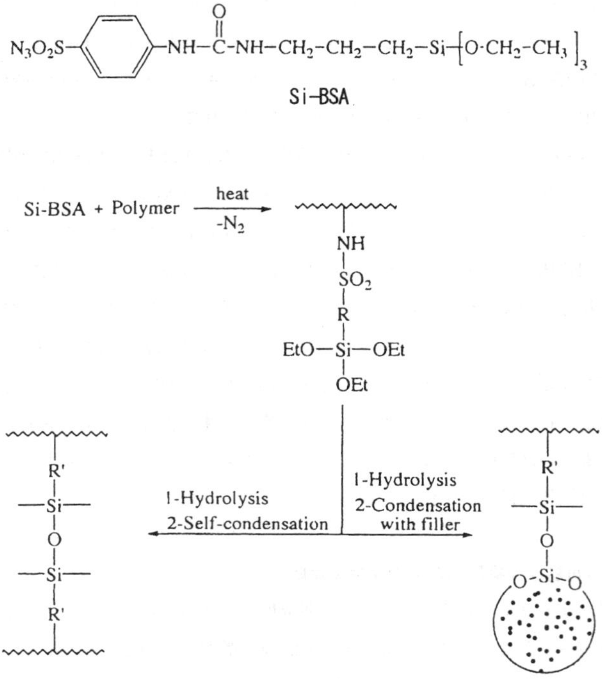

$$N_3O_2S-\underset{}{\text{Ph}}-NH-\overset{O}{\underset{\|}{C}}-NH-CH_2-CH_2-CH_2-Si{\small-}[O\cdot CH_2-CH_3]_3$$

Si-BSA

Si-BSA + Polymer $\xrightarrow[-N_2]{\text{heat}}$

図4 新規シランカップリング剤 N-((3-トリエトキシシリル) プロピル)-N'-(p-ベンゼンスルホニルアジド) ウレア (Si-BSA) とその反応

その分解反応を利用したゴムの架橋・脱架橋反応に関する研究が行われている[27]。図6に示す反応によりゴムの架橋を行い,使用後,図7に示す方法によって脱架橋を行ってリサイクルを行おうとするものである。種々のハロゲン化ゴム,第三級アミンをペンダントに有するゴムとそれぞれジアミン,ジハライドとの反応性や脱架橋反応性が検討され,アイオネン構造を持つ環境適合性ゴムの有用性が示された。

5.6 物理的相互作用に基づく架橋

ポリマーマトリックス中で共有結合ではなく,物理的相互作用によってセグメントが凝集してドメインを形成し,それが架橋点の作用を担いゴム弾性を示すエラストマーも,ゴム科学における重要な一群であり,リサイクル容易なエラストマーとして研究は増加している。一般に,分子鎖の運動が拘束されるハードセグメントとアモルファスでフレキシブルなソフトセグメントから

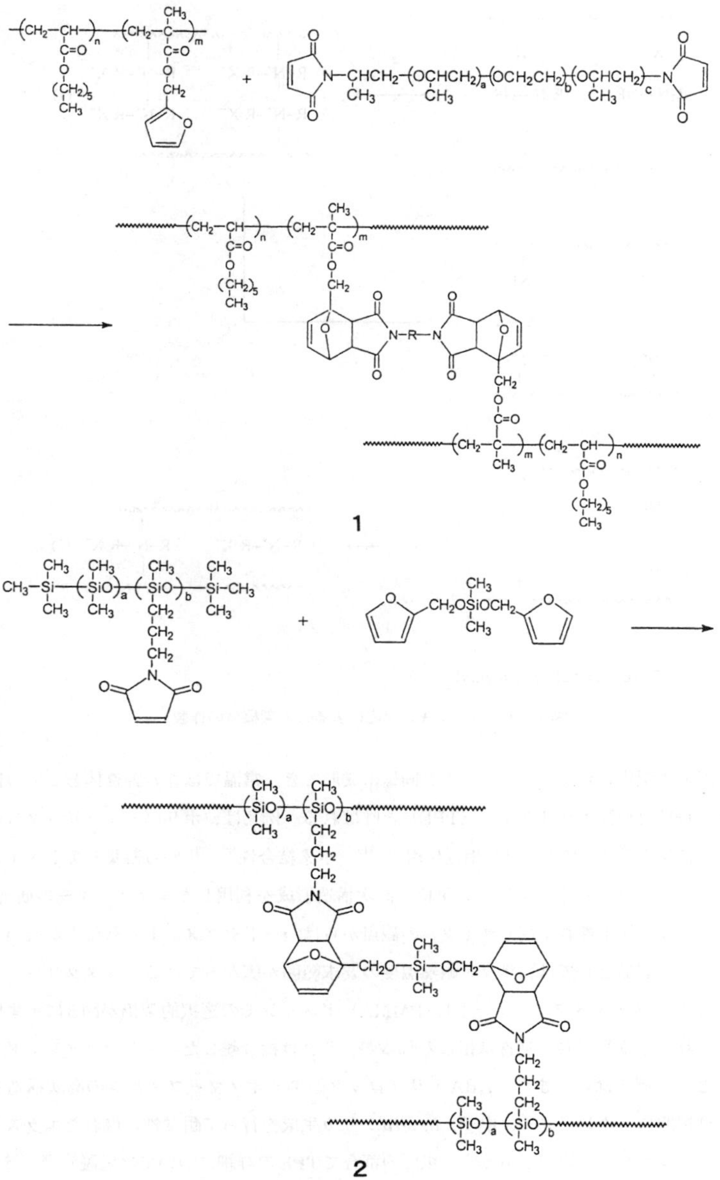

第5章 熱を利用した架橋反応

図5 ディールズ-アルダー反応を利用した脱架橋できるエラストマーの合成

高分子の架橋と分解—環境保全を目指して—

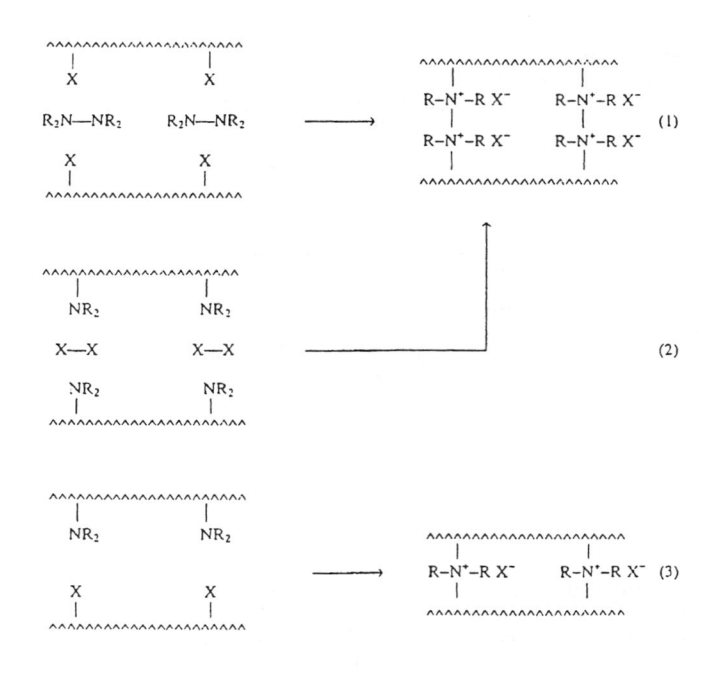

$$
\begin{array}{c}
\text{(reaction schemes)}
\end{array}
$$

Where X= halide; R= alkyl

図6 メンシュトキン反応によるゴム架橋体の作製

成り，高温で可塑化されてプラスチックと同様に成形でき，常温ではゴム弾性体としての性質を示すことから熱可塑性エラストマー（TPE）と呼ばれる。例えば，ポリマーマトリックス中でセグメントの結晶性[28, 29]やクーロン相互作用[30, 31]，水素結合性[32, 33]から凝集してドメインを形成しエラストマーとなる系やメソゲン単位の高次構造形成を利用したエラストマーの研究[34]も報告されている。加工性およびリサイクルの観点からはハードセグメントの軟化点が低い方が加工しやすいが，製品としては，年々，耐熱温度の要求範囲が広がっている。メタクリレート系のTPEで，ポリ（メチルメタクリレート）（PMMA）ドメインでの選択的架橋が図8に示す反応によって行われている[35]。熱可逆性は損なわれるが，ミクロ相分離したハードセグメントドメインの架橋法として興味深い。また，ABAトリブロック型アイオノマーフィルムの高次構造を保持しつつ，選択的にイオンドメイン中で，in situシリカ生成を行って耐熱性に優れたエラストマー材料を作製しようという研究もある[36]。紙面の都合でTPEの詳細については総説[37, 38]，および，それらの参考論文を参照されたい。TPEはリサイクル容易な環境適合性エラストマーとして，

第5章 熱を利用した架橋反応

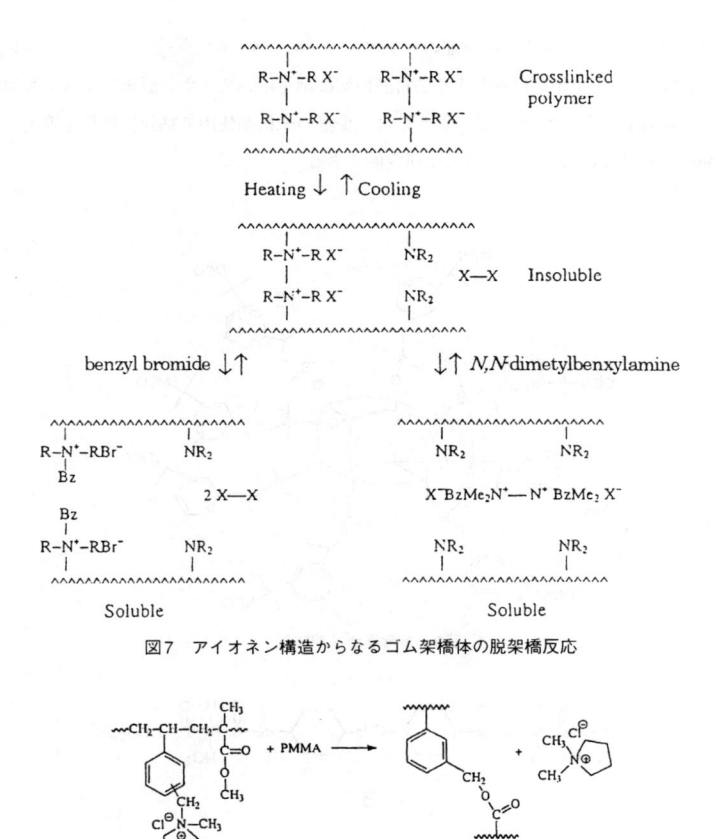

図7 アイオネン構造からなるゴム架橋体の脱架橋反応

図8 PVBMPC-co-PMMAによるPMMAの架橋

今後ますます重要となろう。

5.7 その他の架橋反応

近年,多官能性の架橋剤が架橋反応に用いられる傾向にある。例えば,有機／無機ナノコンポジット作製におけるナノ架橋剤として図9に示す物質が合成された[39]。ハイブリッド型ポリウレタンエラストマー等の合成に使用できる。どのような物性が発現するのであろうか？ また,液晶性シリコーンエラストマーの研究は今なお盛んであるが,ポリ（メチルヒドロシロキサン）へ

135

高分子の架橋と分解—環境保全を目指して—

のハイドロシリレーション反応で四官能のペンタエリチオール-テトラ-p-アリロキシベンゾエート[40]が使用されたり，イオン点を有する二官能性架橋剤を用いてイオン凝集によっても架橋を担うように分子設計された系[41]もある。これらは，少量の架橋剤使用で粘弾性付与を確実なものとし，機能発現を妨げないように工夫された研究例である。

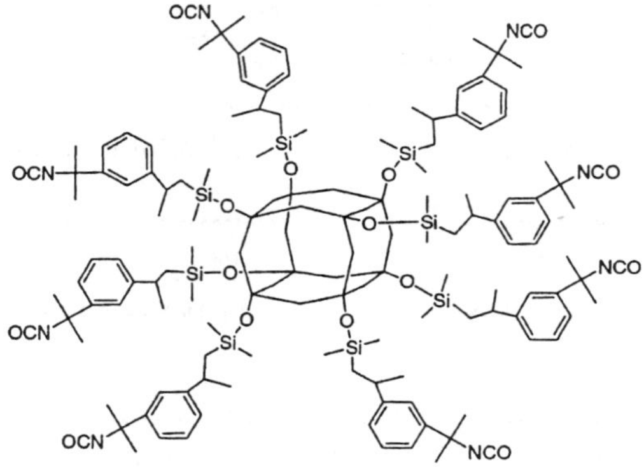

図9　多官能ナノ架橋剤

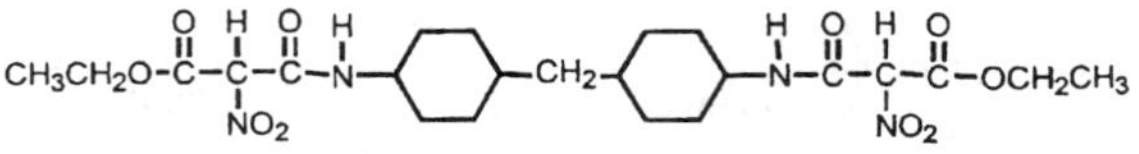

3

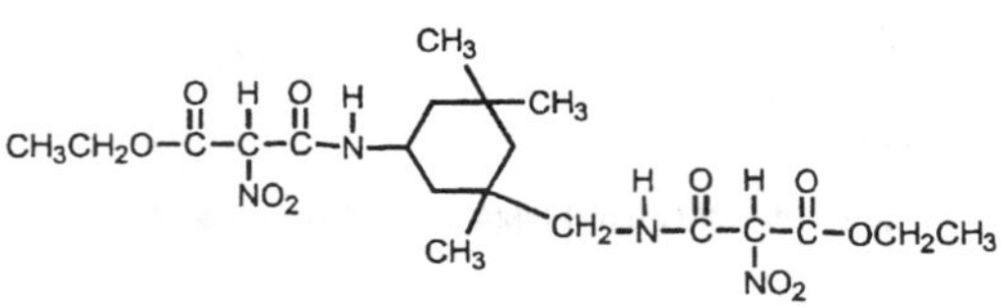

4

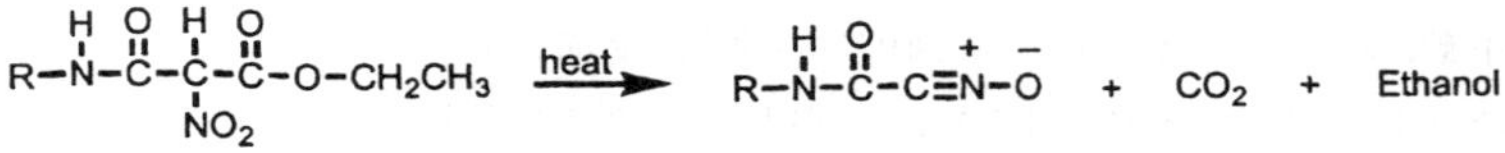

図10　二官能性脂肪族系ニトリルオキシド前駆体とその分解反応

第5章 熱を利用した架橋反応

最後に、図10に示す熱架橋用の新しい架橋試薬ニトリルオキシド前駆体3と4について述べる。これらは、脂肪族イソシナートとアルキルニトロアセテートとの反応により合成された[42]。ニトリルオキシド前駆体は、加熱によりアルコールと二酸化炭素を放出して高活性なニトリルオキシドを90％という高収率で生成し、イソプレンゴムを架橋した。3と4は80℃以下では安定であり、融点が分解温度より低く融解状態でゴムと相溶性し、150℃以上で分解して架橋剤として働く。

5.8 おわりに

近年のゴム・エラストマーに関する架橋反応を調べる機会を得て、新しい架橋反応の一部を紹介させていただいた。ゴム・エラストマーの加工では多くの場合、架橋反応をバルク状態で行う必要があり、架橋反応の高効率が求められることから、架橋コストとも相まって加硫やパーオキシド架橋を超える優れた架橋系はまだ現れていない。21世紀を迎え、材料として必要不可欠となった架橋体の作製、およびリサイクルは、今後どのような展開を示すのであろう？ タイヤの需要が急激に増す中、地球規模での環境問題、エネルギー問題、資源の枯渇化を背景に、今、人類の英知が試されている。

文　　献

1) 池田裕子,「新版ゴム技術の基礎」, 日本ゴム協会編, 東京 (1999), 第2章
2) 池田裕子,「ゴムの事典」, 奥山通夫ら編, 朝倉書店, 東京 (2000), pp.21-38
3) A. Y. Coran, "Science and Technology of Rubber", 2nd Ed., J. E. Mark et al., Eds., Academic Press, San Diego (1994), Ch.7
4) 大饗　茂,「有機硫黄化学―反応機構編」, 化学同人　京都 (1982), p.3
5) K. H. Nordsiek et al., Kautsch Gummi Kunstst., **45**, 791 (1992)
6) K. H. Nordsiek et al., Kautsch. Gummi Kunstst., **47**, 319 (1994)
7) S-S-Choi, J. Appl. Polym. Sci., **75**, 1378 (2000)
8) A. S. Sirqueria et al., Euro. Polym. J., **39**, 2283 (2003)
9) Y. Ikeda, J. Polym. Sci., Part B, Polym. Phys., **40**, 358 (2002)
10) Y. Ikeda, J. Appl. Polym. Sci., **87**, 61 (2003)
11) M. Kojima et al., Rubber Chem. Technol., **76**, 957 (2003)
12) M. Kojima et al., Green Chem., **6**, 84 (2004)
13) M. Kojima et al., J. Appl. Polym. Sci., in press
14) M. Kojima et al., Unpublished results
15) P. Tangboriboonrat et al., Colloid Polym. Sci., **282**, 177 (2003)

16) Y. Matoba et al., *Solid State Ionics.*, **147**, 403 (2002)
17) J. Y. Dong et al., *Macromolecules*, **36**, 6000 (2003)
18) A. Oku et al., *Polymer*, **43**, 7289 (2002)
19) W. Huang et al., *Polymer*, **43**, 7295 (2002)
20) Y. Ikeda et al., *Green Chem.*, **5**, 508 (2003)
21) S. Yamashita et al., *Makromol. Chem.*, **186**, 1373 & 2269 (1985)
22) S. Wolff, *Kauesh. Gummi Kunstst.*, **30**, 516 (1977)
23) A. S. Hashim et al., *Rubber Chem. Technol.*, **71**, 289 (1998)
24) A. S. Hashim et al., *Polym. Inter.*, **38**, 111 (1995)
25) L. Gonzalez et al., *J. Appl. Polym. Sci.*, **63**, 1353 (1997)
26) R. Gheneim et al., *Macromolecules*, **35**, 7246 (2002)
27) E. Ruckenstein et al., *Macromolecules*, **33**, 8992 (2000)
28) S. Yamashita et al., *J. Polym. Sci. : Part A : Polym. Sci.*, **31**, 2437 (1993)
29) Y. Ikeda et al., *J. Polym. Sci. : Part B : Polym. Phys.*, **33**, 387 (1995)
30) Y. Ikeda et al., *Macromolecules*, **31**, 1246 (1998)
31) Y. Ikeda et al., *J. Macromol. Sci.-Phys.*, **B40**, 171 (2001)
32) Y. Ikeda et al., *J. Polym. Sci. : Part A : Polym. Chem.*, **33**, 2657 (1995)
33) K. Chino et al., *Macromolecules*. **34**, 9201 (2001)
34) Y. Ikeda et al., *J. Polym. Sci. : Part. B : Polym. Phys.*, **38**, 2247 (2000)
35) J. D. Tong et al., *J. Polym. Sci. : PartA : Polym. Chem.*, **37**, 4402 (1999)
36) M. A. Kenneth et al., *Polymer*, **43**(16), 4315 (2002)
37) 池田裕子ら. 高分子. **45**. 136 (1996)
38) 池田裕子. 日本ゴム協会誌. **75**. No.2. 55 (2002)
39) D. Neumann et al., *J. Am. Chem. Soc.*, **124**, 13998 (2002)
40) B.-Y.Zhang et al., *Polym. J.*, **35**, 476 (2003)
41) F. Meng et al., *Polymer*, **44**, 3935 (2003)
42) B. S. Huffman et al., *Polym. Bull.*, **47**, 159 (2001)

第6章　UV硬化システム

1　UV硬化による相分離を利用した液晶相の形成

穴澤孝典*

1.1　はじめに

　液晶とUV硬化性樹脂（光重合性モノマー）の均一混合液に紫外線（UV）を照射すると、光重合による分子量の増加に伴って樹脂成分と液晶との相溶性が低下して相分離が生じる。このとき、樹脂成分相はゲルや固体となるため、生成した粒子状の液晶相が会合して巨視的相分離する前に構造が固定され、10nm～10μmオーダーの微細な相分離構造が保持される。このような相分離はミクロ相分離と呼ばれ、架橋ポリマーが生成する反応誘発型相分離系は、ミクロ相分離が生じる代表的な系である。この時、条件によって、液晶が独立した粒子としてポリマー中に分散した構造、ポリマーの3次元網状（スポンジ状）組織の間に液晶が充填された構造、あるいは凝集したポリマー粒子が液晶相の中に形成された構造など、種々の構造が形成される。

　重合や架橋により誘発される相分離は光重合系に限られないし、また液晶／モノマー系だけでなく、溶剤／モノマー系、鎖状ポリマー／モノマー系、鎖状ポリマー／架橋ポリマー系など多くの系で見られる[1]。しかし、光重合は熱重合に比べて反応速度を極めて高くすることが容易であり、重合と相分離との相対速度のパラメーターを大きく変えることが可能であること、同一温度で重合速度を大きく変えることが容易であること、パルス光照射などのプログラムされた重合が容易であること、などの点で、研究対象として興味深い。また、ミクロ相分離が生じる種々の混合系の中で、液晶／モノマー系は、相分離構造体が、偏光板なしで表示可能な新しい省エネルギー表示素子として期待されている[2～7]という工業的価値があるうえ、液晶の相転移と相分離が影響し合う複雑な系であり、学術的にも興味深い系である。液晶／モノマー系の重合誘発型相分離に関しては、表示素子としての特性とモルフォロジーとの関係その他、多方面から研究されているが、ここでは、ミクロ相分離構造の制御に焦点を当てて述べる。

1.2　相図を用いたミクロ相分離構造の予測と制御

　相図を用いれば、混合系の位置を示す組成点の移動経路から、相分離した両相の組成と量的関係を知ることができるため、相分離構造を予測することができ、相分離構造を制御するうえで大

---

　*　Takanori Anazawa　㈶川村理化学研究所　高分子化学研究室　室長

変有効である。そこで，液晶／モノマー系の重合誘発型相分離における相分離構造の決定因子を相図と関係づけた研究を紹介しつつ，相分離構造の予測と制御の基礎について述べたい。

1.2.1　2元相図

液晶／モノマー系のミクロ相分離構造体は，液晶分散ポリマーマトリックスとも呼ばれ，まず，液晶／エポキシ樹脂系[8,9]や液晶／ビニルモノマー系[10]における熱重合誘発型相分離によって，液晶相が完全独立型の粒子相（島相）を形成する構造が見出された。その後，液晶相が連続相を採ることが，駆動電圧の低圧化などの面から好ましいとして，液晶が粒子構造を採りながらも各粒子が連絡した構造[11]や，網目状のポリマーマトリックス間を液晶が埋めた構造が提案された[12]。

平井等[13]は，光重合時に形成される樹脂成分のモデルとして，ビニル系のモノマー／オリゴマー混合物を用いて相図を作成し（図1），相図上の出発点と形成される構造との関係を示して，スピノーダル分解型の相分離が生じる領域の組成が好ましいとした。Shenら[14]はアイソトロピック液晶／ポリマー系の相分離に関するFlory-Huggins式に，液晶のネマチック（N）-アイソトロピック（I）転移に関するMaier-ShauXe理論を組み合わせて，平井らの示したような，N-I転移を伴う液晶／ポリマー系に特有な相図を理論的に導き出した（図2）。

縮合重合のように，重合の進行に伴って全モノマーの分子量が増加していく場合には，重合誘発型相分離は，図3のように重合度をパラメーターとした2元相図を実験から作成できる[15,16]。そして，重合の進行により相分離曲線が上昇して，混合系の組成点Xが2相領域に入ると，相分離曲線上の2つの点（相）

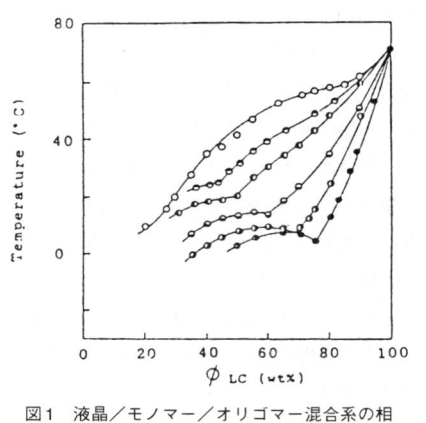

図1　液晶／モノマー／オリゴマー混合系の相分離曲線[13]
下から，オリゴマー／モノマー＝0/100，15/85，25/75，50/50，75/25，100/0．

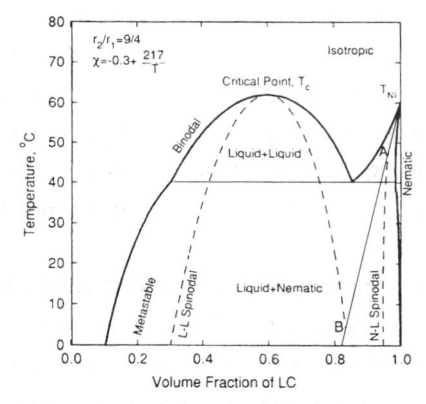

図2　理論計算より求めた液晶／樹脂系の2元相図[14]

第6章　UV硬化システム

Y，Zに分かれる。相分離した各相の組成は，相分離曲線上の点Y，Zの組成として示されるし，Z相（富液晶相）とY相（富樹脂相）の体積分率の比は"てこの原理"[15]により，"線分XYの長さ（$\overline{XY}$）／線分XZの長さ（$\overline{XZ}$）"となる。

　混合系の組成点X´が臨界点C付近で相分離曲線を横切る時には，点X´は直接スピノーダル領域に入り，全体が一挙に，それぞれが連続相である2相に分離する（写真1-a1，1-a2）。この様子は相図上でも，Z´相，Y´相がともに点X´から分岐し，その体積比は，最初からほぼ1/1になることから理解できる。これに対し，混合系の組成点Xがバイノーダル曲線（または，N-I転移に基づく相分離曲線）部分を横切る時には，核生成と成長機構によって粒子相が形成される（写真1-b1，1-b2）。このとき，Y相（点Y_1）は点Xから出発して相分離曲線上を連続して動くが，Z相はZ_0点に突然現れる。このとき，てこの原理によりZ相は体積分率ゼロから増加してゆくことが示され，Z相（富液晶相）が粒子相（島相）となることがわかる[15,16]。このように，液晶含有系においては，液晶のN-I転移に起因する相分離がアイソトロピック液晶／樹脂成分系のバイノーダル分解より先に生じ，仕込み組成が液

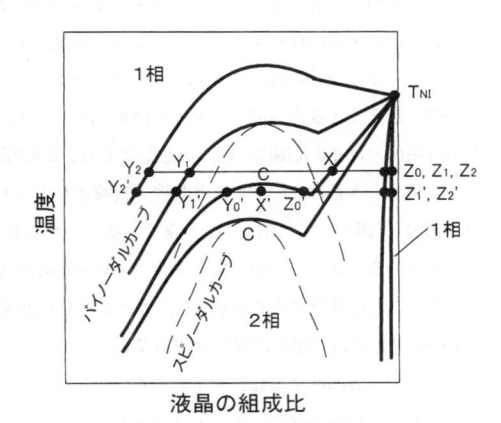

図3　重合誘発型相分離の2元相図の模式図と相分離した各相の組成の軌跡

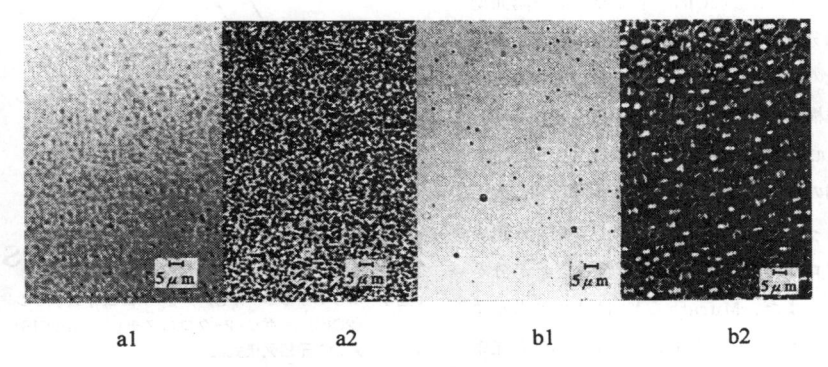

写真1　相分離挙動の時分割顕微鏡写真[21]
a1) 液晶50w%，27℃（図6，7参照），重合初期；a2) 同，重合中期；
b1) 液晶80w%，42.5℃（図6，7参照），重合初期；b2) 同，重合中期

晶優勢の組成であっても，富液晶相が粒子相になる。この点が，体積分率の少ない成分が島相となる通常の相分離系と異なる，液晶含有系に特徴的な現象である。

1.2.2 3元相図

一方，ビニル重合系では，モノマー中に生成した特定分子量のポリマーの濃度が漸次増加する。したがって，この系は"液晶／モノマー／該モノマーの重合体"の3成分で構成される3元相図で議論すべきものである。3元相図は，温度をパラメーターとして，各成分を頂点とする正三角形上に描かれる[15, 16]（例えば後述の図4）。ビニル重合系ではモノマーと生成ポリマーの合計が一定であるため，重合の進行に伴い混合系を示す組成点XはA点からB点まで，モノマーとポリマーを結ぶ辺に平行に移動する。この系では，液晶／モノマーの仕込み比が決まると，3元相図は，モノマー／ポリマーの比（すなわち，モノマーのコンバージョン）をパラメーターとする2元曇点曲線に還元できる[15]（例えば後述の図6，7）。この2元曇点曲線は，一見したところ，上述の縮合重合系における2元相図と同じ形をしており，2元相図に慣れた研究者にとってこの方が考えやすいためか，本系はこの2元曇点曲線で議論されることが多いようである。先にあげた平井ら[13]の"相図"（図1）も，実は曇点曲線である。しかしながら，曇点曲線は1相領域と2相領域の境界を示すのみであって，相分離して生じる両相の組成や，てこの原理を用いた量的関係の議論はできないことに注意する必要がある。ただし，曇点曲線でも，近似的な議論は可能である[15]。

3元相図を用いた相分離構造形成機構の議論として，液晶系ではないが下記のものが見られる。Okadaら[17]は，ポリスチレン（PS）（ただし，可塑剤含有）／2-クロロスチレン（2ClS）系での熱重合誘発型相分離について，3元相図を用いて，相図上の反応出発点の位置と，形成される相分離構造を関係付けることを試みた。図4中，3元相図におけるてこの原理[15]から，"Y_i相の量／Z_i相の量＝$\overline{X_iZ_i}$／$\overline{X_iY_i}$"となる。よって，Y_i相（貧ポリスチレン相）が組成ゼロから増大する島相となることが分かる。また，Murataら[18]はリニアポリマー／アクリレートモノマー系における光重合誘発型相分離を3元相図を用いて議論している。

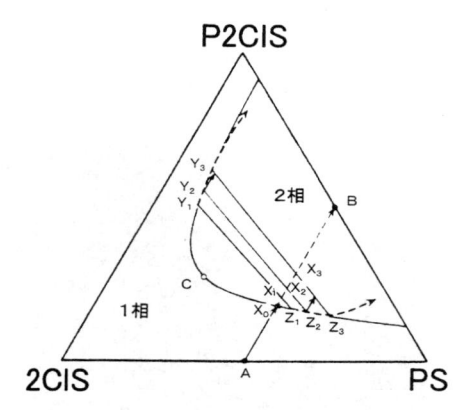

図4 ポリスチレン（PS）／2-クロロオスチレン（2ClS）／ポリ-2-クロロスチレン（P2ClS）系の3元相図模式図
A：系の始点；B：系の終点；C：臨界点；X_i：混合系の組成点；Y_i：貧PS相の組成点；Z_i：富PS相の組成点

第6章 UV硬化システム

　液晶系については，Bootsら[19)]や Serbutoviezら[20)]が，Flory-Huggins式に架橋が自由エネルギーに与える弾性項を加えたDusecらの式をポリマー／液晶系に適用して3元相図を描き，生成するポリマーが漸次架橋密度が増加してゆくことにより，該ポリマーの膨潤度が減少して，絞り出されるように液晶層が分離する相分離機構を提唱している（図5）。そして，相溶性の低い組成での光重合では架橋が進む前に相分離が生じ，大きな寸法の液晶粒子となるが，相溶性が高い条件では，架橋が進んだ後に，架橋間の狭い空間に液晶粒子が発生するため，変形した小さな液晶粒子になるとしている。

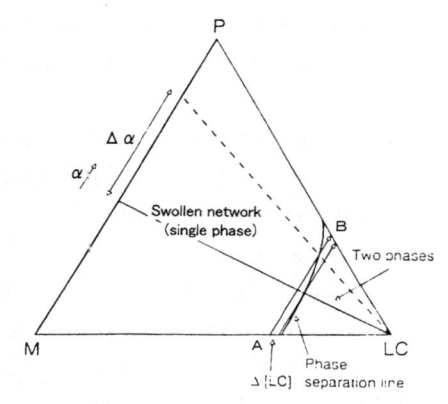

図5　液晶（LC）／モノマー（M）／ポリマー（P）系の3元相図模式図
　α：モノマーのコンバージョン，A：系の始点，B：系の終点

　これに対し，宮島ら[21)]は，"液晶／2官能アクリレートモノマー／該モノマーの重合体"系において，アイソトロピック液晶／樹脂成分系の曇点曲線と，N-I転移に誘発される相分離の曇点曲線を分けて3元相図化し，ある硬化温度および硬化組成での光照射により形成される種々の相分離構造が，"液晶／モノマー／リニアポリマー"の3元相図により説明できることを示した（図6，7）。一例として，図7-aのA点から出発した時のスピノーダル分解型の相分離構造を写真2-aに，図7-bのA点から出発した時のバイノーダル型の相分離構造を写真2-bに示す。

1.3　ミクロ相分離構造に影響するその他の因子
1.3.1　非平衡過程による相図からのずれ

　相図は平衡状態の曲線であり，相分離が準静的過程で進行する場合に適用される。しかし，重合誘発型相分離では富樹脂成分相の粘度が大きく上昇するため，相分離が進行するための物質移動が重合速度に追いつかず，非平衡状態となる。特に光重合では，重合の初期段階から重合速度が相分離の速度を上回り，混合系の組成点XはN-I転移に起因する相分離領域を通過して，一挙にバイノーダル分解領域やスピノーダル分解領域に入り込み，これらの機構による相分離が生じうる。このことは，前記3元系[17, 18, 21)]でも論じられている。

　Okadaら[17)]は，先のPS／2CIS系において，2重相分離の発生機構に言及している。図4において，Y_i相（貧PS相）よりZ_i相（富PS相）の方が，重合に伴う液晶／樹脂成分の組成変化が大きいため，相界面の物質移動が重合の進行に追従できなくなって，Z_i相において再び相分離が生じうる

143

ことを,相図から説明している.藤沢ら[6]は,紫外線強度の相分離のスケールへの影響を測定している.しかしこの系では,相分離のスケールは変化するが,構造のタイプの違いは生じていないようである.

このように,相図を用いたモルフォロジーの議論は,まず平衡状態を基本とし,更に平衡状態からのずれを考慮することで,非平衡過程にも有効である.

1.3.2 ポリマーマトリクス相の構造

液晶相が粒子相(島相),ポリマー相がマトリクス相(海相)となる相分離において,該マトリクス相が,ポリマー粒子が凝集した構造となる場合が多い(写真2,3).このような構造は,単純なバイノーダル型やスピノーダル分解型の相分離機構では説明できない.林ら[6, 7, 22〜24]は,ジアクリレートモノマーのアルキル側鎖の構造を変える研究を行い,アルキル鎖長が短いときは生成するポリマー相が凝集粒子状になり,アルキル鎖が長く,凝集エネルギーの低い構造では,ポリマー相の表面が滑らかにな

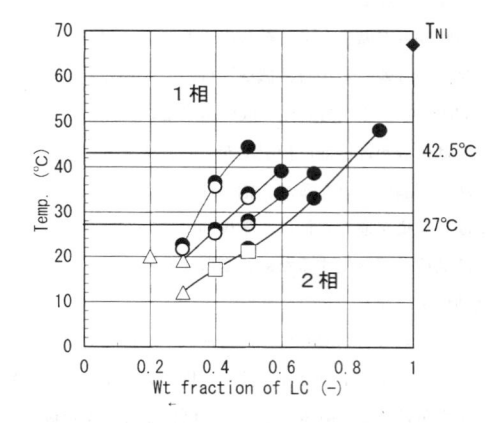

図6 液晶／モノマー／ポリマー系の曇点曲線[21]
●N-I転移に基づく相分離点;○:スピノーダル型の相分離点;△結晶析出温度;下から,ポリマー／モノマー＝0／100, 25／75, 50／50, 70／30

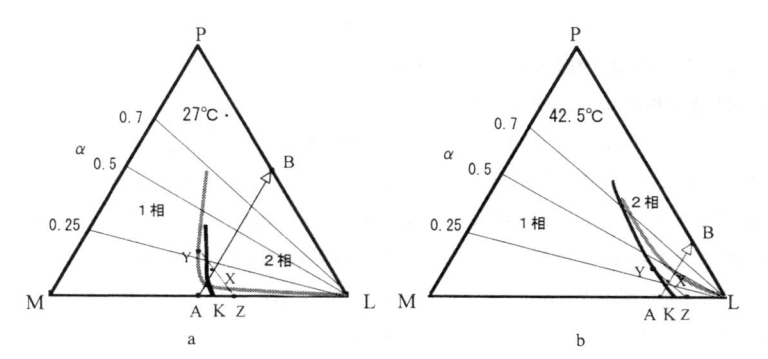

図7 液晶(L)／モノマー(M)／ポリマー(P)混合系の3元相図[21]
図6の27℃および42.5℃における切片から,N-I転移に基づく相分離とアイソトロピックな相分離を別の相分離曲線として作成したもの;X:系の組成点;Y:富樹脂相の組成点;Z:富液晶相の組成点;A:系の始点;B:系の終点.

第6章　UV硬化システム

写真2　相分離構造の走査型電子顕微鏡（SEM）写真[21]
a）液晶50w％, 27℃（図7-aのA点）; b）液晶80w％, 42.5℃（図7-bのA点）

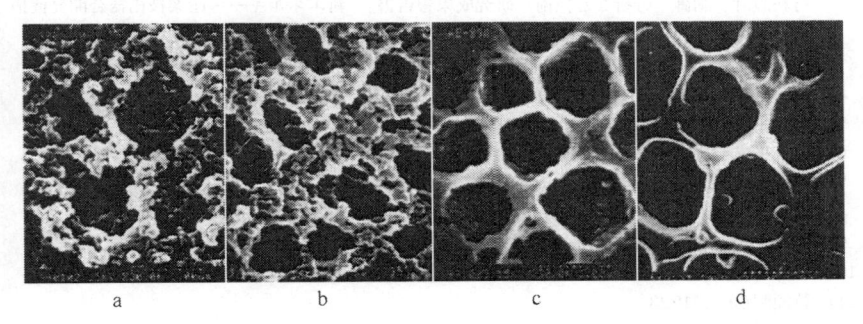

写真3　ポリマー相の微細構造に対するジアクリレートの側鎖長の影響[6, 7]
側鎖長はa)C_1, b)C_2, c)C_3, d)C_7

ることを見いだしている（写真3）。

一方，これより前に，Dusec[25]はバルクや溶液の架橋重合系において，重合初期に重合開始点を中心とした架橋ポリマーのミクロゲル粒子が生成し，この数が増えて互いに結合し，最終的にはこれらの粒子同士や粒子内のモノマーも結合して均質なポリマーになるという機構を提案している。重合誘発型相分離系においては，このゲル粒子が生成した段階で粒子状に相分離する可能性があり，全体としては上記の相図で議論できる相分離も，ミクロに見ればDusec様式の機構で相分離が生じている可能性がある。その場合には，液晶との相溶性が同じ程度であっても，モノ

マー1分子内の重合性官能基数が多くなるほど、また多官能モノマーの重合性官能基間距離が短くなるほど、ポリマー相は凝集粒子状になりやすいと推定される。

　また、マトリクス相となった富樹脂成分相中に富樹脂成分相の粒子相が析出するという、液晶含有系に特有の二重相分離の可能性も指摘されている[26]。実際、相分離挙動の時分割顕微鏡観察により、最初バイノーダル分解型の相分離が進行した後、富樹脂成分相中でスピノーダル分解型の相分離が生じる現象が観察されている[6]。これらの機構の解明について今後の研究が待たれる。

文　献

1) 穴澤孝典, 川村理化学研究所報告, 平成9年, 17 (1998)
2) L. Bouteiller et al, Liquid Crystal, **21**, 157-174 (1996)
3) 「エネルギー使用合理化超先端液晶技術開発（超先端電子技術開発促進事業　新機能電子材料設計・制御・分析など技術）研究成果報告書」, 新エネルギー・産業技術総合開発機構技術研究組合　超先端電子技術開発機構発行, 平成8年度, 39-69 (1997)
　　（ホームページ：http://www.tech.nedo.go.jp/）
4) 同, 平成9年度, p.61-94 (1998)
5) 同, 平成10年度, p.78-154 (1999)
6) 同, 平成11年度, p.149-242 (2000)
7) 同, 平成12年度, p.212-264 (2001)
8) J. W. Doane et al., Appl. Phys. Lett., **48**, 269 (1986); 特表昭61-502128
9) P. S. Drzak, J. Appl. Phys., **60**, 2142 (1986)
10) 特開昭63-271223
11) 特開昭63-271223
12) 特開平1-198725
13) Y. Hirai et al., SPIE, **1257**, Liquid Crystal Displays and Applications, p.2 (1990)
14) C. Shen et al., J. Chem. Phys., **102**, 556 (1995)
15) 倉田道夫, 近代工業化学18, 高分子工業化学III, 朝倉書店 (1975)
16) 中島章夫, 細野正夫, 高分子の分子物性（下）, 化学同人 (1969)
17) M. Okada et al., Macromolecules, **28**, 1795 (1995)
18) K. Murata et al., polymer, **43**, 2845-2859 (2002)
19) H. M. J. Boots et al., Macromol., **29**, 7683 (1996)
20) C. Serbutoviez et al., Macromol., **29**, 7690 (1996); Liquid Crystals, **22**, 145 (1997)
21) M. Miyajima et al., Proc. RadTech Asia '97, 76 (1997)
22) M. Hayashi et al., Proc. RadTech Asia 1997, 88 (1997)
23) M. Hatyashi et al., Proc. SPSJ International Polymer Conference, 214 (1999)
24) 林正直等, 日本液晶学会討論会予稿集, 155 (2000)

第6章 UV硬化システム

25) K. Dusek, *et al., Polym. Bull.*, **3**, 19 (1980)
26) 穴澤孝典等,川村理化学研究所報告,平成11年,117 (2000)

2　チオール-エンおよび開始剤フリーUV硬化

角岡正弘*

2.1　はじめに

　UV硬化技術は最近では製造プロセスの高速化の立場から注目を集めている技術であるが，もともと塗料の溶剤中のVOC（揮発性有機化合物）の抑制および省エネルギー化（熱の代わりに光を用いる）を標榜して登場した技術である。したがって，現在では基本的には成熟した技術であり，その用途によっては問題なく利用できるが，はじめてこの技術を利用しようとするときには硬化不良といった難問にぶつかることがある。これはUV硬化プロセスの基礎的な事柄についての理解が不足していることが多いが，一方では基本的にまだ改良すべき点も多いことによる。

　まず，UV硬化のプロセスで用いられる三要素技術を図1に示した。

　基板（金属板，プラスチック板あるいは木製板など）上に粘性液体を塗布し，ベルトコンベヤーで光源まで移動して，紫外線（UV）を照射して硬化させる。液体はすべて硬化してVOCを生成しないこと（現実にはまだ少量の溶剤を使う場合が多い），このプロセスはごく短時間（速いものでは秒単位）のプロセスであるなどが特長としてあげられるが，最終的には硬化表面の物性（透明性，硬度，耐摩耗性など）が重要であり，その物性はフォーミュレーションによって決まる。

　この図から明らかなように，UV硬化技術は光源，フォーミュレーション（開始剤，モノマー，オリゴマーおよび添加剤（レベリング剤など））および応用（プロセスあるいは製品の表面加工）の三つの技術が重要である。

　現在のUV硬化は図2に示したようなラジカルUV硬化（ラジカル重合および架橋を利用して

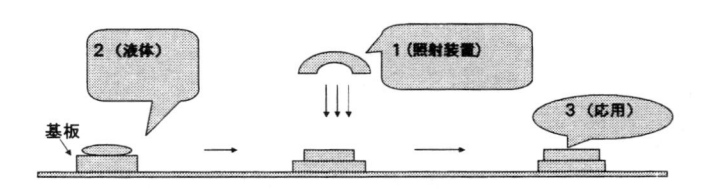

1：照射装置(UV)
2：フォミュレーション(開始剤、モノマー、オリゴマー)
3：応用（プロセスおよび用途(製品)）

図1　UV硬化プロセスの三要素技術

＊　Masahiro Tsunooka　大阪府立大学名誉教授

第6章 UV硬化システム

硬化させる方法）が一般的である。この反応で開始は開始剤の光分解で生成したラジカルによって開始される。その後，モノマーあるいはオリゴマー中のビニル基（通常はアクリロイル基（$CH_2=CHCO-$））の重合（および架橋）によって，液体は固体へと変化する。この素反応を見て分かるように，硬化は酸素の影響を受ける。すなわち，ラジカルUV硬化の最大の泣き所は酸素による硬化阻害であり，硬化塗膜の表面か硬化しにくいという欠点がある。したがって，塗膜の厚みが薄くなればなるほど酸素阻害を受けやすいことになる。

ここで，このUV硬化の硬化機構について注意すべき点を述べておこう。まず，この重合機構から，通常の光開始のラジカル重合と同じく，重合（硬化）初期には，全重合速度は開始剤および光強度の1/2乗モノマー（あるいはオリゴマー）のビニル基濃度の1乗に比例すると考えられる。しかし，実際には硬化が始まり，塗膜の粘度が上がると二分子停止反応はほとんど起こらず，一分子停止となる。したがって，硬化速度は光強度および開始剤濃度の1乗に比例するようになる。また，重合と同時に架橋も進行するので，通常のラジカル重合ほど連鎖長が長くないと考えられる。

酸素のラジカルUV硬化阻害をどう防ぐかはUV硬化技術が開発された時点からの課題で，これまでは，アミン（例えばトリエタノールアミンなど）を添加するか，希釈用モノマーの官能基数を多官能にする（一官能あるいは二官能から，三ないし六官能へあげる）などの方法が講ぜられている。

しかし，古くからチオール（-SH）とエン（二重結合）の逐次重合を利用すると酸素阻害がないことが分かっていた。しかし，よく知られているようにチオール（メルカプタン）には悪臭があるので実用化には至らなかった過去の経緯がある。最近になってチオールの合成法が進歩し，

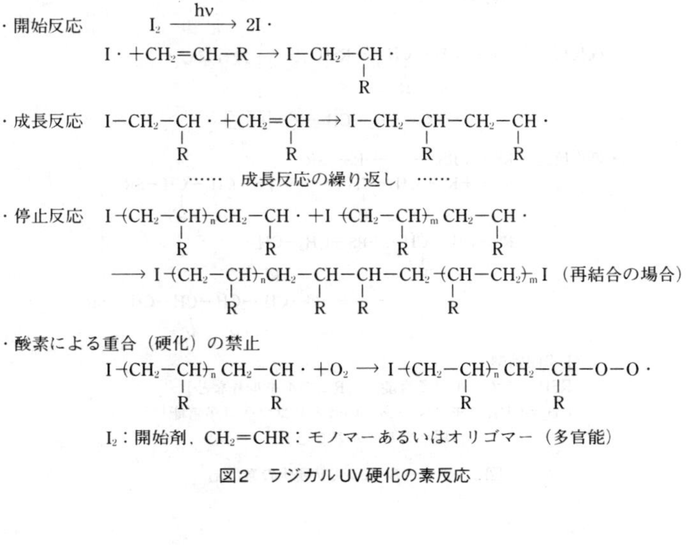

・開始反応　　　　$I_2 \xrightarrow{h\nu} 2I\cdot$

　　　　　　　$I\cdot + CH_2=CH-R \rightarrow I-CH_2-CH\cdot$
　　　　　　　　　　　　　　　　　　　　　　　　　$|$
　　　　　　　　　　　　　　　　　　　　　　　　　R

・成長反応　$I-CH_2-CH\cdot + CH_2=CH \rightarrow I-CH_2-CH-CH_2-CH\cdot$
　　　　　　　　　　$|$　　　　　　$|$　　　　　　　$|$　　　　　$|$
　　　　　　　　　　R　　　　　　R　　　　　　　R　　　　　R

　　　　　　　　……　成長反応の繰り返し　……

・停止反応　$I-(CH_2-CH)_n-CH_2-CH\cdot + I-(CH_2-CH)_m-CH_2-CH\cdot$
　　　　　　　　　　$|$　　　　　$|$　　　　　　　　$|$　　　　　$|$
　　　　　　　　　　R　　　　　R　　　　　　　　R　　　　　R

　　$\longrightarrow I-(CH_2-CH)_n-CH_2-CH-CH-(CH_2-CH)_m-I$　（再結合の場合）
　　　　　　　　　$|$　　　　　　$|$　　　$|$　　　　$|$
　　　　　　　　　R　　　　　　R　　　R　　　　R

・酸素による重合（硬化）の禁止

　　$I-(CH_2-CH)_n-CH_2-CH\cdot + O_2 \rightarrow I-(CH_2-CH)_n-CH_2-CH-O-O\cdot$
　　　　　　$|$　　　　　　$|$　　　　　　　　　　　　$|$　　　　　　$|$
　　　　　　R　　　　　　R　　　　　　　　　　　　R　　　　　　R

I_2：開始剤，$CH_2=CHR$：モノマーあるいはオリゴマー（多官能）

図2　ラジカルUV硬化の素反応

臭いのほとんどしないものが合成されはじめたことにより，チオール-エンを利用するUV硬化が見直されている（注：1993年以降，IUPAC命名法ではメルカプタンは用いないことになっているので，総称ではチオール，-SHはスルファニル基を用いる）。

UV硬化における開始剤は非常に重要なものであるが，すべて分解される訳ではないので未反応低分子化合物として，また分解生成物（例えばベンズアルデヒドなど）も硬化物中に残る。硬化物の立場から見るとこれらの低分子化合物は悪臭源であったり，硬化物表面へ拡散する物として衛生上好ましくないという課題がある。

この項では，以上の二つの課題を解決する方法として最近注目されているチオール-エンおよび開始剤フリーUV硬化についてその特長と最近の動向を述べる。なお，最近ではUV硬化技術に関する著書も多く出版されているので，基礎的な事柄については文献1～3）を，技術的なものは文献4～6）を参考にされたい。

2.2 チオール-エンUV硬化

前述したようにチオール（R-SH）-エン（$CH_2=CH-$）UV硬化は酸素下でも硬化が進行するので興味深い。その素反応を図3および図4に示した。ここに示したチオールおよびエンは官能基数はそれぞれ二以上で，逐次重合によって硬化が進行する[7]。

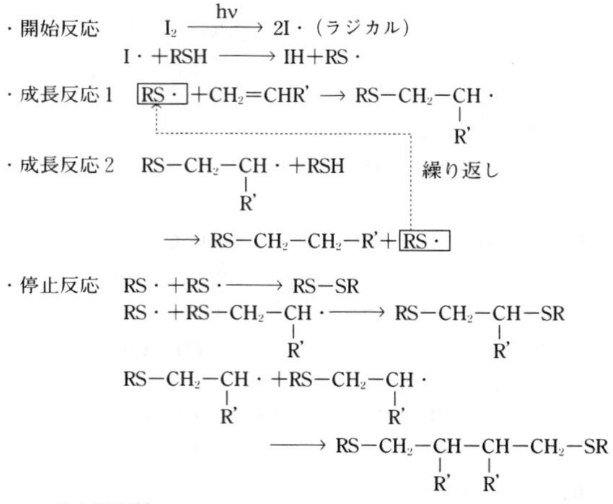

・開始反応　　　$I_2 \xrightarrow{h\nu} 2I \cdot$（ラジカル）
　　　　　　　$I \cdot + RSH \longrightarrow IH + RS \cdot$

・成長反応1　　$\boxed{RS \cdot} + CH_2=CHR' \longrightarrow RS-CH_2-\underset{\underset{R'}{|}}{CH} \cdot$

・成長反応2　　$RS-CH_2-\underset{\underset{R'}{|}}{CH} \cdot + RSH$　　　繰り返し

　　　　　　　$\longrightarrow RS-CH_2-CH_2-R' + \boxed{RS \cdot}$

・停止反応　　$RS \cdot + RS \cdot \longrightarrow RS-SR$
　　　　　　　$RS \cdot + RS-CH_2-\underset{\underset{R'}{|}}{CH} \cdot \longrightarrow RS-CH_2-\underset{\underset{R'}{|}}{CH}-SR$

　　　　　　　$RS-CH_2-\underset{\underset{R'}{|}}{CH} \cdot + RS-CH_2-\underset{\underset{R'}{|}}{CH} \cdot$

　　　　　　　$\longrightarrow RS-CH_2-\underset{\underset{R'}{|}}{CH}-\underset{\underset{R'}{|}}{CH}-CH_2-SR$

I_2：開始剤
RSH：チオール（多官能）〔R：アルキル基など〕
$CH_2=CHR'$：モノマーあるいはオリゴマー（多官能）
　　　　　〔R'＝アルキル基など〕

図3　チオール-エンUV硬化の素反応

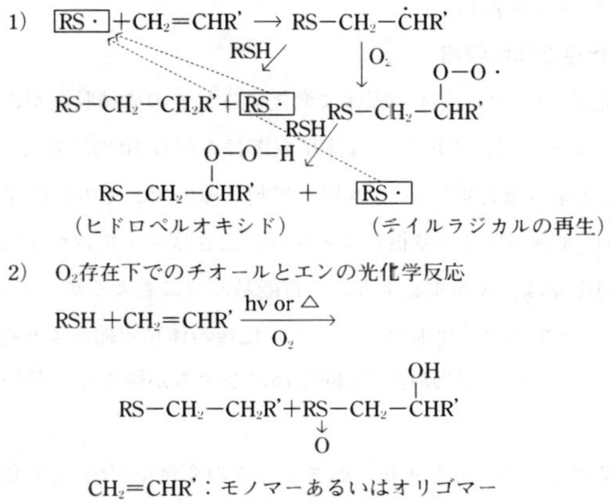

第6章 UV硬化システム

1) $\boxed{RS\cdot} + CH_2=CHR' \longrightarrow RS-CH_2-\dot{C}HR'$

$RS-CH_2-CH_2R' + \boxed{RS\cdot} \xleftarrow{RSH} RS-CH_2-\underset{|}{\overset{O-O\cdot}{C}}HR'$

$RS-CH_2-\underset{|}{\overset{O-O-H}{C}}HR' + \boxed{RS\cdot}$
（ヒドロペルオキシド）　　　（チイルラジカルの再生）

2) O_2存在下でのチオールとエンの光化学反応

$RSH + CH_2=CHR' \xrightarrow[O_2]{h\nu\ or\ \triangle}$

$RS-CH_2-CH_2R' + RS-CH_2-\underset{\underset{O}{|}}{\overset{OH}{C}}HR'$

$CH_2=CHR'$：モノマーあるいはオリゴマー

図4　チオール-エンUV硬化：O_2の関与

　このUV硬化は開始剤がなくても進行するが，図3では開始剤からラジカルが生成する系を示した。開始剤から生成したラジカルはチオールから水素を引き抜きチイルラジカル（RS・）を生成する。このラジカルは二重結合に付加し，生成した炭素ラジカルはチオールから水素を引き抜く。これで結合生成はおわり，さらに生成したチイルラジカルはさらに二重結合に付加するというプロセスを繰り返す。以上は酸素がない系での重合（あるいは架橋）であるが，図4に示したように酸素が存在して，ペルオキシラジカル（ROO・）が生成しても，このラジカルはチオールからの水素引き抜きにより，チイルラジカルを生成するので，酸素の存在によって重合が止まることはない。もちろん，酸素が存在するときに得られる硬化物の構造は図4の2）に示したように酸素を含んだものになる。

2.2.1　チオールの構造と反応性[7]

　チオールの構造と反応性については不明の点も多いが，α，α'-アゾビスイソブチロニトリルを開始剤とする1-ヘプテンへの光付加反応でチオールの相対反応性(k)はβ-スルファニルプロピオン酸メチル（$HSCH_2CH_2COOCH_3$）(k=5.8)＞α-スルファニル酢酸メチル（$HSCH_2COOCH_3$）(k=3.6)＞1-ペンタンチオール（$CH_3(CH_2)_4SH$）(k=1)となる。エステル基をもつチオールの反応性が高いのは図5に示した分子内の水素結合が関与していると推定されている。

2.2.2　エンの構造と反応性[7]

　チイルラジカルのアルケンへの付加の反応性はビシクロ［2，2，1］ヘプテン誘導体＞ビニルエーテル類（$CH_2=CHOR$）＞アリルエーテル類（$CH_2=CHCH_2OR$）＞n-アルケン（$CH_2=CHR$）＞アクリラート誘導体（$CH_2=CHCOOR$）の順になる。出典は異なるが，参考までに相

対反応性を数値化したデータを表1に示す。

2.2.3 硬化時のゲル化点と体積収縮[7]

UV硬化における問題点の一つに液体が固体に変化するときの体積収縮がある。アクリル系のモノマーおよびオリゴマーを用いる場合には体積収縮は5から10％になる。ゲル化（不溶化）はアクリロイル基の変化率（重合率）が15％以下で起こるので、その後の重合で体積収縮が起こると硬化物中に応力ひずみが残り、基板がフィルムのときはフィルムが塗膜面側に曲がる。

チオール-エンUV硬化では、後述するように、官能基の数にもよるが、ゲル化点は50～70％と高く、体積収縮が起こってもゲル化前なので、ゲル化後の体積収縮による物性への影響は小さい。この結果は、チオール-エンUV硬化では硬化物のひずみが少なく、基板との密着強度が高くなる原因となる。

チオール-エンのUV硬化におけるゲル化が始まるときの変化率（α）と官能基濃度との関係は（1）式で表される。

$$\alpha = 1/[(f_{thiol}-1)(f_{ene}-1)]^{1/2} \tag{1}$$

ここで、f_{thiol}はチオールの官能基数、f_{ene}はエンの官能基数である。

表2に官能基数とゲル化がおこる時の重合率との関係を示した。ゲル化がおこる時の変化率が付加重合のときに比べ高いことがわかる。

図5 チオールの環状水素結合

（左）β-スルファニルプロピオン酸メチル　（右）α-スルファニル酢酸メチル

表1　α-スルファニル酢酸エチル*のオレフィンへの付加（相対反応性）

オレフィン	構造	相対反応性
ビシクロ[2.2.1]-2-ヘプテン（ノルボルネン）		10
スチレン	$CH_2=CHC_6H_5$	6.6
ビシクロ[2.2.2]オクテン		1.4
ブチルビニルエーテル	$CH_2=CHOBu$	1.0
フェニルアリルエーテル	$CH_2=CHCH_2OC_6H_5$	0.3

* $HS\ CH_2COOC_2H_5$

第6章 UV硬化システム

表2 チオール-エンUV硬化におけるゲル化点と重合率の関係［計算値］

官能基数		ゲル化点
チオール（f_{thiol}）	エン（f_{ene}）	（重合率（%））
2	2	100
2	3	70.7
2	4	57.7
2	5	50.0
2	6	44.0
3	2	70.7
3	3	50.0
3	4	40.8
3	5	35.3
3	6	31.6
4	2	57.7
4	3	40.8
4	4	33.0
4	5	28.8
4	6	25.8

2.2.4 最近の動向

ほぼ当モルのチオールとエンからなるUV硬化については上述したが，チオールにはアクリルモノマーのUV硬化における酸素の硬化阻害を低減させる効果がある[8]。図6には1,6-ヘキサンジオールジアクリラート（HDDA）のUV硬化における三官能チオール（トリメチロールプロパン＝トリス（β-スルファニルプロピオナート）（TMPSP））の効果について示した。HDDAは開始剤（α,α,α-ジメトキシフェニルアセトフェノン）（DMPA）共存下でUV照射しても，30秒以内では硬化しない（直線a）。しかし，そこに5モル%のTMPSPを添加すると，容易に硬化は進行し（曲線b），50モル%では明らかに硬化は加速されている（曲線c）。さらに，この系ではTMPSPが30あるいは50モル%存在すると開始剤無しで硬化は進行する。チオールを少量添加することによって酸素による硬化阻害が大きく抑えられるのは興味深い。

さらに，多官能のアクリラートあるいはトリアリルトリアジンとTMPSPを用いると，数cm厚さの透明な硬化物ができるという。軟らかい弾性体の製作には多官能アクリラート，固い硬化物にはトリアリルトリアジンを用いる。

モノマーとしてビニルアクリラート（$CH_2=CHCOOCH=CH_2$）を用い，アミン共存下で三官能あるいは四官能のチオールを反応させると，チオール基がアクリロイル基と反応し，三官能あるいは四官能のビニルエーテルを合成できる。図7には三官能の例を示した[9,10]。この誘導体は多官能チオールと組み合わせでUV硬化できる。さらに，この多官能モノマーは単独でもUV硬化可能で酸素の影響を受けないだけでなく，多官能のアクリラートのUV硬化における酸素硬

153

高分子の架橋と分解―環境保全を目指して―

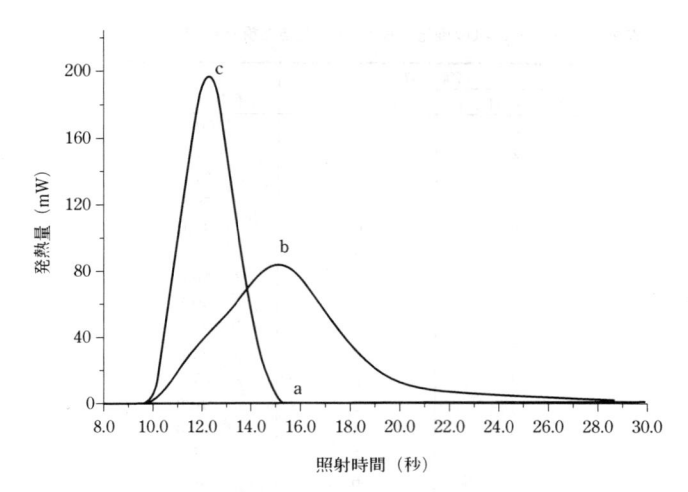

図6 空気下でのHDDAのUV硬化におけるRSHの硬化促進効果
a) HDDA
b) HDDA：RSH（モル比）＝95：5
c) HDDA：RSH（モル比）＝50：50
HDDA：ヘキサンジオールジアクリラート
RSH：トリメチロールプロパン＝トリス（β-スルファニルプロピオナート）
開始剤：$C_6H_5COC(OCH_3)_2C_6H_5$

化阻害防止に役に立つ。

エン化合物としてアリルエーテル類（$CH_2=CHCH_2O-$）を利用した例が報告されている[11]。アリルエーテル類は低毒性で，硬化速度も実用的であるというメリットもある。検討されたアリルエーテルは三官能アリルエーテルとして，トリメチロールプロパントリアリルエーテルおよびペンタエリトリトールトリアリルエーテルを用いている。六官能アリルエーテルはコハク酸あるいはマレイン酸とペンタエリトリトールトリアリルエーテルと反応させたものを用いている。また，チオールとしてはトリメチロールプロパン＝トリス（α-スルファニルアセタート）（あるいはトリス（β-スルファニルプロピオナート））（三官能），ペンタエリトリトール＝テトラキス（β-スルファニルプロピオナート）（四官能）および三官能および四官能のβ-スルファニルプロピオナートのエステル結合部位にエチレンオキシドを数モル付加させたものが用いられている。得られた硬化物はその組成により耐薬品性（メチルエチルケトンに対する耐久性：＞200回）ペンドラム硬度（99－130Ks），水接触角（49－70°）ガラス転移点（－25～2℃）耐熱性（300℃で重量減少4％）などの物性データが報告されている。

チオール-エンは以上のように興味深いUV硬化系であるが，チオール-エンの混合物の保存

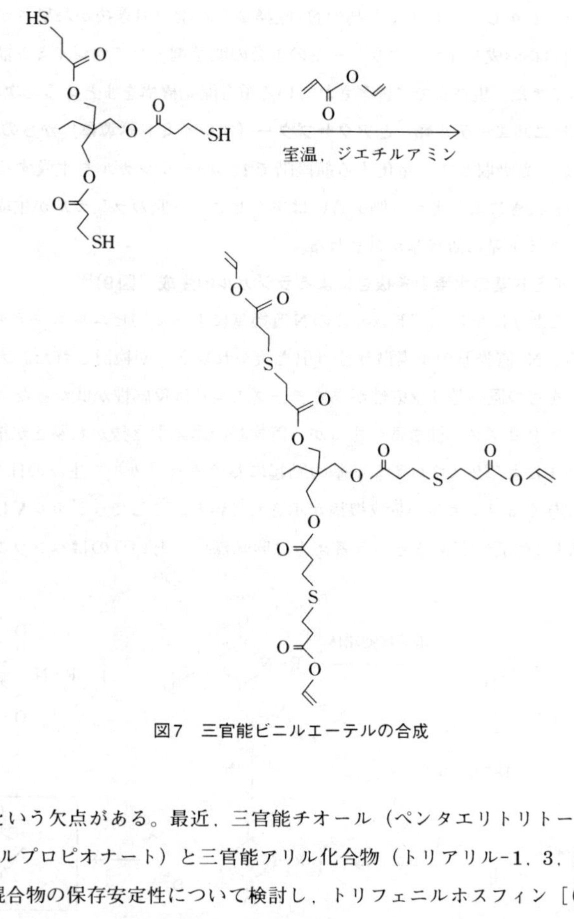

第6章　UV硬化システム

図7　三官能ビニルエーテルの合成

安定性が悪いという欠点がある。最近，三官能チオール（ペンタエリトリトール＝テトラキス（β-スルファニルプロピオナート）と三官能アリル化合物（トリアリル-1,3,5-トリアジントリオン）の混合物の保存安定性について検討し，トリフェニルホスフィン［$(C_6H_5)_3P$］あるいはホスホン酸トリフェニル［$(C_6H_5O)_3P$］（各1wt%）が効果があることが明らかにされている[12]。特に後者の効果が大きく，24時間後でも粘度の変化は見られなかった。UV硬化に対する悪い影響もない。

2.3　開始剤フリーUV硬化

二官能のマレイミド誘導体は二官能ビニルエーテル類と電荷移動錯体を形成し，310nm付近に大きな電荷移動錯体の吸収が現れる。この錯体に光照射するとこの吸収の消失とともにポリマーが生成する[13,14]。当初，電荷移動錯体（CTC）から生成するラジカルの水素引き抜き反応が

重要と考えられた。しかし，マレイミド基のN-置換基の水素の引き抜かれ易さが重要な働きをしていること，CTCを形成しないアクリラートの重合の開始剤としてマレイミド誘導体が利用できることがわかってきた。現在までに提案されている重合開始機構をまとめると次のようになる。

2.3.1 ドナー（ビニルエーテル類）とアクセプター（マレイミド誘導体）からの開始（図8）[13]

基底状態のCTCが光吸収して二量化する前段階で1，4-ビラジカルを生成する。いずれかのラジカルが水素引き抜きによりドナー側あるいはアクセプター側のラジカルが生成する。このときのR_1Hにはマレイミド基の置換基が含まれる。

2.3.2 励起マレイミド基の水素引き抜きによるラジカルの生成（図9）[13]

図9の注に示したようにマレイミド誘導体のN置換基によって，ビニルエーテルとの重合速度が異なることから，N-置換基の水素供与性（引き抜かれ易さ）が検討された。カーボナート結合やエステル結合をもつ置換基は反応性が高く，t-ブチル基は反応性が低かった。

マレイミド基のアクセプター性も寄与するが，置換基の水素引き抜かれ易さが重要と考えられている。スキーム1および2はマレイミド基の励起におけるラジカルの生成の仕方，スキーム3では重合開始に関与するラジカルの生成機構が示されている。ここでラジカルVは開始活性がないが，ラジカルVIには活性があるという考え方は興味深い。というのはベンゾフェノンではV

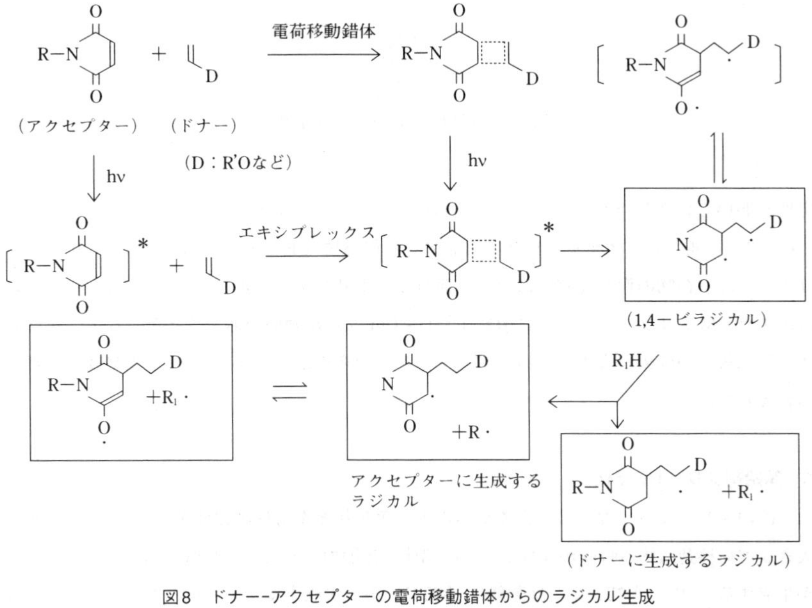

図8 ドナー-アクセプターの電荷移動錯体からのラジカル生成

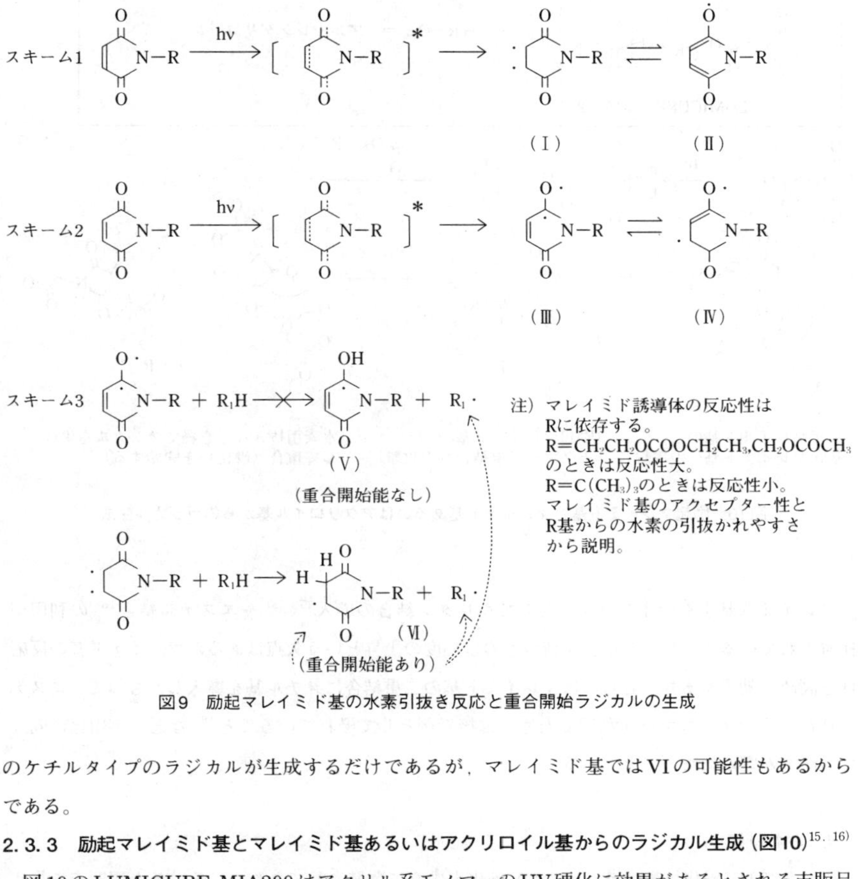

第6章 UV硬化システム

スキーム1, スキーム2, スキーム3 の反応式

(注) マレイミド誘導体の反応性はRに依存する。
R=CH$_2$CH$_2$OCOOCH$_2$CH$_3$,CH$_2$OCOCH$_3$のときは反応性大。
R=C(CH$_3$)$_3$のときは反応性小。
マレイミド基のアクセプター性とR基からの水素の引抜かれやすさから説明。

図9 励起マレイミド基の水素引抜き反応と重合開始ラジカルの生成

のケチルタイプのラジカルが生成するだけであるが，マレイミド基ではⅥの可能性もあるからである。

2.3.3 励起マレイミド基とマレイミド基あるいはアクリロイル基からのラジカル生成 (図10)[15, 16]

図10のLUMICURE MIA200はアクリル系モノマーのUV硬化に効果があるとされる市販品である。マレイミドオリゴマーの構造解析と分子軌道計算より以下の考察がされている。まず，マレイミド基をもつオリゴマーのUV硬化では，Rにポリエチレンオキシドユニットをもつものの速度が大きかったこと，また，N-置換基のα位の水素の結合エネルギーが高いものでもマレイミド基の活性が高いことから，α位の水素の引き抜かれ易さは関係せず，むしろ開始は励起マレイミド基と基底状態のマレイミド基あるいはアクリロイル基からのラジカル生成および水素引き抜きによる開始ラジカルの生成が推定されている。

いずれにしても，マレイミド基あるいはN-置換基が重要な役割を果たしていることは確かであるが，同時にいろいろな反応がおこっており，その開始機構は複雑である。

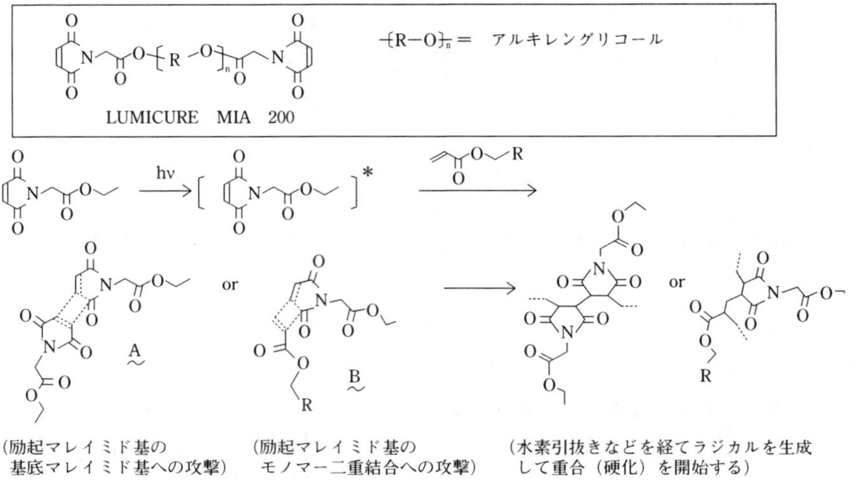

高分子の架橋と分解—環境保全を目指して—

$-\!\!\!\!+\!\text{R}\!-\!\text{O}\!\!+\!\!\!\!-_n$ ＝ アルキレングリコール

LUMICURE MIA 200

（励起マレイミド基の　　　　　（励起マレイミド基の　　　　　（水素引抜きなどを経てラジカルを生成
基底マレイミド基への攻撃）　　モノマー二重結合への攻撃）　　して重合（硬化）を開始する）

図10　励起マレイミド基とマレイミド基あるいはアクリロイル基からのラジカル生成

マレイミド基をもつオリゴマーとしてウレタン結合の導入[17,18]やエステル結合[18]の利用が検討されている。ウレタン結合を持つものは粘度の上昇という欠点はあるがマレイミド基の反応性を高める効果があり，さらにはマレイミド基の二重結合にメチル基を導入したもので，エステル結合をもつオリゴマーを利用したものは接着剤として優れていること[18]など，実用化に向けての研究が盛んになってきている。

2.4　おわりに

これまでUV硬化技術はラジカルUV硬化を中心に開発されてきた。いろいろな問題点を抱えながら，現実には広い分野で活用されている成熟した技術である。しかし，"必要は発明の母"といわれるようにいつの時代にも課題はある。そして絶えず挑戦は続けられている。本稿では最近の動向としてチオール-エンおよび開始剤フリーUV硬化の例を用いて現在課題となっている点について解説した。いずれの系もコスト面での課題は解決しなければならないが，環境保全を含め，用途にあわせた新しい技術開発がされることを期待している。

第6章　UV硬化システム

文　献

1) 滝本靖之，フォトポリマー表面加工，ぶんしん出版（2001）
2) 池田章彦，水野昌好，初歩から学ぶ感光性樹脂，工業調査会（2002）
3) 赤松清監修，感光性樹脂が身近になる本，シーエムシー出版（2002）
4) 技術情報協会編，光硬化技術，技術情報協会（2000）
5) 星埜由典監修，色材用ポリマーの設計と応用，シーエムシー出版（2002）［角岡正弘，第2章8　ラジエーションキュアリングシステム，P.86］
6) 技術情報協会編，UV硬化における硬化不良・阻害要因とその対策，技術情報協会（2003）［角岡正弘，序章　UV硬化技術の現状と展望，P.3］
7) A.F.Jacobine, Thiol-Ene Photopolymers in "Radiation Curing in Polymer Science and Technology", Vol. III, Polymerization Mechanisms, Eds. J.P.Fouassier, J.F.Rabek, Elsevier Applied Science p.220（1993）
8) C.E.Hoyle et al., Chapter 5. Photoinitiated Polymerization of Selected Thiol-Ene Systems, in "Photoinitiated Polymerization", ACS Sym.Ser., 847, Ed. by K.D.Belfield, J.V.Crivello, American Chemical Society, p.52（2003）
9) C.E.Hoyle et al., Proc. RadTech Europe '03, Berlin, p.573（2003）
10) C.E.Hoyle et al., Proc. RadTech Asia '03, Yokohama, p.267（2003）
11) I.Carlsson et al., Chapter 6. Allyl Ethers in the Thiol-Ene Reaction, in "Photoinitiated Polymerization", ACS Sym.Ser., 847, Ed. by K.D.Belfield, J.V.Crivello, American Chemical Society, p.65（2003）
12) R.S.Davidson et al., Proc. RadTech Europe '03, Berlin, p.581（2003）
13) 光硬化技術，技術情報協会編，技術情報協会（2000）［S.Jonsson，第4章第2節　光誘導型交互共重合，p.69］
14) C.E.Hoyle et al., Photochemistry and Photopolymerization of Maleimides, in "Trends in Photochem. Photobiology", 5, 149（1999）
15) H.Yonehara et al., Proc. RadTech Asia '03, Yokohama, p.102（2003）
16) K.Ueda et al., Proc. RadTech Asia '03, Yokohama, p.131（2003）
17) C.A.Brady et al., Proc. RadTech Asia '03, Yokohama, p.114（2003）
18) E.Okazaki et al., Proc. RadTech Asia '03, Yokohama, p.106（2003）

3 連鎖硬化型UVカチオン硬化システム（連鎖硬化システム）

林　宣也*

3.1　はじめに

　UV硬化システムは，迅速性，易成形・易施工性，省エネルギー性，VOC規制への対応等からその重要性は増大し，UVコーティングやレジスト分野では不可欠な技術となっている。しかしながら，さまざまな硬化システムの中でUV硬化システムの占める割合は数％程度ともいわれており，今後のUV硬化システム技術の発達や展開により更なる成長・市場が期待されるところである。その中で，UVが透過できない材料や到達できない部分の迅速な硬化が強く求められている。

　従来，多量に顔料が分散したような高濃度着色物やUV遮蔽材料含有物，および厚膜や厚板等，UVが透過・到達できない材料系では，原理的にラジカル種やカチオン種などの重合開始種が発生しないために，UV硬化システムは適用が困難もしくは不可能とされてきた。筆者らは最近，光重合開始剤と熱重合開始剤を組み合わせた加速的UVカチオン硬化系を提案している[1～3]。UV照射等によってエポキシ化合物の開環カチオン重合が開始されると，この時に発生する重合熱（硬化発熱）によって熱重合開始剤が連鎖的に分解して新たにカチオン活性種が発生し，硬化反応が連鎖的に継続してゆくことを原理とする。この結果，UVが透過できない部分やUVが到達できない深部までも硬化が進行し，例えば炭素繊維強化樹脂（CFRP）のエポキシ硬化ですら表層へのUV照射によって完結する。本稿では，この連鎖硬化型UVカチオン硬化システム（連鎖硬化システム）およびこれを用いた連鎖硬化ポリマー（CCP：Chain Curing Polymer）について記述する。

3.2　UVカチオン硬化

　UV硬化の多くはアクリル系のラジカル重合反応を利用した組成物から成り立っているが，UVカチオン系はラジカル系にはない特徴を有しており，例えば，エポキシ樹脂からなるUVカチオン硬化の長所・短所として一般的にいわれている点[4,5]を表1に示す。

　カチオン硬化材料は，熱やUVの作用によってカチオン種が発生する重合開始剤と，エポキシ，オキセタン，ビニルエーテルなどのカチオン重合性モノマーやオリゴマーから構成されており，発生したカチオン種が例えばエポキシ基同士あるいはエポキシ基と水酸基との付加反応を触媒して開環重合が進行する結果として硬化物が得られる。無溶剤で皮膜形成能に優れたエポキシ樹脂はハイソリッド化が可能であり，しかも，金属などの幅広い基材への密着性に優れているうえに，

---

*　Noriya Hayashi　三菱重工業㈱　先進技術研究センター　先進材料グループ　主任

第6章　UV硬化システム

表1　カチオン硬化の長所・短所

長　　所	短　　所
・酸素による重合の阻害がない ・発生したカチオン種は熱重合（リビング重合）を開始するので，効果的なポストキュアが可能となる ・硬化皮膜が密着性に優れている ・硬化時の体積収縮が小さい 　　　　　　　　　　　　　　等	・湿度（水分）により硬化阻害を受ける ・市販されている材料が限られているために高価である ・硬化後に残存するカチオン種（酸）の安全性あるいは金属腐食性に懸念がある 　　　　　　　　　　　　　　等

硬化時の体積収縮が少ない利点を有しているので，アクリル系を補完する用途が広がっている。

しかしながら，アクリル系と同様に，多量の顔料を混合し着色が著しい皮膜や，UV遮蔽材を含有する組成物，さらには，厚物系をUV照射のみで硬化することは非常に困難もしくは不可能とされている。

3.3　熱および光重合開始剤とカチオン重合性モノマー・オリゴマー
3.3.1　熱および光重合開始剤

カチオン硬化材料に用いる重合開始剤としては，室温，室内光などの通常の条件下では重合を開始することはなく，加熱あるいはUV光照射など，特定の外部刺激によってはじめて硬化活性を示す潜在性カチオン重合開始剤が用いられる。

熱潜在性カチオン重合開始剤としては，五塩化アンチモンー塩化アセチル錯体，ジアリールヨードニウム塩ージベンジルオキシ銅，アルコキシシランー水系，ハロゲン化ホウ素ー三級アミン付加物，ベンジルスルホニウム塩をはじめとする各種オニウム塩が報告されているが，光潜在性カチオン重合開始剤と比べてまだそれほど多くはない。図1に示すようなベンジルスルホニウム塩は，熱潜在性開始剤として幅広く研究され，その重合活性に対する置換基効果についての検討結果から，開始種はベンジルカチオンであることが明らかにされており，また活性は弱いながらも光重合開始剤としても作用することが報告されている[6]。これらの熱潜在性カチオン重合開始剤は，エポキシ樹脂の硬化剤として実用に供されている[7]。

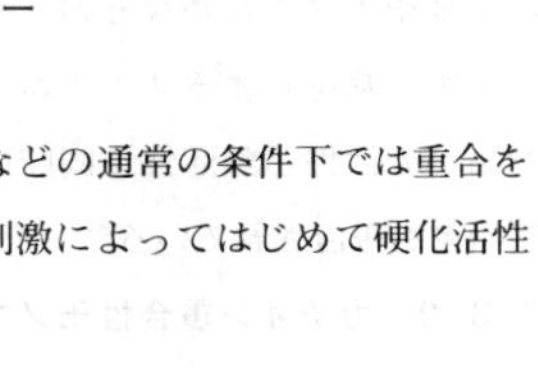

光潜在性カチオン重合開始剤としては，ジアリールヨードニウム塩や図2に示したようなトリアリールスルホニウム塩などが広く利用されている。しかしながら，熱活性をほとんど示さないため，熱潜在性カチオン重合開始剤として使用することは困難である。これらの光潜在性カチオン重合開始剤

図1　熱潜在性カチオン重合開始剤

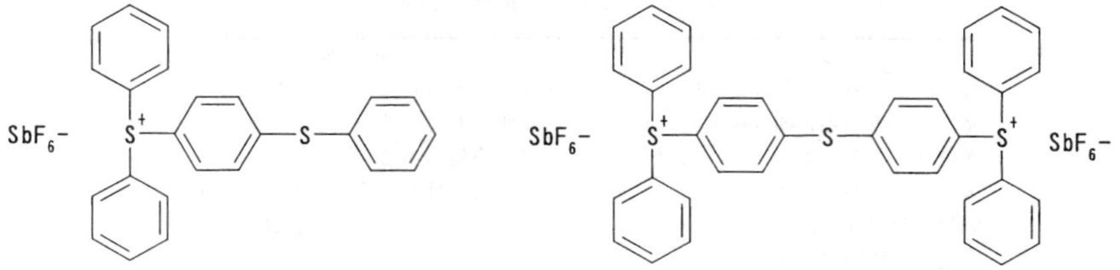

図2 光潜在性カチオン重合開始剤

は図3に示すように光照射によってブレンステッド（プロトン）酸を生成する。

また最近では，9-フルオレニル基，シンナミル基，1-ナフチルメチル基などを有する脂肪族系のスルホニウム塩やフェニル基やナフチル基などのアリール基とアルキル基を有するスルホニウム塩などの高い光活性と熱活性を同時に発現する開始剤も報告されている[8]。

3.3.2 カチオン重合性モノマー・オリゴマー

UVカチオン硬化に用いられるモノマーは，基本的にビニルエーテル，エポキシ，オキセタンである。UVカチオン硬化のエポキシ系モノマーとして代表的な3,4-エポキシシクロヘキシルメチル-3,4-エポキシシクロヘキサンカルボキシレートは，光潜在性カチオン重合開始剤存在下でUV照射を行うと図4に示すように，カチオン重合が起こることが知られている。

$$Ar_3S^+X^- + YH \xrightarrow{h\nu} Ar_2S + Ar\cdot + Y\cdot + HX$$

$$Ar_3S^+X^- \xrightarrow{h\nu} [Ar_3S^+X^-]^*$$

$$[Ar_3S^+X^-]^* \longrightarrow Ar_2S^{\cdot+} + Ar\cdot + X^-$$

$$Ar_2S^{\cdot+} + Y-X \longrightarrow Ar_2S^{\cdot+}\text{-H} + Y\cdot$$

$$Ar_2S^{\cdot+}\text{-H} \longrightarrow Ar_2S + H^+$$

図3 光潜在性カチオン重合開始剤の光反応機構

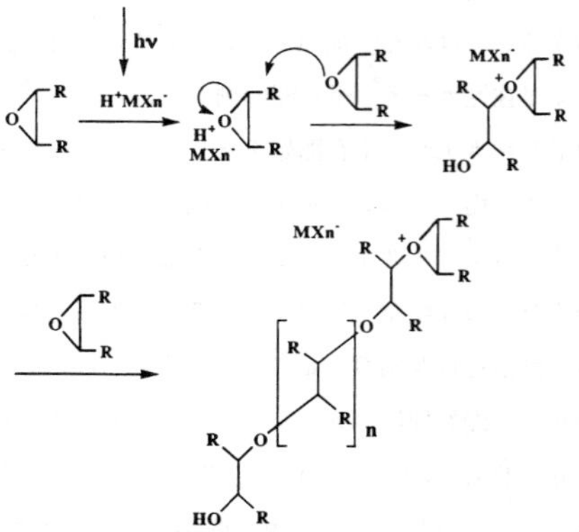

図4 UVカチオン硬化スキーム

重合速度を比較すると，エポキシ系モノマーはアクリル系モノマーのラジカル重合よりも遅く，ビニルエーテル系モノマーはアクリル系モノマーと同程度に速いことが知られている。また四員環環状エーテルであるオキセタン系モノマーは，開始反応が遅いが成長反応は速く高分子量重合物を与えることや，エポキシ系モノマーとの混合により開始反応速度も改善できることが報告さ

れている[9]。エポキシやオキセタン等の環状エーテル開環重合における主活性種はオキソニウムカチオンであるが，ビニルエーテルの主活性種はカルボカチオンであり，一般的にカルボカチオンは環状エーテルを攻撃して開環重合へと転換するが，オキソニウムカチオンは二重結合と反応しないとされており，エポキシ化合物をビニルエーテルと配合した場合，生成ポリマーは，それぞれ単独の重合物とブロックポリマーの混合物となるといわれている。

3.4 連鎖硬化型UVカチオン硬化システム [連鎖硬化ポリマー (CCP : Chain Curing Polymer)]

光カチオン硬化反応直後の脂環式液状エポキシ樹脂は，ポストキュアによってUV硬化をさらに進めることができる。しかしながら，硬化物中を強酸やカチオン種が効率よく拡散することには限界があるため，ポストキュアによって未照射部まで十分に硬化させることは困難である。

一般的に硬化反応では反応時に発熱を伴うが，これはカチオン硬化反応においても同様である。連鎖硬化システムでは，光カチオン重合開始剤と熱カチオン重合開始剤を適切に組み合わせて，この硬化反応時の発熱をカチオン硬化反応系内にうまく導入し，カチオン活性種の連続的な発生

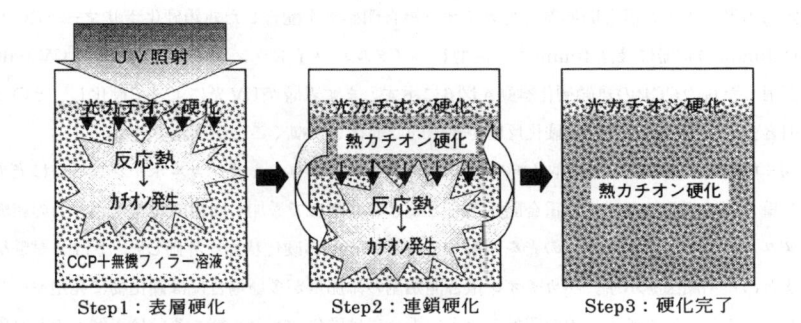

図5　連鎖硬化システム（模式図）

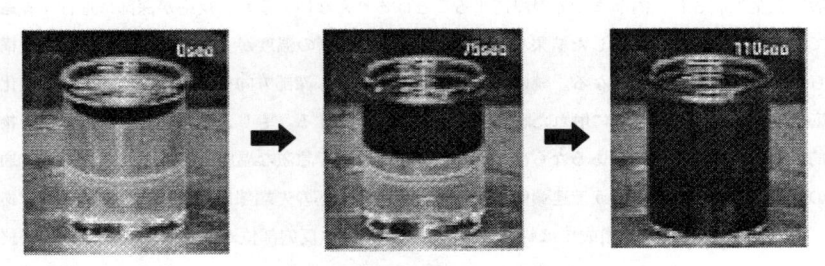

図6　CCPの連鎖硬化挙動（外観写真）

と熱的なカチオン重合の繰り返しを可能とすることで，ある一部分で起きた硬化反応が連続的・連鎖的に全体に広がって材料全体を硬化させるのである。連鎖硬化システムの模式図を図5に示す。UVや熱による硬化反応熱を引き金としてカチオンを発生させ（図5，Step1），これによりカチオン硬化→反応熱発生→カチオン発生を繰り返して連鎖的に硬化反応が進み（図5，Step2），UVが透過・到達できない未照射部（厚いものや炭素繊維や金属粉などの充填材を多量に含むもの）でも熱的なカチオン重合によって硬化させることが可能である（図5，Step3）。

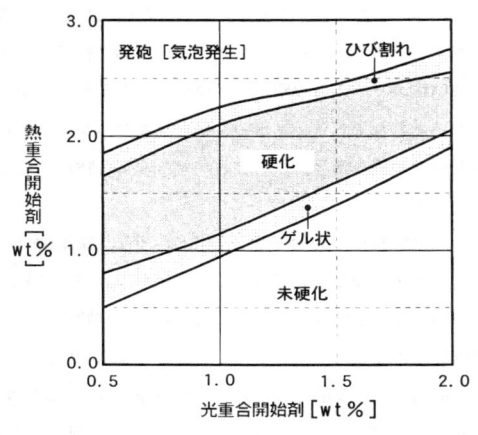

図7 開始剤の比率と硬化の相関

　所定量の熱カチオン重合開始剤と光カチオン重合開始剤を配合した連鎖硬化ポリマー（CCP）を直径40mmの容器に液深40mmまで注型し，メタルハライドランプにより上面からUVを60秒間照射した後のCCPの連鎖硬化挙動を図6に示す。まず表層がUV光によって硬化し，その硬化を引き金にして，深さ方向に硬化反応が連鎖的に進行してゆくことが確認できる。

　3，4-エポキシシクロヘキシルメチル-3，4-エポキシシクロヘキサンカルボキシレートに光カチオン重合開始剤と熱カチオン重合開始剤をさまざまな割合で添加した組成物を用い，この組成物にメタルハライドランプからの光を照射して液深40mmの硬化状態を評価した。図7に試験結果をまとめた相関図を示す。熱カチオン重合開始剤の添加量が多い場合には硬化物に発泡やひび割れなどが生じ，光カチオン重合開始剤が多い場合には硬化物がゲル状あるいは表層のみしか硬化しておらず内部は液状のままである。本条件では，感光層はきわめて厚いために，UV光は表面層で完全吸収され，内部まで光が浸透することはありえない。また，反応が深部に進行する過程での発熱をモニタリングした結果を図8に示す。まず表層の温度が上昇して光硬化の硬化機構から連鎖硬化の硬化機構になる。続いて連鎖硬化は表層から深部方向へ進行してゆき先端の硬化反応部位が中層部の熱電対に触れた瞬間温度が急激に上昇する。もしこの挙動が液状樹脂中の物理的な熱伝導によるものであるならば，図8のような迅速で急激な温度上昇は考えられない。通常の熱伝導とは明らかに違う"連鎖硬化"によって硬化反応の先端部位が進行している結果である。そして例示したCCP組成では約120秒後に先端の硬化反応部位が底部まで到達し硬化が終了する。また，連鎖硬化の速度や最高温度についてはモノマー種，フィラー量，重合開始剤等で

第6章　UV硬化システム

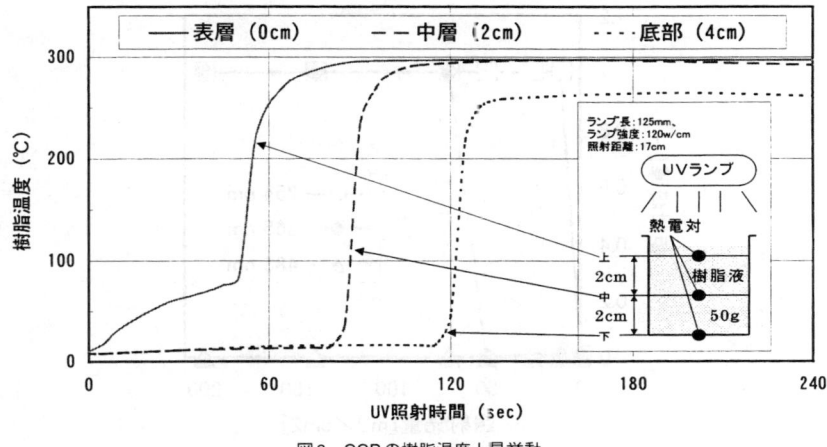

図8　CCPの樹脂温度上昇挙動

制御可能であることを確認している。以上の結果から，これら光，熱2種類の重合開始剤の添加量と添加割合を適切に選択すれば，UVが透過・到達できない深部（未照射部）まで硬化が進行することがわかる。

つぎに，各波長の光を照射してゲル化に要する露光エネルギー量を求めることでCCPの波長依存性を調べた（CCP組成は同一，照射波長は254nm，365nm，488nm）。光照射したCCPを現像液（IPA：EtOH＝75：25）に所定時間浸漬し，照射光量に対する残膜厚（相対膜厚）をプロットした結果を図9に示す（照射部位が完全に基板へ残った状態が相対膜厚1，基板から流れ落ちた状態が0）。ゲル化に要する露光エネルギー量は254nmで最も小さい$10mJ/cm^2$，ついで365nmでは$70mJ/cm^2$，488nmでは$12,000mJ/cm^2$の露光量でも硬化はまったく観察されなかった。この結果は，光重合開始剤もしくは熱重合開始剤のどちらかが吸収する光照射を行うことで，硬化が進行することを示唆している。これをさらに検証するために，光重合開始剤，熱重合開始剤のみを含む感光液をそれぞれ調製して同様に光照射を行った。開始剤の量は，上述のCCP組成の重合開始剤の総量と同量とした。どちらの感光液も現像液に不溶となるまで254nmでは$70mJ/cm^2$以上，365nmでは$100mJ/cm^2$以上照射することが必要であった。このことから，CCPの硬化には光重合開始剤や熱重合開始剤の吸収する波長が影響することの示唆だけでなく，CCP組成ではゲル化エネルギーが低くなる可能性も示唆された。さらに，図10に示すような可視光型光重合開始剤系と熱重合開始剤との添加量および添加割合を適切に選択することにより，488nmを5分照射することで，3cm以上の硬化を確認した。

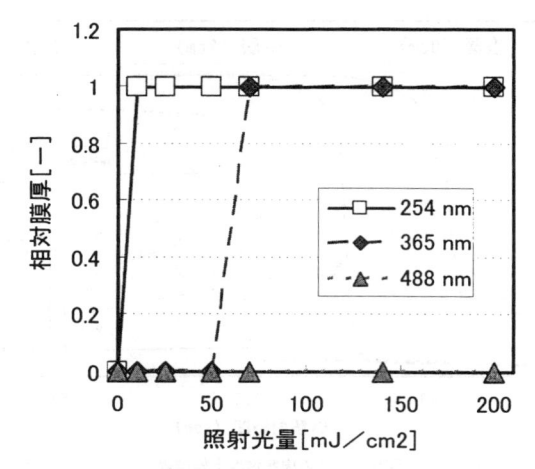

図9　各波長でのゲル化露光エネルギー

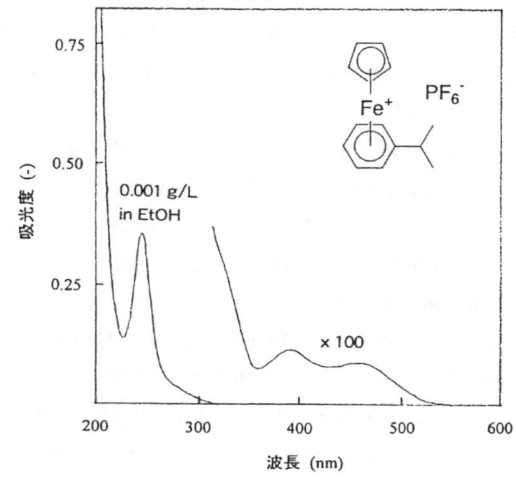

光触媒：(η⁵-2,4-シクロペンタジエン-1-イル)[(1,2,3,4,5,6-η-)-(1-メチルエチル)ベンゼン]-アイアン(1+)-ヘキサフルオロフォスフェイト(1-)

図10　可視光型光重合開始剤

第6章 UV硬化システム

　また，熱による硬化特性を確認するため，CCP（光重合開始剤と熱重合開始剤の両方を含む組成物），光重合開始剤のみを含む組成物，熱重合開始剤のみを含む組成物をそれぞれ調製し，加熱100℃での硬化特性を調べた。CCPは加熱約5分後に全体に広がるように硬化が進行した。一方，熱重合開始剤のみを含む組成物は加熱約7分後に突然発泡を伴って硬化し，もう一方の光重合開始剤のみを含む組成物は加熱を10分以上続けても硬化は起こらず液状のままであった。この結果からも，CCP組成系は，光重合開始剤や熱重合開始剤がそれぞれ単独の場合と硬化機構が異なっている特異な現象であることがわかる。図11にポリマーの硬化機構別の硬化時間と硬化膜厚（板厚）の相関を代表的なUV硬化ポリマーや熱硬化ポリマーの例と比較して示す。UV硬化は，硬化膜厚が数mmの薄膜でかつ透明なものしか硬化できない欠点があり，熱硬化は硬化時間が数時間と長い欠点があるが，CCPでは例えば40mmの厚さを3分間で短時間に硬化可能である。
　最後に連鎖硬化システムとCCPの特長について簡単にまとめたものを表2に示す。

3.5　炭素繊維強化樹脂（CFRP）への適用
　連鎖硬化システムによって，UV光が透過・到達し得ない領域までも効率よく硬化することが

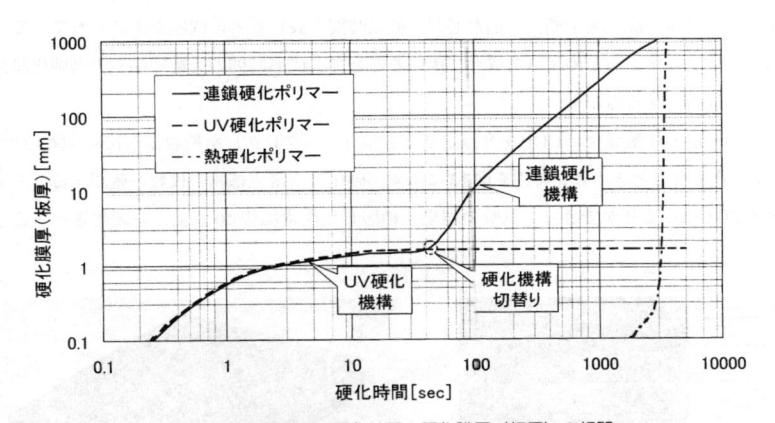

図11　硬化機構別の硬化時間と硬化膜厚（板厚）の相関

表2　CCPの特長

・連鎖硬化によりUV照射のみで透過・到達できない遮光部分も硬化可能である。
　（高濃度着色物，フィラー含有物，厚板等も短時間で硬化する。）
・UV，熱のどちらのエネルギーでも硬化（連鎖硬化）する。
・エポキシ由来の高物性が期待できる。

図12 CFRP板試作モデル図

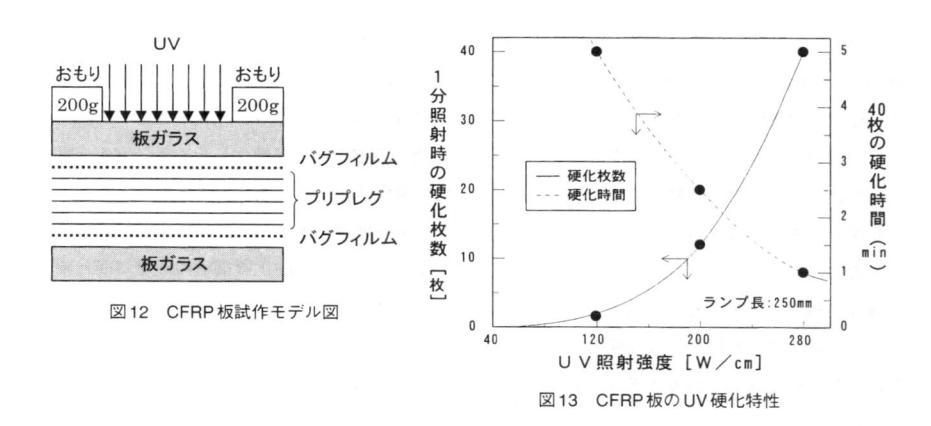

図13 CFRP板のUV硬化特性

見いだされた。UV照射を引き金として、表層の光硬化が感光層の深部にまで及ぶこのような現象はこれまでに観察されていない。こうした深度方向に自発的に硬化する特性を利用すれば、例えばCFRPのUV硬化も可能である。

FRP成形は、ガラス繊維や炭素繊維等にポリエステル樹脂やエポキシ樹脂を含浸させ、これを積層して所望の形状成形した後に、加熱硬化する方法が一般的になされている。この方法では、成形工程でのコスト高、大型硬化設備が必要、硬化時間が長いなどの問題があげられている。それに対し、本システムをこのような成形に用いることで、成形時間の大幅短縮や大型硬化設備が不要など、改善できる点が多い。

厚さ0.25mmの炭素織物にCCPを含浸させたもの（プリプレグ）を積層した状態（図12参照）で、UV硬化させたときの硬化特性を図13に示す。硬化した炭素織物の枚数を確認することで硬化深度を直接知ることができる。試験の結果、積層した炭素繊維40枚全てを硬化させることが

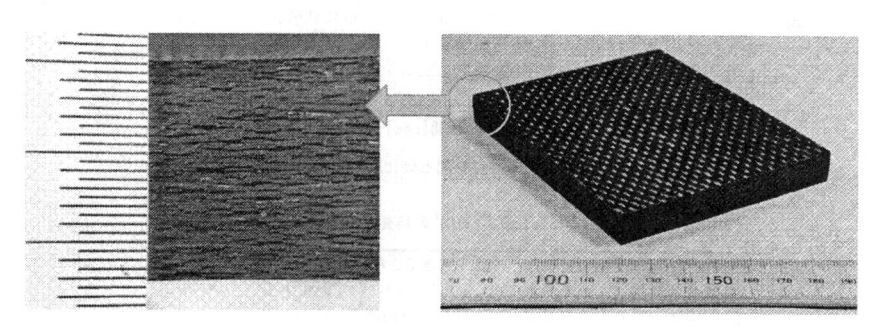

図14 UV硬化CFRP板の外観

できた。UVランプの照射強度によって炭素繊維40枚の硬化時間は変化するが，今回の条件では最短で1分，最長でも5分であり，従来の硬化方法の数時間というオーダーと比較して極めて短く，硬化時間の大幅な短縮を可能とした。UV硬化により作製したCFRP板の外観を図14に，ガラス繊維強化樹脂（GFRP）を含む物性値を表3にそれぞれ示す。従来のFRPと比較しても遜色のない強度特性を有してお

表3 試作UV硬化FRP板の物性データ

項目	CFRP	GFRP
引張強度 [kgf/cm^2]	7100	3100
曲げ強度 [kgf/cm^2]	3000	3400
繊維含有率 [wt.%]	52.3	59.2
繊維含有率 [vol.%]	41.7	38.0
比重 [g/cm^3]	1.43	1.71
ボイド率 [vol.%]	0.73	1.99
耐熱温度 [Tg：℃]	150	150
捻り弾性率 [GPa]	2.2	2.2

り，強度部材の易成形法としても適用が可能である。さらに，このような平板に限らず，ロール状の部材にもこのUV硬化法が適用できることがわかっており，さまざまな部材の適用へ向け検討が進められている[1, 10)]。

3.6 おわりに（今後の展望）

CCPの開発はUV硬化によるCFRPの易成形化をめざしてスタートした。対象であるCFRPはまさに，「高濃度着色物」・「UV遮蔽材含有物」・「厚物系」であり，UVが透過・到達できない材料・部材・対象をUV硬化させたいというUV硬化が抱える課題に直面・対峙するものであった。

本稿で説明した連鎖硬化システムおよびCCPは，光硬化の観点では見過ごしがちな「硬化反応時の発熱」に着目し，これを硬化反応系内にうまく導入することで，UV光の透過や到達に関係なく対象全部を硬化させるというユニークな特長を見出すことができた。開発時の対象であるFRP等の大型構造部材はもちろん，接着材，塗料・コーティング，インク，電子材料，構造部材等への適用の可能性が十分期待でき，新たな硬化システムとして提案したい。

文　献

1) 秋田靖浩，林宣也，林俊一，機能材料，**22**，No.5，p.5（2002）
2) 秋田靖浩ほか，UV硬化における硬化不良・阻害要因とその対策，技術情報協会，p.116（2002）
3) 林宣也，田坂佳之，秋田靖浩，林俊一，三菱重工技報，**41**，No.1，p.62（2004）
4) 市村國宏ほか，UV・EB硬化技術の現状と展望，ラドテック研究会編集（2003）
5) 角岡正弘，日本接着学会誌，**34**，No.10，p.21（1998）
6) F.Hamazu, S.Akashi, T.Koizumi, T.Takada, T.Endo, *Makromol.Chem., Rapid Commun.*, **13**, 203（1992）

7) 濱津富三男,高田十志和,遠藤剛,日本接着学会誌,**28**,No.7,p.1（1992）
8) 高橋栄治,未来材料,**2**,No.11,p.24（2002）
9) H. Sasaki, M. Rudzinski, T. Kakuchi, *J. Polym. Sci. Part A : Polym. Chem.*, **33**, 1087 (1995)
10) 工学系基礎教材「ポリマーサイエンス　高分子素材」,文部科学省大学同利用機関　メディア教育開発センター編（2003）

4 アニオンUV硬化システム

陶山寛志[*1], 白井正充[*2]

4.1 アニオンUV硬化システムの特徴

ラジカル重合と異なり，アニオン硬化システムやカチオン硬化システムは一般的に空気中の酸素阻害を受けず，硬化時の体積収縮が比較的小さいモノマーも利用できる，といった特長がある。さらにアニオン硬化システムは，カチオン硬化システムでしばしば問題となる基板の腐食も起こらず，塩基を触媒とする多様な反応が応用可能である。したがって，光を用いたアニオンUV硬化システムは，ラジカルまたはカチオンUV硬化システムと同様，表面加工やパターニングに利用できる重要な光硬化システムである。

光照射によりアニオンを生成する化合物の報告はいくつかあるが，ここで生成するアニオンは架橋や重合の触媒として使うには塩基性が弱い。そのため光開始アニオン重合の開始剤として用いようとすると，非常にアニオン重合しやすい電子吸引性のモノマーを用いる必要がある。ところがこのようなモノマーはアニオンのみならず空気中の水でも重合してしまう。したがって，光開始アニオン重合は，そのほとんどが厳密に水分を除去した系でしか利用できない。

一方，アミンなどの有機塩基を光照射で生成する光塩基発生剤は，求核剤としてエポキシ基含有化合物などの光架橋・硬化剤として利用できる。1980年代以降，このようなUV硬化システムの微細加工分野への適用例が発表されるようになった。

ここでは，光照射によりアニオンやアミンを発生する光アニオン発生剤や光アミン発生剤について，またそれらを用いた光硬化システムについて述べる。

4.2 光で生成するアニオンを利用したUV硬化システム

光照射で生成するアニオンを硬化反応に応用する数少ない例として，N-メチルニフェジピン1から生成する水酸イオンの架橋反応系への利用がある[1]。図1のように，シリルヒドリド基を含むシルセスキオキサン中に1を添加して光照射すると，生成する水酸イオンがシリルヒドリドの加水分解とそれに引き続く縮合の触媒として働き，Si-O-Si結合が形成することで架橋反応が進行する。

光で生成するアニオンは光開始アニオン重合に用いられることが多く，例えばα-シアノアクリラート（CA）の重合がある[2]。図2に示す金属錯体2やPt(acac)$_2$は光照射によりチオシアナートイオンやアセチルアセトナートイオンを放出し，これらのアニオンがCAの重合を開始する。

[*1] Kanji Suyama 大阪府立大学大学院 工学研究科 応用化学分野 講師
[*2] Masamitsu Shirai 大阪府立大学大学院 工学研究科 応用化学分野 教授

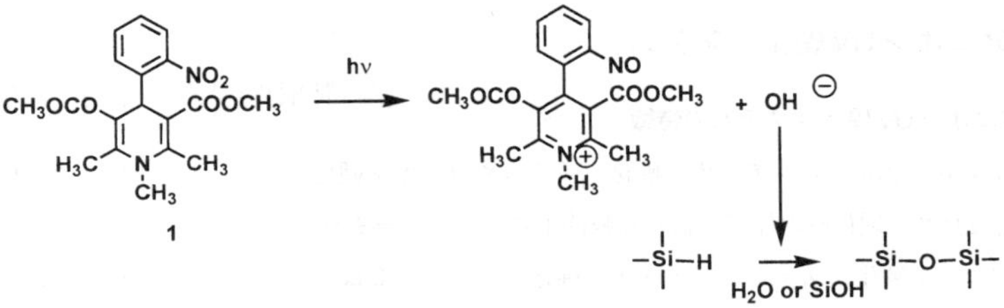

高分子の架橋と分解—環境保全を目指して—

図1 光照射で生成する水酸イオンを利用したシリルヒドリドの架橋

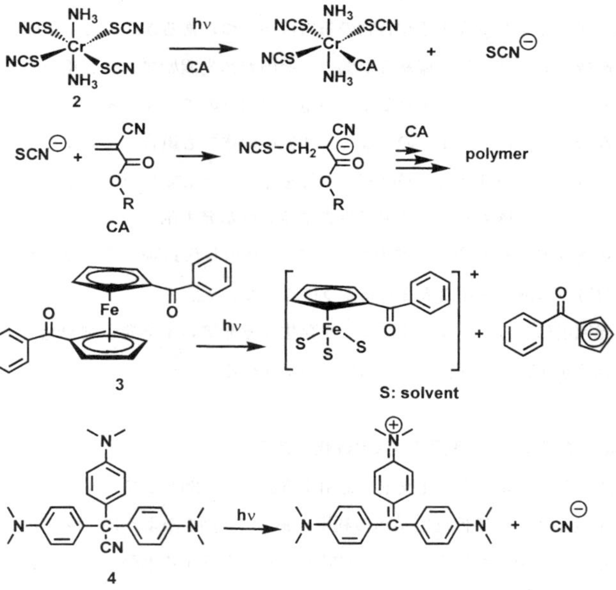

図2 光開始アニオン重合の例

3はフェロセンのペンタジエニル環の一つが光照射でアニオンとして脱離しCAの重合を開始する。4は光照射でシアンイオンを遊離する。この遊離したシアンイオンによりCAの重合を開始することができる。このうち2は400nmまで，3は600nmまで感光域を持ち，長波長光を利用することができる。このようなCAの光アニオン重合システムは光硬化性接着剤として実用に供されている[3]。

なお，開始剤にアニオン種を利用してはいないが，興味深い系として，ポルフィリンを触媒に

第6章　UV硬化システム

用いた光配位アニオン重合がある[4]。この系ではメタクリル酸メチル，エポキシド，チイランなど広範囲にわたるモノマーのリビング重合が可視光を用いて達成されている。

4.3　第一，二級アミン生成を利用したUV硬化システム

光照射で第一級または第二級のアルキルアミンやアリールアミンを生成させる化合物としては，図3に示すようなo-ニトロベンジルカルバマート5，ホルムアニリド6，O-アシルオキシム7，O-カルバモイルオキシム8などがある。ここで生成する第一級や第二級のアミンは図4のa)のようにエポキシ基と付加反応し架橋構造を形成することができる。エポキシ基含有の高分子と光塩基発生剤，側鎖にアミノ基を生成させる高分子と低分子エポキシドの組み合わせ，高分子側鎖に両方を組み込む系は光架橋性高分子となる。生成するアミノ基としては第一級アミンと第二級アミンの両方が可能であるが，前者の場合，エポキシドとの付加反応後にまだ架橋サイトが1つ残っており，より架橋密度の高い三次元網目構造の形成に有利である。

アミンはアクリラートにも図4b)のようにMichael付加するので，架橋形成に利用できる。例えば，多官能アクリラートとo-ニトロベンジルカルバマートの組み合わせは光硬化システムとなる。キノンはアミンと容易に付加反応することから側鎖に光アミン発生基をもつポリマーの架橋剤になる[5]（図4c)。キノン誘導体添加により見かけの感度は上昇することから，キノンは広

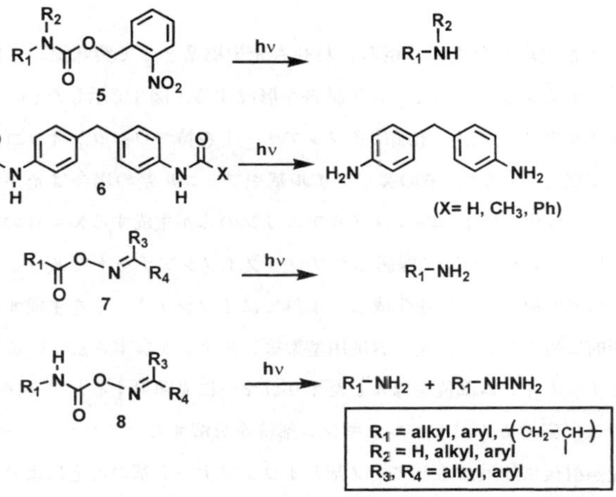

図3　第一級および第二級アミンを発生する光塩基発生剤の例

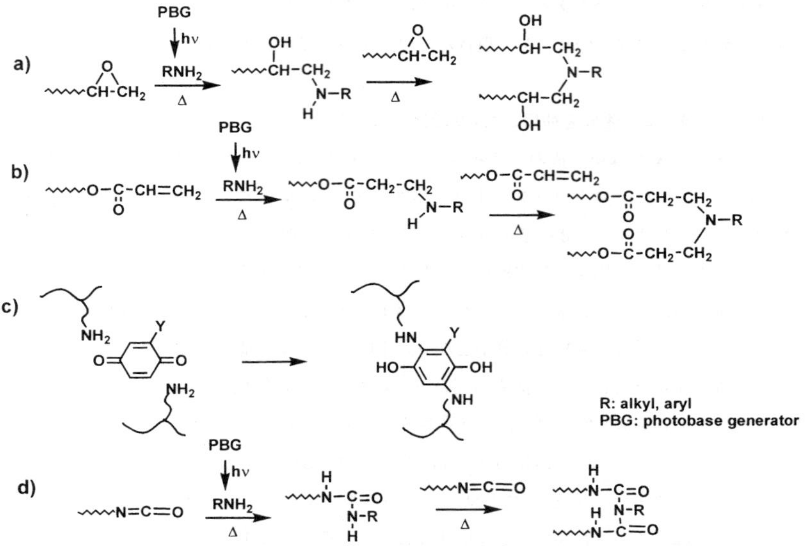

図4 第一級アミンの付加反応

い意味での増感剤でもある。図中の置換基Yにスルファニル基を用いると可視光まで感光域を広げられる。

イソシアナートと光塩基発生剤の組み合わせも光架橋系として興味深い。図4d）のように、イソシアナートはアミンとの付加でウレア結合を形成する。図3で示した6の光照射により生成する4,4'-ジメチルアニリンが、末端にイソシアナートを持つウレタンオリゴマーやエポキシ樹脂の架橋剤として働く[6]。なお、6のXがメチル基やフェニル基の場合は光フリース転位も併行して進行するので、硬化には4,4'-ジメチルアニリンのみが生成するX＝Hの場合が好ましい。

8はイソシアナートをオキシムで保護したブロックイソシアナートであり、光塩基発生剤でもある。このものは光照射でアミンを生成し、加熱ではイソシアナートを生成する。そこで、光照射と加熱を積極的に組み合わせた光・熱併用型架橋システムが提案されている[7]。図5のように、側鎖にカルバモイルオキシム部位を導入したオリゴマーに光照射するとアミノ基が生成する。一方、加熱により未反応のカルバモイルオキシム部位を分解するとイソシアナート基が生成する。したがって、光照射後に加熱するとアミノ基とイソシアナート基の反応により架橋構造が形成される[8]。

9の光照射で生成する第二級アミンと主鎖にカルボジイミド構造をもつポリマーとの付加反応

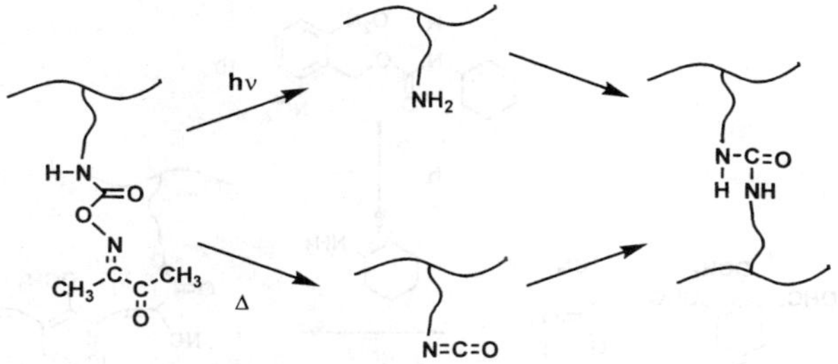

第6章　UV硬化システム

図5　カルバモイルオキシムの光照射と加熱を併用した架橋系

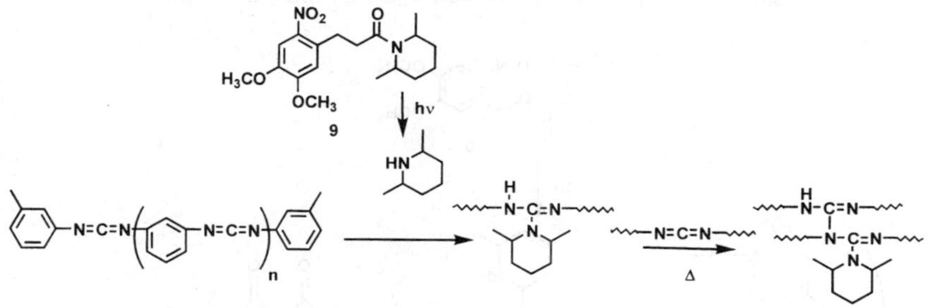

図6　第二級アミンによるポリカルボジイミドの架橋

で架橋構造ができる[9]。図6のように光照射で生成した2,6-ジメチルピペリジンはカルボジイミドに付加するが，残った活性水素が他のカルボジイミドとさらに連鎖的に付加して架橋密度の高いネットワーク構造を生成する。

光照射で生成するアミンをKnoevenagel反応の塩基触媒として用いると架橋サイトが形成できる[10]。10の光照射で生成するシクロヘキシルアミンが縮合反応の触媒として働き，光照射部でのみ選択的に架橋反応を進行させることができる（図7）。

ポリイミドは工業的に重要な材料であるが加工が難しいため，感光性を付与した感光性ポリイミドが注目されている。光塩基発生剤9から生成する第二級アミンは，図8のようにポリイミドの前駆体であるポリイソイミドからポリイミドへの転位反応が起こる際の触媒として用いられる[11]。ここで形成できるポリイミドはN,N-ジメチルホルムアミドやN,N-ジメチルアセトアミド，N-メチルピロリドンにしか溶解しないが，ポリイソイミドはその他にシクロヘキサノンやテトラヒドロフランにも溶解するので，後者の溶媒を現像溶媒として用いることでネガ型パターンの形成が可能となる。

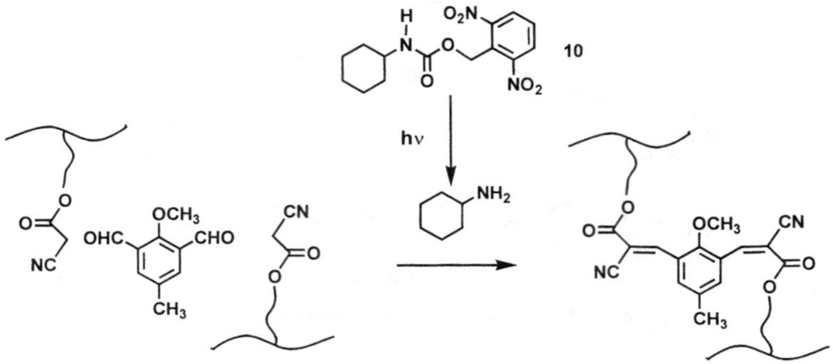

図7 光照射で生成したアミンのKnoevenagel反応の触媒としての利用

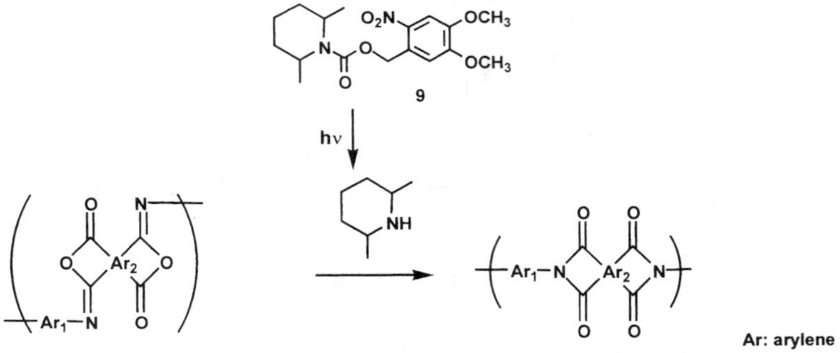

図8 光照射で生成したアミンのポリイソイミドの転位触媒としての利用

また，光照射で生成する少量のアミンを触媒として加熱により自己分解が進行する"塩基増殖系"が提案されている[12, 13]。詳しくは第7章1節で述べられているが，高感度の硬化システムとして興味深い。

4.4 第三級アミン生成を利用したUV硬化システム

第三級アミンは一般に付加反応を起こさず塩基触媒作用を示す。この項では第三級アミンを発生する光塩基発生剤とその光反応について述べる（図9）。

4.4.1 アンモニウム塩

第三級アミンと有機酸からなる塩は光塩基発生剤として作用するが，有機溶媒に対する溶解性はそれほどよくない。しかし，11の光照射により第三級アミンとアルデヒドを生成し，例えばイソシアナート末端を持つポリウレタンに11を添加して光照射すると膜は硬化する[14]。

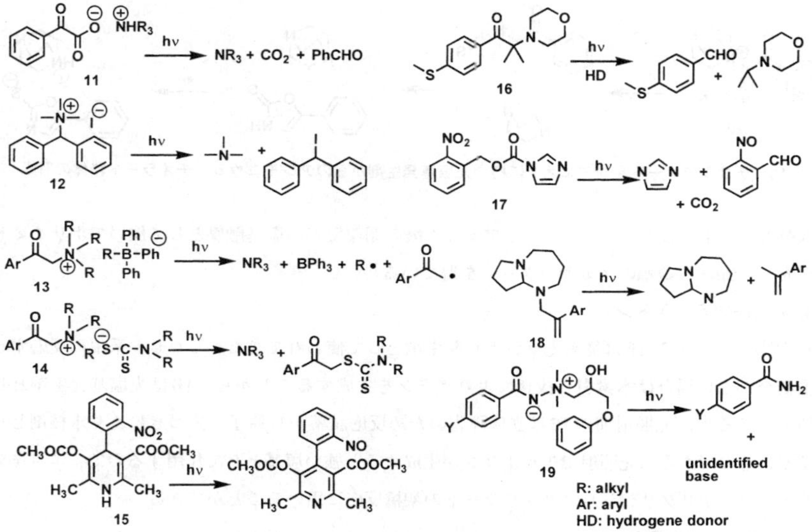

第6章　UV硬化システム

図9　第三級アミンを発生する光塩基発生剤の例

トリメチルベンズヒドリルアンモニウム塩12から第三級アミンの光化学的生成が報告されているが[15]、これまであまり応用面には触れられていない。

ボラート塩13は光分解し第三級アミンを生成する[16]。テトラフェニルボラートを対アニオンで使う場合とフェニル基を一つアルキルに置き換えてアルキルラジカルとして脱離させやすくする場合がある。カチオン部位にはβ位にケトン構造を有する構造で、Arにベンゾフェノン部位など長波長光でも反応する官能基を組み込むことができる。

ジチオカルバマートやチオシアナートなどの硫黄原子がマイナス電荷をもつような対アニオンを用いた第四級アンモニウム塩も光により第三級アミンを生成する[17]。対アニオンがジチオカルバマートの14は、光反応性は大変高いものの溶液中やポリマーマトリックス中では不安定であり、半減期も数時間しかない。対アニオンとしてチオシアナートを持つもの20（図10）では安定性は向上する[18]。この場合、光照射によりアミンと共に中性のフェナシルチオシアナートが生成するが、後者はさらに環化物に変化し、最終的にチオラートとアンモニウム塩の錯体を形成する。

4.4.2　ニフェジピン

ニフェジピン15はジヒドロピリジンの一種で医薬品として容易に入手できる。4.2項で紹介したN-メチルニフェジピンと違い、ニフェジピンは光照射でピリジン誘導体となる。光照射部

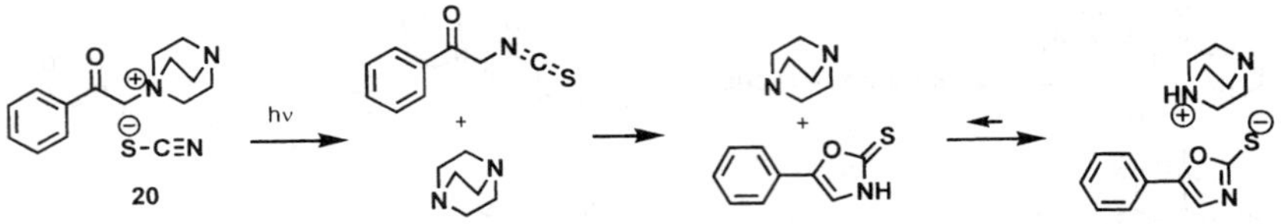

図10 チオシアナートを対アニオンに持つ光塩基発生剤からのアンモニウム／チオラート錯体の形成

のみ選択的に生成したピリジンがポリアミック酸の閉環反応の塩基触媒として働いてポリイミドを形成し，2μmの線幅のネガ型パターンを得ている[19]。

4.4.3 α-アミノケトン

N-置換モルホリン16は従来光ラジカル発生剤として使われてきた。しかし，系中に反応する二重結合がない場合は水素引き抜きによりアミンを生成することから，16は光塩基発生剤として利用できる[20]。光照射前の16は立体障害のため反応試薬がN原子に近づきにくく求核剤としては弱いものである。光照射でモルホリンが生成すると強い塩基として作用するので，エポキシノボラックやポリグリシジルメタクリラートの架橋反応に用いることができる。

4.4.4 アミジン前駆体

第三級アミンの中でも一つ炭素原子をはさんだ位置に窒素原子があるアミジン類は，通常の第三級アミンより塩基性が強く触媒としては活性が高い。したがって，未照射時の活性をうまく抑え込むことが可能になると，有用な光塩基発生剤となる。

イミダゾールをo-ニトロベンジルオキシカルボニル基で保護した17を用いたノボラックタイプのエポキシ樹脂の硬化では，ニトロ基の置換位置は2位のものが最も高い光反応性を示す[21]。

ジアザビシクロウンデセン（DBU）を生成する光塩基発生剤[22]として18のようにアリル基で保護し，光照射によりDBUとアリル化合物が生成する化合物がある。18は有機溶剤やモノマー，オリゴマー等に溶解しやすく，Arの芳香環の選択により長波長光まで吸収できるものが得られる。

4.4.5 アミンイミド

アミンイミドは古くから知られている熱塩基発生剤である。最近，アミンイミドを光照射によって分解して塩基を生成させ，硬化剤として応用する例が報告された[23]。19の光照射によるpHの上昇から塩基性化合物の生成が確認されているが構造は決定されていない。置換基Yが電子吸引性のニトロ基の場合は吸収端が400nm近くまで伸び，熱分解温度も高い。助触媒のチオールを加えた多官能エポキシドの硬化に有用である。

4.5 おわりに

UV硬化システムでアニオン的に進行するものを述べた。光を利用しない通常の塩基が架橋剤

第 6 章　UV硬化システム

や触媒として使われている状況から考えると，さらに潜在的な用途があると考えられる。光塩基発生剤についてはいくつかの総説[24〜29]があるものの，種類はまだまだ少なく今後の研究が待たれる。

文　献

1) B. R. Harkness et al., *Macromolecules*, **31**, 4798 (1998)
2) C. Kutal, *Coord. Chem. Rev.*, **211**, 353 (2001)
3) 特許第3428325号
4) T. Aida et al., *Acc. Chem. Res.*, **29**, 39 (1996)
5) H. Tachi et al., *Eur. Polym. J.* **36**, 2395 (2000)
6) T. Nishikubo et al., *J. Polym. Sci. Part A：Polym. Chem.*, **31**, 3013 (1993)
7) G. A. Roesher et al., PCT World Pat. 9858980
8) K. Suyama et al., *J. Photopolym. Sci. Technol.*, **14**, 155 (2001)
9) A. Mochizuki et al., *J. Polym. Sci. Part A：Polym. Chem.*, **38**, 329 (2000)
10) E. J. Uranker et al., *Chem. Mater.*, **9**, 2861 (1997)
11) A. Mochizuki et al., *Macromolecules*, **28**, 365 (1995)
12) 森川雄市ほか，高分子討論会（山口），講演予稿集，p.2687 (2003)
13) K. Ichimura, *J. Photochem. Photobiol. A*, **158**, 205 (2003)
14) W. Mayer et al., *Angew. Makromol. Chem.*, **93**, 83 (1981)
15) K. E. Jensen et al., *Chem. Mater.*, **14**, 918 (2002)
16) A. M. Sarker et al., *Chem. Mater.*, **13**, 3949 (2001)
17) M. Tsunooka et al., "Advances in Photoinitiated Polymerization", p.351, ACS Symposium Series 847, American Chemical Society, Washington D. C. (2003)
18) 陶山寛志ほか，第12回ポリマー材料フォーラム（千里），講演予稿集，p.99 (2003)
19) A. Mochizuki et al., *J. Photopolym. Sci. Technol.*, **16**, 243 (2003)
20) H. Kura et al., *J. Photopolym. Sci. Technol.*, **13**, 145 (2000)
21) T. Nishikubo et al., *Polym. J.*, **29**, 450 (1997)
22) S. C. Turner et al., PCT World Pat. 9841524
23) S. Katogi et al., *J. Polym. Sci. Part A：Polym. Chem.*, **40**, 4045 (2002)
24) M. Shirai et al., *Bull. Chem. Soc. Jpn.*, **71**, 2483 (1998)
25) K. Dietliker, "Photoinitiators for Free Radical Cationic & Anionic Photopolymerization", Chapter IV, John Wiley & Sons：Chichester, England (1998)
26) 角岡正弘，化学工業，**50**, 592 (1999)
27) 舘　秀樹ほか，高分子加工，**49**, 2 (2000)
28) 市村國宏ほか，光機能性有機・高分子材料の新局面，p.200，シーエムシー出版 (2002)
29) 白井正充ほか，日本写真学会誌，**66**, 355 (2003)

5 紫外線硬化型水分散ポリマー

大城戸正治*

5.1 はじめに

　昨今，環境問題は全世界的なテーマであり，環境に優しいとの謳い文句で叫ばれている。弊社では紫外線硬化樹脂を上市以来30年間研究開発に携わってきた技術とポリマー化の技術の融和により今回紫外線硬化型水分散ポリマーの開発に成功し，上市のはこびとなった。本新製品は環境に優しいだけでなく従来から溶剤規制の対象からの脱脚を図るというテーマに取り組んできており，数年前より特許出願完了し，従来にない新製品であると自負している。本製品は高分子であり側鎖にアクリロイル基を導入することにより紫外線硬化型樹脂になる。また従来のモノマー，オリゴマー等の水分散型樹脂との大きな違いは短分子状のモノマー，オリゴマーとポリマーとの分子量の違いにあり，なおポリマー鎖にアクリロイル基が導入された構造になっている点である。本製品の特徴はUV未照射の段階で皮膜形成する点であり，紫外線照射で架橋を行い耐水性，耐溶剤性，耐熱性能の向上および性能を付与する特徴を有している。

5.2 特　徴

① 有機溶媒を含有していないので環境に優しい紫外線硬化型樹脂である。
② 高分子ポリマーであるので水を乾燥させる事によりタックフリーになる。
③ 紫外線照射により架橋し，耐水性，耐溶剤性，耐熱性等の性能付与。
④ エマルジョン型であるので水希釈および水溶性樹脂との相溶性がある。
⑤ 分子量が数10万以上であるが，粘度が低い。

5.3 モデル構造

　紫外線硬化型水分散ポリマーの架橋モデルを図1に示す。

5.4 製品化タイプ

　弊社では，各々製品化に向けて樹脂液作成している。樹脂液Tg（－45～＋80℃）を作成し，評価した結果を表2～8にあげる。以下それぞれ製品について特徴があげられる。3種類の製品化を行い市場評価中である（表1）。

---

*　Masaji Ookido　新中村化学工業㈱　研究開発部　次長

第6章 UV硬化システム

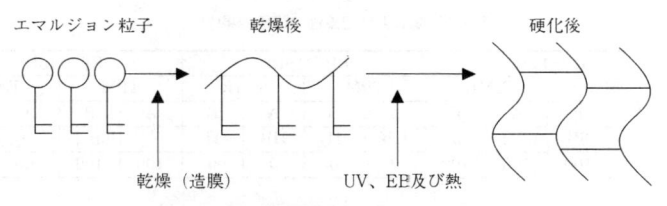

図1 紫外線硬化型水分散ポリマーの架橋構造

表1 製品名

タイプ 項目	NKポリマー RP-116ES	NKポリマー RP-116E	NKポリマー RP-116EH
濃度(%)	30〜35	30〜35	30〜35
粘度(mpas/25℃)	50以下	50以下	50以下
外観	エマルジョン	エマルジョン	エマルジョン
主鎖Tg(℃)	−45	+20	+80
水乾燥後フィルム	柔軟性のあるフィルム	柔軟性のあるフィルム	硬いフィルム
UV硬化後フィルム	柔らかいフィルム	柔らかいフィルム	硬いフィルム

表2 硬度および密着性の評価結果(1)

タイプ	RP-116E					
基材	PMMA		PC		PET	
評価条件	A	B	A	B	A	B
鉛筆硬度	6B↓	3B	6B↓	3B	6B↓	3B
密着性	100	100	100	100	100	100

5.5 結 果

5.5.1 硬度および密着性

① 試料作成条件

　　UV条件　照射量　250mJ/cm^2

　　塗膜厚　約100μ

　　開始剤量　Dr-1173　3%（固形分に対してWet%）

　　評価結果（表2）　A：乾燥後　B：乾燥後硬化　（乾燥条件70℃×0.5hr)

NKポリマーRP-116Eにつき基材別（PMMA、PC、PETフィルム）に評価した結果，硬度につき向上している。密着性につきA、Bとも良好である。

② 試料作成条件

　　UV条件　照射量　250mJ/cm^2

　　塗膜厚　約100μ

表3 硬度および密着性の評価結果(2)

タイプ	RP-116E				RP-116EH				RP-116ES			
造膜助剤	TPM		EMB		TPM		EMB		TPM		EMB	
評価条件	A	B	A	B	A	B	A	B	A	B	A	B
鉛筆硬度	6B↓	3B	6B↓	3B	HB	H	HB	H	—	6B↓	—	6B↓
密着性	100	100	100	100	0	0	0	0	100	100	100	100

基材　　　処理PET
開始剤量　Dr-1173　3％（固形分に対してWet％）
造膜助剤　トリプロピレングリコールモノメチルエーテル（TPM）
　　　　　ブチルセロソルブ（EMB）
　　　　　→固形分に対し各々10Wet％添加
評価結果（表3）　A：乾燥後　B：乾燥後硬化　（乾燥条件70℃×2hr）

　NKポリマーRP-116EHが皮膜形成しないので造膜助剤としてトリプロピレングリコールモノメチルエーテル（TPM），ブチルセロソルブ（EMB）を固形分に対して10Wet％添加して評価した。NKポリマーRP-116E，ESも同一条件にするために，TPM，EMBを固形分に対して10Wet％添加し評価した。硬度につきNKポリマーRP-116EHが1番高くなり樹脂液のTgが，高いほうが良好な結果になった。密着性に関して結果は悪くなる傾向である。RP-116E，EH，ESともに乾燥後UV照射により硬化する事によって硬度アップする。

5.5.2　耐溶剤性
① 試料作成条件

　　UV条件　　照射量　250mJ/cm^2
　　塗膜厚　　約100μ
　　基材　　　処理PET
　　開始剤量　Dr-1173　3％（固形分に対してWet％）
　　テスト条件　各溶剤をキムワイプに染み込ませ100回擦る。
　　評価結果（表4）　A：乾燥後　B：乾燥後硬化　（乾燥条件70℃×0.5hr）

　NKポリマーRP-116Eの耐溶剤性につきUV硬化後品質向上する。溶媒（トルエン，酢エチ）につき耐溶媒性は向上するがMEK（ケトン系）は向上しない。これらの結果よりUV照射により架橋が起こっていると考えられる。

② 試料作成条件

　　UV条件　　照射量　250mJ/cm^2
　　塗膜厚　　約100μ

第6章　UV硬化システム

基材　　　　処理PET
開始剤量　　Dr-1173　3％（固形分に対してWet％）
造膜助剤　　トリプロピレングリコールモノメチルエーテル（TPM）
　　　　　　ブチルセロソルブ（EMB）→固形分に対し各々Wet10％添加
テスト条件　各溶剤をキムワイプに染み込ませ100回擦る。
評価結果（表5）　A：乾燥後　B：乾燥後硬化　（乾燥条件70℃×2hr）

表4　耐溶剤性の評価結果(1)

RUBBING TEST	RP-116 E	
評価条件	A	B
トルエン	×	△
ヘプタン	○	○
IPA	△	△
酢酸エチル	×	△
MEK	×	×

○：不溶及び傷（白濁）なし
△：不溶だが傷（白濁）あり
×：溶解
＊IPA　イソプロピルアルコール
　MEK　メチルエチルケトン

表5　耐溶剤性の評価結果(2)

耐溶剤性	RP-116E				RP-116EH				RP-116ES			
造膜助剤	TPM		EMB		TPM		EMB		TPM		EMB	
評価条件	A	B	A	B	A	B	A	B	A	B	A	B
トルエン	×	△	×	△	○	○	○	○	×	△	×	△
ヘプタン	○	○	○	○	○	○	○	○	△	△	△	○
IPA	△	△	△	△	△	△	△	△	△	△	△	△
酢酸エチル	×	△	×	△	○	○	△	△	△	△	△	△
MEK	×	×	×	×	△	△	△	△	×	×	×	×

○：不溶及び傷（白濁）なし　△：不溶だが傷（白濁）あり　×：溶解

RP-116E、EH、ESともに乾燥後UV照射により硬化する事によって耐溶剤性アップした。これらの結果につき上記①の結果と同じである。

5.5.3　二重結合導入量と硬化性の違いについて

① 試料作成条件

　UV条件　　照射量　250mJ/cm^2
　基材　　　処理PET
　塗膜厚　　100μ
　開始剤量　Dr-1173　3％（固形分に対してWet％）
　造膜助剤　トリプロピレングリコールモノメチルエーテル（TPM）
　　　　　　ブチルセロソルブ（EMB）→固形分に対して各々10Wet％添加
　評価結果（表6）A：乾燥後　　B：乾燥後硬化　（乾燥条件　130℃×10min）

② 試料作成条件

　UV条件　　照射量　250mJ/cm^2

高分子の架橋と分解—環境保全を目指して—

表6　二重結合導入量と硬化性の違いに関する評価結果(1)

タイプ	RP-116E				比較①				比較②				比較③			
二重結合 (mol%)	8.0				12.7				10.5				5.5			
造膜助剤	TPM		EMB		TPM		EMB		TPM		EMB		TPM		EMB	
評価条件	A	B	A	B	A	B	A	B	A	B	A	B	A	B	A	B
鉛筆硬度	6B	3B	6B	B	3B	B	B	F	5B	2B	4B	B	6B	5B	6B	5B
密着性	100	100	100	100	100	100	100	100	100	100	100	100	100	100	100	100

表7　二重結合導入量と硬化性に関する評価結果(2)

タイプ	RP-116EH				比較①				比較②				比較③			
二重結合 (mol%)	8.0				12.7				10.5				5.5			
造膜助剤	TPM		EMB		TPM		EMB		TPM		EMB		TPM		EMB	
評価条件	A	B	A	B	A	B	A	B	A	B	A	B	A	B	A	B
鉛筆硬度	H	H	2H	2H	2H	2H	2H	2H	H	H	2H	2H	H	H	H	H
密着性	95	100	90	100	80	100	100	100	90	100	95	100	100	100	100	100

　　基材　　　処理PET

　　塗膜厚　　100μ

　　開始剤量　Dr-1173　3%（固形分に対してWet%）

　　造膜助剤　トリプロピレングリコールモノメチルエーテル（TPM）

　　　　　　　ブチルセロソルブ（EMB）→固形分に対して各々10Wet%添加

　　評価結果（表7）　A：乾燥後　B：乾燥後硬化　（130℃×10min）

　NKポリマーRP-116Eは二重結合量を変える事により，二重結合を多くすると硬度が高くなり，少なくすると硬度が低下する．密着性に関して大きな差が出ない．これは架橋密度による差と考えられる．

5.5.4　熱硬化性テスト

①　試料作成条件

　　基材　　　処理PET

　　開始剤量　KPS　3%（固形分に対するWet%）

　　造膜助剤　トリプロピレングリコールモノメチルエーテル（TPM）

　　　　　　　ブチルセロソルブ（EMB）

　　　　　　　→固形分に対し各々10Wet%添加

　　乾燥条件　130℃×10min乾燥

　　評価項目（表8）　密着性・鉛筆硬度・耐溶剤性試験

　熱硬化だけでは，硬度・耐溶剤性を見る限りでは硬化不足であると考えられる．

第6章　UV硬化システム

表8　熱硬化性評価結果

タイプ	RP-116E		RP-116EH		RP-116ES	
造膜助剤	TPM	EMB	TPM	EMB	TPM	EMB
密着性	100	100	0	0	0	0
鉛筆硬度	6B	6B	HB	HB	—	—
耐溶剤性（トルエン）	△	△	△	△	×	×
耐溶剤性（MEK）	×	×	△	△	×	×

耐溶剤性　○：不溶及び傷（白濁）なし　△：不溶だが傷（白濁）あり　×：溶解

5.6　結　論

① 硬度につき紫外線硬化前後で照射することにより硬度が上昇し，架橋していることがわかる。樹脂液のTgが高いほうがより硬度も高くなる。

② 密着性に関して樹脂液が高分子であるのでNKポリマーRP-116EHタイプを除いて良好である。
これらのテスト結果より体積収縮率が低いためと考えられる。

③ 耐溶剤性に関してトルエン，酢エチに対して効果が見られるがMEK（メチルエチルケトン）に対して大きな効果がない。これらの結果を考えれば架橋密度が不足しているものと考えられる。

5.7　おわりに

NKポリマーRP-116Eシリーズは水分散紫外線硬化樹脂であり，環境上大きなメリットがある。水系であるゆえ，有機溶媒を使用しない環境にやさしい紫外線硬化型樹脂であるといえる。

これらの樹脂液に水系，油性モノマー，オリゴマーを添加することにより架橋密度が上昇し耐水性，耐溶剤性等の物性が向上するものと思われる。同時にこれらの樹脂液の特徴として表面タックフリーおよび高分子タイプであるがゆえに体積収縮率が低く，基材との密着性がよいものと考えられる。またモノマー，オリゴマー等の添加により硬度，密着性等のバランスを取る事により新しい機能性付与樹脂になると確信をしている。

〈用途〉

① 水現像型レジスト用途

② 水系塗料（木工用塗料等）

③ エマルジョン塗料，粘着剤の架橋剤として応用

第7章　光を利用する微細加工システム

1　酸・塩基の熱増殖とその化学増幅型微細加工への活用

市村國宏[*1], 青木健一[*2]

1.1　はじめに

化学増幅型レジストやUVキュアリング材料などの感度は，酸（塩基）発生の量子収率（ϕ）と触媒反応のターンオーバー数（n）あるいは重合度（d）の積に比例する。化学増幅型レジストの場合では，露光およびポストベーク処理（PEB）前後で溶解性が大きく変わり，感度に影響を与える。これは高分子効果（pと表現する）に基づく。ただし，pの数値化には任意性がある。したがって，化学増幅型レジストの感度特性は$\phi \times n \times p$となり，UVキュアリングでも同様に$\phi \times d \times p$と表現できる。連鎖的な熱化学反応を組み合わせるとはいえ，感度特性を無限に向上させるわけにはいかない。第一に，$\phi \leq 1$という厳然たる事実がある。第二に，固体膜中における触媒分子の拡散に基づく制約があり，nは有限な値となる。第三に，なんらかの被毒作用や膜外へ飛散によって酸触媒能が失われる。第四に，酸触媒反応の速度を大きくすれば，それだけポリマーの熱的な安定性が低下する。したがって，pにも限界がある。

筆者らが提案する酸（塩基）増殖反応を組み込むフォトポリマーは，従来の高感度化のアプローチと質的に異なる[1]。フォトポリマーの感度を向上させるために，光化学反応で発生する酸あるいは塩基分子の濃度を二次的に高めることを原理とする。つまり，後続する反応を触媒できる酸や塩基分子を自己触媒的に殖やす。これを酸（塩基）増殖反応と呼び，そのような特性をもつ化合物を酸（塩基）増殖剤と呼ぶ。本稿では，こうした分子触媒増殖型フォトポリマーの特徴を述べる。

1.2　酸増殖型フォトポリマー

1.2.1　酸増殖剤

図1に，酸増殖反応を組み込んだフォトポリマーの原理を示す。酸増殖剤には，PEBの温度および時間範囲で安定である，長期保存に耐える，脱保護反応などを迅速に引き起こすに足る強酸を発生するといった条件が不可欠である。これまでに開発した酸増殖剤およびその反応を図2に

[*1]　Kunihiro Ichimura　東邦大学　理学部　先進フォトポリマー研究部門　特任教授
[*2]　Ken-ichi Aoki　東邦大学　理学部　先進フォトポリマー研究部門　特任助手

第7章　光を利用する微細加工システム

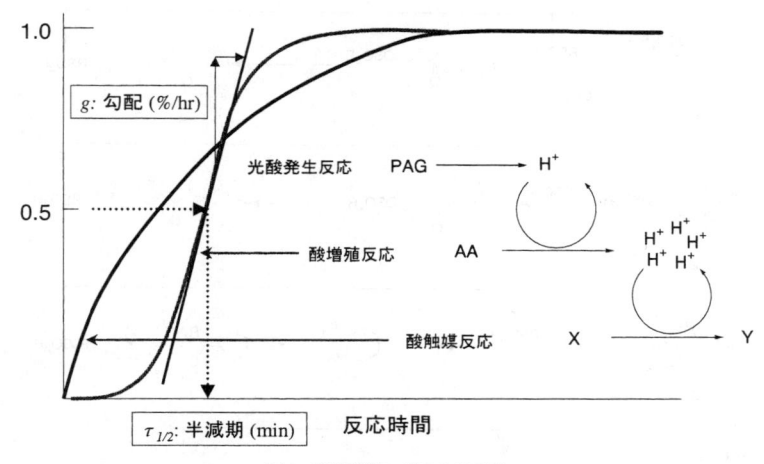

図1　酸増殖型レジストの原理

まとめる。反応（a）[2]，（b）[3]，（c）[4]，（d）[5] は，酸増殖分子と発生するスルホン酸は1：1の関係にあるが，（e）[6] と（f）[7] では2モル，（g）[8] では3モルのスルホン酸が発生する。反応（e）では有機超強酸であるCF_3SO_3Hが発生する。

酸増殖剤の特性を表すパラメーターが熱安定性と酸増殖反応性である。筆者らは酸増殖剤のクロロホルム—d_1溶液を100℃に加熱してNMRにより反応を追跡し，半減期（$\tau_{1/2}$；min）を熱安定性，シグモイダル曲線を描いて分解するときの勾配（g；%/hr）を反応性のパラメーターとしている（図1）。環状ジオールモノスルホン酸エステル類からなる酸増殖剤の熱的な安定性および酸増殖反応性を表1に示す。

筆者らがもっとも苦労したのは長期保存に耐える酸増殖性化合物の探索であった。ちなみに，芳香族スルホン酸t-ブチルエステルが酸増殖反応を示し，これを化学増幅型レジストに添加すると高感度化が達成できるとの特許がある[9]。しかし，この種の化合物はきわめて不安定であって，p-トルエンスルホン酸t-ブチルエステルはアセトニトリル中で0℃でも30分で分解し，増殖反応を起こす以前に自己分解する[10]。したがって，この種の化合物が酸増殖型レジストを与えるとは考えられない。

1.2.2　強酸分子の拡散挙動

化学増幅型レジストでは，感度を向上させるには酸触媒反応におけるターンオーバー数（n）を大きくすればよいが，一般的に，感光材料の感度と解像度はトレードオフの関係にある。酸増殖型レジストの場合には，酸分子の拡散が脱保護反応のみならず，酸増殖反応自体をもたらすか

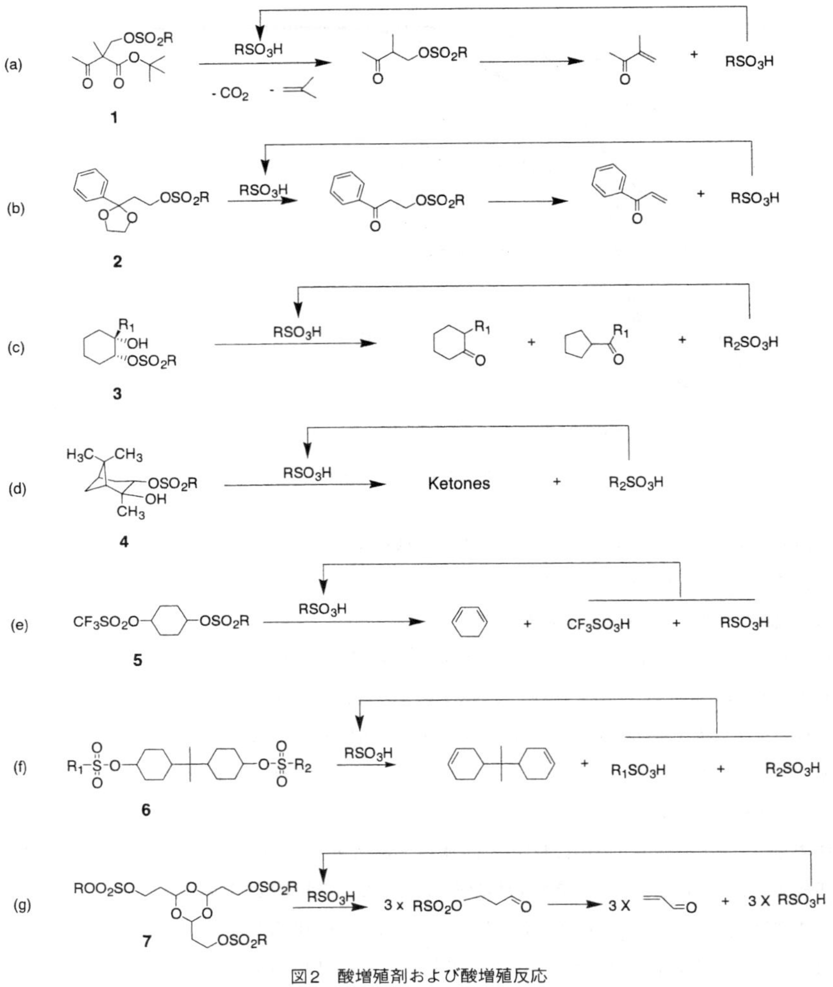

高分子の架橋と分解－環境保全を目指して－

図2 酸増殖剤および酸増殖反応

ら，強酸分子がレジスト膜中でどのような拡散移動をするかを知ることが必要となる[1c]。

　レジスト膜中での強酸分子の拡散を知るために色素の退色反応が活用されるが[11]，光で発生する酸が色素分子にトラップされるので，後続すべき酸増殖反応が起こらない。そこで，アセチレンアルコール（**8**）から不飽和ケトン（**9**）へのMeyer-Schuster転位反応を選んだ（図3）[12]。320nm近辺に出現する新たな吸収帯で酸触媒反応がモニターできる（図3(a)）。図3(b)は，p-ト

第7章 光を利用する微細加工システム

表1 環状ジオールモノスルホネート系酸増殖剤の特性

酸増殖剤		半減期（分）	勾配（%/hr）
(phenyl-cyclohexyl-OH, OSO₂-C₆H₄-CH₃)	3a	310	66
(CH₃-cyclohexyl-OH, OSO₂-C₆H₄-CH₃)	3b	1600	11
(CH₃-cyclohexyl-OH, OSO₂(CH₂)₇CH₃)	3c	1400	13
(CH₃-cyclohexyl-OH, OSO₂-CH₂-camphor)	3d	9500	1.3
(pinane-OH, OSO₂-C₆H₄-CH₃)	4a	>500	44
(pinane-OH, OSO₂-C₈H₁₇)	4b	5200	2.2
(pinane-OH, OSO₂-CH₂-camphor)	4c	>1000	39

ルエンスルホン酸（PTS）と8とを溶解したポリメチルメタクリレート（PMMA）膜を90℃に加熱したときの結果を示す．10分以上の加熱では9への生成はほぼ直線的にゆっくりと増えるが，この直線をt＝0に外挿しても変換率はゼロとならないことから，初期の過程では反応は速やかに起こり，2段階の早い反応過程からなることが示唆される．そこで，別の実験結果なども併せて，筆者らは図4に示す反応圏モデルを提案している[1a, 12)]．秒オーダーでの早い反応は酸分子を中心とする反応圏内で起こるが，はるかに遅い反応は，酸分子がゆっくりと圏外へ拡散移動す

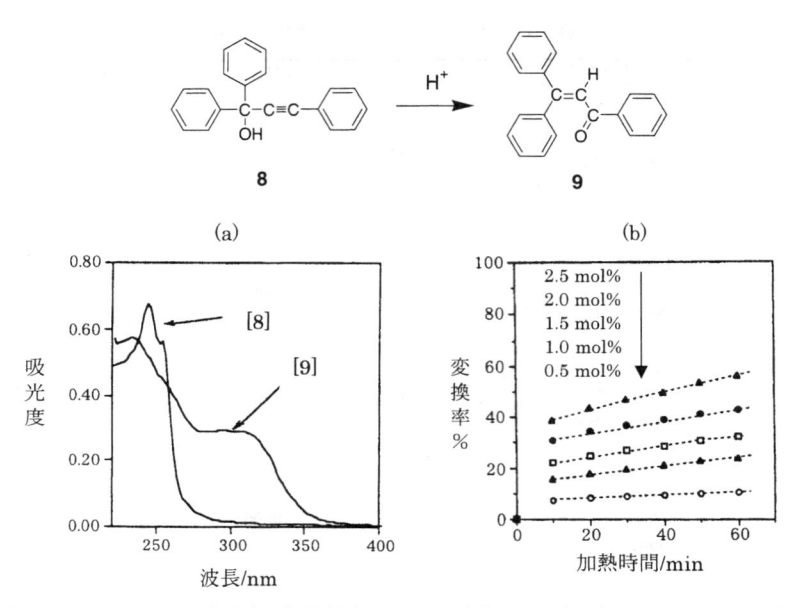

図3 Meyer-Schuster転位反応に伴う(a)吸収スペクトル変化，および，(b)p-トルエンスルホン酸（PTS）触媒による9への変換率と加熱時間との関係（中の数字はPTS濃度）

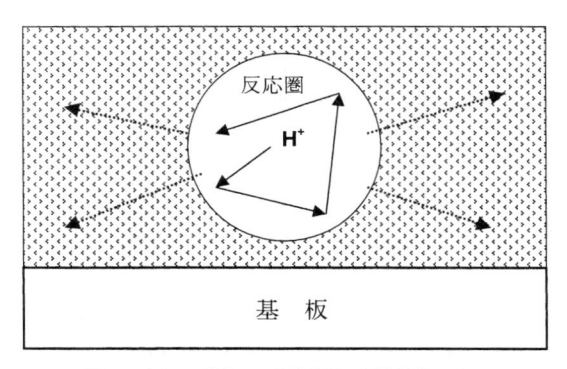

図4 ポリマー膜中での強酸分子の拡散移動モデル

る過程に対応する。

図4のモデルを確認するために，ポリマー膜中におけるインジゴ顔料の前駆体（**10**）の脱保護反応およびインジゴ分子（**11**）の会合による顔料化を検討した[13]。可溶性の顔料前駆体10はポ

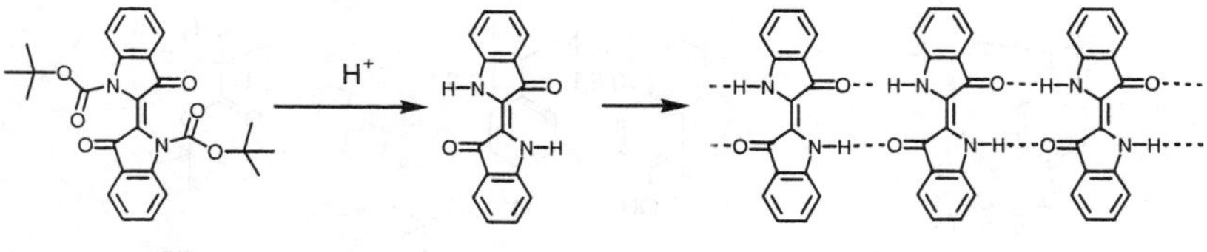

第7章 光を利用する微細加工システム

図5 インジゴ前駆体の顔料化

表2 ポリスチレンフィルム中でのインジゴ顔料化におけるインジゴ粒子径に及ぼす酸増殖剤および加熱温度の効果

試料	組成（wt%）			PEB温度（℃）	粒子分布			
	10	DTS[a)]	4[b)]		粒子径（nm）		ピーク比	
1	6.25	5.0	10.0	80±2	20.2±0.8	627±95	30：70	91：9
2	6.25	5.0	10.0	90±2	25.1±0.6	479±15	15：85	87：13
3	6.25	5.0	10.0	110±2		714±57	0：100	0：100
4	6.25	5.0	0	110±2	19.7±0.5	464±14	7：93	66：34

a) DTS：酸発生剤，b) 酸増殖剤（4；R＝トシル）

リマー（ポリスチレン）膜中に分子分散しているが，光酸発生剤からの強酸により脱保護されたインジゴ分子はポリマー膜中を拡散移動して会合し，インジゴ顔料（**12**）となる（図5）。このフィルムを溶媒に再溶解してインジゴの粒子径を動的光散乱法によって測定した結果が表2である。酸増殖剤の添加によって顔料化が顕著に促進されるが，ポリスチレンのガラス転移温度以下では20nm程度のインジゴ顔料が生成しており，このサイズが図4における反応圏に相当すると考えている。

1.2.3 酸増殖型フォトレジスト

脱保護基を側鎖に持つ高分子（図6；**P1～P4**）を用いて酸増殖剤の添加効果を調べた結果を表3にまとめる[1b)]。いずれも，酸増殖剤の添加によって高感度化が認められる。No.5では，高感度化の程度があまり大きくないが，これはここで用いた酸増殖剤（**3**：R＝tolyl）がベンゼン環を持つためにArFの193nm光を吸収するので，添加量を2wt%と低めに設定しているためである。ついで，193nmフォトレジストの開発を意図して，この波長で吸収が小さく，かつ，熱安定性に優れた酸増殖剤として，ピナンジオールモノスルホネート類（図7；**4b～4e**）を開発した[5)]。ベンゼン環を持つ酸増殖剤（**4a**）に比較すると，**4b**，**4c**はもとより，チオフェン環（**4d**）やナフタレン環（**4e**）を持つ酸増殖剤は193nmでの吸収は比較的小さい。酸反応性ポリマー**P3**と光酸発生剤からなる化学増幅型レジストに，チオフェンスルホン酸を発生する酸増殖剤（**4d**）を添加すると，6倍程度の高感度化が認められる[14)]。193nmに比較的透明な酸増殖剤

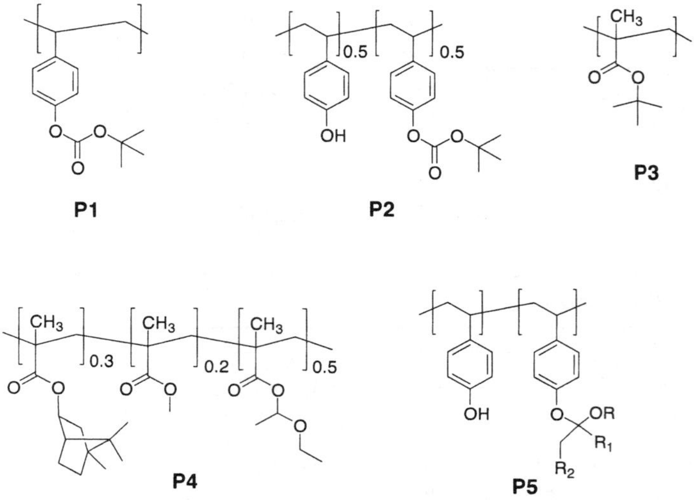

図6 酸反応性ポリマー

表3 化学増幅型フォトレジストに対する酸増殖剤の添加効果

試料No.	ポリマー	酸増殖剤[a]	露光波長 (nm)	感度 (mJ/cm^2) 酸増殖剤	
				なし	あり
1	P1	1	313	9.0	2.1
2	P2	1	313	4.0	0.8
3	P3	2	313	35	3.5
4	P3	3	313	100	13
5	P4	3	193	10	7

a) 1~3；R＝トシル基，3；R_1＝フェニル基

を用いた酸増殖型レジストが報告されている[15]。感度向上は実現できるが，プロファイル形状は改善を要する。ケタール型ポリマー**P5**（図6）からなる化学増幅型レジストに酸増殖剤**4a**を添加した系がKrFレジストおよび電子線レジストとして評価されている[16]。感度特性の結果を表4にまとめる。興味深いことに，酸増殖剤**4a**は254nm光および電子線によって分解し，これ自体が酸発生剤となるが，トリフェニルスルホニウム型酸発生剤（TPS）よりも感度は低い。良好なプロファイル形状が得られるが，高温でのPEB処理では酸増殖剤の自己分解が起こるので，130℃以上のPEBに耐える酸増殖型レジストの開発が必要だと指摘されている。

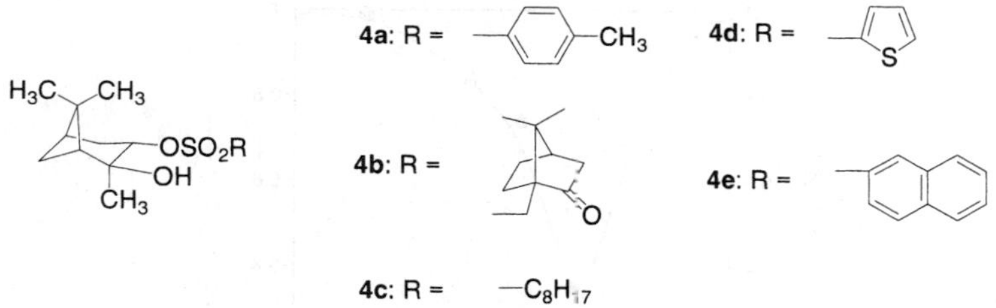

第7章　光を利用する微細加工システム

図7　ピナンジオール系酸増殖剤

表4　P5をベースとするKrFおよび電子線レジストの感度特性[16]

レジスト組成[a]	感度	
	254nm光照射 (mJ/cm^2)	電子線照射 ($\mu C/cm^2$)
P5＋4a	14	7.5
P5＋TPS	12	6.0
P5＋TPS＋4a	7	3.5

a）TPS：光酸発生剤

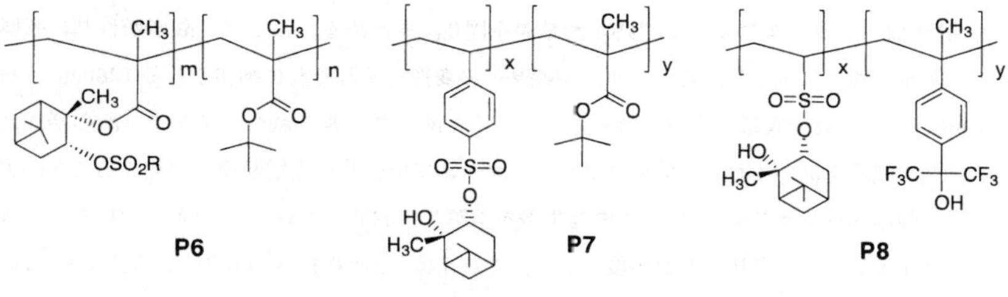

図8　酸増殖性ポリマー

1.2.4　酸増殖性ポリマー

　超微細加工用レジストを開発するうえで，強酸などがレジスト膜中で過度に拡散することを抑制する必要がある。拡散移動性を抑制することを意図して，酸増殖分子（4）をポリマー鎖に共有結合によって導入した酸増殖性ポリマー（図8；**P6**，**P7**）を合成し，特性評価を行った[17]。**P6**は，m＝1.0，n＝0.0のホモポリマーおよびn≠0.0の酸脱保護モノマーとのコポリマーである。これらは酸増殖反応の結果として，低分子のスルホン酸（R＝エチル，イソプロピル基）を発生する。酸増殖性ホモポリマーの感度は**P3**とほぼ同程度であるが，低分子酸増殖剤を添加すると高感度化が著しい。

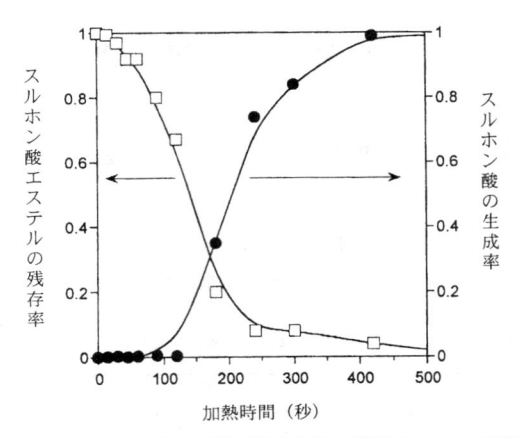

高分子の架橋と分解－環境保全を目指して－

図9 酸増殖性ホモポリマーP7に光酸発生剤を添加した膜に光照射し，ついで加熱したときの
IR吸収スペクトルの変化

　酸増殖性ポリマーP7はP6と異なり，酸増殖反応後にスルホン酸残基はポリマー主鎖に結合して残る。光酸発生剤をドープしたP7のホモポリマー膜に光照射し，ついで，加熱をしたときの様子をIR吸収スペクトルによって追跡した結果を図9にまとめる。ここで，酸増殖性基に帰属されるスルホン酸エステル基からスルホン酸残基への変換をそれぞれに帰属される$1360cm^{-1}$および$1006cm^{-1}$のIR吸収帯により追跡した。スルホン酸エステルの減少，スルホン酸の増加はシグモイダル曲線を描いており，酸増殖基がポリマー鎖に結合しても増殖反応が起こることが実証される。酸増殖性コポリマーP7に光酸発生剤を溶解して調製したレジスト膜は，P3をベースポリマーとするレジストに比べて高感度となる。たとえば，$x=0.1$, $y=0.9$のコポリマーでは，P3より2～3倍感度が高い[18]。この種の酸増殖性ポリマー（P8）をF_2レジストとして評価した結果が報告されている[19]。感度は$10mJ/cm^2$，コントラストは6と報告されており，140nmのL&Sが解像される。

1.3 塩基増殖型レジスト

1.3.1 塩基増殖反応と塩基増殖剤

　化学増幅型レジストは原理的に，脱保護反応や架橋反応といった二次的な熱化学反応プロセスを酸のみならず，塩基によっても触媒的に引き起こすことが可能である[20]。強酸を触媒とする化学増幅型レジストでは，強酸であるがゆえに環境に存在する微量の塩基によって被毒される可能性があるし，デバイスに永続的に組み込まれるレジスト膜では，強酸による腐食などの懸念があ

第7章 光を利用する微細加工システム

る．その意味で，塩基触媒型の化学増幅型レジストには意義があるが，塩基触媒を取り込んだ化学増幅型レジスト研究例は少ない．これは，光塩基発生剤の種類が限定されている，光塩基発生剤の量子収率が低い，などの理由による．

自己触媒的に触媒能を有する塩基分子が発生する塩基増殖反応は，光塩基発生剤からの塩基分子濃度を二次的に，かつ，非線形的に高めることができるので，塩基触媒反応に基づく化学増幅型レジストの感度を向上させることが可能となる[1a, 1d, 21]．ここでの塩基分子は脂肪族アミンであり（図10），さまざまな反応の触媒となりうる．塩基増殖剤（**12，15**）はいずれも β-脱離反応によってオレフィン（**13，16**）とともにアミン（**14**）が生成し，このアミンが自己触媒的に β-脱離反応を引き起こす．この種の塩基増殖剤には，酸増殖剤の場合とまったく同様に，熱的に安定であり，かつ，塩基の存在下では速やかに分解してアミンを発生することが求められる．半減期（$\tau_{1/2}$；min）および勾配（g；%/hr）特性パラメーターを用いて塩基増殖能を評価した結果を表5にまとめる．**13，15**はともに塩基がなければ熱的に安定であるが，塩基増殖反応性は**13**の方がずっと優れている．

1.3.2 エポキシポリマーのUV硬化促進

塩基増殖剤は，エポキシ樹脂のUV硬化速度を顕著に向上させるが，多官能性塩基増殖剤が好適であり[1d, 22]，光塩基発生剤（**17**）とともにそれらの例（**19〜22**）を図11に示す．**22**は光塩基発生基と塩基増殖基とを同時にもつオリゴシロキサンである[23]．

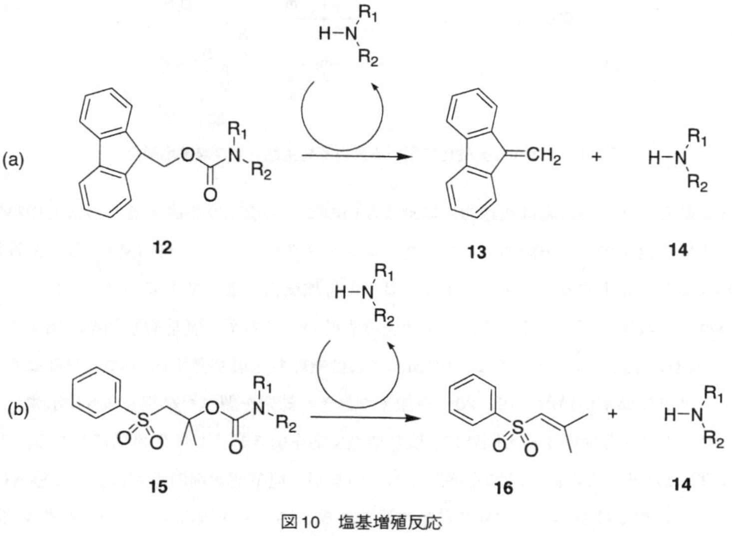

図10 塩基増殖反応

表5 1,4-ジオキサン-d_8中での塩基増殖剤（12）の特性

塩基増殖剤	R_1[a]	R_2[a]	増殖アミン[b]	濃度 (mmol/dm³) 増殖剤	濃度 (mmol/dm³) 添加アミン	半減期 ($\tau_{1/2}$：min)	勾配 (g：%/hr)
12a	H	c-C_6H_{11}	CH	70	0	>1080	-
12a	H	c-C_6H_{11}	CH	70	11	300	12
12b	$(CH_2)_5$		Pip	69	0	260	42
12b	$(CH_2)_5$		Pip	69	13	78	38
15	$(CH_2)_5$		Pip	80	0	>10020	-
15	$(CH_2)_5$		Pip	80	13	3780	1.8

a) 図10における塩基増殖剤の置換基, b) 図10における

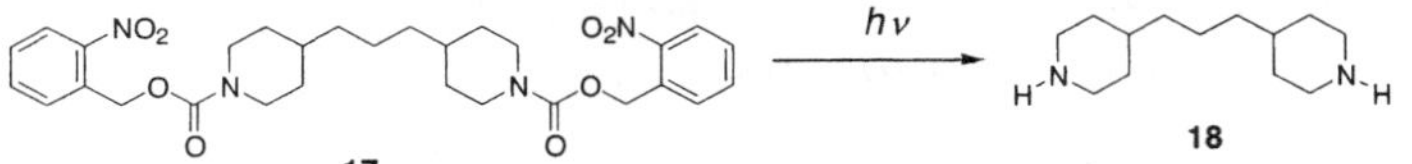

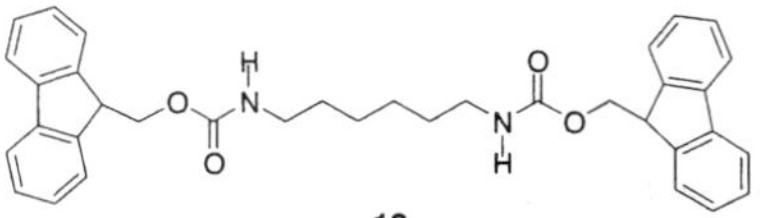

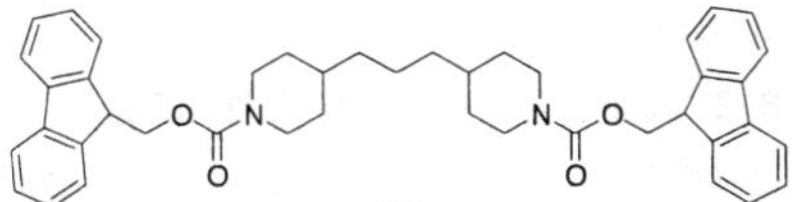

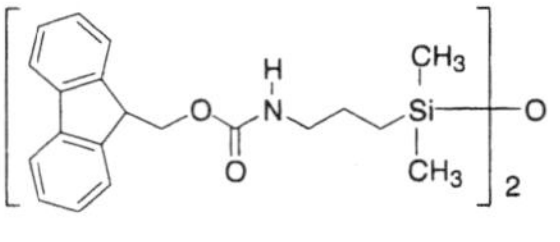

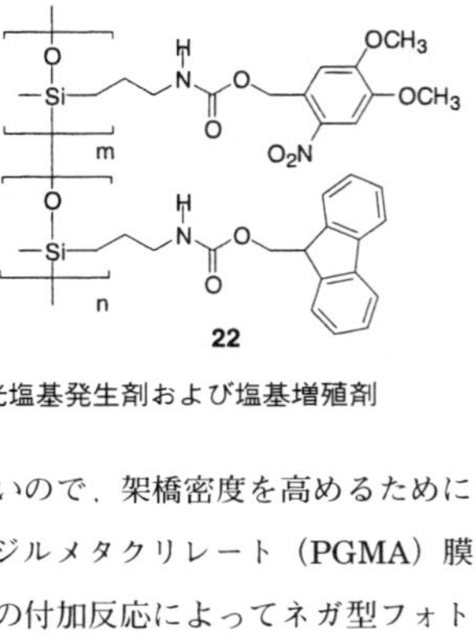

図11　エポキシ光硬化に用いる光塩基発生剤および塩基増殖剤

エポキシ基とアミンの反応は連鎖的には進まないので，架橋密度を高めるためにも加熱処理を要する．光塩基発生剤のみを添加したポリグリシジルメタクリレート（PGMA）膜に紫外線照射して加熱すると，発生するアミンとエポキシ基との付加反応によってネガ型フォトレジストになるが，感度はそれほど高くなく，また，架橋密度も低い．この系に塩基増殖剤を添加すると，架橋効率は格段に向上する．たとえば，PGMAと二官能性の光塩基発生剤（17）からなるネガ型フォトレジストに塩基増殖剤（19, 20）を加えたときの効果を調べた結果を表6に示す．ジアミン（18）がエポキシと反応すると同時に，塩基増殖反応を引き起こして架橋構造となる．ここで，残膜率が0.5となるときの露光時間を感度としているが，塩基増殖剤の添加によって感度は数10倍向上し，その程度は20よりも19の方が顕著である．19から1級のジアミンが発生するので，

第7章 光を利用する微細加工システム

表6 PGMA／光塩基発生剤（17）からなるフォトレジストにおける液晶増殖剤の添加効果

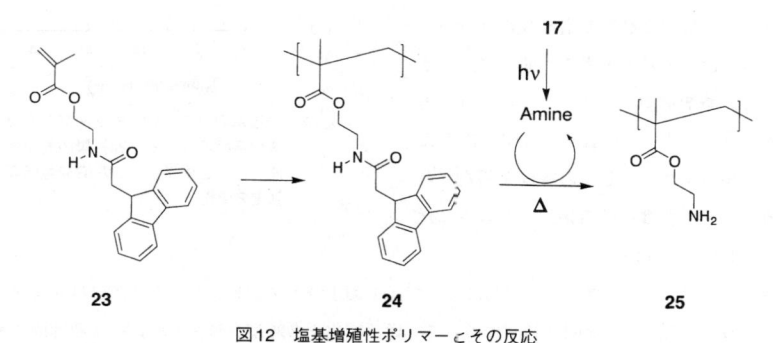

塩基増殖剤	濃度（mol％）	感度（sec）
19	0	40
	0.5	10
	1.1	2
	2.1	0.8
20	0	13
	2.1	5
	4.2	4
	9.3	0.8

図12 塩基増殖性ポリマーとその反応

4モルのエポキシ基と反応できるためであろう。

アルコキシシリル基を持つオリゴシロキサン系塩基増殖剤（**22**）では，塩基増殖反応の結果として生成するアミノ基が新たなシロキサン結合の触媒となるので，エポキシ無添加でもUV硬化が起こる[23]。

1.3.3 塩基増殖性オリゴマー

塩基増殖型フォトポリマーをレジストへ応用するうえで，現像液を水性にすることが好ましい。市販モノマー（**23**）から得られる塩基増殖性メタクリレート（**24**）から塩基増殖性ポリマー（**25**）を合成した（図12）[24]。このポリマーに光塩基発生剤を添加した膜を130℃に加熱したときのUV照射の効果をIR特性吸収によって追跡した結果を図13に示す。UV未照射では10分間程度の加熱で変化は認められないが，加熱を続けるとウレタン残基はS字を描いて急速に減少する。これから，塩基増殖基がポリマー側鎖に結合していても増殖反応が効率よく進んでいることがわかる。UV照射してから加熱すると，直ちに反応が起こる。UV照射およびPEB処理を施した膜は中性の水に溶解しないが，酢酸水溶液によって溶解除去できる。すなわち，塩基増殖性ポリマー24は，弱酸水溶液での現像によってポジ型フォトレジストとなる。

1.4 おわりに

　酸および塩基増殖型レジストは化学増幅型レジストの領域に含まれるが，筆者らは，後者における感度の限界を越えるべく系統的な検討を進めている．触媒として機能しうる酸や塩基分子が非線形に増殖する有機化学反応が知られていなかったこともあるが，この特徴を活用した酸および塩基増殖性ポリマーについては，ほとんどが筆者らの研究に限定されている．酸増殖型レジストについては，本稿でも紹介したように，KrF，ArF，F_2および電子線用レジストとしての評価が報告されているが，その例は化学増幅型レジストに比べるときわめて少ない．

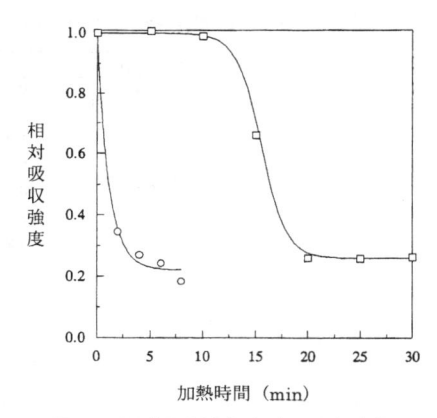

図13　光塩基発生剤（17）をドープした塩基増殖性ポリマー（24）膜の光照射前（○）と後（□）でのIR特性吸収強度の変化

　液浸型フォトリソグラフィーの提案によってArFおよび電子線レジストの位置付けがますます重要となろう．このような開発動向にあって，通常の化学増幅型レジストに比べて原理的に感度を向上できる増殖型レジストの意義は大きいと考える．感度と解像度とはトレードオフの関係にあるので，固体レジスト膜中での酸あるいは塩基分子もしくは残基の拡散移動挙動などについての基礎的な検討がきわめて重要と考える．このような基礎的な研究とレジストとしての実用評価との間でキャッチボールが行われることによって，分子触媒（酸・塩基）増殖型レジストの位置付けが明確になることを期待したい．

文　　献

1) a) K. Ichimura, *Chem. Rec.*, **2**, 46 (2002); b) 有光，市村，機能材料，**17**(12), 16 (1997); c) 市村，機能材料，**20**(6), 27-35 (2000); d) 有光，阿部，市村，機能材料，**22**, 5 (2002)
2) a) K. Arimitsu, K. Kudo and K. Ichimura, *J. Am. Chem. Soc.*, **120**, 37 (1998); b) K. Arimitsu, K. Kudo, H. Ohmori and K. Ichimura, *J. Mater. Chem.*, **11**, 295 (2001)
3) K. Kudo, K. Arimitsu, H. Ohmori, H. Ito and K. Ichimura, *Chem. Mater.*, **11**, 2119

(1999)
4) K. Ichimura, K. Arimitsu, S. Noguchi and K. Kudo, *ACS Symp. Ser.*, **706**, 161 (1998)
5) K. Ichimura, K. Arimitsu, S. Noguchi, T. Ohfuji and T. Naito, *Proc. ACS Polym. Mater. Sci. Eng.*, **81**, 63 (1999)
6) S.-G. Lee, K. Arimitsu, S. -W. Park, *J. Photopolym. Sci. Technol.*, **13**, 215 (2000)
7) 特開平2002-062641号
8) K. Arimitsu and K. Ichimura, *Chem. Lett.* 823 (1998)
9) 特開平7-134416号
10) H. M. Hoffmann, *Chem.& Ind.*, 336 (1963)
11) D. R. McKean, R. D. Allen, P. H. Kasai, U. P. Schaedeli, S. A. MacDonald, *SPIE*, **1672**, 94 (1992)
12) H. Ohmori, K. Arimitsu, K. Kudo, Y. Hayashi and K Ichimura, *J. Photopolym. Sci. Technol.*, **9**, 25 (1996)
13) K. Ichimura, K. Arimitsu, M. Tahara, *J. Mater. Chem.*, **14**, 1164 (2004)
14) S. -W. Park, K. Arimitsu, K. Ichimura and T. Ohfuji, *J. Photopolym. Sci. Technol.*, **12**, 293 (1999)
15) T. Naito, T. Ohfuji, M. Endo, H. Morimoto, K. Arimitsu and K. Ichimura, *J. Photopolym. Sci. Technol.*, **12**, 509 (1999)
16) W.-S. Huang, R. Kwong and W. Moreau, *SPIE*, **3999**, 591 (2000)
17) S.-W. Park, K. Arimitsu and K. Ichimura, *Macromol. Rapid Commun.*, **21**, 1050 (2000)
18) a) S.-W. Park, K. Arimitsu, S.-G. Lee and K. Ichimura, *Chem. Lett.*, 1036 (2000); b) S.-W. Park, K. Arimitsu, and K. Ichimura, *J. Photopolym. Sci. Technol.*, in press.
19) H. Iimori, S. Ando, Y. Shibasaki, M. Ueda, S. Kishimura, M. Endo and M. Sasago, *J. Photopolym. Sci. Technol.*, **16**, 601 (2003)
20) a) M. Shirai and M. Tsunooka, *Bull. Chem. Soc. Jpn.*, **71**, 2483 (1998); b) 角岡. 化学工業. **50**. 592 (1999)
21) a) K. Arimitsu, M. Miyamoto and K. Ichimura, *Angew. Chem. Int. Ed.*, **39**, 3425 (2000); *Angew. Chem.*, **112**, 3567 (2000); b) K. Arimitsu and K. Ichimura, *J. Mater. Chem.*, **14**, 336 (2004); c) M. Miyamoto, K. Arimitsu and K. Ichimura, *J. Photopolym. Sci. Technol.*, **12**, 315 (1999)
22) a) K. Arimitsu, M. Hoshimoto, T. Gunji, Y. Abe, K. Ichimura, *J. Photopolym. Sci. Technol.*, **15**, 41 (2002); b) Y. Morikawa, K. Arimitsu, T. Gunji, Y. Abe and K. Ichimura, *J. Photopolym. Sci. Technol.*, **16**, 81 (2003)
23) K. Arimitsu, H. Kobayashi, M. Furutani, T. Gunji, Y. Abe and K. Ichimura, *J. Photopolym. Sci. Technol.*, in press.
24) K. Ichimura, A. Igarashi, K. Arimitsu and T. Seki, *J. Photopolym. Sci. Technol.*, in press.

2 ゾル・ゲル薄膜の微細パターニングへの応用

松川公洋*

2.1 はじめに

　光を利用したポジ型およびネガ型パターニング用レジストとして，通常，光分解性および光硬化性の有機ポリマーが用いられている。一方，有機ポリマーと無機酸化物がナノメートルオーダーで分散した有機無機ハイブリッドは，ゾル・ゲル法により合成される機能性材料であり，それぞれの特徴を生かしたレジスト材料として適用できる。有機無機ハイブリッドをレジスト材料に用いる場合，光硬化性を活かした架橋密度の高いネガ型パターンが有効である。本稿では，ゾル・ゲル反応と光重合反応が同時に進行する光2元架橋反応による有機無機ハイブリッドとネガ型レジストへの展開について述べる。また，本編の主題である架橋を活用する機能性材料とは異なるが，われわれが開発した有機無機ハイブリッドによる電子線ポジ型アナログレジストについても解説する。

2.2 光2元架橋反応による有機無機ハイブリッドの作製

　有機無機ハイブリッドは，金属アルコキシドと共有結合や水素結合などの相互作用可能な有機ポリマーとの混合溶液からゾル・ゲル反応により作製できる。これらについては，既に多くの総説および成書があるので，それらを参考にされたい[1〜3]。ここでは，われわれが行ってきた分子内に有機官能基とアルコキシシラン基を有する炭素官能性アルコキシシラン（シランカップリング剤）の二つの官能基を同時に光反応させることで架橋密度の高い有機無機ハイブリッドを生成する研究について説明する。すなわち，カチオン重合およびラジカル重合による有機ポリマーの光硬化とアルコキシシランの光酸発生剤によるゾル・ゲル法の2元光硬化反応による有機無機ハイブリッドの作製に関する研究例である。

　エポキシ基，ビニル基，アクリル基などの有機官能基の光重合にはカチオン重合，ラジカル重合等を利用でき，アルコキシシランの加水分解・縮合には光酸発生剤を用いたゾル・ゲル反応とともに，光照射プロセスによって有機無機ハイブリッドを迅速に作製することが可能である。例えば，エポキシ基含有アルコキシシランである3-グリシドキシプロピルトリメトキシシラン，2-(3，4-エポキシシクロヘキシル)エチルトリメトキシシラン等の光カチオン重合，加水分解・縮合反応で有機無機ハイブリッド薄膜を作製できる[4]。光酸発生剤として，SbF_6塩やPF_6塩がエポキシ基含有アルコキシシランの光硬化に効果的であり，エポキシ基の開環重合とともに，

---

　*　Kimihiro Matsukawa　大阪市立工業研究所　電子材料課　ハイブリッド材料研究室
　　　研究副主幹

空気中の湿気でアルコキシシラン基が加水分解し，シラノールとアルコールを生成する。このシラノールは酸存在下で，脱水縮合し，3次元架橋に寄与するシロキサン結合を生成する。また，エポキシ基含有アルコキシシラン以外に光カチオン重合によって有機無機ハイブリッドを作製するものとして，オキセタニル基含有アルコキシシランも最近報告されている[5]。

ベンゾインスルホネート化合物は光分解によってスルホン酸とラジカル種を同時に発生し[6]，光酸・ラジカル発生剤（PARG）として機能するので，光ラジカル重合とアルコキシシラン基の加水分解・縮合による光2元架橋反応で有機無機ハイブリッドを作製することができる。ベンゾインスルホネート化合物であるベンゾイントシレート（BT）を用いた3-アクリロキシプロピルトリメトキシシラン（APTMS）と3-アクリロキシプロピルメチルジメトキシシラン（APMDMS）（図1）の光硬化について検討したところ[7]，APTMSはAPMDMSより速く光2元架橋反応が起こることが分かった。すなわち，APTMSにおけるトリメトキシシラン基がAPMDMSのジメトキシシラン基より加水分解しやすく，シロキサンへの縮合も進行するためと考えられる。紫外光照射による赤外およびラマンスペクトルの時間変化からアクリル基の減少とシロキサン結合の生成が認められ，ベンゾインスルホネートが光照射によって生じた炭素ラジカルとスルホン酸が同時にラジカル重合とアルコキシシラン基の加水分解を引き起こし，図2に示す3次元架橋反応を起

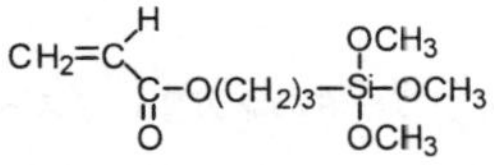

3-Acryloxypropyltrimethoxysilane (APTMS)

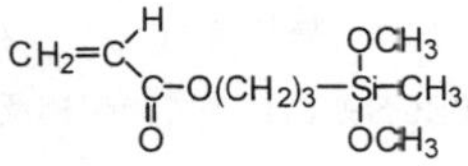

3-Acryloxypropyldimethoxysilane (APMDMS)

光酸・ラジカル発生剤 (PARG)

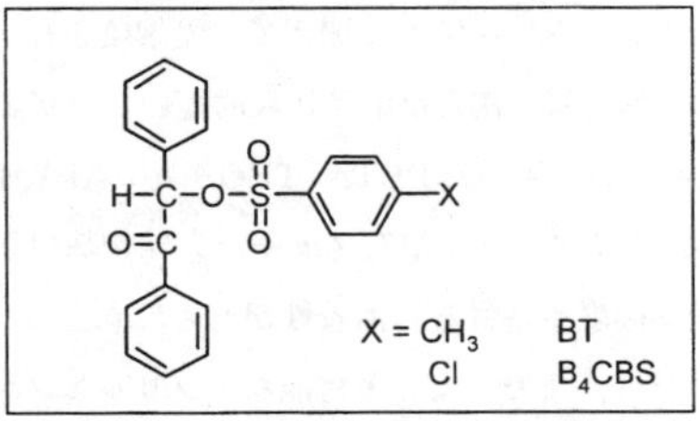

図1　アクリロキシプロピルアルコキシシランおよび光酸・ラジカル発生剤の構造

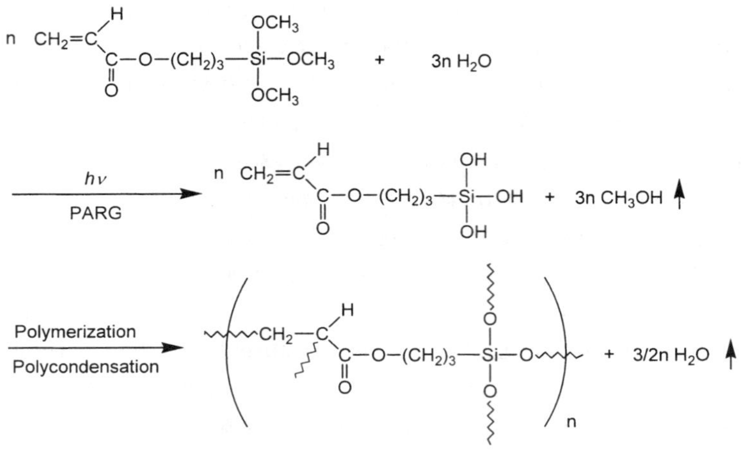

図2 光酸・ラジカル発生剤を用いたAPTMSの光架橋反応の機構

こしている。また，数種のベンゾインスルホネートの光架橋性について検討したところ，ラジカル重合にはB4CBSが，トリメトキシシラン基の加水分解にはBTが効果的であった[8]。

2.3 アクリル／シリカ有機無機ハイブリッドのネガ型レジストへの応用

多官能アクリレートモノマーであるペンタエリスリトールトリアクリレート（PETA）やトリメチロールプロパントリアクリレート（TMPTA）とテトラエトキシシラン（TEOS）にBTを添加して光硬化を行い，アクリル／シリカ有機無機ハイブリッドの作製を行った[9]。TMPTA／TEOS系ハイブリッドは，PETA／TEOS系に比べて光架橋反応は遅かった。この理由として，PETA中のOH基はシラノールとの水素結合を起こし易く架橋に寄与するが，TMPTAにはOH基を持たないのでシラノールとの相互作用がないためと考えられる。また，PETA／TEOS系に光ラジカル開始剤（ベンゾインエチルエーテル）と光酸発生剤（ジアリールヨードニウムテトラキスペンタフルオロフェニルボレート）を別々に加えて，光架橋を行ったところ，ラジカル重合は早く，アルコキシシランの加水分解・縮合反応は比較的遅いことが認められた。

BTを光ラジカル・酸発生剤として用いたPETA／TEOS系にAPTMSを少量（5〜10mol％）添加した場合，APTMSに存在するアクリル基とメトキシシラン基の効果でPETAとTEOSの分散状態が改善されるため，表面硬度や基材との密着性がともに向上し，TEOSの含量にかかわらず，均一な光架橋膜が得られた[10]。また，より多官能なアクリルモノマーとしてジペンタエリスリトールペンタ／ヘキサアクリレート（DPETA）を用いたハイブリッド膜の作製についても検

第7章 光を利用する微細加工システム

討した。DPETA/TEOS/APTMS系の光硬化膜は，非常に透明性が高く，密着性と表面硬度に優れたものであり，フォトマスクを介して紫外線（高圧水銀灯）を照射，溶剤現像することで，ネガ型レジストとしても実用可能であることがわかった（図3）。また，有機無機ハイブリッド薄膜は，有機ポリマーと無機物が分子オーダーで分散しているのが特徴であり，加熱により有機ポリマー成分を分解・除去することで，ポーラス無機薄膜を得ることができる。ここでも，DPETA/TEOS/APTMS系ハイブリッド薄膜を焼成して，図4のAFM像に示すようなナノメーターサイズの凹凸形状を持ったシリカ薄膜を形成できた。有機無機ハイブリッド薄膜をネガレジストとして用いて作製したパターンより得られるポーラスシリカ薄膜の各種機能性基板への応用

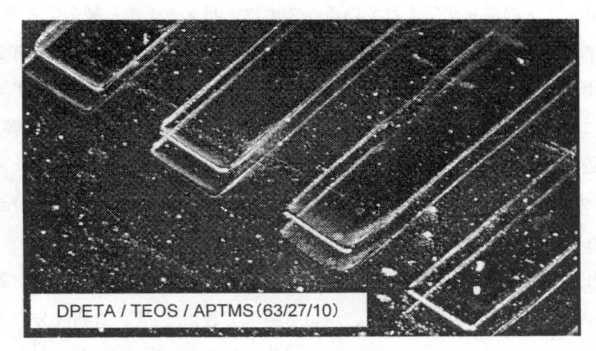

図3　DPETA/TEOS/APTMS系ハイブリッドのネガ型レジストパターン（L/S=1mm）

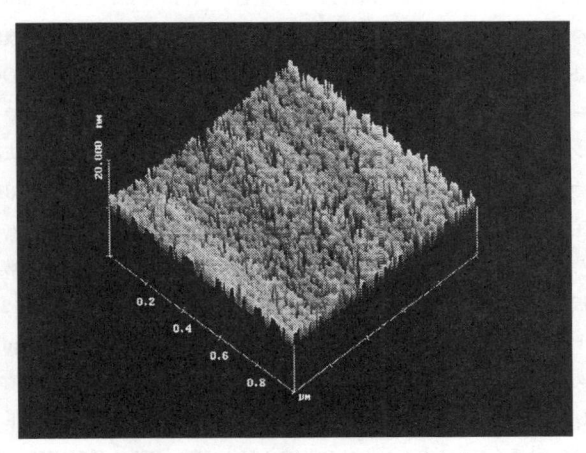

図4　DPETA/TEOS/APTMS系ハイブリッドの500℃加熱後のAFMイメージ

には興味が持たれる。

2.4 有機無機ハイブリッドから電子線ポジ型アナログレジストへの展開

電子線リソグラフィーは，その波長が短いことから，超微細加工に有効であることが知られている。また，電子線リソグラフィーの特徴は，ひとつの描画パターンの中で照射線量を自由に変えられることである。すなわち，電子線描画は，電子線ビームに対して基板の移動速度を制御する事で，露光量をコントロール可能であり，マスクを用いずにパターンの深さを変化させたアナログパターンの作製に最も適した方法である。このような電子線描画による微細アナログパターンには，高感度，高解像度，耐ドライエッチング性，金属薄膜蒸着時の安定性などの特性を有する電子線ポジ型レジストの開発が望まれている。アナログパターンから製造できるものとして，回折格子や位相フィルターなどの光学素子が考えられる。しかし，現在，市販の電子線用ポジ型レジストとしてポリメタクリル酸メチル（PMMA）があるが，光学素子のリソグラフィープロセスに応用するには，電子線感度，ドライエッチング耐性，耐熱性，基材や蒸着膜との密着性，電子線に対する近接効果補正などの点から，まだ不十分である。また，α-クロロアクリル酸メチルとα-メチルスチレンの共重合体は電子線感度とコントラストの高い電子線用ポジ型レジストとして市販されているが，アナログ性が欠如している。

われわれはこれまで，アクリル共重合体とシリカからなる有機無機ハイブリッド薄膜を用いたポジ型電子線レジストを開発し，その特性について調べてきた[11,12]。有機成分のアクリルポリマーとして，α-メチルスチレン（MSt）/メチル-α-クロロアクリレート（MClA）/3-メタクリルロキシプロピルトリエトキシシラン（MPTES）共重合体（$Mn = 2.7 \times 10^4$, $Mw/Mn = 1.45$）をアゾ系開始剤を用いたラジカル重合により合成した（図5）。共重合体に，無機成分となるSi$(OC_2H_5)_4$, $C_6H_5Si(OCH_3)_3$, $CH_3Si(OC_2H_5)_3$, $C_6H_5CH_2Si(OC_2H_5)_3$, $C_3H_7Si(OC_2H_5)_3$, およびメチルシリケート（MS）あるいはそれらの混合物，酸触媒を加えて，石英ガラス基板上へのスピンコーティング，加熱処理（空気中，120℃，2時間）して，ゾル・ゲル法によるアクリル/シリカハイブリッド薄膜を得た（膜厚0.4～0.5µm）。電子線描画装置（JEOL，JBX-500LS，加速電圧50kV）を用いてL/Sのテストパターンを描画し，2-プロパノール/2-ブタノン（6：4～8：2）で溶剤現像した。種々シリカ成分を変えたハイブリッド薄膜の電子線感度とエッチング選択比を表1にまとめた。共重合体/MS/$C_6H_5Si(OCH_3)_3$ = 89.8/2.6/7.6（重量比）に対する電子線照射量の違いによる残存膜厚の変化から，30µCcm^{-2}から1µCcm^{-2}の間において，ポジパターンがアナログ的に変化していることが分かった。それらの残存膜厚をプロットし，図6に示した感度曲線を描いた。エネルギー感度は30µCcm^{-2}で，コントラスト（γ値）はγ=1.3であった。共重合体，MS，およびRSi$(OC_2H_5)_3$（R=CH_3，$C_6H_5CH_2$，C_3H_7）から得

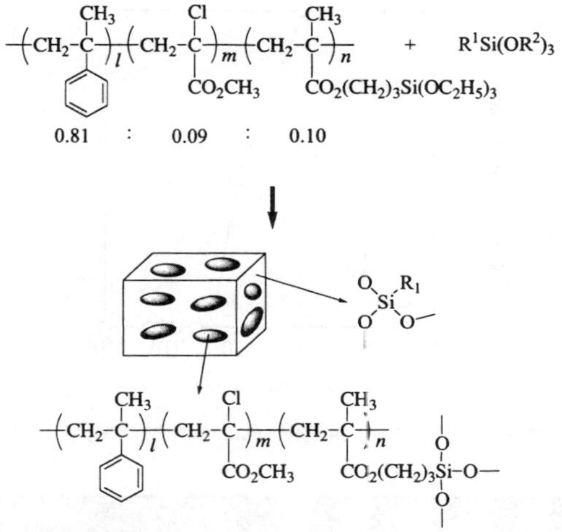

第7章 光を利用する微細加工システム

$$\mathrm{-(CH_2-C(CH_3)(C_6H_5))}_l\mathrm{-(CH_2-C(Cl)(CO_2CH_3))}_m\mathrm{-(CH_2-C(CH_3)(CO_2(CH_2)_3Si(OC_2H_5)_3))}_n- \;+\; R^1Si(OR^2)_3$$

0.81 : 0.09 : 0.10

図5 アクリル共重合体の構造とシリカハイブリッド

表1 有機無機ハイブリッド系電子線レジストの特性

Resist	EB-Sensitivity(γ-value) /μC cm^{-1}	RIE selectivity[a]
Copolymer/MS/$C_6H_5Si(OCH_3)_3$	30 (1.3)	3.6
Copolymer/MS/$C_6H_5CH_2Si(OC_2H_5)_3$	100 (1.3)	—
Copolymer/MS/$CH_3Si(OC_2H_5)_3$	90 (1)	—
Copolymer/MS/$C_3H_7Si(OC_2H_5)_3$	70 (>3)	—
Copolymer/$C_6H_5Si(OCH_3)_3$	100 (8)	3.4
Copolymer/$C_6H_5CH_2Si(OC_2H_5)_3$	54 (2.2)	—
Copolymer/$CH_3Si(OC_2H_5)_3$	250 (0.65)	—
Copolymer/$C_3H_7Si(OC_2H_5)_3$	60 (>3)	—
Copolymer/MS	90 (1.7)	—
Copolymer/$Si(OC_2H_5)_4$	500 (1.5)	3.4
PMMA	100 (1.9)	2.3

a) Relative etching resistance of the resist against quartz glass
(etching rate of quartz (0.68μm min^{-1})/etching rate of the resists)

たハイブリッド薄膜では100μCcm^{-2}程度の照射量でレジスト膜厚に相当するポジパターンが得られた。共重合体とRSi(OC$_2$H$_5$)$_3$からのハイブリッド薄膜もポジパターンを与えたが,耐溶剤性が低く,現像後のパターン表面に荒れが見られた。一方,共重合体/Si(OC$_2$H$_5$)$_4$からのハイブリッド薄膜(膜厚0.05～0.3μm)は500μCcm^{-2}(γ=1.5)もの照射量を要した。このように,シリカ成分により電子線感度に差異が生じたが,シリカマトリックスの架橋密度による現像特性

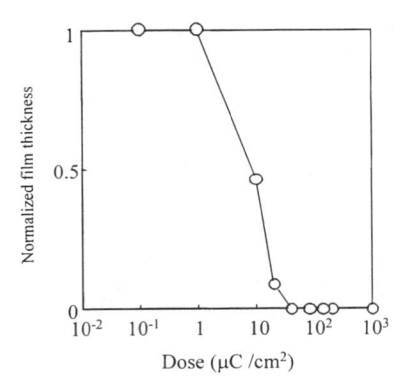

図6 ハイブリッド系レジスト（共重合体/MS/C$_6$H$_5$Si(OCH$_3$)$_3$）の感度曲線

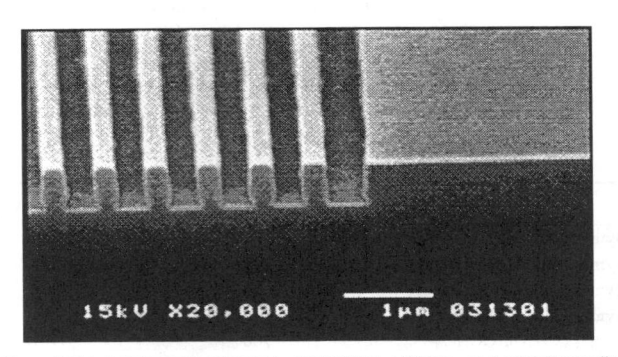

図7 共重合体/MS/C$_6$H$_5$Si(OCH$_3$)$_3$の電子線リソグラフィによる断面SEM像

の違いに起因するところが大きい。電子線描画でアナログ的な3次元加工するには，電子線のエネルギー感度が高く，γ値の小さい方が望ましく，共重合体/MS/C$_6$H$_5$Si(OCH$_3$)$_3$より構成されたハイブリッドが今回の結果の中では最も適したレジスト材料であることが分かった。100μCcm^{-2}の電子線照射で，図7に示すような解像度0.3μm L/Sのポジ型パターンが得られた。無機成分としてシリカを含んだ電子線レジストであることから，溶剤現像における安定性が向上し，さらに電子線の近接効果も幾分抑えられ，アスペクト比の高い明瞭なパターンが得られた。

2.5 アクリル／シリカハイブリッド系電子線ポジ型アナログレジストへの特性

石英上に作製したアクリル／シリカハイブリッド（共重合体/MS/C$_6$H$_5$Si(OCH$_3$)$_3$）薄膜に対して，RIE (ULVAC NLD-800, Etching gas：C$_4$F$_8$：16sccm，CH$_2$F$_2$：14sccm，O$_2$：3sccm)

第7章　光を利用する微細加工システム

によるドライエッチングにおいて，石英に対するエッチング選択比は3.6程度であり，市販のPMMA系のレジスト (2.3) に比べて高いエッチング選択比を示した．石英に対する高いエッチング選択比を持つレジストは，薄い膜厚でも石英基板を深く加工できることを意味しており，光学素子を作製する際の大きな利点となり得る．エッチング後の表面の荒れもPMMAのそれに比べて，極めて少なく，ハイブリッド薄膜中のシリカマトリックスによる耐熱性の向上が認められた．電子線微細加工した基板をさらに3次元加工して光学素子として使用するには，RIE工程が不可欠であるが，エッチングにより著しい表面荒れが生じるPMMAの場合，この表面荒れは光学素子としての実用上，致命的な欠点であり，アクリル／シリカハイブリッド系レジストでは大きく改善された．反射型光学素子の作製に必要な金属薄膜蒸着について，市販のPMMA系レジストとの比較を行ったところ，レジスト膜にNi蒸着を施すと，PMMA系レジストではクラックが観測されたが，ハイブリッド系レジストではクラックのない平滑な表面が得られた．これらの表面形状の違いはシリカマトリックスによる高い耐熱性および石英基板と薄膜の熱膨張係数が近いことによるものと推測される．ハイブリッド系レジストを用いて，電子線照射量をコントロールした4階調レベルの描画パターンからなるコンピュータ合成ホログラム（CGH）の作製に成功した（図8）．このCGHに可視レーザー光を入射すると，光干渉によって合成された像が現れ，これらは回折格子や光フィルターとしての応用が考えられる．

2.6　おわりに

本稿では，有機無機ハイブリッド薄膜の紫外線ネガ型レジストおよび電子線ポジ型レジストへの適用について紹介した．光酸発生剤を用いたエポキシ基のカチオン重合とアルコキシシランのゾル・ゲル反応でハイブリッド薄膜を作製でき，また，光酸・ラジカル発生剤を用いた多官能ア

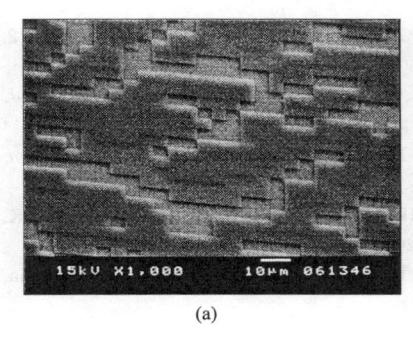

(a)　(b)

図8　ハイブリッド系レジストで作製したコンピュータ合成ホログラム（CGH）
　　a）4階調パターンのSEM像，b）ホログラム（輝点は0次回折像）

クリルモノマーのラジカル重合とアルコキシシランのゾル・ゲル反応の光2元架橋反応で得られるハイブリッド薄膜は，透明性の高い表面硬度，密着性に優れたネガ型レジストとして有効である。

　アクリル共重合体／シリカハイブリッド系レジストでは，電子線照射によるアクリルポリマー部の主鎖切断によりポジ型レジストの性質が得られ，シリカ部分は耐熱性，耐溶剤性，石英基板との密着性の向上などに寄与していると考えられる。実際に，RSi(OR')$_3$から得られるハイブリッド薄膜が電子線に対して比較的高い感度を示すのは，シリカ成分の現像液に対する良好な溶解性によるものと考えられ，その組成をコントロールすることで多様な電子線レジストを合成することができる。回折格子や光フィルター，マイクロレンズアレイなど大容量の光情報を扱う光学素子の作製において電子線微細加工は重要なテクノロジーであり，有機無機ハイブリッド薄膜はそのレジスト材料として有望であると思われる。

文　　献

1) 作花済夫，"ゾル－ゲル法の応用"，アグネ承風社（1997）
2) 中條善樹，中建介，高分子，**48**，244（1999）
3) 櫻井英樹監修，"有機ケイ素ポリマーの新展開"，シーエムシー出版（2002）
4) 井上　弘，松川公洋，石谷優児，西岡　昇，日本接着学会誌，**32**，370（1996）
5) 佐々木裕，マテリアルステージ，**2**，57（2002）
6) G. Berner, R. Kirchmayer, G. Rist, and W. Rutsch, *J. Radiat. Curing*, **13**, 10（1986）
7) 井上　弘，松川公洋，有園敏克，田中佳子，西岡　昇，ネットワークポリマー，**19**，195（1998）
8) H. Inoue, K. Matsukawa, Y. Tanaka, and N. Nishioka, *J. Photopolym. Sci. Tech.*, **12**, 129（1999）
9) H. Inoue, Y. Matsuura, K. Matsukawa, Y. Otani, N. Higashi, and M. Niwa, *J. Photopolym. Sci. Tech.*, **13**, 109（2000）
10) K. Matsukawa, Y. Matsuura, H. Inoue, K. Hanafusa, and N. Nishioka, *J. Photopolym. Sci. Tech.*, **14**, 181（2001）
11) T. Tamai, Y. Matsuura, K. Matsukawa, H. Inoue, T. Hamamoto, H. Toyota, and K. Satoh, *J. Photopolym. Sci. Tech.*, **14**, 185（2001）
12) T. Tamai, K. Matsukawa, Y. Matsuura, H. Inoue, H. Toyota, K. Satoh, and H. Fukuda, *J. Photopolym. Sci. Tech.*, **15**, 19（2002）

3 光架橋性高分子液晶による表面レリーフ形成とその応用

川月喜弘[*1], 小野浩司[*2]

3.1 はじめに

光反応性材料において露光部と非露光部を含むパターン露光にともなう物質移動は、光反応性樹脂やホログラム材料においてよく知られている現象で、光導波路、マイクロレンズアレイの作製やホログラムなどに応用されてきた[1]。これらの物質移動は熱力学的に安定になるよう露光量に応じて分子が移動するものと考えられる。

一方、アゾベンゼンを含む高分子や高分子液晶フィルムに干渉露光などの偏光情報を含むパターン露光を行うと、露光部での物質移動が生じて表面レリーフが分子再配向と同時に形成され、現象の解明やその応用に関する研究が活発に行われている[2~10]。とくにアゾベンゼンを含む高分子フィルムでの表面レリーフ形成は、光や熱などで書き換え可能であるので多くのグループで研究されている。一方、分子架橋を利用した熱的に安定な表面レリーフ形成や分子配向に関する研究例はあまり多くない[8~10]。

本節では光配向可能な光架橋性高分子液晶フィルムに、周期的な強度変調ないしは偏光状態を変調した偏光光を照射することによる、架橋構造による熱的に安定な分子配向と表面レリーフを合わせもった周期構造の形成と、それらの応用について解説する。

3.2 光配向性高分子液晶

分子再配向と表面レリーフ形成には、図1に示す光架橋性高分子液晶（PMCB6）を用いた[11]。まず、PMCB6フィルムに偏光紫外光照射すると、光反応性メソゲンが軸選択的に光架橋反応し内部にはわずかな光学的な異方性が誘起される。つづいて液晶温度でアニールすると、わずかな異方性が液晶性に基づく自己組織化により増幅され、メソゲンの分子再配向が生じる。このときの再配向方向は、図2のように露光量によって偏光軸に垂直方向から平行方向に反転する。これは、露光量が少ない場合には架橋構造が不純物として作用して偏光軸に垂直に再配向し、架橋が十分に進行するとそれがコマンドとして働きその方向（偏光軸に平行方向）に自己組織化するためである[11,12]。

3.3 干渉露光の種類：強度変調と偏光状態の変調

一般に数μm以下のパターンの表面レリーフ構造を形成するためには干渉露光法（ホログラム

[*1] Nobuhiro Kawatsuki 兵庫県立大学大学院 工学研究科 物質系工学専攻 助教授
[*2] Hiroshi Ono 長岡技術科学大学 工学部 電気系 助教授

図1 用いた高分子液晶の分子構造

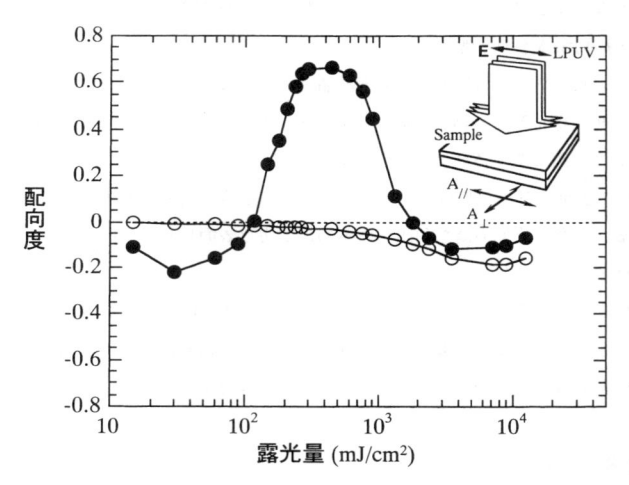

図2 PMCBフィルムに偏光紫外光を照射しアニールしたときに誘起される配向度と露光量の関係
アニール温度は150℃／10分

形成）が用いられ，周期が大きくなるとマスク露光法が利用できる。

　お互いに同方向の偏光を用いた干渉露光法では，図3(a)-(c)のように周期内での偏光状態は同じで強度のみが変調された露光となる。これは光反応性材料を用いて通常のホログラムを作製するときの露光方法に相当し，感光性フィルムには光反応量の変調されたパターンが形成される。一方，図3(d)，(e)のようなお互いの偏光電界が直交した直線偏光や，逆回転の円偏光をもちいて照射すると，露光強度は一定で偏光状態が変調された光が照射される。この露光法では強度変調がないので，光反応量は全面にわたって均一であり，露光時の偏光状態が変調されている。この干渉露光方法は回折光の偏光状態を制御できる偏光ホログラム作製に利用されており，偏光状態によって分子再配向するアゾベンゼン高分子や光配向性高分子液晶フィルムでの例が報告されている[6,7,12〜15]。したがって，これらの露光方法をもちいて分子再配向を伴わない通常の光反応性材料に照射しても，全面にわたり反応量が均一なのでパターンは形成されない。

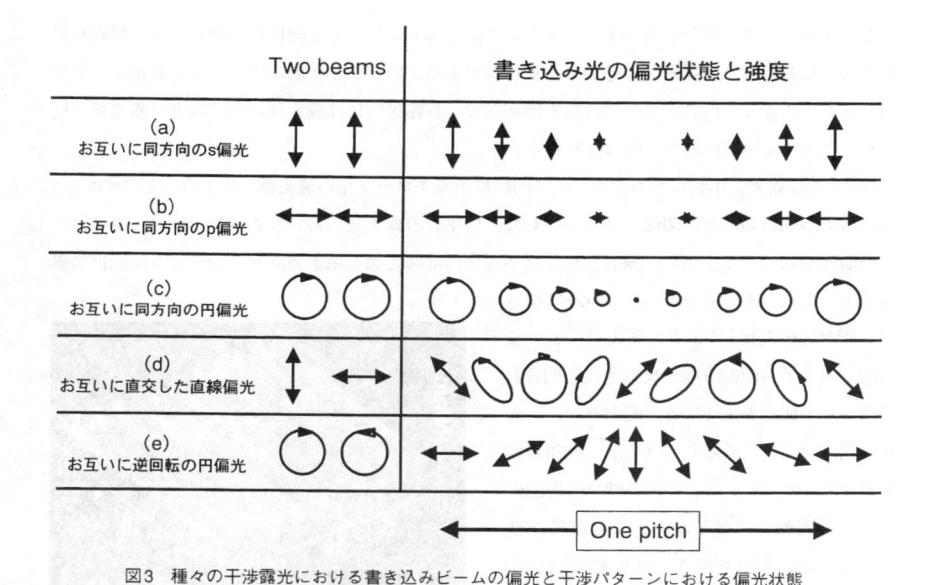

第7章　光を利用する微細加工システム

図3　種々の干渉露光における書き込みビームの偏光と干渉パターンにおける偏光状態

3.4 分子配向パターンと表面レリーフの形成およびそれらの特性

アゾベンゼンを含む高分子フィルムに図3(a)-(c)の強度変調の干渉露光をすると，分子再配向にともなって露光量の多い部分から少ない部分に物質移動が生じることが知られている。このときの分子再配向は偏光軸に対して垂直方向であり，多くの場合，s-s偏光（図3(a)）での露光の方がp-p偏光（図3(b)）よりも深いレリーフを形成している。また，アゾベンゼン含有高分子フィルムでは強度変調のない図3(d)，(e)や±45°直線偏光での露光を行っても表面レリーフが形成され，純粋な偏光ホログラムとならない場合がある[16,17]。これは物質移動が形成されるグレーティングの方向や再配向方向と密接に関わっていることを示唆している。

ここでは，PMCB6フィルムに図3の強度変調露光，および偏光状態を変調した干渉露光を行った場合に形成されるパターンについて述べる。

3.4.1 強度変調露光

膜厚300nmのPMCB6フィルムに波長325nmのHe-Cdレーザーを用いて図3(a)の露光方法で種々の時間干渉露光し，液晶状態での分子再配向を行うと，図4のような強度変調の周期に対応した表面レリーフが形成された[18]。露光量と表面レリーフ深さの関係を図5に示す。なお，露光直後には表面形状の変化は見られず，液晶温度でアニールすることにより分子再配向を誘起す

211

ると表面レリーフが発現した。また，図3(b)のp-p偏光においても同様の表面レリーフ形成が見られた。これらより，露光量に応じて物質移動が生じていることがわかる。しかしながら，アゾベンゼンと異なり，低露光量時には露光部が凹で，高露光時には露光部が凸になり，露光量（反応量）によって物質移動の方向は反転した。

図6にs-s露光で作製した表面レリーフ回折格子のプローブ光の偏光軸と格子方向との角度と1次回折光の回折効率との関係をプロットした。いずれの露光量においても回折効率は入射プローブの偏光軸に対して変化し，露光量が少ない場合には偏光軸と格子方向が平行のときに回折効率は最大になり，露光量が多いとその逆になった。PMCB6は上述のように露光量によって面内での分子再配向方向が反転する。図6の関係から，低露光量時には再配向方向は偏光軸に垂直で，より低露光部（凸部）へ物質移動が生じており，一方，高露光時では再配向方向は偏光軸に平行となり，より高露光部（凸部）へ物質移動が起こったと考えられる。

これらを考慮して表面レリーフ内での複屈折は均一であると仮定すると，表面レリーフ深さと回折効率のプローブ光の偏光角

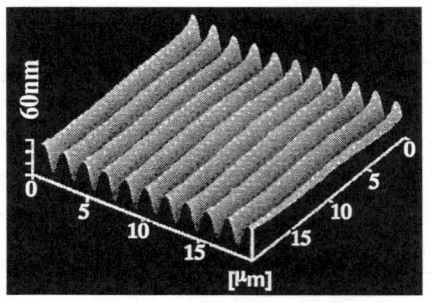

図4 PMCBフィルムに図3aの干渉露光法で作製した表面レリーフ構造
露光エネルギー95mJ／cm^2 露光後150℃で15分アニール

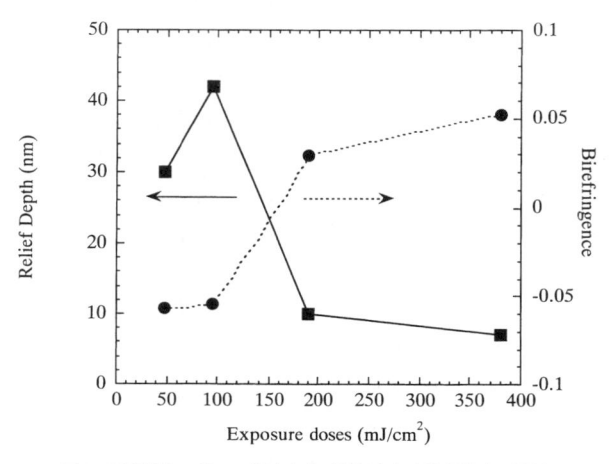

図5 露光量とレリーフ深さおよび誘起された複屈折率の関係

第7章 光を利用する微細加工システム

度依存性は式(1)〜(3)より求められる[18]。

$$n_{eff} = \sqrt{\cfrac{1}{\cfrac{\sin^2\alpha}{n_\perp^2} + \cfrac{\cos^2\alpha}{n_{//}^2}}} \quad (1)$$

$$\Delta\phi = \frac{2\pi}{\lambda}\left[(n_p - n_{eff})d + \frac{\Delta d}{2}(n_p + n_{eff} - 2n_a)\right] \quad (2)$$

$$\eta_{+1} = j_1^2(\Delta\phi) \quad (3)$$

ここで，n_{eff}はフィルムの実効屈折率，$n_{//}$，$n_\perp$は偏光電界にそれぞれ平行および垂直方向の屈折率，αはプローブ光入射角度，$\Delta\phi$は回折格子の位相差，d，Δdはフィルム厚さおよびレリーフ高さ，J_1は1次の$\Delta\phi$に関するベッセル関数である。これらの関係式を図6にカーブフィッティングしてフィルムに誘起された複屈折率を図5にあわせてプロットした。これらの値は直線偏光露光によって誘起されるフィルムの複屈折率に比べ低いものの，強度変調干渉露光によりレリーフ構造とともに分子再配向が生じること，またそれらの方向が反転することを支持する。

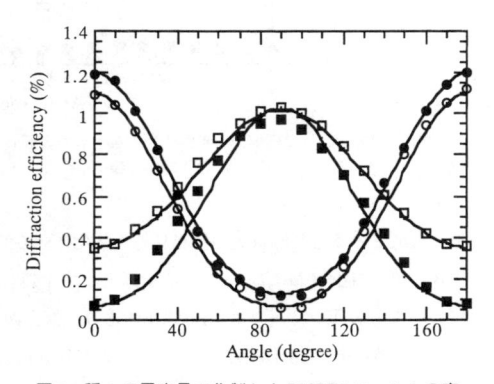

図6 種々の露光量で作製したPMCB6フィルムの表面レリーフ回折格子のプローブ光の偏光方向と回折効率の関係
露光量 ○：48，●：95，□：190，■：380 J/cm^2
実線は式1-3からカーブフィッティングした曲線である。

興味深いことに，お互いに同方向周りの円偏光（図3(c)）での露光でも，直線偏光の場合と同様に表面レリーフが形成され，回折効率が図7のようにプローブ光の偏光方向によって変化した[15]。これは，フィルムに光学的異方性があることを示し，表面レリーフ形成（物質移動）時に分子再配向が生じていることを示す。この露光法では円偏光照射であるので，光照射により光学的異方性は誘起されないので1軸的な分子再配向は生じないはずである。このことは，物質移動とグレーティング界面が液晶メソゲンの分子再配向を引き起こしていることを示唆する。

3.4.2 偏光状態を変調した露光

偏光状態を変調した露光では，強度は均一であるので光反応量は全面で均一である。そこで，この偏光方向分布に従った分子配向（表面レリーフが形成されない複屈折率変調）を有する周期

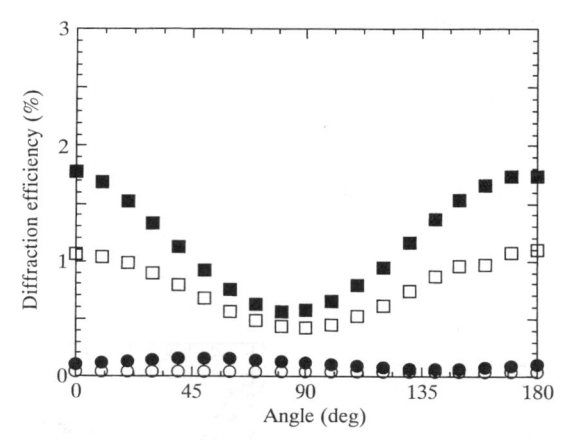

図7 同方向回りの円偏光干渉露光で作製された表面レリーフ回折格子の回折効率の角度依存性
露光量 ○:24, ●:48, □:96, ■:190J/cm²

構造が形成されると，回折光の偏光状態を変化させる偏光ホログラムとして作用する[13,19]。

図8a，8bに図3dおよび3eの方法で露光して作製した偏光ホログラムの表面を示す[15]。いずれにおいても表面レリーフは4nm以下であり，偏光顕微鏡観察すると図8c，8dのように露光周期の1/2ピッチで明暗が観察された。これは図3dおよび3eの偏光電界周期にしたがって分子再配向が誘起されたことを示す。したがって，これらの回折格子での1次回折光の回折効率のプローブ光角度依存性は図9のようにほとんどなかった。

また，図3dで作製した偏光ホログラムに直線偏光を入射すると，0次光の偏光方向は変化しないが，1次光は90度回転した直線偏光に変換された。また，お互いに逆回りの円偏光（図3e）で作製したものでは，0次光に変化はないが，1次光が逆回りの円偏光に変換された[15,19]。さらにこれに円偏光を入射すると，回折光の直線偏光への変換や，円偏光の回転方向による偏光変換と回折方向の選択性などユニークな回折特性を示した。これらの偏光変換現象は，複屈折変調の周期構造とジョーンズ行列を用いて理論的に予測され，上記結果は理論計算と一致した[19]。さらに，図10のように種々の方向から，種々のモードで多重露光を行なうと，回折光は図のようにさまざまな偏光特性を有する[20]。

3.5 おわりに

光架橋性高分子液晶に種々の偏光での干渉露光法によって形成される表面レリーフと分子再配向について述べた。架橋密度の違いによって物質移動が生じ，偏光方向によって再配向も同時に

第7章　光を利用する微細加工システム

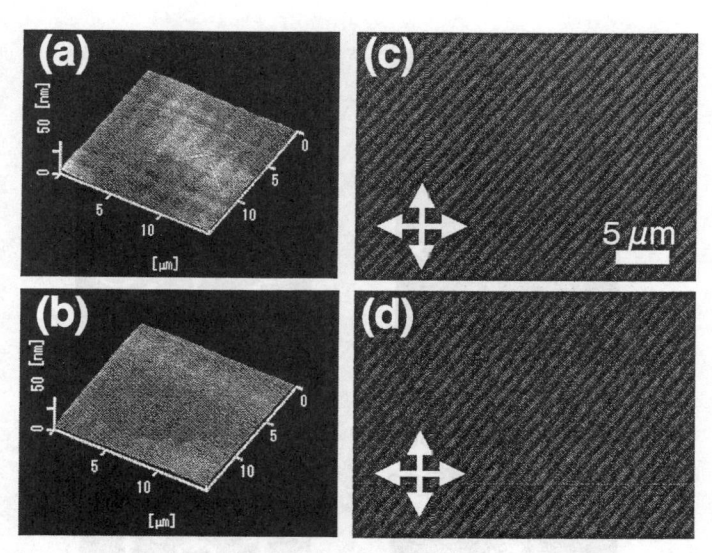

図8　お互いに直交する偏光を用いた干渉露光法で作製した回折格子の表面形状とそれらの偏光顕微鏡写真
(a)(c)直交する直線偏光で露光したもの　(b)(d)直交する円偏光で露光したもの

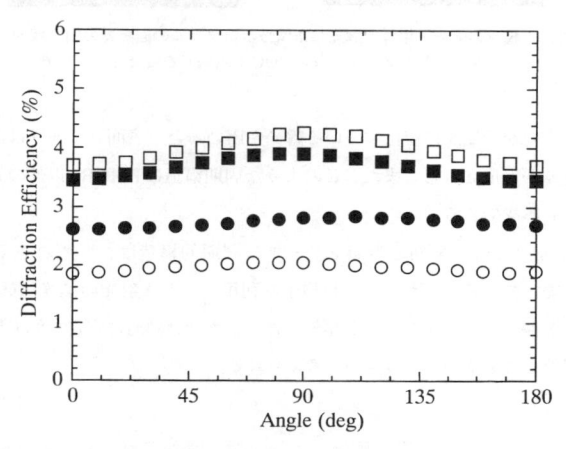

図9　逆方向回りの円偏光干渉露光で作製された偏光回折格子の回折効率の角度依存性
露光量　○：24，●：48，□：96，■：190J／cm^2

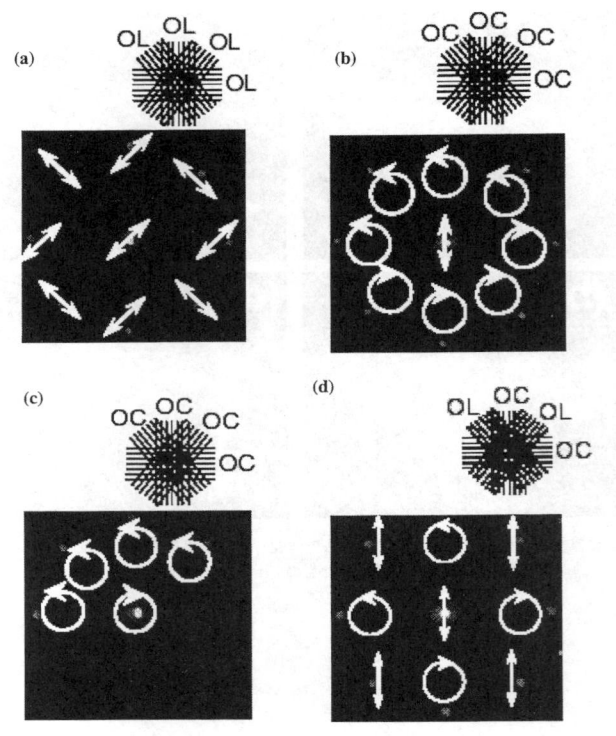

図10 種々の偏光を重ねて露光した偏光ホログラムの回折光の偏光状態
OL:直線偏光を直交させた露光,OC:円偏光を直交させた露光

誘起された.偏光方向が周期的に変化している露光を用いると,表面レリーフは形成されず,純粋な偏光ホログラムが形成された.また,このような周期構造はPMCB6以外の光架橋性(配向性)高分子液晶でも形成できる.

さらに,本節で述べた分子配向と表面レリーフの周期的構造は,いずれも架橋構造により150℃まで熱的に安定である.これらの回折格子を利用すると入射光の偏光状態を解析したり,入射偏光を変換する偏光を制御する素子が作製できる.また,熱的に安定な偏光情報の記録やホログラム記録材料としても応用できるものと考えられる.

第7章 光を利用する微細加工システム

文　　献

1) H. Franke, "Polymers for lightwave and integrated optics", p.105, Marcel Dekker, New York (1992)
2) T. Ikeda, *J. Mater. Chem.*, **13**, 2037 (2003)
3) K. Ichimura, *Chem. Rev.*, **100**, 1847 (2000)
4) A. Natansohn et al., *Chem. Rev.*, **102**, 4139 (2002)
5) P. Rochon et al., *Appl. Phys. Lett.*, **66**, 136 (1995)
6) D. Y. Kim et al., *Appl. Phys. Lett.*, **66**, 1166 (1995)
7) S. Hvilsted et al., *Macromolecules*, **28**, 2172 (1995)
8) 生方ほか，光機能性有機・高分子材料の新局面，シーエムシー出版，p.142 (2002)
9) 川月ほか，液晶，**7**, No.4, 332 (2003)
10) 川月，光機能性有機・高分子材料の新局面，シーエムシー出版，p.133 (2002)
11) N. Kawatsuki et al., *Macromolecules*, **35**, 706 (2002)
12) N. Kawatsuki et al., *Adv. Mater.*, **13**, 1337 (2001)
13) P. S. Ramanujam et al., *Appl. Phys. Lett.*, **74**, 3227 (1999)
14) N. Kawatsuki et al., *Appl. Phys. Lett.*, **83**, 4544 (2003)
15) N. Kawatsuki et al., *Adv. Mater.*, **15**, 991 (2003)
16) H. Nakano et al., *Adv. Mater.*, **14**, 1157 (2002)
17) Y. Wu, et al., *Macromolecules*, **34**, 7822 (2001)
18) H. Ono et al., *Appl. Phys. Lett.*, **82**, 1359 (2003)
19) H. Ono et al., *J Appl. Phys.*, **94**, 1298 (2003)
20) H. Ono et al., *Opt. Exp.*, **11**, 2379 (2003)

第8章　電子線・放射線を利用した架橋反応

1　低出力電子線の高分子機能化における利用

木下　忍*

1.1　はじめに

イギリスのCharlesby博士が1952年にポリエチレンの放射線架橋を発見したことが引き金となり，電子線（Electron Beam＝EB，以下EBという）の工業利用は，ポリエチレンの架橋技術の応用として1950年代後半から始まった。

このEBは放射線の仲間で図1[1]のとおり電気を持った粒子線に分類され，EB照射装置（加速器）により作られる。われわれの身近にあるテレビがEB装置であり，このテレビは約25kVの加速電圧でEBを加速しブラウン管に照射することで発光させ映像としているのである。このEB装置は電子を加速する電圧で表1[2]のとおり，低・中・高エネルギータイプに分類される。この中でも低エネルギータイプのEB照射装置は，米国のE.S.I（エナジーサイエンス社・現在：岩崎電気㈱関係会社）により1970年代初めに開発され1980年代に入り利用数が急増した。

その理由として，低エネルギーは中・高エネルギータイプと比較して

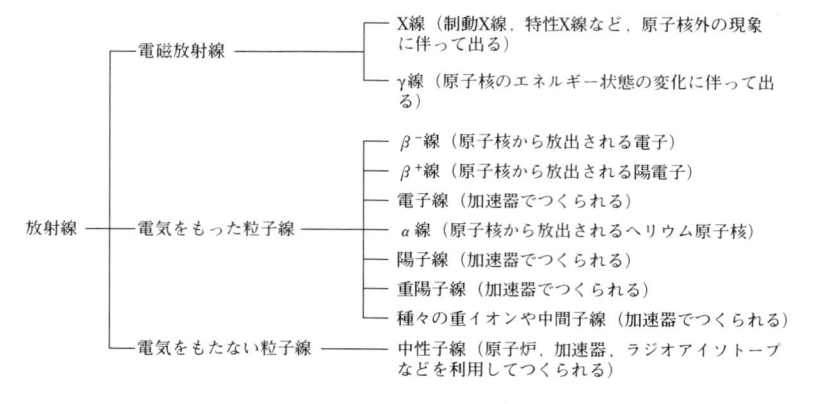

```
                    ┌─ 電磁放射線 ──┬─ X線（制動X線，特性X線など，原子核外の現象に伴って出る）
                    │                └─ γ線（原子核のエネルギー状態の変化に伴って出る）
                    │
                    │                 ┌─ β⁻線（原子核から放出される電子）
                    │                 ├─ β⁺線（原子核から放出される陽電子）
放射線 ─┼─ 電気をもった粒子線 ─┼─ 電子線（加速器でつくられる）
                    │                 ├─ α線（原子核から放出されるヘリウム原子核）
                    │                 ├─ 陽子線（加速器でつくられる）
                    │                 ├─ 重陽子線（加速器でつくられる）
                    │                 └─ 種々の重イオンや中間子線（加速器でつくられる）
                    │
                    └─ 電気をもたない粒子線 ── 中性子線（原子炉，加速器，ラジオアイソトープなどを利用してつくられる）
```

図1　主な放射線の分類[1]

---

*　Shinobu Kinoshita　岩崎電気㈱　光応用事業部　光応用営業部　技術グループ　次長兼技術グループ長

第8章 電子線・放射線を利用した架橋反応

表1 加工処理用電子加速器の種類とエネルギー範囲[2]

エネルギー (MeV)			
低	中		高
0.1　　　　0.3	0.5　　　　1	3　　5	10
リニアカソード型			
モジュールカソード型			
薄板カソード型			
低エネルギー走査型			
変圧器整流型			
	コッククロフト-ウォルトン型		
	ダイナミトロン		
			直線型

① コンパクトで安価である。
② X線のシールドが装置自体で可能である（自己遮蔽可能）。
③ インライン化が可能である。
④ 法的規制が少なく取り扱いやすい（資格，管理区域など不要。（原子力基本法での対象が1,000keV以上のEB装置であるので））。

などの特長によるものと考えられる。しかし，以上の特長でも実用化に向けて利用者側から更なる装置の大きさや価格の改善が要望されていた。近年，その要望に応える今まで以上にコンパクトなEB照射装置が商品化してきているので，表2のとおりEBの工業応用で装置の価格等の問題で実用化されていない用途に対しても実用化が期待される。

本稿では，低エネルギーを低出力と同じと考えていただき，EBの基礎とEB利用の架橋反応（応用例）および近年の低出力EB照射装置について紹介する。

1.2 EBの特長と物質への作用

EBは次の特長を持っている。
① 不透明物質でも透過できる。（そのエネルギー付与の過程は電子密度に依存）
② 常温で処理ができる。
③ 重合の場合，無溶剤で処理ができ環境にやさしい。
④ 光重合と異なり光重合開始剤が不要である。
⑤ 低エネルギータイプのEB装置は法的規制が少なく取り扱いやすい。

高分子の架橋と分解―環境保全を目指して―

表2 EBの工業応用分野

①重合（硬化＝液体→固体）
・印刷：食品容器，飲料容器，プラスチック製品
・塗装：高光沢印刷物，光沢紙，リリースペーパー，印画紙，静電気除去フィルム，含浸紙，ベースコート
・接着：粘着フィルム，木工製品，植毛，サンドペーパー，各種ラミネート
②架橋（固体→網目状固体）
タイヤ，耐熱電線，熱収縮チューブ・フィルム，発泡ポリエチレン輸液バッグ，フィルム製造，磁気テープ，フロッピーディスク
③グラフト重合（基材への化学的結合）
イオン交換膜，フィルター，バリアフィルム，特殊加工
④滅菌
各種容器，包装材料，医療用器具，食品
⑤その他
排ガス処理，汚泥処理，上下水処理

などがあげられるが，そのEBの特長を知るためにも，EBの特性と物質への作用について例をあげて説明しよう。

ここで，EB装置をピストルに例えると分かりやすい。ピストルの弾丸（電子）を物質に打ち込む時，火薬（加速電圧）を多くするほど，弾丸（電子）を物質の奥深くまで打ち込むことができる。また，打ち込まれる物質として鉄板と紙を例にとり，両者を比べると，その打ち込まれる深さは大きく違う。つまり，打ち込まれる物質の密度（または，比重）により到達深度も変わる。EBにおいても同じことが言え，加速電圧と被照射物の密度によって電子の透過深さが決まり，これらの間には図2に示すような関係がある。図中の縦軸は，表面の線量（dose）を100％とした割合であり，横軸は電子の物質への浸透深さを示している。ただし，単位は$1m^2$の物質の重さ(g)，つまり，面密度と呼ばれる単位で，物質の密度が決まれば厚みに変えることができる。例えば，密度$1g/cm^3$の水の場合，数値をそのまま μm（ミクロン）と置き換えられる。また，逆に密度が半分の物質であれば，数値を2倍にすると μm（ミクロン）の単位で表せられる。ただし，図2は，ナイロンフィルムで測定されたものであり，EBは物質の電子との相互作用であるため，正確に言うと図は物質により若干変化するので，実際の対象物質での確認が必要である。

EBの浸透深さについてはわかっていただけたと思うが，実際に反応に寄与するエネルギーは

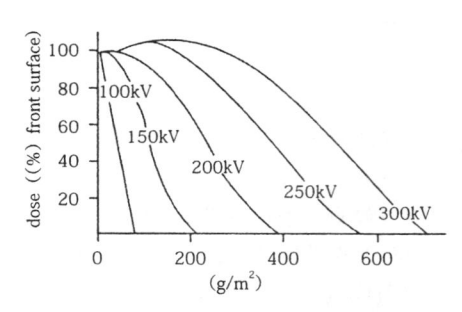

図2 各加速電圧における透過深さと線量との関係
　　（ナイロンフィルムによる測定）

第8章 電子線・放射線を利用した架橋反応

別であり、今度は物質に打ち込まれる電子の数で決まってくる。EB装置から加速された電子は物質中に打ち込まれると、物質中に多数ある核外電子と相互作用して多量の2次電子を発生させる。この2次電子の平均的なエネルギーは100eV程度といわれている。実際に反応に寄与するのはこの2次電子である。この核外電子の数は原子（物質）により異なり、この数の多いものほど電子との相互作用が強くなることは知っておく必要がある[3]。

そこで、EB装置では電子の数つまり電子電流により物質への吸収線量（エネルギー）が決められ、処理能力とも関連する。その関係は次式で表される。

$$D = K \cdot I/V \tag{1}$$

ただし、D：線量（kGy），I：全電子電流（mA），V：処理スピード（m／min.），K：それぞれの装置によって定まる定数，である。

ここで、線量（Gy（グレイ））は吸収線量を意味し、「1Gyは、1kgあたり1ジュールのエネルギー吸収量」に相当する。この線量測定には、フィルム線量計[4]が使用される。

装置の機種選定には、まず、硬化処理に必要な線量を求め、処理スピードを(1)式に代入して必要な全電子電流（mA）を求める。EB装置は機種ごとに最大処理能力（線量と処理スピードで表示）が決まっているので、それに合わせて適当なものを選定することになる。

1.3 高分子へのEB照射[2]

高分子（EB硬化樹脂も含む）にEB照射することで、図3に示した作用があり、その応用が先に紹介した表2のとおりである。ここでは、その中の架橋（橋かけ）と分解（切断，崩壊）について説明する。

高分子化合物にEBを照射すると結合の切断や生成などの反応が起こり、特に重要な効果は架橋（橋かけ）と分解（切断，崩壊）である。架橋と分解のどちらが優先するかは、雰囲気、温度などの照射条件に大きく依存するが、表3に代表的な架橋するポリマーと分解するポリマーを示した。この中で架橋するポリマーは、架橋と同時に分解も起こるが、架橋が分解より優先するので、高分子の分子量は増加し、架橋するポリマーとしている。

放射線（EBも含む）によって引き起こされる反応を表すのにG値が使用される。このG値とは、高分子等に吸収された放射線のエネルギー100eVあたり、反応によって消失したり、生成したりする化学種の数で定義される。代表的な架橋型高分子の架橋と分解のそれぞれのG値を表4に示した。表から分かるとおりG値の差が大きいポリエチレンや天然ゴムが架橋しやすい高分子であり、そのポリエチレンの高密度ポリエチレン（HDPE）と低密度ポリエチレン（LDPE）に対して線量とゲル分率（架橋度）との関係を図4に紹介した[5]。HDPEは300kGy，LDPEは100kGyで飽和するようである。

高分子の架橋と分解—環境保全を目指して—

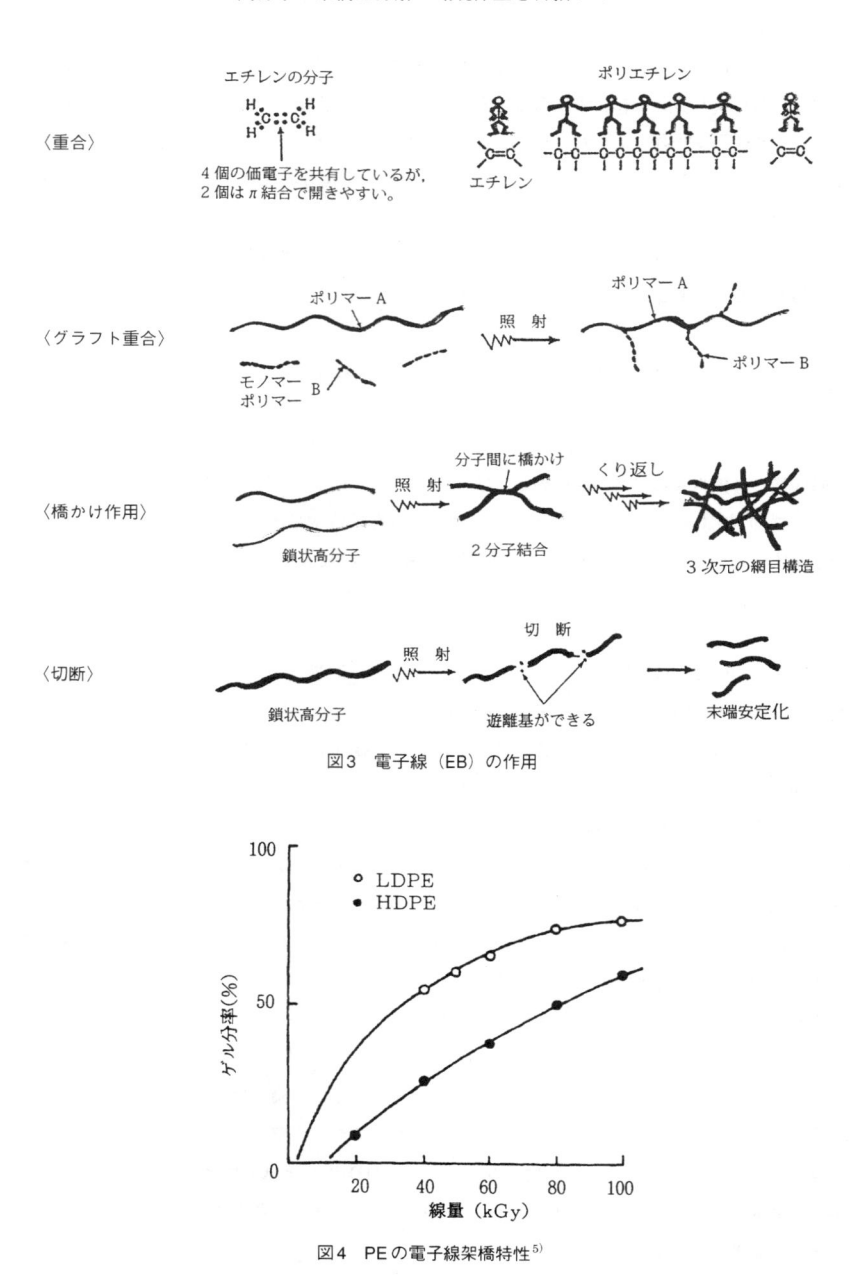

〈重合〉 エチレンの分子　ポリエチレン
4個の価電子を共有しているが，2個はπ結合で開きやすい。

〈グラフト重合〉 ポリマーA　照射　ポリマーA
モノマーB　ポリマー　ポリマーB

〈橋かけ作用〉 鎖状高分子　照射　分子間に橋かけ　2分子結合　くり返し　3次元の網目構造

〈切断〉 鎖状高分子　照射　切断　遊離基ができる　末端安定化

図3　電子線（EB）の作用

図4　PEの電子線架橋特性[5]

第8章 電子線・放射線を利用した架橋反応

表3 放射線による高分子の架橋と分解

分解型	架橋（橋かけ）型
ポリイソブチレン $+CH_2C(CH_3)_2+_n$	ポリエチレン $+CH_2CH_2+_n$
ポリ塩化ビニリデン $+CH_2CCl_2+_n$	ポリプロピレン $+CH_2CH(CH_3)+_n$
ポリメタクリル酸エステル $+CH_2C(CH_3)COOR+_n$	ポリスチレン $+CH_2CH(C_6H_5)+_n$
ポリメタクリルアミド $+CH_2C(CH_3)CONH_2+_n$	ポリアクリル酸エステル $+CH_2CH(COOR)+_n$
ポリα-メチルスチレン $+CH_2C(CH_3)C_6H_5+_n$	ポリ酢酸ビニル $+CH_2CH(OCOCH_3)+_n$
ポリテトラフルオロエチレン $+CF_2CF_2+_n$	ポリアクリロニトリル $+CH_2CH(CN)+_n$
ポリクロロトリフルオロエチレン $+CF_2CFCl+_n$	ポリ塩化ビニル $+CH_2CHCl+_n$
セルロースおよびその誘導体	天然ゴム $+CH_2-C(CH_3)=CHCH_2+_n$
	ポリアミド $+R_1CONHR_2NHCO+_n$

表4 架橋型高分子化合物の G 値

高分子化合物	G（架橋）	G（分解）
ポリエチレン	1〜2.5	0.2〜0.5
ポリプロピレン	0.4〜0.5	0.3〜0.4
ポリスチレン	0.028〜0.049	0.0094〜0.019
ポリアクリル酸メチル	0.45〜0.52	0.15
ポリ酢酸ビニル	0.093〜0.15	0〜0.06
天然ゴム	1.3〜3.5	0.14

1.4 応用例

1.4.1 電線照射

(1) PVC（ポリ塩化ビニル）電線

　PVCは分解型の高分子とされていて，PVC単独に照射し架橋されるには高線量が必要であり，架橋と同時に脱塩酸などの分解反応も起きることから，着色や耐熱老化性の低下の原因となり実用化が難しかった。しかし，多くの研究が進められ多官能性モノマーをあらかじめ添加することで，数十kGyで有効な架橋ができるので，着色や耐熱老化性の低下も無くなり，難燃性にもすぐれていることから，実用化されている。また，PVCの絶縁テープなどにも応用されている。

(2) PE（ポリエチレン）電線

　PEの架橋は先に説明したとおり，照射PE電線は，照射PVC電線より実用化が早かった。し

かし，PEは燃えやすいという問題があり，難燃化の検討が必要であった。その後，開発が進み，高難燃性のPEが実用化されている。今後，環境対策の関係からPVCの代替としての幅広いニーズに適用されていくと思われる。

1.4.2 発泡体への応用

ポリオレフィンの発泡体に，EB照射が応用されている。この発泡体は，基材高分子（ポリオレフィン）に発泡剤を添加し，その発泡剤の分解温度以上に成型品を加熱することで，窒素ガスを発生させてポリオレフィンを膨張させることで製造される。ポリオレフィンは，高温で急激に溶融粘度が低下するため，架橋ポリオレフィンでなければ，気泡の保持ができず，均一で，高発泡の製品はできないのである。図5に製造フローを示した。

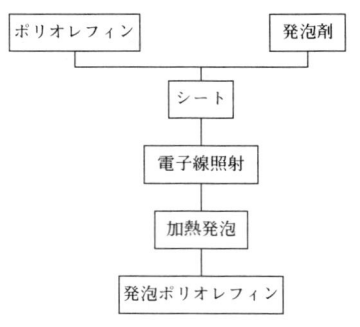

図5　発泡ポリオレフィンの製造工程

1.4.3 熱収縮体への応用

シュリンクフィルム，シュリンクチューブとして実用化されている。これは，架橋プラスチックの「記憶効果」を利用したものである。図6にシュリンクチューブの製造工程例を示した。架橋プラスチックは加熱することで，容易に延伸することができ，延伸状態のまま冷却し，常温に戻すと，その延伸した形状で保持される。これを再加熱すると延伸前の状態まで収縮するのである。

1.4.4 天然ゴムラテックスへの応用[6)]

ポリマー微小粒子が水に分散したラテックスにおいて，天然ゴムラテックスに対して応用が進められている。ゴム手袋などの天然ゴムラテックス製品に接触することで，アレルギーを起こす場合があり，その原因は，天然ゴムラテックス中のタンパク質である。そのタンパク質の除去と実用化に向けた低出力EBによる架橋処理が，図7に示すような製造工程で考えられている。

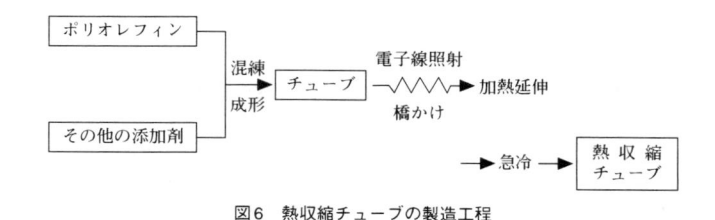

図6　熱収縮チューブの製造工程

第8章 電子線・放射線を利用した架橋反応

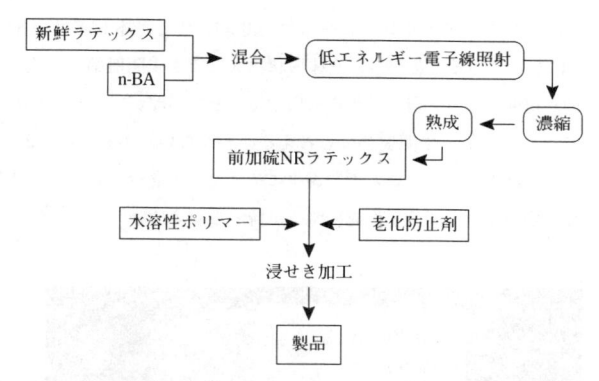

図7 経済性と脱タンパク質を目標とした天然ゴムラテックスの放射線加硫プロセス[6]

1.5 EB装置

以上のとおりEB照射で高分子の架橋処理をすることが有効であることを述べたが，応用技術を実用化するにも装置コストも含めイニシャルおよびランニングコストを考える必要がある。そこで，ここでは，はじめに述べた装置の現状を紹介する。

1.5.1 小型低出力EB処理装置例

近年，一般的に表層の表面の改質や薄膜の処理をすれば良いことも多くなり，EB処理装置の加速電圧として150kVも必要なく，加速電圧を100kV程度またはそれ以下でも十分であるため，窓箔等の改良により，その電圧に対応した低加速電圧の装置が開発されている。本装置は，発生する制動X線の量も少なく遮蔽も容易となり，電源も含め小型化できることから低コストとなり，さらにEB照射も表層に効率よくエネルギーを与えることができるので，EB装置としての利用効率も非常に高くなっている。以上のことから本小型EB処理装置例を次に紹介する。

(1) 実験用小型EB処理装置

標準の250kVの実験用EB硬化装置（EC250/15/180L）の約1/3の重量となりコンパクトな実験機「アイライトビーム®」（写真1参照）が80～110kVの実験用として開発された。表層の改質処理実験には有効である。

(2) EZCure™装置

EZCure（イージーキュア）シリーズは1999年末から市販され，1990年から考えると約20％（社内比）まで価格が低下している。このシリーズは現在EZCure Ⅲ（写真2）として，加速電圧を80～90kVに絞り込むことで，小型化，低コスト化を押し進めた装置である。

(3) 円筒型EB処理装置（写真3）

高分子の架橋と分解—環境保全を目指して—

　新しいEB硬化装置として「アイリングビーム™」を紹介する。本装置は図8に示すようにEB処理空間が円筒になっていることから，立体形状物などでも未照射部分を残さず，1台の装置で瞬時の全面処理が可能である。自然落下を利用することで処理ができることから，搬送部材への接触も無くなり，それによる未照射部分も考える必要がない。本装置は，2003年4月に登場したもので，例えば糸状の繊維の架橋処理や繊維にモノマーを含浸させてグラフト重合させることなどにより，高機能の繊維の高分子作成に期待が持てるのではないだろうか。

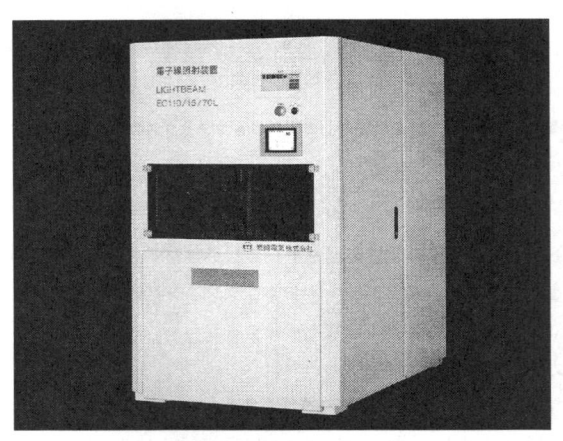

写真1　アイライトビーム®

写真2　EZ CureI, III

第8章　電子線・放射線を利用した架橋反応

写真3　アイリングビームの外観

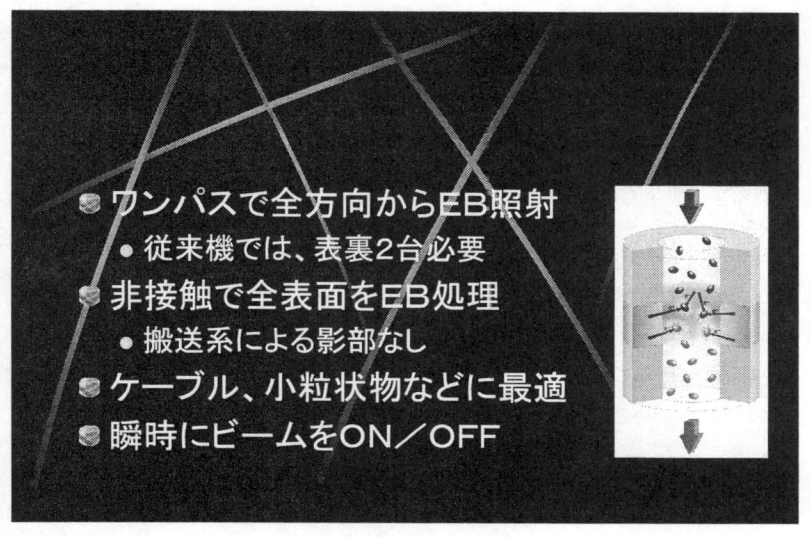

- ワンパスで全方向からEB照射
  - 従来機では、表裏2台必要
- 非接触で全表面をEB処理
  - 搬送系による影部なし
- ケーブル、小粒状物などに最適
- 瞬時にビームをON／OFF

図8　アイリングビームの特徴

1.6 おわりに

以上のとおり，EBによる高分子の架橋，分解への応用は，今後の環境対策などを含めて利用されていく期待が非常に高いと思われる。また，現状のEB装置はコンパクト化，低コスト化，操作性のアップなど非常にめざましい進展をしている。読者の方に少しでも参考にしていただければ幸いである。また，本技術や装置に興味を持たれた読者の方がいれば，是非，実際にEB処理し，その効果を体感していただきたい。EB照射は，装置メーカや照射センターなどがあるので利用できる。

最後に，EB処理が高分子の高機能化として，今後もさらに多く寄与できる技術になっていくことを期待する。

文　献

1) ㈳日本アイソトープ協会，「やさしい放射線とアイソトープ」，丸善（1990）
2) 石榑ほか編集，「放射線応用技術ハンドブック」，朝倉（1990）
3) 鷲尾芳一，「低エネルギー電子線照射の応用技術」，シーエムシー出版（2000）
4) 須永博美，「低エネルギー電子線照射の応用技術」，シーエムシー出版（2000）
5) 坂本良憲，「電子線加工（新高分子文庫27）」，高分子刊行会（1989）
6) 幕内恵三，「ポリマーの放射線加工」，ラバーダイジェスト社（2000）

2 放射線を利用するポリテトラフルオロエチレンの機能化

鷲尾方一[*]

2.1 はじめに

ポリテトラフルオロエチレン（PTFE、分子構造を図1に示す）はその化学的、電気的安定性や200℃を超える温度で使用が可能であることなどから、医療用具やケーブルの絶縁体、種々の容器や調理器具（テフロンコートとして知られている）への応用が広く行われている。

ところが、PTFEは他の高分子に比べ電離放射線による照射のダメージが極めて大きいことが知られている。実用的には数100Gyから数kGy程度の照射により、その性能が保持できなくなる[1,2]。

ところが1990年代日本および中国において、相次いでPTFEがその溶融温度付近酸素不在下で電子線あるいはγ線の照射を受けると架橋反応が起こることが見出された[3〜5]。この方法で得られたPTFEの架橋体は、その後の詳細な研究により、単に耐放射線性を付与することができたこと以外に、多くの特徴的な機能が付与されていることが明らかにされている[6〜10]。本稿では架橋PTFEの特徴を簡単に説明し、その後放射光を用いた機能化、さらに電子線を用いた機能性材料への応用について説明する。

2.2 架橋PTFE

PTFEは酸素不在下においてその溶融温度を超える温度（通常340℃）で電子線あるいはγ線を照射することによってY型の架橋体を生成することが知られている[8,11,12]。この架橋体は架橋処理時に与える放射線の線量によってその特性が異なるが、ここでは一般的な特徴について概要を説明する。

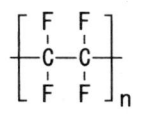

図1 PTFEの分子構造

表1 PTFEおよび架橋PTFEについて機械的強度が半分になる線量の比較

PTFE samples	Dose at 1/2 Eb (kGy)		Dose at 1/2 Ts (kGy)	
	vacuum	air	vacuum	air
Virgin	3.5±0.5	2.0±0.5	3.5±0.5	1.5±0.5
RX-50	510±20	70±5.0	>900	100±10
RX-500	1050±50	250±10	>2100	450±20
RX-1000	1900±80	360±20	>2100	>600

架橋線量 50kGy、500kGyおよび1MGyの試料をそれぞれRX-50、RX-500、RX-1000と記載してある。

---

[*] Masakazu Washio　早稲田大学　理工学総合研究センター　教授

架橋PTFEを合成する場合，その特性をもっとも大きく左右するのは，架橋時の吸収線量である。図2には架橋線量を変えた場合の紫外－可視光領域での光の透過度を示す[11, 13]。図2に示すように吸収線量が大きくなるにつれて，透明性が飛躍的に大きくなることが分かる。別の表現をすると，架橋時の吸収線量が大きくなると，結晶性の高い通常のPTFEが白濁した試料であるのに対し，架橋体では次第にアモルファス状態の部分が増大して，透明性が増していくと考えることができる。このことは，DSCを用いた結晶の融解熱量，あるいはX線回折による結晶構造解析からも裏づけが得られている。

さて，架橋PTFEのもっとも大きな特徴は，通常のPTFEに比べて，耐放射線性が格段に向上している点にある[10, 11, 14]。後に述べる電子線によるイオン交換能付与のためのグラフト重合を行う際には，この特性がきわめて重要である。具体的には表1[15]に示すように，比較的架橋密度が低いRX-50という試料でも，真空中照射で150倍，空気中照射で約30倍以上と，高い耐放射線性を示す。これは，架橋PTFEが，3次元のネットワーク構造を持っていることに起因している。

PTFEを架橋体にすることによって，応用の観点からさらに大きな特徴をあげることができる。図3にPTFE（Virginと記載）と架橋度を変えた種々の試料について，γ線線量を変化させた場合のラジカル生成量を測定した例を示す[11]。これから，いったん架橋体を生成した後にさらに放射線照射を行うことで，高分子中に生成するトラップラジカルの量が架橋度の高いものほど多くなることが分かる。この傾向は図3に示されているように，室温でも77Kでも同様である。なお

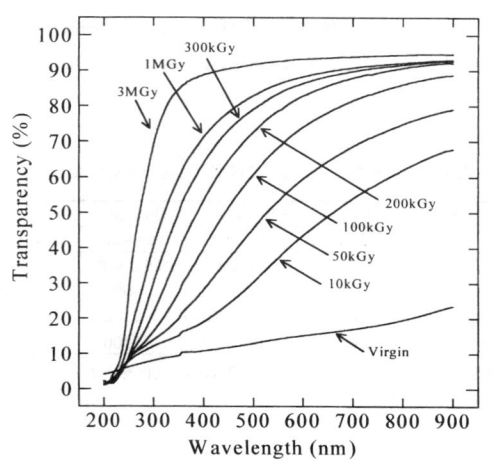

図2　架橋線量を変えた場合のPTFEの透明性の変化

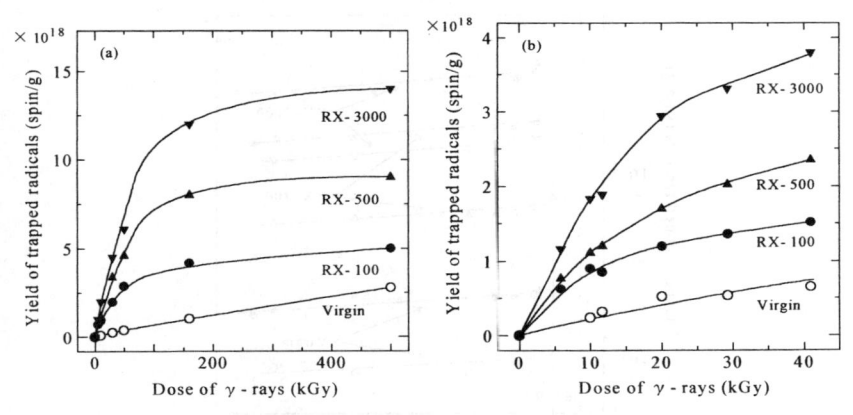

第8章 電子線・放射線を利用した架橋反応

図3 架橋PTFEに対するトラップラジカルの収量
(a)室温 γ線照射，室温測定 (b)−196℃(77K) γ線照射，−196℃(77K) 測定；
○：virgin，●：RX-100，▲：RX-500，▼：RX-3000

図3の(a)および(b)では横軸（吸収線量）の範囲が異なるので注意してほしい。またさらに図4に示すように，生成したラジカルは寿命が比較的長く，照射後100時間程度では，減衰量は数10％程度である[11]。このように，架橋PTFEでは，放射線照射後のトラップラジカルの量が大きくなることと，ラジカル寿命も長いため，たとえばグラフト重合を行う際，効率よくグラフト鎖を反応させることができる。この効果については後の架橋PTFEのグラフト重合への応用の部分で再度述べる。

また架橋により，耐クリープ性・耐摩耗性なども改善され，半導体産業など粉塵を嫌う環境における利用が可能になる。その他，炭素繊維，ガラス繊維などの短繊維，長繊維と複合化した後に架橋させると高強度化が可能となる。

2.3 放射光を用いたPTFEの機能化
2.3.1 放射光による架橋PTFEの微細加工[16, 17]

放射光を用いることによって，PTFEの微細加工体を作成する技術は住友重機械のTEIGA®技術として知られている。この技術は放射光と微細パターンマスクを用いて直接PTFEを直接エッチングするというものである。この方法では，1分間に70μm近い加工速度が得られるとともに，化学的なエッチングなどの複雑な作業なしに，プロセスを完了できる点に特徴がある。このプロセスに架橋PTFEを用いることでさらに，加工速度を向上させることが可能となっている。一例として架橋PTFEに微細加工を施した，マイクロパーツのSEM写真を図5に示す[17]。このエッ

231

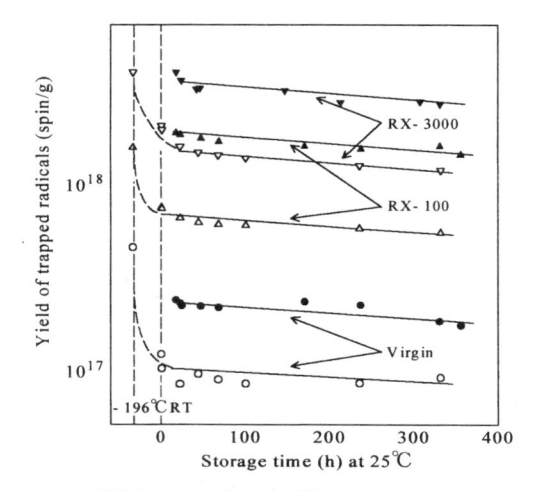

図4 Virgin および架橋 PTFE を γ 線 30kGy 照射後,室温および 77K で,真空中で保管したときのラジカルの減衰の様子
－196℃でのデータは保管時間 0 の左側から破線で示してある。
○/●：virgin, △/▲：RX-100, ▽/▼：RX-3000；白抜き：－196℃ (77K), 黒塗り：RT (25℃)

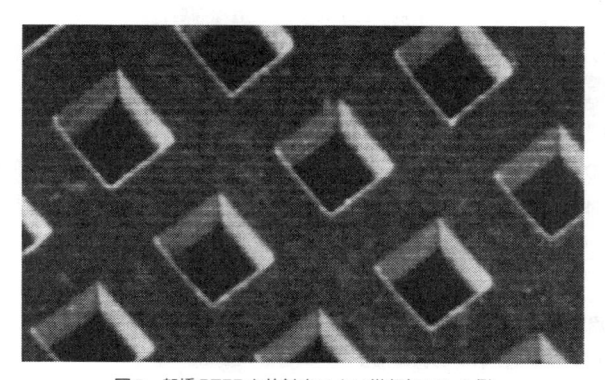

図5 架橋 PTFE を放射光により微細加工した例

チング現象は,耐放射線性が向上している架橋 PTFE で逆にエッチング速度が速くなる。この現象がどのようなプロセスによっているのかについては,幾つかの観点から検討されている。例えば,未架橋 PTFE の結晶化度(熱処理により制御)ならびに分子量(真空中での放射線照射により制御)などをパラメータとして,放射光によるエッチング速度が調べられているが,結果とし

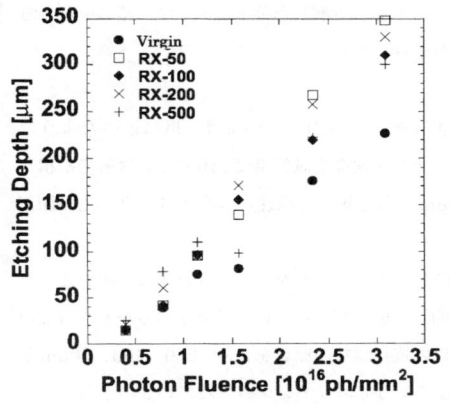

第8章　電子線・放射線を利用した架橋反応

図6　Virginおよび架橋PTFE（RX-50，RX-100，RX-200，RX-500）の放射光による加工速度の比較

図7　架橋度を種々変えた場合のSRによるエッチング速度の比較

て，分子形態が配向結晶系であるPTFEの結晶化度および分子量はエッチング速度にほとんど影響を与えないことが示されている。一方，図6および図7に示すように，架橋度（架橋処理の線量を制御）を種々変えてエッチング速度が比較されているが，架橋線量が比較的低いRX-50，RX-100，RX-200ではエッチング速度がVirginPTFEの1.7倍程度まで増加する。一方RX-1MからRX-3M等の高架橋線量の試料では，速度はVirginPTFEに比べて明らかに速いものの，その増加率は高々1.2倍程度である。架橋PTFEの場合，架橋によって分子の運動形態の変化する温度域が変わるために放射光エッチングの際の試料温度によるエッチング速度に差異が生じるほか，架橋線量が500kGy程度までの低架橋度の試料では，結晶化度の影響と架橋構造による影響が複合してあらわれるのに対して1MGy以上の架橋線量では，ほとんどアモルファス化し，架橋度のみの影響であると考えられている。これらの検討から，架橋度の高い試料のエッチング速度が小さくなっていると考えられている。しかしながら，放射光によるエッチングのメカニズムは，照射による分子鎖の切断とそれに引き続く分子の脱離という2つの過程の総合的な結果である。分解という観点では，従来の研究からVirginPTFEが最も高効率に反応が進んでいるはずであり，架橋体よりもエッチング速度は速くなると考えられるが，実験結果は反対であるため，VirginPTFEでは，架橋体よりも分子の脱離が制限されていることになる。一方，PTFEの熱分解実験において，架橋PTFEの方がVirginPTFEよりも分解した分子がポリマー鎖の中から離脱しやすいことが示されており[9]，エッチングによる分子の脱離効率は，Virginよりも架橋体の方が速いと予測される。このため架橋密度の低いRX-50などでは，VirginPTFEほどでは無いに

しても，分子鎖の切断は比較的起こりやすく[10]，しかも，分解した分子がポリマー鎖の中から離脱しやすいので，エッチング速度は，Virginよりも速くなる。

2.3.2 放射光によるVirginPTFEの架橋 [15, 18]

上で述べたように，VirginPTFEの放射光エッチング技術については，既に述べたようにTEIGA®技術として広く知られており，そのエッチング速度も試料温度140℃で，放射光蓄積リングにおける電子蓄積量600mAの条件で約70μm／分と極めて高速かつ高アスペクト比の加工が可能となっている。

さて，このTEIGA®プロセスの際，VirginPTFEのエッチングを完全に行わずに，膜を残した形で加工した場合，その表面部分について特徴的な反応が起こっていることが明らかとなっている。図8にエッチング後（プロセス温度140℃）の残り試料の厚さを350，250，100，50μmとなるように放射光エッチングを行った後にDSCによってエッチングのされていない部分に対して結晶化熱量を測定した例を示す。VirginPTFEでは，結晶化温度314℃付近に比較的鋭い発熱ピークが現れる。これに対し，エッチングの残り深さを少なく（エッチングの量を増やしていく）した試料では，次第に297℃のブロードなピークへのシフトが観察される。特に450μmの深さまでエッチングを行い，残膜厚を50μmとした試料では，従前の314℃の結晶化温度が297℃へと完全に移動し，結晶化熱量が減少していることがわかる。このことから放射光により少なくともエッチング後の表面付近では，結晶量が減少，すなわち架橋反応が誘起されていることが示唆されている。また，この架橋反応の有無については，^{19}F-固体NMR測定によって－190ppmに特徴的なケミカルシフトが確認（図9参照）されたことから，Y型の分岐構造（架橋点）を表す三級炭素が形成され，PTFEが架橋していることが明らかになっている。これはFの1sへ放射光の大部分のエネルギーが吸収され，側鎖C-Fの切断によりアルキルラジカルが非常に狭い範囲に大量に生成する。このような特異なエネルギー吸収の結果VirginPTFEのエッチング後の表面部分では，C-F切断によるアルキルラジカル生成とその分解を経て分子鎖末端ラジカルを誘起し，異種ラジカル間で橋掛けが起きると考えられている。

2.4 架橋PTFEを基材としたイオン交換膜創製 [19, 20]

架橋PTFEでは，VirginPTFEに比べて高

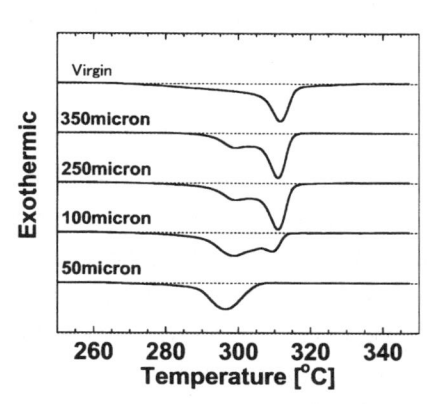

図8　DSCによる結晶化熱量測定結果

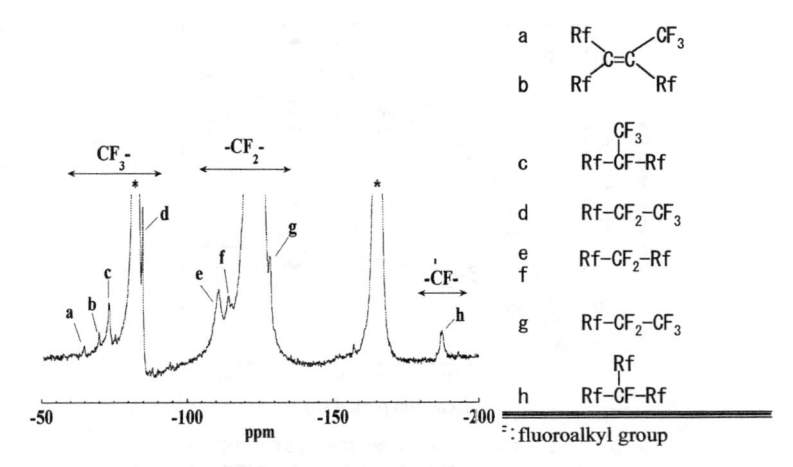

第8章 電子線・放射線を利用した架橋反応

図9 固体高分解能^{19}F MAS-NMR スペクトル（16kHz, 150℃）によるPTFEの架橋構造

a Rf₂C=CF-CF₃
b Rf₂C=CRf₂
c Rf-CF(CF₃)-Rf
d Rf-CF₂-CF₃
e Rf-CF₂-Rf
f -CF-
g Rf-CF₂-CF₃
h Rf-CF(Rf)-Rf

Rf: fluoroalkyl group

いラジカル収量を得ることができ、さらに耐放射線性が大幅に向上していることから、従来では適用が難しかったグラフト重合による機能性付与を、PTFEの持つ物性を活かしながら創製することが可能である。架橋PTFEにγ線あるいは電子線を前照射し、その後スチレンをグラフト重合しその後スルホン化することで、燃料電池用の高分子電解質膜への適用が期待されている。厚さ500μmのVirginPTFEおよび架橋PTFEを4種類（架橋線量50, 100, 500, 2000kGy）に対して、グラフト率がどのように変化するかについて調べられた結果を図10に示す。これは架橋線量を横軸に、グラフト率を縦軸にして、反応温度を80℃としたときのデータである。架橋線量が100kGyおよび500kGyのときのグラフト率が最も高く、約75％のグラフト率が達成されている。一方、VirginPTFEでは、到達グラフト率は高々20％程度ときわめて低い値にとどまっている。これは、2.2項で述べたように、ラジカルの収量が低いことに起因している。なお、RX-2000に対するグラフト率が異常に低いのは、架橋密度が極端に高いため、スチレンのグラフト反応が膜内部まで進行せず、表面のみで反応が起こっていることによる。このように、架橋PTFEを用いた高分子電解膜の創製が現在も行われているが、この開発の中で既に、膜厚が15μmの高ガスバリア性電解膜が得られており、イオン交換容量として3meq/gという従来の燃料電池用のイオン交換膜の3倍程度の能力を持つ電解質膜が創製されている。

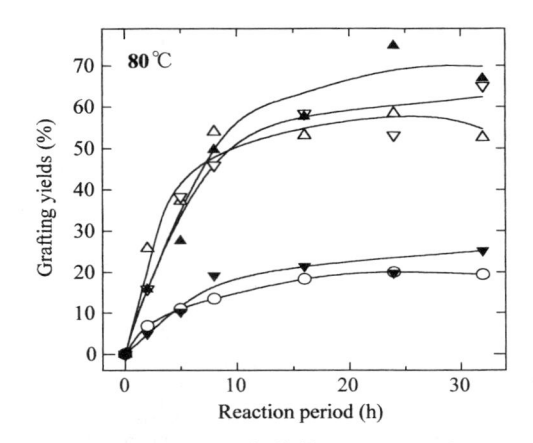

図10 スチレンモノマーを各種架橋PTFEに80℃でグラフト反応させたときの反応時間とグラフト率との関係
○：Virgin，△：RX-50，▽：RX-100，▲：RX-500，▼：RX-2000

文　献

1) M. Dole in "The Radiation Chemistry of Macromolecules", Vol. II. Academic Press, New York (1973)
2) 山岡仁史，田川精一．日本原子力学会誌．**26**．739 (1984)
3) Y. Tabata, "Solid State Reaction in Radiation Chemistry" Proc. Taniguchi Conf, Sapporo, Japan, 118 (1992)
4) J. Sun et al., Radiat. Phys. Chem., **44**, 655 (1994)
5) A. Oshima, Y. Tabata, H. Kudoh and T. Seguchi, Radiat. Phys. Chem., **45**, 269-273 (1995)
6) 大島明博．放射線化学会誌．No.62．47 (1996)
7) A. Oshima, S. Ikeda, T. Seguchi and Y. Tabata, J. Adv. Sci., **9**, 60-66 (1997)
8) E. Katoh et al., Radiat. Phys. Chem., **54**, 165-171 (1999)
9) A. Oshima, S. Ikeda, E. Katoh and Y. Tabata, Radiat. Phys. Chem., **62**, 39-45 (2001)
10) A. Oshima, S. Ikeda, T. Seguchi and Y. Tabata, Radiat. Phys. Chem., **49**, 279 (1997)
11) 大島明博．東海大学博士論文 (1997年10月)
12) M. Tsuda and S. Oikawa, J. Polym. Sci. (Chem), **17**, 3759 (1979)
13) A. Oshima, S. Ikeda, T. Seguchi and Y. Tabata, J. Adv. Sci. **9**, 60 (1997)
14) Y. Tabata, A. Oshima, T. Kazunobu and T. Seguchi, Radiat. Phys. Chem. **48**, 563 (1996)
15) 大島明博，鷲尾方一．放射線化学会誌．No.76．3 (2003)
16) T. Katoh et al., Applied Surface Science, **186**, 24-28 (2002)

第8章 電子線・放射線を利用した架橋反応

17) D. Yamaguchi *et al., Macromolecular Symposia*, **181**, 2001 (2002)
18) Y. Sato, D. Yamaguchi, T. Katoh, A. Oshima, S. Ikeda, Y. Aoki, Y. Tabata and M. Washio, *Nucl. Instr. and Meth. B*, **208**, 231-235 (2003)
19) K. Sato, S. Ikeda, M. Iida, A. Oshima, Y. Tabata and M. Washio *Nucl. Instr. Meth. B*, **208**, 424 (2003)
20) J. Li, K. Sato, S. Ichizuri, S. Asano, S. Ikeda M Iida, A. Oshima, Y. Tabata and M. Washio, *Europ. Polym J*, **40/4**, 775 (2004)

3 放射線を利用する架橋高分子の形状制御

関　修平[*]

3.1 放射線による高分子の架橋・分解反応

　放射線による高分子材料の架橋反応とその利用研究の歴史は比較的古く、また一般にあまり知られていないが、放射線によって架橋された高分子材料は、われわれの生活の多くの側面で利用されている。「加硫」という言葉が高分子架橋の一般呼称となり、また「放射線加硫」という言葉すら用いられることがあるが、放射線による架橋反応に、いわゆる硫黄原子が用いられる事はなく、これが高分子の「放射線架橋」の大きな利点の一つでもある。放射線照射によりポリエチレンが溶媒に溶けなくなり、耐熱性の向上が見られるという事実は、1952年Charlesbyによって報告されている[1]。これがその後の放射線による架橋反応と工業利用の先駆けとなったと考えられているが、放射線架橋反応についての最も古い報告は、1948年Doleによって行われている[2]。以来、半世紀を超える間現在に至るまで、放射線架橋は高分子架橋の重要な要素技術であり続けている。

　高分子の放射線による架橋反応は、反応量、効率の制御が容易であることや、架橋剤をほとんど必要としないこと、熱影響がほとんど無視できること、等の利点が数多くあげられている。しかし何よりも長鎖を骨格とする高分子の特性上、少ない架橋点の密度によりその特性が大きく変化する点が、決して大量の反応点を導入するのには適していない放射線化学反応の特色とよく一致したことが重要であろう。このため、1950～60年代のFloryらによって完成を見せる高分子物理学研究の進展[3]と相まって、放射線による高分子架橋のモデル構築、基礎・理論的取扱いが極めて精力的に進められていく。架橋剤や熱活性化を必要としない放射線反応は、固体内の反応制御において、特にその均一性や定量性に優れていたため、この様な基礎的研究に極めて適していたと見ることもできるであろう。本節ではこの放射線化学が20世紀において花開いた理由でもある「精密」かつ「定量的」な側面を、主に高分子反応の観点から概観する。一方で、この放射線の「優位性」を逆手に取った場合、何が可能であるかについて、その一端を紹介したい。

3.2 放射線による架橋・分解反応の定量的評価法

　放射線化学反応では、その引き起こす化学反応効率を定義するパラメータとして、反応のG値が広く用いられている。高分子内の架橋・分解反応においては、この値は$G(x)$・$G(s)$と表現され、それぞれ放射線によって付与された100eVの吸収エネルギーあたりの架橋点・分解点の個数と明確に定義されている。この解析に利用される代表的な式は[4, 5]、

---

[*]　Shu Seki　大阪大学　産業科学研究所　助教授

第8章 電子線・放射線を利用した架橋反応

$$s+s^{1/2}=p/q+\frac{m}{q}M_n D \tag{1}$$

$$G(x)=4.8\times10^3 q \tag{2}$$

$$G(s)=9.6\times10^3 p \tag{3}$$

ここで，sはゾル分率で，ゲル分率$g=1-s$となる。またM_n, m, およびDはそれぞれ数平均分子量，モノマーユニットの分子量，および吸収線量である。この式は，Charlesby-Pinnerの関係式と呼ばれ，現在でも最もよく利用される数式表現となっている。この式は，一方で架橋を起こす高分子のモデルとしてその分子量がランダム分布である事を前提に導出されたものであり，一般に多様である分子量分布に対して普遍的に用いる事が出来ないという欠点を有している。そこで初期分子量分布のモデルとしてポアソン分布を導入した数値解析法がSaitoによって[6,7]，またShultz-Zimm分布を仮定したモデルがInokutiによって[8,9]，それぞれ精密な数値解析手法が提供されてきた。一方で，ターゲットとなる高分子の分子構造，特にその剛直性と固体構造の影響を考慮し，(1)式を拡張した解析式はSunらによって提案され，以下のように表現されている[10]。

$$D(s+s^{1/2})=\frac{2}{qu_w}+\frac{\alpha}{q}D^\beta \tag{4}$$

$$\beta=0.002T_g+0.206 \tag{5}$$

ここでu_wは初期重量平均重合度，αは定数である。この式は固体構造を反映するパラメータとして，ポリマーのガラス転移温度（T_g）を唯一のパラメータとして用いており，特にβについては半経験的に得られた表現が用いられている。したがって，分子固有の特殊な構造，例えば水素結合などに大きな差異のある高分子系を統一的に解釈するには至っていない。また，照射による分子量分布の連続的な変化を考慮したモデルとして，次式がRosiakらによって提案されている[11]。

$$s+s^{1/2}=p/q+\frac{(2-p/q)(D_v-D_g)}{(D_v-D)} \tag{6}$$

$$D_v=4\left(\frac{1}{uu_n}-\frac{1}{u_w}\right)/3q \tag{7}$$

u_nは初期数平均重合度，D_gはゲル化線量を表す。仮想線量（D_v）の照射によって変化した分子量分布を繰り込んで表現された(6)式は，特に低線量域のゲル化進行の解析に有効である。これらの式はいずれもCharlesby-Pinnerの式(1)を補完するもので，式(4)(6)ともに優れた汎用性を提供するが，①高分子が完全一様・均一であり，結晶・非晶分布や偏析の影響は考慮されない，②放射線によって引き起こされる反応が完全一様・ランダムであり，空間不均一性・選択反応・競争反応は当然考慮されない，等の問題点は依然として存在している。

3.3 放射線と物質との相互作用について

　ここで反応を誘起する放射線側から見た一様・均一の前提について考える。一般に高い透過性を有すると考えられている放射線は、熱やレーザーなどの光などと異なり、大きな体積を有するバルク材料に"空間均一"に化学反応を引き起こすと考えられてきた。事実、この"均一"性は反応の定量的解析において重要な役割を果たし、前述のG値の算出など、他の手法では考えられない高い定量性を与える。しかし、古くから用いられてきたγ線・X線や電子線に代表される放射線源に加え、現在ではさまざまな荷電粒子あるいは光量子ビームが使用されている。荷電粒子は比較的簡単に空間集束させる事が可能なうえ、非常に高いエネルギーを有するイオンビームなどは、元となるイオンそのものの引き起こす相互作用の空間不均一性を積極的に利用して、がん治療等に利用が開始されている[12]。荷電粒子と物質との相互作用の詳細な議論は他に譲るが、ここでは最も基本となるいくつかの理論的取扱いについて紹介する。

3.3.1 荷電粒子によるエネルギー付与の基礎過程

　荷電粒子が物質を通過する際に失うエネルギーについて、入射粒子とターゲット元素の非弾性衝突過程のみを考慮し、相対論的な効果を無視した場合の阻止能（Stopping Power：S）は、Betheの阻止能公式として以下のように広く知られている[13]。

$$S = \frac{4\pi Z_1^2 e^4}{m_e v^2} N Z_2 \ln\left(\frac{2m_e v^2}{I}\right) \tag{9}$$

Z_1, Z_2はそれぞれ入射粒子・ターゲット原子の原子番号であり、Nは単位質量あたりの原子数、eは電荷素量、m_eは電子の静止質量、vは入射粒子の速度である。なお、入射粒子のエネルギーが極めて高い場合の相対論的効果は考慮していない。式(9)は、入射する粒子とターゲット原子との衝突過程において、入射粒子の運動状態が衝突前後において大きく変化しない（ターゲット中に存在する電子の運動状態に対して、入射粒子の速度が著しく大きい）場合の代表的な近似であるBorn近似を元に組み立てられており、①弾性衝突の寄与が小さいこと、②ターゲットの励起状態の和が、振動子強度の総和則によって表現できること、などから極めて簡便な表式となっている。近似およびその拡張に関する詳細は他書を参照されたい[14, 15]。最も重要な式(9)の成立条件について[15]、

$$v \gg v_0 \approx \frac{e^2}{\hbar} Z_2^{2/3} \tag{10}$$

をあげておく。一般的に式(10)はMasseyの判別条件と呼ばれ、ターゲット原子中の電子の軌道速度（v_0）にくらべ、入射粒子の速度が極めて大きいことを意味しており、式(10)の近似式から明らかなように、水素原子をターゲットとした場合、約25keV/nucleiで$v \sim v_0$となり、Born近似の成立条件は、これよりもかなり高速な荷電粒子を対象としたものであることがわかる。また

式(9)におけるIは，平均励起エネルギーと呼ばれ，衝突過程において平均的に付与されるエネルギーを反映する値である．荷電粒子の阻止能について半古典的に式(9)を拡張・補完する試みも積極的に行われ，その多くは結果的にIをさまざまなモデルを用いて展開する形となっている．これらは，Lindhard[16]やFirsov[17]によって提案され，Born近似の適用限界を特に低い入射粒子速度側に拡張し，弾性衝突の寄与も考慮したユニバーサルな阻止能公式を与えている．

3.3.2　空間的に不均一なエネルギー付与についての理論的考察

ここで，Born近似が十分に成立する条件下での，ターゲット側から見たエネルギー付与の空間分布について考えてみる．上で述べた"阻止能"は，入射粒子が材料中を進行する軌道を考えた場合，単位長さあたりのエネルギー付与（Linear Energy Transfer：LET）とほぼ等価である．これを用いて入射粒子の軌道からの相対距離で表現したエネルギーの空間分布はMageeらによって次のように提案されている[18]．

$$\rho_c = \frac{\text{LET}}{2}\left[\pi r_c^2\right]^{-1} + \frac{\text{LET}}{2}\left[2\pi r_c^2 \ln\left(\frac{e^{1/2}r_p}{r_c}\right)\right]^{-1} \quad\quad r \leq r_c \quad\quad (11)$$

$$\rho_p(r) = \frac{\text{LET}}{2}\left[2\pi r^2 \ln\left(\frac{e^{1/2}r_p}{r_c}\right)\right]^{-1} \quad\quad r_c < r \leq r_p \quad\quad (12)$$

ここで，eは自然対数の底である．衝突過程における近接衝突（Knock-on collisions）と遠隔衝突（Glancing collision）両過程へのエネルギー等配分則を基にした式(11)および(12)は，入射粒子による直接エネルギー付与と低エネルギー2次電子が支配的な領域：コア（Core）と，Knock-onにより弾かれた高エネルギー2次電子（δ-rays）によって動径方向に広くエネルギーを付与される領域：ペナンブラ（Penumbra）に分離してその密度を与える．それぞれの領域のサイズを示すr_cおよびr_pは入射粒子の速度の関数であり，各領域のエネルギー付与密度であるρ_cおよびρ_pは，後者のみ動径変数rの関数となる．これらの式はLETを基に，衝突における入射粒子の進行方向の運動量付与成分を全て積分して得られる．すなわち，軌道長さあたりの相互作用回数が極めて大きく，もはや衝突現象を離散的に捕らえられないケースを想定しており，高いLETを有する放射線がターゲット中に形成する"トラック（Track）"と呼ばれる．これに対し，従来のγ線・X線や高エネルギー電子線では，軌道に沿ったエネルギー付与が極めて離散的であり，それぞれの相互作用領域は"スパー（Spur）"と呼ばれている．ターゲット中に形成されるスパー領域がそれぞれ相互に大きく分離しており，また高い透過性によってバルク材料中にスパー領域が均一分散して形成されるため，全体の反応の追跡において多くの場合均一反応モデルから定量分析が可能となる．

3.4 不均一な化学反応の積極的な利用

従来の放射線化学反応は，そのほとんどが後者である均一反応モデルに基づいて解析され，実際に利用されてきた。一方で式(12)に見られるように，高いLETを有する放射線は，その軌道に沿った極めて微小な円筒状の領域に大きなエネルギーを連続的に付与可能であることが示唆される。この空間的に極めて微小かつ不均一（質）なエネルギーの分布は，引き起こされる化学反応にも大きな影響を与えると考えられ，その構造・反応を解析する試みが積極的に行われてきた。基礎的な研究としては一般的な線量計を用いるものが多く，水溶液であるFricke Dosimeter[19, 20]やラジカル・イオンラジカルの収率解析[21, 22]，固体飛跡検出器[23]やシンチレーターを用いたもの[24, 25]等，報告例は極めて多い。一方で実際の応用例としては，高エネルギー重イオンビームの高い透過性とエネルギー付与不均一性の両立を利用した生体がん治療やイオンビーム照射有機膜の穿孔形成などがあげられるが，応用研究，特に材料形成の試みはまだ端緒に付いたばかりである。本節では材料形成の試みのうち，高分子薄膜を用いた単一粒子の軌道によって引き起こされる超微細空間内化学反応によるナノ構造体形成の研究について紹介する。

3.4.1 高いLETを有するビームによる穿孔形成

高いLETを有する放射線のうち，最も代表的なイオンビームを形成するトラックは非常に高い濃度の化学活性種を有すると同時に，従来の化学反応場とは決定的に異なった化学反応様式を与える可能性がある。この高密度励起において，その密度・分布が入射するイオンの線質を変化させることにより制御が可能であることは式(11)，(12)より明らかで，実際に高分子主鎖分解・架橋反応効率の入射イオン線質依存性が多くの研究グループによって報告されている。トラック内に引き起こされる高分子分解反応とそれに付随した高い化学エッチング特性を利用した薄膜穿孔法の研究は，Nuclear Trackとしてよく知られている写真乾板あるいはLiF等の無機結晶を利用した粒子飛跡検出器の研究に端を発している[26]。ターゲットとしては，AgBr，LiF，およびマイカ等の無機材料[26~28]に加えて1960年代からポリカーボネート[29]・ニトロセルロース[30]等の高分子薄膜が用いられるようになり，これらの薄膜を高エネルギーイオンビームで照射後，そのエッチング条件を詳細にコントロールする事により，入射粒子の飛跡に沿った形の細孔を最小数十nm単位で形成することに成功している。この一連の研究の最大の特色は，細孔形成そのものもさることながら，形成された穿孔膜をテンプレートとして用い，電解法などによって金属や他の高分子材料を細孔内に"詰め込む"ことが出来る点であろう。これら穿孔形成とその応用に関する総合的な解説は，Freicher[31]あるいはSpohr[32]による著書を参照されたい。

3.4.2 高いLETを有するビームによる架橋高分子ナノ組織体の直接形成

穿孔膜形成のアプローチに対し，これとまさに陰陽の関係にあるのがイオントラック内反応による超微細構造体の直接形成研究である。イオンビームの高分子バルク・薄膜への照射において，

第8章　電子線・放射線を利用した架橋反応

照射前後のミクロ構造変化を示唆する研究結果は分子量分布の追跡[33〜35]，溶解性変化・ゲル化量定量[21, 36〜38]などにより解析されてきた。筆者らは放射線照射において，低LET放射線では分解・高LET放射線を用いると架橋型へ転換するという，極めて特異な反応挙動を示すポリシランを主として用い，イオントラック内反応の解析を進めてきた[36]。一例として図1にpoly(di-n-hexylsilane)(PDHS)の各種放射線に対する分子量変化の挙動を示した。約10eV/nmよりも大きなLETを示す放射線に対しては，明確に分子量の増大が見られ，かつ架橋反応の効率がLETの増大に従って向上するのに対し，それ以下のLETを持つ放射線では全て分解型としてふるまう。高分子主鎖架橋・分解のG値はCharlesby-Pinnerの関係（式1）を用いて，照射に伴う分子量変化および生成ゲル分率より導き，図2に入射ビームのLETに対して示した。LETの増加に伴い，架橋G値もほぼ連続的な増加を示している。これは生成する反応活性種に大きな変化はなく，ビームによって誘起される活性種濃度に閾値が存在し，ポリシランの巨視的挙動が主鎖分解型から架橋型へと変化する事を示唆している。一方で，理論的に示唆される活性種生成の濃度依存性を用い，2次反応モデルによって見積もられた架橋効率の上昇に比較するとはるかに低い値に留まっており，極端な架橋密度の上昇は，もはや式(1)によって正確に表現できない事を同時に示唆している。筆者らはイオン照射によるPDHS中のゲル化進行が，トラック内反応による円筒状ゲル化により支配されるとのモデルにより，以下の式を提案した[36, 39]。

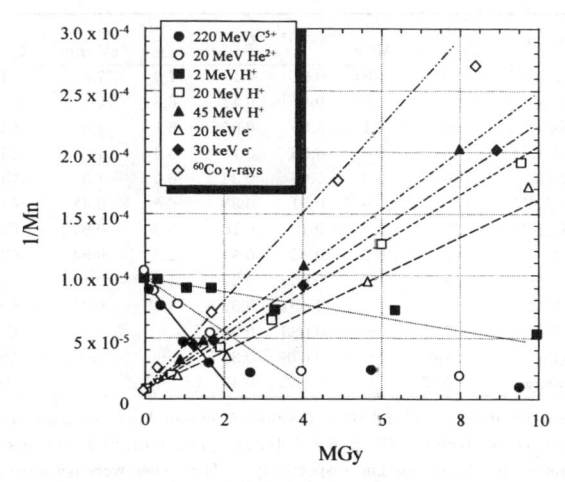

図1　Charlesby-Pinner plotting of Mn to absorbed dose for ^{60}Co γ-rays, 20〜30 keV e$^-$, 2〜45 MeV^{1}H$^+$, 20 MeV^{4}He^{2+}, 220 MeV^{12}C^{5+}

高分子の架橋と分解—環境保全を目指して—

$$s = \{1-(r+\delta r)\}^f$$
$$g = 1-\{1-(r+\delta r)\}^f$$

ここで，s および g はそれぞれ高分子中の可溶および不溶成分率，$r+dr$ は化学トラック半径，f は面積あたりの入射粒子数を示す。求められた化学コアの半径は，表1にまとめたようにLETととも増加傾向を示した。ここで，活性種密度とエネルギー付与密度に一定の関連があるとして，架橋反応主導となるのに必要なエネルギー付与密度の算定を試みた。化学コア半径はイオントラックモデルによるペナンブラ領域（高エネルギー

図2 Semi-logarithmic plotting of the calculated $G(x)$ and $G(s)$ vs. LET

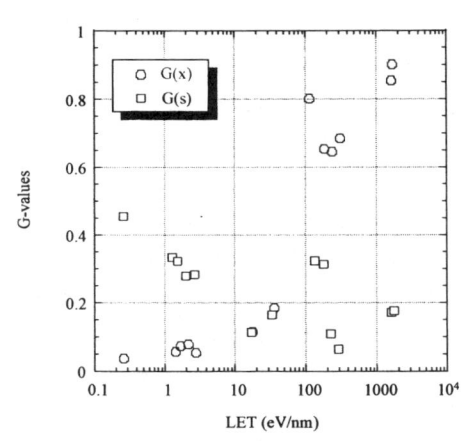

2次電子によってエネルギー付与が行われる領域）に位置しており，Mageeらによる式(12)から，

表1 G-values of crosslinking and chain scission in poly (di-n-hexylsilane) (PDHS) upon irradiation to a variety of radiation sources

Radiations	LET (eV/nm)	Dg^a (MGy)	$G(x)^b$	$G(s)^b$	$r+dr$ (nm)	ρ (eV/nm^3)	Type^c
175MeV Ar^{8+}	1620	0.81	0.91	0.17	7.0	7.0	CL
2MeV N$^+$	1580	0.89	0.86	0.17	6.8	10	CL
160MeV O^{6+}	300	3.1	0.69	0.064	6.1	1.6	CL
225MeV O^{7+}	230	3.4	0.65	0.10	5.9	1.2	CL
2MeV He$^+$	180	3.3	0.66	0.33	6.0	1.3	CL
220MeV C^{5+}	110	2.9	0.81	0.35	6.6	0.48	CL
20MeV He^{2+}	35	5.4	0.19	0.16	3.2	0.67	CL
2MeV H$^+$	17	6.8^d	0.12	0.11	2.5	0.54	CL
20MeV H$^+$	2.7	—	0.059	0.27	1.7^e	0.14	CS
45MeV H$^+$	1.4	—	0.061	0.32	1.8^e	0.067	CS
20keV e$^-$	2.1	—	0.083	0.28	—	—	CS
30keV e$^-$	1.6	—	0.078	0.32	—	—	CS
^{60}Co γ-rays	0.25	—	0.042	0.45	—	—	CS

^{a} Dg, gelation dose, ^{b} $G(x)$ and $G(s)$, G-values of crosslinking and main chain scission, respectively, ^{c} CL and CS denote predominant reactions as crosslinking and chain scission, respectively ; ^{d} The values were obtained for PDHS with low molecular weight ($Mw = 10^3 \sim 10^4$) ; ^{e} Estimated by the G-values of crosslinking.

第8章 電子線・放射線を利用した架橋反応

要求エネルギー密度を ρ_{cr} として化学トラック半径との相関をとると,

$$\pi r_{cc}^2 = \frac{\text{LET}}{4\rho_{cr}} \left[\ln\left(\frac{e^{1/2} r_p}{r_c}\right) \right]^{-1} \quad \therefore r_{cc} \propto \left(\frac{1}{4\pi\rho_{cr}}\right)^{1/2} \sqrt{\text{LET}_{eff}}$$

$$\text{LET}_{eff} = \frac{\text{LET}}{\ln(e^{1/2} r_p / r_c)}$$

(ただし r_{cc} は化学トラック半径) なる式が得られ,これを元に,本研究で実験的に得られた化学トラック半径と有効LETをプロットした結果,図3のようになった。ここで傾斜から,化学トラック境界におけるエネルギー付与密度,すなわち高分子架橋反応が主導的になるのに必要なエネルギー密度が見積もられ,PDHSの場合,$\rho_{cr} = 0.13\text{eV/nm}^3$ なる値が得られた。高分子1分子あたりの占有体積および低LET放射線照射により見積もられた架橋反応効率 ($G(x)$) を用いると,得られた ρ_{cr} の値は1分子あたり高々数個の架橋点が化学トラック境界において存在していることを示唆している。一方で被照射薄膜の赤外吸収スペクトルはβ-SiC構造の形成を示すが,薄膜の完全不溶化時においても転化率は数10%程度であった。すなわち,イオン飛跡の沿った半径数nm程度の円筒状領域内に,傾斜機能を有する微細構造体の形成が可能であると結論できる。かかる知見から,実際にケイ素基板上に形成された微細構造体の原子間力顕微鏡像を図4に示す。Poly(methylphenylsilane) (PMPS) の薄膜中に入射したイオンは,この場合,その飛跡に沿った半径6nm程度の空間内にある高分子のみを架橋させ,図4に示すようなひも状構造物を与える[39, 40]。構造物の"長さ"はターゲット薄膜の厚みを完全に反映し,"径"は入射ビーム等によって制御可能であることが示された。同様な手法はポリシラン以外の架橋性高分子材料にも拡張可能であり[41],その一例として図5に,放射線による不融化反応が一般的に用いられているポリカルボシラン (PCS) およびその誘導体をターゲットとした超微細構造形成の結果を示す。ターゲットとなる高分子の化学反応(架橋反応)性および入射する粒子のエネルギー付与分布の両面から,形成される構造体の3次元構造を自由かつ任意に制御可能であることが明らかで,今後その応用への展開が期待される。

以上,イオンビームの高分子への照射に伴う反応,およびその極めて不均一な化学

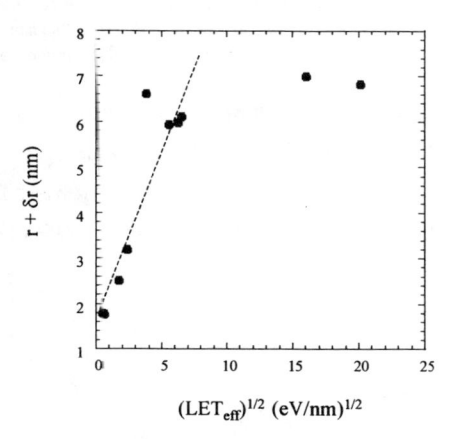

図3 The relationship between the calculated LET$_{eff}$ and the experimentally obtained radii of chemical track ($r + \delta r$)

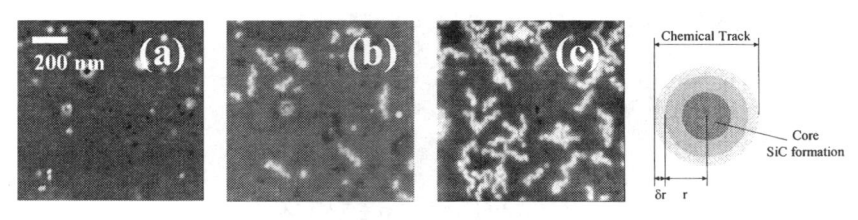

図4 AFM images of the nanowires.
a) Top view observed after development of non-irradiated films. Images b) and c) indicate the surface morphology of the developed films of poly (methylphenylsilane) after ion irradiation by 450 MeV ^{129}Xe^{23+} at 2.2×10^9 and 7.1×10^9 ions/cm^2, respectively. The tone changing from dark to bright in this figure implies the height as much as 24 nm

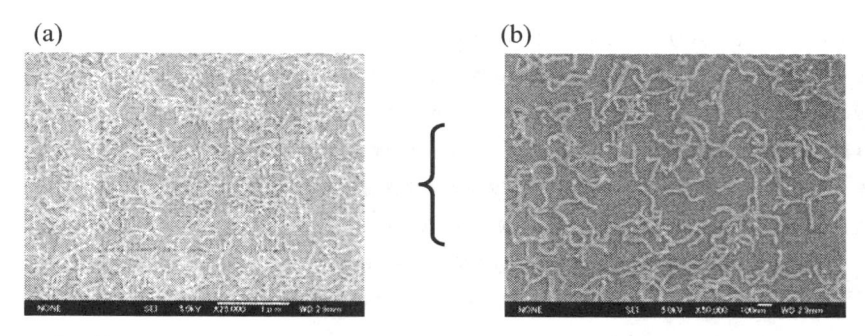

図5 (a) SEM image of nano-wires on an Si substrate. Nano-wires were formed using a 500 MeV ^{197}Au^{31+} beam to irradiation to a PCS thin film (410 nm thick) at 5.1×10^9 ions/cm^2. The film was developed using benzene. (b) Enlarged view of the nano-wires in (a)

反応を応用したナノ構造体の形成法に関する一連の研究を概観してきた。特に，昨今，ナノ構造体の形成・物性評価技術の開発は，いわゆる「ナノテクノロジー」研究の中核として強力に推進されつつあり，本節で紹介した極めて「放射線化学」的なイオンビームとその付帯技術・材料研究は，将来における「ナノテクノロジー」の要素技術となる可能性があることを付記しておく。

文　　献

1) A. Charlesby, *Proc. R. Soc., Ser. A*, **215**, 187 (1952)
2) *Chemical and Engineering News*, **26**, 2289 (1948)

3) 著書として例えば，P.J. Flory, "Statistical Mechanics of Chain Molecules", 1969, John Wiley and Sons, Inc., New York ; また，極めて簡潔にまとまったレビューとして，P.J. Flory, "Spatial Configuration of Macromolecular Chains", Novel Lecture, 1974 (http://www.nobel.se/chemistry/laureates/1974/flory-lecture.html) をあげておく。
4) A. Charlesby, *Proc. R. Soc., A*, **222**, 60 (1954)
5) A. Charlesby, *Proc. R. Soc., A*, **224**, 120 (1954)
6) O. Saito, *J. Phys. Soc. Jpn.*, **13**, 1451 (1958)
7) O. Saito, *J. Phys. Soc. Jpn.*, **14**, 798 (1959)
8) M. Inokuti, *J. Chem. Phys.*, **33**, 1607 (1960)
9) M. Inokuti, *J. Chem. Phys.*, **38**, 2999 (1963)
10) Y.F. Zhang, X.W. Ge, J.Z. Sun, *Radiat. Phys. Chem*, **35**, 163 (1990)
11) K. Olejniczak, J. Rosiak., A. Charlesby, *Radiat. Phys. Chem.* **37**, 499 (1990)
12) 粒子線を利用したがん治療のアイデアは自体は極めて古く，R.R. Wilson, *Radiology*, **47**, 487 (1946) がおそらく最初の報告である。
13) H.A. Bethe, *Ann. Physik 5*, 325 (1930) ; H.A. Bethe, Z. *Physik* **76**, 293 (1932)
14) 教科書として，「電子・原子・分子の衝突」，高柳和夫，1971，培風館 ; 「放射線物性」，伊藤憲昭，森北出版 (1981)
15) N.F. Mott and H.S.W. Massey, "The Theory of Atomic Collisions, 3rd edition", 1965, Oxford University Press, Oxford.
16) Lindhard, J., Scharff, M. *Phys. Rev.*, **124**, 128 (1961)
17) Firsov, O.B. *Sov. Phys. JETP*, **9**, 1076 (1959)
18) J.L. Magee, A. Chatterjee, *J. Phys. Chem.*, **84**, 3529 (1980) ; A. Chatterjee, J.L. Magee, *J. Phys. Chem.* **84**, 3537 (1980) ; Reviewとして，J.L. Magee, A. Chatterjee, "Kinetics of Nonhomogenous Processes", 1987, Freeman, G. R., Ed., Wiley : New York, Chapter 4, p. 171.
19) レビューとして，J.A. LaVerne and R.H. Shuler, Radiation Research, Vol. 2, pp17-22, Taylor and Francis, London ; A. Appleby, Radiation Research, Vol. 2, pp23-28, Taylor and Francis, London.
20) J. A. LaVerne, R. H. Schuler, *J. Phys. Chem.*, **98**, 4043 (1994) ; *ibid.*, **91**, 5770 (1987) ; *ibid.*, **90**, 5995 (1986) ; *ibid.*, **88**, 1200 (1984) ; *ibid.*, **87**, 4564 (1983)
21) H. Koizumi, T. Ichikawa, H. Yoshida, H. Shibata, S. Tagawa, Y. Yoshida, *Nucl. Instr. Meth. Phys. Res. B*, **117**, 269 (1996)
22) M. Taguchi, Y. Matsumoto, H. Namba, Y. Aoki, H. Hiratsuka, *Nucl. Instr. Meth. Phys. Res. B*, **134**, 427 (1998)
23) B.G. Cartwright, E.K. Shirk, P.B. Price, *Nucl Instr. Meth.* **153**, 457 (1978) ; E.V. Benton, K. Ogura, A.L. Frank, T. Atallah, V. Rowe, *Nucl. Tracks Radiat. Meas.*, **12**, 79 (1986)
24) T. Doke, H.J. Crrawford, A. Hitachi, J. Kikuchi, P.J. Lindstorm, K. Masuda, E. Shibamura, T. Takahashi, *Nucl. Instr. Meth. Phys. Res. A*, **269**, 291 (1988) ; A. Hitachi, T. Doke, A. Mozumder, *Phys. Rev. B*, **46**, 11463 (1992)
25) U. Sowada, J.M. Warman, M.P. deHaas, *Phys. Rev. B*, **25**, 3434 (1982)

26) D.A. Young, *Nature*, **182**, 375 (1958)
27) P.B. Price, R.M. Walker, *Nature*, **196**, 732 (1962) ; P.B. Price, R.M. Walker, *J. Appl. Phys.*, **33**, 3400 (1962) ; P.B. Price, R.M. Walker, *J. Appl. Phys.*, **33**, 3407 (1962)
28) C. Childs, L. Slifkin, *Bull. Am. Phys. Soc.*, **6**, 52 (1961) ; C. Childs, L. Slifkin, *Phys.Rev. Lett.*, **9**, 354 (1962)
29) R.L. Fleischer, P.B. Price, *Science*, **140**, 1221 (1963) ; R.L. Fleischer, P.B. Price, R.M. Walker, *Science*, 383 (1965)
30) E.V. Benton, *Nucl. Instr. Meth.*, **92**, 97 (1971) ; E.V. Benton, R.P Henke, *Nucl. Instr. Meth.*, **70**, 183 (1969)
31) R.L. Fleisher, P.B. Price, R.M. Walker, "Nuclear Trccks in Solid", 1975, University of California Press, Los Angels ; R.L. Fleisher, "Tracks to Innovation", 1998, Springer, New York.
32) R. Spor, "Ion Tracks and Microtechnology", 1990, Vieweg, Braunschweig.
33) S. Seki, K. Kanzaki, Y. Kunimi, Y. Yoshida, H. Kudoh, M. Sugimoto, T. Sasuga, S. Tagawa, H. Shibata, *Radiat. Phys. Chem.*, **48**, 539 (1996) ; *ibid.*, **50**, 423 (1997)
34) Y. Aoki, N. Kouchi, H. Shibata, S. Tagawa, Y. Tabata, S. Imamura, *Nucl. Instr. Meth. Phys. Res. B*, **33**, 799 (1988)
35) O. Puglisi, A. Licciardello, *Nucl. Instr. Meth. Phys. Res. B*, **19/20**, 865 (1987) ; L. Calcagno, G. Foti, *Appl. Phys. Lett.*, **51**, 907 (1987) ; A. Licciardello, O. Puglisi, L. Calcagno, G. Foti, *Nucl. Instr. Meth. Phys. Res. B*, **46**, 338 (1990)
36) S. Seki, K. Maeda, Y. Kunimi, S. Tagawa, Y. Yoshida, H. Kudoh, M. Sugimoto, Y. Morita, T. Seguchi, T. Iwai, H. Shibata, K. Asai, K. Ishigure, *J. Phys. Chem. B*, **103**, 3043 (1999) ; S. Seki, K. Kanzaki, Y. Yoshida, H. Shibata, K. Asai, S. Tagawa, K. Ishigure, *Jpn. J. Appl. Phys.*, **36**, 5361 (1997)
37) H. Koizumi, M. Taguchi, Y. Kobayashi, T. Ichikawa, *Nucl. Instr. Meth. Phys. Res. B*, **179**, 530 (2001)
38) H. Kudoh, T. Sasuga, T. Seguchi, Y. Katsumura, *Polymer*, **37**, 2903 (1996) ; H. Kudoh, T. Sasuga, T. Seguchi, Y. Katsumura, *Polymer*, **37**, 4663 (1996) ; T. Sasuga, H. Kudoh, T. Seguchi, *Polymer*, **40**, 5095 (1999)
39) S. Seki, K. Maeda, S. Tagawa, H. Kudoh, M. Sugimoto, Y. Morita, H. Shibata, *Adv. Mater.*, **13**, 1663 (2001)
40) S. Seki, S. Tsukuda, Y. Yoshida, T. Kozawa, S. Tagawa, M. Sugimoto, S. Tanaka, *Jpn. J. Appl. Phys.*, **42**, 4159 (2003)
41) S. Tsukuda, S. Seki, S. Tagawa, M. Sugimoto, A. Idesaki, S. Tanaka, A. Ohshima, *J. Phys. Chem. B*, **108**, 3407 (2004) ; S. Tsukuda, S. Seki, S. Tagawa, M. Sugimoto, A. Idesaki, S. Tanaka, *J. Photopolym. Sci. Technol.*, **16**, 433 (2003) ; S. Tsukuda, S. Seki, A. Saeki, T. Kozawa, S. Tagawa, M. Sugimoto, A. Idesaki, S. Tanaka, *Jpn. J. Appl. Phys.*, 2004, in press.

第9章 リサイクルおよび機能性材料合成のための分解反応

1 プラスチックのケミカルリサイクル

佐藤芳樹*

1.1 はじめに

2001年に完全施行された環境型社会形成推進基本法に関わる容器包装リサイクル法の制定に伴って，使用済みプラスチック製品のリサイクル研究・開発が企業・研究所・大学などによって活発に進められている。図1にプラスチック・樹脂の生産量，国内消費量および廃棄プラスチックの排出量の推移を示した。1993年頃から排出量と生産量の統計値が近似してきており，循環型社会基本法の施行による効果とも考えられる。さて2002年のわが国の廃棄プラスチックの排出量は，一般および産業系の廃棄物はおのおの508および482万トンとなっている。一般廃棄物のうち，454万トン（45.8％）と大きな割合を占める容器包装材の処理方法としては油化，モノマー化に加えて高炉処理，コークス炉処理およびガス化がケミカルリサイクルとして認められて

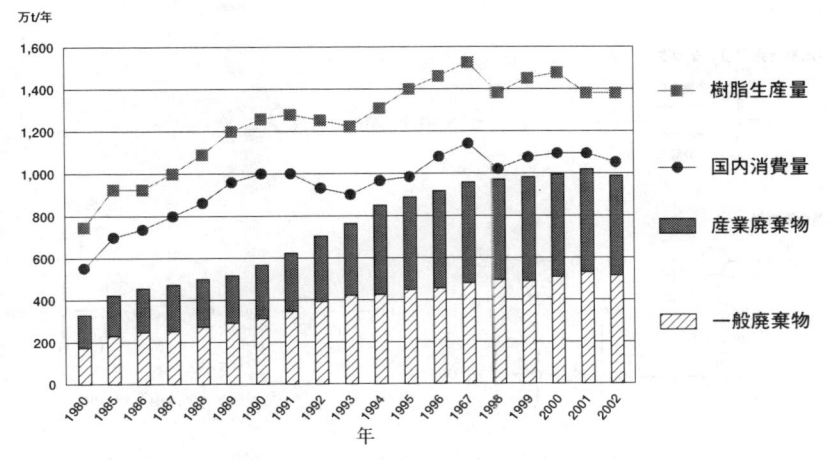

図1 プラスチックの生産量と廃棄プラスチックの排出量
（出典：(社) プラスチック処理促進協会）

---

* Yoshiki Sato　金沢大学　大学院自然科学研究科　物質工学専攻　教授

いる．

本稿では，プラスチックの構造，合成法とリサイクル方法の関係を解説した後，プラスチックの構造をできるだけ維持することを意図した化学的なリサイクル反応として，プラスチック油化技術，最近注目を集めているPETボトルからボトルへのリサイクルなどのモノマーリサイクル技術，さらにハロゲン元素を含むプラスチックが多量使用されている電気・電子製品のケミカルリサイクルについての現状および将来の可能性などを概説する．

1.2 プラスチックの構造，合成法とリサイクル方法の関係

プラスチック，樹脂は，重合形式によって大きく二種に分類される．図2に示すようにポリエチレン，ポリプロピレン，ポリスチレン，ポリ塩化ビニルなどよく知られているプラスチックは付加重合系高分子であり，モノマーであるオレフィンの二重結合が単結合になったり，環状モノマーが開環することで高分子化する形式で，異なるオレフィン同志が重合する共重合もこの範疇に入る．これに対して高分子が生成する際に水などの小さな分子の脱離を伴うのが縮重合形式でPET，フェノール樹脂，エポキシ樹脂，ポリカーボネート樹脂などが該当する[1]．したがって，この方法で製造された樹脂廃棄物を低分子化合物に分解するには，脱離した化合物などを加えることが効果的である．これら二種の高分子材料の合成法と構造を考えると，おのずと両者は明ら

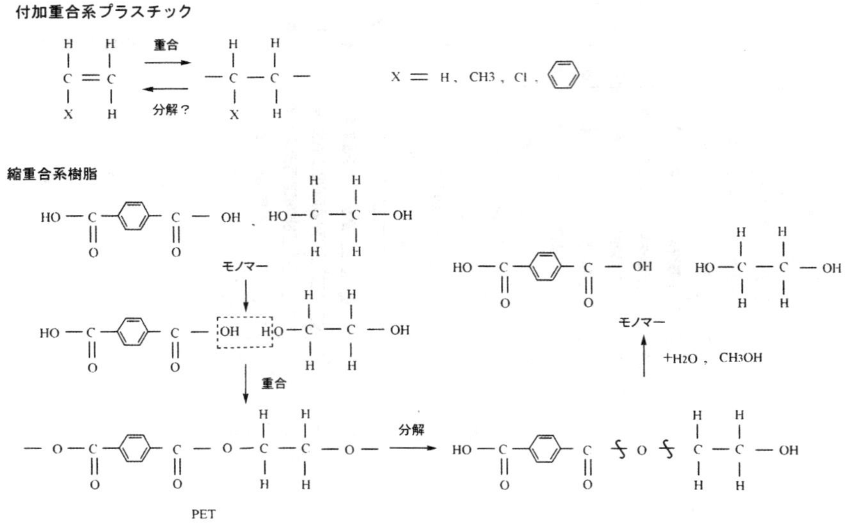

図2 プラスチック・樹脂の重合形式

第9章　リサイクルおよび機能性材料合成のための分解反応

かに異なった材料であることがわかる。付加重合系高分子の多くはモノマーがC-C結合で連結・重合しており，C-C結合間の解離エネルギー差（エチレン，プロピレン中のC-C結合で343～351MJ/mol）がわずかなため，特定のC-C結合を選択的に切断することは難しい。例えばポリプロピレンを熱分解してもメタン，エチレンから長鎖の直鎖パラフィン，オレフィン類が生成し，プロピレンのみを再生産することは難しい。しかしもともとの原料であるナフサへのリサイクルがエネルギー収支の面でも，結果的には有利になるとのLCAに基づく試算が（財）化学技術戦略推進機構からの活動報告[2]としてまとめられており，今後の展開に期待したい。これに対して縮重合系樹脂は，多くが酸素のようなヘテロ原子や芳香環構造を含んでいるため，共鳴安定化や電子の偏りで弱い結合の部分ができ，選択的に分解できる可能性を有している。

1.3　油化技術の現状

石油化学製品であるプラスチックを化学的に原油または石油系中間原料に変換する油化法は，当初ケミカルリサイクルの主流として実用化を目指した運転研究が1960年代から行われていた。

世界的にはドイツのDSDシステム[3]の施行に伴って集められた容器包装用プラスチック廃棄物から原油を再生産する目的で，Veba[4]およびBASF社が，1990年代からそれぞれ高圧水素化分解法および熱分解法によってプラント運転研究（それぞれ40,000および15,000トン／年規模）を行ったのが始まりである。Veba社のプラントではDSDシステムで，選別・造粒された均質なペレット（表1）を使用し，前段の解重合工程で脱塩素およびアルミニウムを主とする無機物の除去を，また後段の水素化分解工程で低分子化を行うように設計されている。しかしプラスチックリサイクルが金属，ガラス，紙などに比べて数倍の費用を要することに加えて，DSDペレットのマテリアルリサイクルが進んだ事などから，BASF社は30万トン／年処理装置建設の計画を中止し，さらに，Veba社の油化プラントも1999年商業プラントの運転中止に至っている。

現在日本で稼動中のプラントは新潟プラスチック油化センターの設備（処理能力は6,000トン／年）と札幌プラスチック油化プラント（処理能力は7,400トン／年×2系列）のみである[5]。新潟プラスチック油化プラントは歴世礦油㈱が，人口約50万人の新潟市の一般廃棄物プラスチックを受け入れて油化処理する目的で設置され，1996年10月に試運転が開始されている。プラスチック廃棄物から破袋機，磁力選別機などの前処理工程によってPETボトル，金属，食品屑等の異物および硬質樹脂を除いた後，脱塩化水素工程を経て約400℃の反応条件で熱分解されている。原料および生成物の収率と性状を表2に示した。オレフィンを多く含む製品油と多量のコークが生成し，液状生

表1　DSDペレットの性状

Particle size	<1.0cm
Water content	<1.0wt%
Bulk density	>0.3kg/l
Cl content	<2.0wt%
Content of inerts	<4.5wt% at 650℃
Content of plastic	>90.0wt%

成物はプラント内燃料および公共施設の燃料ならびにボイラー燃料として外販されている。これまでの運転の過程では，熱分解槽に熱源を供給するための循環加熱炉のチューブ内で頻繁にコーキングが発生し，定期的に運転を停止して清掃作業を行っている。気相分解反応によるコーク発生に伴うものと考えられるが，抜本的な対策が必要であろう。

札幌プラスチックリサイクル㈱の油化プラントは札幌市のプラスチック廃棄物を対象として2000年4月に商業運転が開始されている。ここでは脱塩化水素工程の後，ロータリーキルン方式の熱分解装置によって熱分解され，生成したカーボンを主成分とした残渣はドライな形態で自動排出されている。生成油収率を表3に示した。軽質油はやはりプラントの燃料として使用されているが，50wt％以上が芳香族炭化水素であり，効率的な化学原料としての利用について関連団体・企業との協力・検討が進められている[6]。

1.4 モノマーリサイクル技術

付加重合系高分子の中でもポリスチレンのように高い選択率でモノマーを回収できる熱分解反応が知られている。ポリスチレンの熱分解は比較的低温（300℃前後）で始まり，ほぼ100％分解する上に生成物中にモノマーであるスチレンまたはエチルベンゼンが多量に含まれる。これはポリスチレンを加熱した際にC−C結合の切断によって生成するラジカルが隣接する芳香環との

表2　新潟プラスチック油化プラントの運転状況

原料組成 (wt%)		生成物収率 (wt%)			生成油組成 (wt%)		
						軽質油	中質油	重質油
PE	52.2			C	88.5	86.5	86.7
PP	6.2	分解ガス	15.9	H	11.3	11.8	12.1
PS	25.6	軽質油	33.8	N	0.085	0.12	0.11
小計	84.0	中・重質油	16.9	S	0.0012	0.0043	0.006
PET	1.8			C	<0.1	0.2	<0.1
PVC	6.2	塩酸	5.2	芳香族	56.2	32.0	
Others	8.0	残渣	28.2	オレフィン	26.3	27.0	
総計	100.0	総計	100.0	パラフィン	17.5	41.0	

表3　札幌プラスチック油化プラントの運転状況

原料組成 (wt%)		生成物収率 (wt%)	
PE＋PP＋PS	76	オフガス	20
PET	14	生成油	65
PVC	2	（軽質油/中質油/重質油＝50/10/40）	
PVDC	1.5	塩酸	2
		残渣	13

第9章 リサイクルおよび機能性材料合成のための分解反応

共鳴効果によってスチレンの構造で安定に存在し、次々とスチレンを生成するような選択的分解が進むためである。付加重合系のプラスチックで、同様に熱分解法によって高収率でモノマーに分解できる例がポリメチルメタアクリル樹脂でも報告されている。Hamburg大学のKaminskyら[7]によると、表4に示したように、450～590℃、数秒程度の熱分解反応によって95wt％以上の収率でモノマーであるメチルメタアクリル酸が生成しており、すでに実用化されている。

縮重合型の樹脂は、一般に単純な熱分解法では分解困難または不可能であるが、最近では熱硬化性のフェノール樹脂およびエポキシ樹脂、ポリカーボネート樹脂などを400℃程度の反応温度で、液相分解法あるいは超臨界分解法によってモノマーであるフェノール類に分解する方法が知られている。ポリカーボネート樹脂はCDなど電子、通信用として使用量が増加している高級樹脂材料である。熱分解法では500℃を超えないと反応が始まらず、フェノール、イソプロピルフェノールなどのモノマーも生成するが、中間で生成したラジカルの安定化に必要な水素を供給するために、同じ樹脂の20～30％が消費され、コーク化した残渣になってしまう。図3に示すように、鉄触媒と水素の供給源となる溶剤（テトラリン、デカリンなど）を加えて反応させると、400℃以上の反応温度でほぼ100％分解し、フェノールなどのモノマーを約50wt％含むオイルが75wt％生成してくる。分子構造上、一酸化炭素または二酸化炭素も生成するが、非常に効率よくモノマーに分解されていることがわかる。さらに興味あることに、極性を有する溶剤と触媒を組み合わせて使用すると350℃以下の低温でビスフェノール-Aへの選択的分解が可能になってくる[8]。これはポリカーボネート樹脂が極性溶剤雰囲気中では、より選択性の高い化学反応によって分解されてゆくことを示している。これまでもポリカーボネート樹脂を室温程度の条件で加メタノールあるいは加アミン分解することによってビスフェノール-Aを効率よく生成できることはよく知られており、図4のように60～90℃の室温に近い反応温度で95％以上の高収率でビスフェノール-Aに再生できることが報告されている[9,10]。ポリカーボネート樹脂構造中のカーボネート構造部分も、炭酸ガスとして放出せずに、工業的に利用価値の高い炭酸ジメチルや工業用の溶剤としての利用を考えた新し

表4 PMMAの熱分解生成物分布

(Components in wt%)	450℃	490℃	590℃
Carbon monoxide	0.01	0.38	13.55
Carbon dioxide	1.04	1.45	8.67
C1-C5 Hydrocarbons	0.38	1.86	17.92
Methanol	0.03	0.07	0.06
Methyl propionate	0.01	0.02	0.03
Methyl isobutylate	0.11	0.13	0.31
Methyl acrylate	0.28	0.33	1.25
Methyl methacrylate	97.16	95.47	54.88
Esters	0.20	0.43	0.54
Carbon black	0.15	0.29	0.27

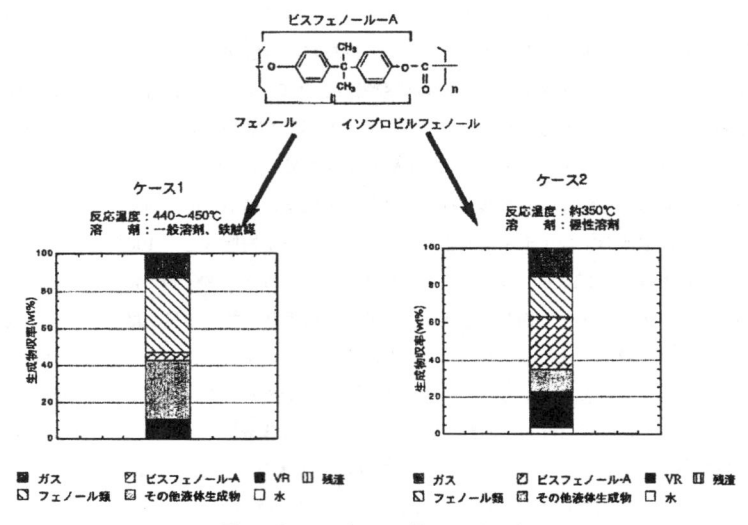

高分子の架橋と分解－環境保全を目指して－

図3 ポリカーボネート樹脂の分解挙動

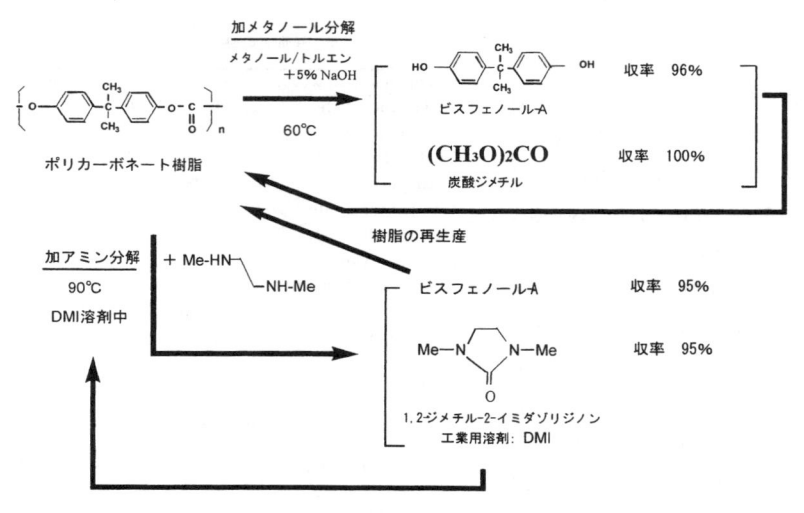

図4 ポリカーボネート樹脂の加メタノール・加アミン分解反応

第9章 リサイクルおよび機能性材料合成のための分解反応

いリサイクル化学の研究が進められている。しかしこれらのモノマーリサイクル法では，プラスチック廃棄物が単一のプラスチック素材に分別されていることが，反応の高効率化および製品の再利用のために重要である。

ポリエステル樹脂は繊維，ボトル，シートなど広い範囲で利用されている樹脂であるが，最近帝人グループと㈱アイエスとから画期的なボトルtoボトルへのリサイクル技術が発表されている[11]。これまでPETボトルはマテリアルリサイクルによってほとんどが繊維，シート，フィルムなど非ボトル用に再利用され，最終的には埋立または焼却されてきた。PET樹脂のモノマー化反応としては，①加水分解法，②加溶媒分解法，③加アルカリ分解法が考えられるが，ボトルとして再利用するためには反応に伴う不純物を除去して高純度のモノマーを回収することが必要であった。帝人グループでは，図5に示すように粉砕したPETペレットを少量のアルカリ炭酸塩の存在下，エチレングリコールによって解重合しBHET（テレフタル酸ビスヒドロキシエチル）にする。次いで粗BHETをメタノールによるエステル交換反応によって粗DMT（テレフタル酸ジメチル）とし，これをメタノール中で再結晶により高純度化させることに成功した。一方㈱アイエスは，図6に示すように，同様の加グリコール反応で生成したBHETを精製し高純度BHETを得ている。いずれの方法でも，解重合反応で使用するエチレングリコールを効果的にプロセス内で循環再利用している。PETボトルのリサイクルシステムについては1992年からキャップ，

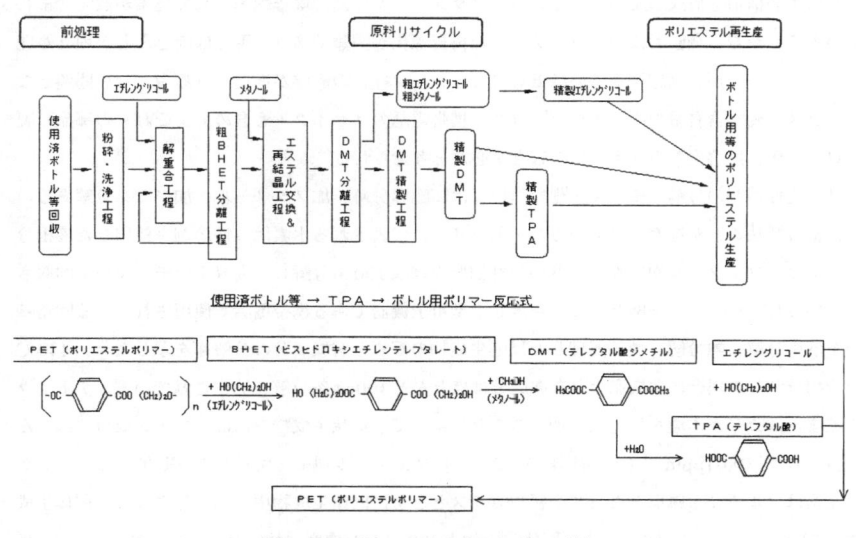

図5　PETボトルのリサイクル（DMT法）

ボトル本体およびラベルの材料などの自主規制が効果的に進んだ結果，日本が世界で最も高い回収率を記録しており，ボトルへのリサイクルにより，より高い再資源化率が期待できる。

1.5 電気・電子製品のリサイクル

家電，自動車リサイクル法などの実施に伴って，各地で大型プラントによる使用済み製品のリサイクルが実施されている。これらの工程では，大型ガラス部品などを解体，除去した後の廃棄物は細かく粉砕され，比重分離などのマテリアルリサイクルによって有価な金属類を回収している。しかし電気・電子製品の心臓部といわれるプリント回路基板などではエポキシ樹脂，フェノ

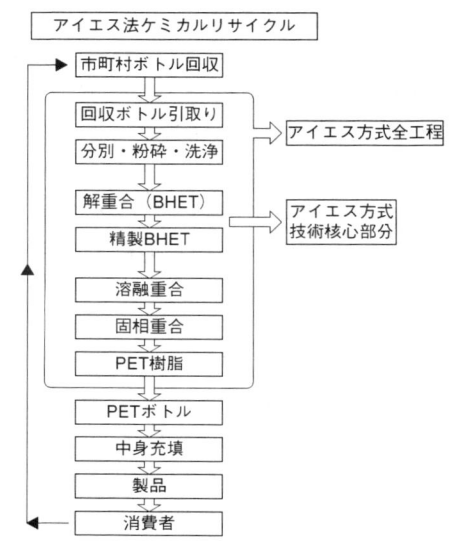

```
アイエス法ケミカルリサイクル
    ↓
  市町村ボトル回収
    ↓
  回収ボトル引取り  → アイエス方式全工程
    ↓
  分別・粉砕・洗浄
    ↓
  解重合（BHET）   → アイエス方式
    ↓                技術核心部分
  精製BHET
    ↓
  溶融重合
    ↓
  固相重合
    ↓
  PET樹脂
    ↓
  PETボトル
    ↓
  中身充填
    ↓
  製品
    ↓
  消費者
```

図6　PETボトルのリサイクル（BHET法）

ール樹脂などの熱硬化性樹脂が多量使用されており，銅を中心とした金属およびガラスクロスとともに多層構造を形成している。これらのプラスチック部品には難燃剤として臭素が数％含まれていることから，金属およびプラスチックの再資源化が困難であり，現在はほとんどが埋立処理されている。しかし循環型あるいはゼロエミッション社会の形成が推進される中，今後問題となるプラスチック含有量の高い小型パソコンや携帯電話のリサイクルも含めて，これらの部品の脱ハロゲン化，無害化・再利用技術の確立が必要と考えられる。

熱硬化性樹脂の分解・モノマー化については超臨界分解，加メタノール・加アミン分解あるいは液相分解法などが提案されている。テトラリンに代表される水素供与性溶媒を使用した液相分解法では，フェノール樹脂などの熱硬化性樹脂をほぼ100％分解し，高収率でモノマーが回収されている[12]。図7に，一例として，身近な小型電子機器である携帯電話で使用されている回路基板を液相分解，熱分解，焼却処理した反応生成物の写真と有機成分の分解率を示した[13]。440℃で液相分解した場合には樹脂など有機成分はほとんど100wt％分解・油化されている。ナトリウム塩またはカリウム塩を反応系に加えることによって，液状生成物中にはハロゲン成分はほとんど含まれず（0.01ppm以下），樹脂原料であったフェノール類モノマーが生成している。ハロゲン元素はアルカリ金属塩となって金属やガラスとともに固体生成物中に固定化される。固体生成物のXRDパターンを図8に示す。固体生成物中のハロゲン濃度は数％と高いが，NaBr，KBrは

第9章　リサイクルおよび機能性材料合成のための分解反応

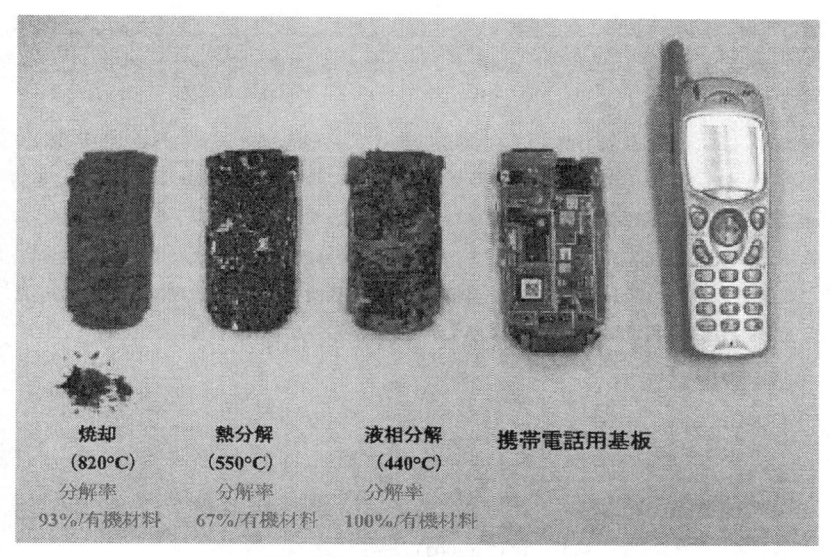

焼却　　　　**熱分解**　　　　**液相分解**　　　**携帯電話用基板**
(820℃)　　　(550℃)　　　　(440℃)
分解率　　　　分解率　　　　　分解率
93%/有機材料　67%/有機材料　100%/有機材料

図7　携帯電話用基板の化学リサイクル

○ Cu　△ CaCO3　□ K2CO3　■ KBr

回路基板

CaCO3 を使用した反応からの固体生成物

水洗浄後

K2CO3 を使用した反応からの固体生成物

水洗浄後

CaBr2

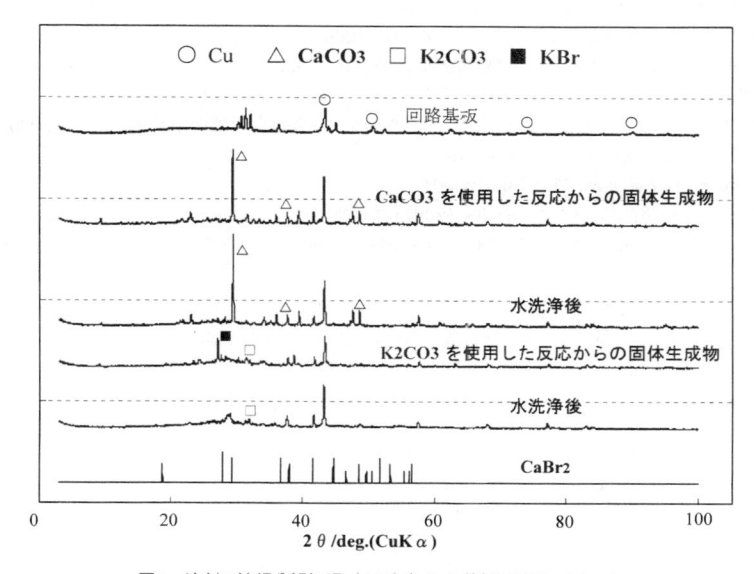

2θ /deg.(CuKα)

図8　溶剤で液相分解処理（440℃）した基板のXRDパターン

水溶性のため，簡単な水洗によって金属などから除去することができる。しかしカルシウム塩を使用した場合には$CaBr_2$は生成せず，カルシウムでは難燃剤の臭素は固定化されていないことを示している。

これに対して，一般的に行われている直接熱分解法では図7に示すように熱硬化性樹脂の分解・可溶化が進まず，ガラス繊維とともに煤状物質となって残るために表面は黒色となり，当然分解率は低い。さらに基板を焼却した場合には金属およびガラスは酸化され，黒色の粉体状に砕けるため，再利用は困難である。最近欧州を中心として非ハロゲン系に代わってリン系難燃剤の使用が進みつつある。今後，プリント回路基板中の有機，無機材料ならびに環境汚染成分などの全てを安全に処理し，再資源化・利用してゆく研究開発が必要と考えられる。

文　献

1) 佐藤芳樹，化学と工業，**54**(12)，1347（2001）
2) 化学技術戦略推進機構・活動報告書（平成13年5月）
3) http://www.gruener-punkt.de
4) G.P.Huffman et al., *CHEMTEC*, **28**(12), 34-43 (1998)
5) 佐藤芳樹ほか，廃棄物学会誌，**13**(2)，99-106（2002）
6) 橘秀昭，プラスチックエージ，臨時増刊号，72-79（2003）
7) W.Kaminsky et al., *J. Analytical and Applied Pyrolysis*, **19**, 311 (1991)
8) 辻田公二ほか，プラスチック化学リサイクル研究会・第3回討論会予稿集，p.29（2000）
9) L.C.Hu et al., *Polymer*, **39**, 3841 (1998)
10) A.Oku et al., *Polymer*, **41**, 6749 (2000)
11) 奥彬，廃棄物学会誌，**13**(2)，91-98（2002）
12) Y. Sato et al., *Energy & Fuels*, **13**(2), 364-368 (1998)
13) 佐藤芳樹，*AIST Today*，**3**(12)，17（2003）

2 架橋ポリエチレンのリサイクル：超臨界アルコールの利用

後藤敏晴*

2.1 はじめに

近年，地球環境保全への関心が高まる中で，容器包装リサイクル法，家電リサイクル法，食品リサイクル法などが次々と施行され，リサイクル技術の重要度が増している。しかし，プラスチックのリサイクルは，金属に比べて分別や再利用方法や用途の面で困難な点が多い。特に架橋ポリマーは加熱しても流動性が低いため，そのままでは溶融成形できないのでマテリアルリサイクル（材料としての再利用）が難しい[1]。

電線ケーブルにおいてもリサイクルが課題となっている。特に電力ケーブルの被覆材料として大量に使用されている架橋ポリエチレン（XLPE）は，他の架橋ポリマー同様にマテリアルリサイクルが難しく，新たな技術開発が望まれている。

これを受けて，XLPEを熱可塑化するリサイクル技術が検討されている。その一つはせん断力で熱可塑化する方法である[2]。XLPEを石臼式押出機で微粉化し，これを架橋していないポリエチレン（PE）と混ぜて押出成形する方法や，二軸押出機のせん断力でXLPEを分解し，熱可塑化する方法などがあげられる。ただし，これらの方法によって得られたPEは，架橋結合のみならず主鎖も切断される。そのため得られた再生材料の分子量が低下し，架橋処理する前の元のポリエチレン（PE）と同様に利用することが難しい。

一方，超臨界アルコールを利用すればXLPEの架橋のみを選択的に切断して高品位なPEが得られる[3~5]。本稿ではこの技術について紹介する。

2.2 架橋ポリエチレン

XLPEは，PEの耐熱性を向上するために，PEの分子鎖同士を架橋構造によって結合したものである。

電力ケーブルに用いられるXLPEの架橋方法としては，パーオキサイド架橋，電子線架橋，シラン架橋がある。この中で，パーオキサイド架橋と電子線架橋は図1(a)に示すようにPEの主鎖と同じC-C結合からなる。一方，シラン架橋によって形成される架橋は図1(b)に示すように，PEの主鎖とは異なるシロキサン結合（-Si-O-Si-）からなる。

架橋のみを選択的に切断するには，架橋構造の反応性とポリマー主鎖の反応性が，異なっている方が好ましい。ここでは主鎖と架橋構造の反応性が異なっていると考えられる廃シラン架橋PEをリサイクルの対象とした。

---

* Toshiharu Goto 日立電線㈱ アドバンス技術研究所 電線技術研究センタ

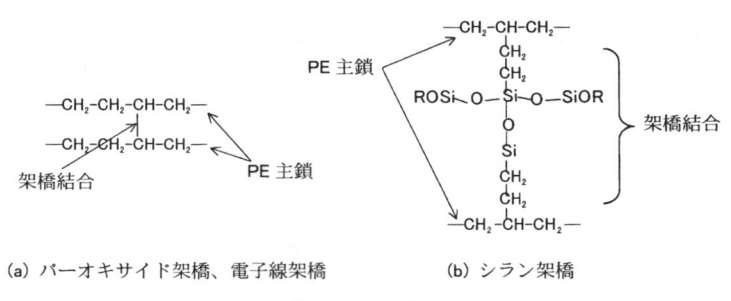

図1 XLPEの構造
(a) パーオキサイド架橋、電子線架橋
(b) シラン架橋

2.3 超臨界流体[6]

図2に一般的な物質の状態図を示す。超臨界流体とは、臨界温度と臨界圧力を超えた高温高圧状態の物質を言い、高密度で非凝縮性の流体である。亜臨界とは臨界点よりもやや温度、圧力が低い状態のことを言う。亜臨界～超臨界状態の物質の密度は液体の$1/10～1/2$であり、気体より数百倍大きい。一方、粘度は気体と同程度で、自己拡散係数は液体と気体の中間程度である。すなわち、超臨界流体は気体と同等の運動エネルギーをもち、高い分子密度を持った流体である。そのため非常に反応性の高い流体場である。このような性質から、超臨界流体は、ゴミ焼却後に発生するダイオキシンをほぼ完全に分解する技術として脚光を浴びている[7]。

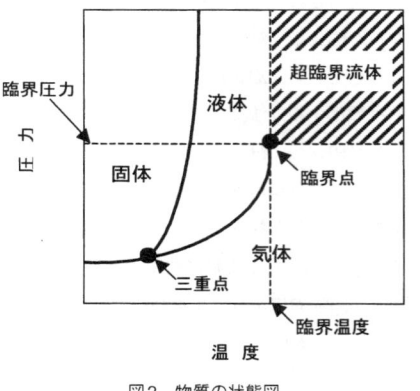

図2 物質の状態図

また、一般に超臨界流体の溶媒としての性質は臨界点付近で大きく変化する。これは溶媒の極性の尺度である誘電率が臨界点付近で大きく変化するためである。

たとえば水の場合は常温で極性が強い溶媒であるが、超臨界状態では極性の弱い有機溶媒並の誘電率になる。したがって、常温・常圧の水には溶解しないPEなど誘電率の低い炭化水素が、超臨界状態にすると水に溶解するようになる。アルコールについても水と同様である。

この様に、超臨界流体はさまざまな物質の溶媒となる可能性を持っている。ここで対象とする架橋ポリエチレンは流動性が悪いのでミクロスコピックに撹拌することが困難である。しかし、超臨界流体を溶媒として利用すれば、超臨界流体が架橋ポリエチレン中で拡散し、撹拌すること

第9章　リサイクルおよび機能性材料合成のための分解反応

なしに化学反応を促進させることができる。

2.4　超臨界流体によるXLPEの熱可塑化

シラン架橋PEの架橋構造であるシロキサン結合の分解は，シリカゲルを用いた実験により確認されている[8〜11]。シリカゲルはシロキサン結合によって網目構造が形成されたものである。シリカゲルを高温のアルコールや水の中に入れるとシロキサン結合が切れて溶解する。そこで，XLPEの分解に用いる超臨界流体としてアルコールと水を検討した。

シラン架橋PEは主鎖であるPEの中にシロキサン結合が埋もれているため，水やアルコールの分子がシロキサン結合に近づくことが難しい。そのため常温常圧では架橋の分解反応が進まない。これは常温常圧でアルコールや水がシラン架橋PEに溶け込まないからである。シラン架橋PEにアルコールや水を溶かすことができれば，シリカゲルと同様の反応が起こると期待される。

そこで，溶媒としての性質が常温常圧とは異なる超臨界流体の利用が有効と考えられる。表1に各物質の臨界点を示す[6]。水は環境への負荷が小さく安価である。一方，アルコールは水に比べて臨界温度，圧力ともに低い。ここではこの2種類の超臨界流体を利用した結果について紹介する。

2.4.1　XLPEへの超臨界流体の溶解

図3にXLPEを300℃の水，アルコール雰囲気中に入れて取り出したときの外観を示す。300℃で，水は亜臨界状態，アルコールは超臨界状態である。処理前のペレットと比較すると，処理後はいずれも発泡して大きくなっている。これは，超臨界，亜臨界状態において，アルコールや水がPEに浸透，すなわちアルコールや水がPEに溶解し，冷却時に溶けきれなくなって発泡したと解釈できる。このことから超臨界状態，亜臨界状態の水やアルコールはXLPEに溶解すると考えられる。

2.4.2　超臨界処理したXLPEの評価

シラン架橋PEを超臨界流体で処理して得られた生成物は，架橋度の指標となるゲル分率と，PE主鎖の熱分解の指標となる分子量分布の測定により評価した。

ゲル分率とはXLPEを110℃のキシレンに溶解し，溶け残ったものの重量分率である。未架橋のPEは完全にキシレンに溶解するが，XLPEはゲル状に溶け残る。実験には，ゲル分率が60％のシラン架橋PEを用いた。生成物のゲル分率が高いほど架橋が多く残っており，加熱成形性に

表1　各物質の臨界点[6]

物質名	メタノール	エタノール	水
臨界温度（℃）	239.6	243.2	374.3
臨界圧力（MPa）	8.0	6.3	21.8

悪影響を与える。分解生成物の分子量の測定には高温 GPC を用いた。

分解温度と分解後のゲル分率の関係を図4に実線で示す。亜臨界〜超臨界水を用いた場合，ゲル分率は 320℃以上で低下し，370℃以上で0％になった。一方，超臨界メタノール中では，水の場合よりも約70℃低い 300℃でゲル分率が0％まで低下した。

次にゲル分率が低下したものについて分子量を測定した。

分解温度と数平均分子量の関係を図4に破線で示す。370℃以上の亜臨界〜超臨界水で分解して得た生成物の数平均分子量は元の PE の分子量 45000 の1/3以下であった。ここで得られた生成物は非常に脆く，機械特性も悪いものであった。

水を用いてゲル分率0％まで分解した場合，主鎖が切断されワックス状の低分子量 PE になる。このことから，超臨界水を用いてシラン架橋 PE の架橋結合を選択的に切断するのは難しいと判断した。

これに対し，超臨界メタノールを用いた場合，300〜340℃で得た分解生成物は，ゲル分率が0％で，しかも数平均分子量は元の PE とほぼ同じであった。

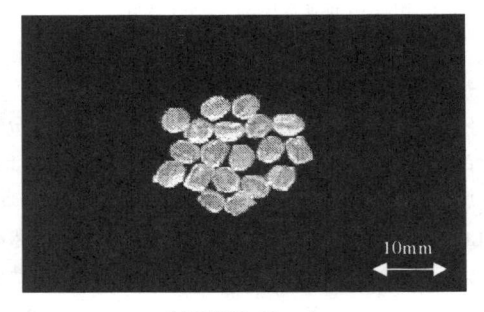

(a) XLPE ペレット

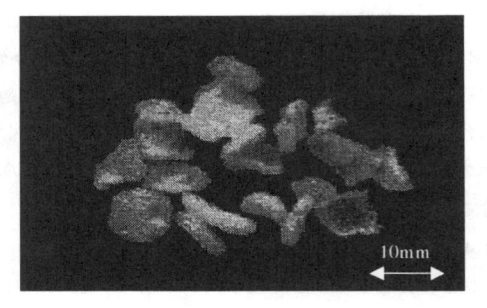

(b) 300℃,9MPa の水から取り出したペレット

(c) 300℃,12MPa のアルコールから取り出したペレット

図3　超臨界処理後のペレットの外観

2.4.3　超臨界アルコール処理した XLPE の構造

次の試料を用いて分子構造の解析を行なった。

① シラングラフト PE

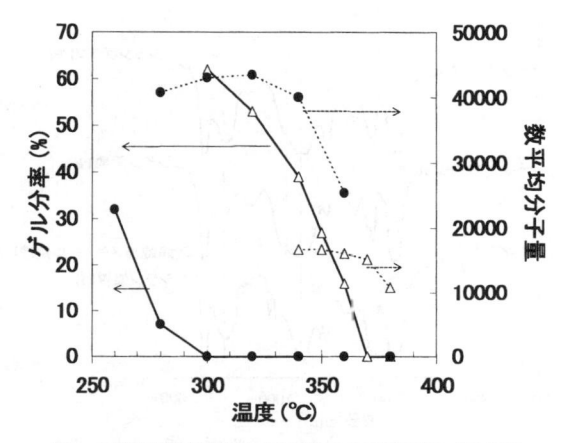

第9章 リサイクルおよび機能性材料合成のための分解反応

図4 超臨界流体処理による生成物の分子量分布とゲル分率
△：水, ●：メタノール

② シラン架橋PE
③ 超臨界メタノール処理したシラン架橋PE

①はシラン架橋PEを架橋する前の状態で，ケーブルの被覆として押出可能な材料である。①を80℃の飽和水蒸気中に24時間さらして架橋したものが②，②を320℃，12MPaの超臨界メタノールで30分間処理して得た生成物が③である。

分析には赤外線吸収スペクトル（FTIR）と核磁気共鳴スペクトル（NMR）を用いた。

初めにFTIRの測定結果を図5に示す。シラン架橋PEの架橋反応はIRスペクトルを用いて詳しく調べられている[12～15]。これまでに報告されたシロキサン結合に関係する特性吸収を表2に示す。

超臨界メタノール処理したシラン架橋PEとシラングラフトPEに観測される吸収ピークbは，シラン架橋PEよりも小さい。反対に，シラン架橋PEでは吸収ピークcが弱いが，超臨界メタノール処理したシラン架橋PEとシラングラフトPEのスペクトルでは強く観測された。すなわち，架橋ポリエチレンで観測されるシロキサン結合-Si-O-Si-の構造が，超臨界メタノール処理後には-SiOCH$_3$になり，シラングラフトPEに近い構造に変化する。このことは，XLPEの架橋点が分解されたことを示唆している。

次にNMRを用いて，^{29}Si-CPMASスペクトルを測定した結果を図6に示す。

アルコキシシランやアルキルアルコキシシランのゲル化の過程については高分解能^{29}Si-NMRによって詳しく調べられている[16, 17]。これらを参考にしてそれぞれのピークの帰属を推定した。

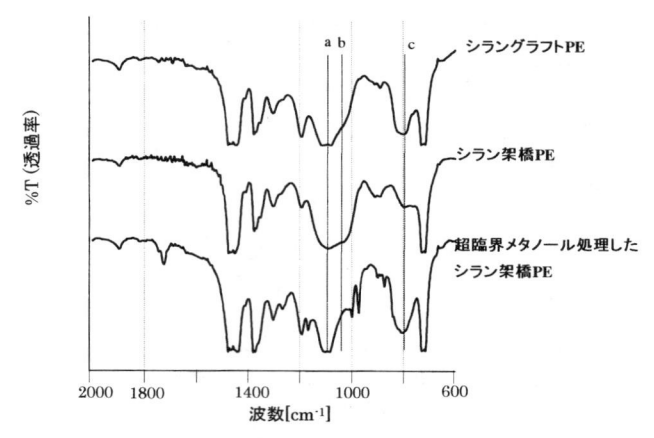

図5 シラン架橋PE，シラングラフトPE，および超臨界メタノール処理したシラン架橋PEの生成物の赤外線吸収スペクトル

表2 シラン架橋に関係する化学構造の特性吸収[12〜15]

Peak	Wavenumber (cm^{-1})	Structure
a	800	-SiOCH$_3$ or -SiOH
b	1030	-Si-O-Si-
c	1090	-SiOCH$_3$ or -SiOH

　表3にピークシフト値と構造を示す。シグナルaはシロキサン結合を形成していないアルコキシシランのモノマーであり，未架橋部位のシグナルである。シグナルb，c，dはそれぞれダイマー，トリマー，テトラマーであり，架橋部位を示すシグナルである。
　超臨界アルコール処理後の生成物のNMRスペクトルにおいては，シグナルc，dが完全に消失した。また，観測されたシグナルa，bの線幅は極めて細く，Si周辺の構造が活発に運動していることが分かる。さらに，シグナルaがbよりも非常に強く観測された。これは，超臨界メタノールによってシロキサン結合が切断され，アルコキシシランもしくはシラノール基になったことを示唆している。
　この結果はFT-IRによる測定結果と一致する。ただし，弱いシグナルbが観測されることは，分解できなかった架橋点も少し存在することを示している。
　以上，分解生成物のゲル分率，分子量の測定，FT-IR，NMRによる構造解析の結果から考察される化学反応を図7にまとめる。架橋反応においては，80℃の水蒸気雰囲気中で反応式(1)(2)(3)が右に進み，シロキサン結合（Si-O-Si）が形成される。一方，超臨界アルコールで処理すると

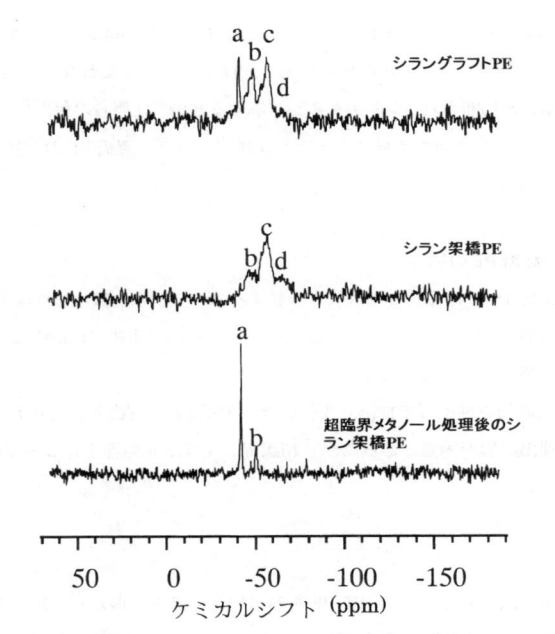

第9章 リサイクルおよび機能性材料合成のための分解反応

図6 シラン架橋PE,シラングラフトPE,および超臨界メタノール処理後の生成物の^{29}Si-NMRスペクトル

表3 シラン架橋PEの^{29}Si-NMRスペクトルのケミカルシフト

Peak	Chemical shift (ppm)	Number of −O-Si bond coupled on Si atom	Structure
a	−41	0	-Si-OH or -SiOCH$_3$
b	−49	1	≧Si-O-Si-
c	−57	2	=Si(O-Si)$_2$
d	−65	3	-Si(O-Si)$_3$

$$\equiv\text{Si-OR} + \text{H}_2\text{O} \Longleftrightarrow \equiv\text{Si-OH} + \text{ROH} \quad (1)$$

$$\equiv\text{Si-OR} + \text{HO-Si}\equiv \Longleftrightarrow \equiv\text{Si-O-Si}\equiv + \text{ROH} \quad (2)$$

$$\equiv\text{Si-OH} + \text{HO-Si}\equiv \Longleftrightarrow \equiv\text{Si-O-Si}\equiv + \text{H}_2\text{O} \quad (3)$$

図7 シラン架橋PEの架橋点の反応

シロキサン結合が切断され，アルコキシシラン（-SiOCH₃）あるいはシラノール基（-SiOH）に戻る。この結果は，シリカゲルのゲルの化学反応と同様である。すなわち，高温のアルコールによってシロキサン結合が切断され，シリカゲルが溶解するという北原らの報告[7~9]と一致する。

この反応は，エタノール等他のアルコールでも同様で，シラン架橋PEの架橋点を選択的に分解することが可能である[5]。

2.5　超臨界処理したXLPEの物性

得られた再生PEの機械，電気特性を評価した結果を表4に示す。機械特性は引張強さ，伸び，ともに元のPEとほぼ同等であった。また，電気特性である誘電正接（$\tan\delta$）と体積抵抗率（ρ）も電線として利用可能なレベルと言える。

さらに得られた生成物を押出機で押出して，シラン架橋PEの押出外観と比較した（図8）。その結果，XLPEは押出成形が困難であったが，超臨界アルコール処理を行なって得たサンプルは押出成形可能であった。

2.6　おわりに

超臨界アルコールを用いればシラン架橋PEを熱可塑化できる。得られた再生PEは元のPEと同様に電線の被覆材としての特性を備えており，マテリアルリサイクル，さらにはクローズドリサイクルできる可能性がある。

一方，本研究は，シラン架橋処理を行なうポリマーや，シロキサン結合をもつポリマーに広く応用できると考えている。

また，ここで紹介した反応は，常温常圧のアルコール中では起こり得ないが，超臨界状態になって初めてアルコールがポリマーに溶融して実現するものである。超臨界流体ならではのポリマー改質プロセスと捉えることができる。

今後，超臨界流体を用いたポリマーの化学反応技術を工業化するためには，多量のポリマーを超臨界流体で処理する技術が必要不可欠である。現在，われわれはNEDO（独立行政法人新エ

表4　超臨界メタノール処理したシラン架橋PEの材料特性

	項目	再生PE	元のPE
機械特性	引張強さ（MPa）	16.7	15.3
	伸び（％）	540	580
電気特性	$\tan\delta$ at 50Hz,1kV/mm	0.00018	0.00022
	ρ（$\Omega\cdot$cm）at 50Hz,1kV/mm	1.2×10^{17}	2.7×10^{18}

第9章　リサイクルおよび機能性材料合成のための分解反応

(a) シラン架橋 PE

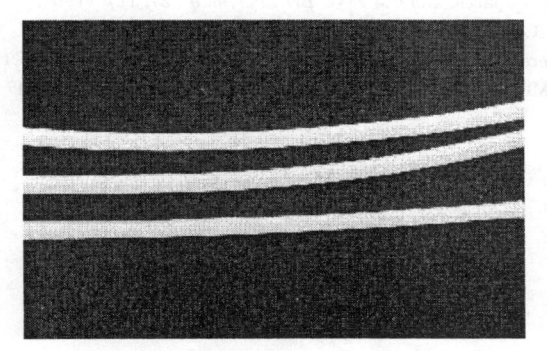

(b)シラン架橋 PE の超臨界メタノール処理後の生成物

図8　押出外観

ネルギー・産業技術総合開発機構）の委託研究事業としてXLPEを連続的に超臨界処理する技術の開発に着手している。このような研究が架橋ポリマーのマテリアルリサイクルに貢献できることを期待している。

文　　献

1) 植松忠之, *OHM*, **12**, 58 (1998)
2) 井上一樹, 中喜代巴, 菊地典洋, 菊地熙, 工業材料, **48**, 25 (2000)
3) 後藤敏晴, 山崎孝則, 機能材料, **23**, 52 (2003)
4) 後藤敏晴, 山崎孝則, 岡島いづみ, 菅田孟, 三好利一, 林繁信, 佐古猛, 高分子論文集,

58．12（2001）
5) 後藤敏晴，山崎孝則，岡島いづみ，佐古猛，菅田孟，大竹勝人，電気学会全国大会予稿集2号．p.631（2001）
6) 斎藤正三郎，超臨界流体の科学と技術，三共ビジネス（1996）
7) 佐古猛，菅田孟，岡島いづみ，資源環境対策，**34**，31（1998）
8) 北原重登，日本化学雑誌，**90**，237（1969）
9) 北原重登，浅野利之助，日本化学雑誌，**91**，109（1970）
10) 北原重登，浅野利之助，広渡務，日本化学雑誌，**92**，377（1971）
11) C.J.Brinker and W.Scherer,"Sol-Gel science：The physics and chemistry of sol gel processing", Academic Press（1990）
12) T.Hjertberg, M.Palmlof and B.A.Sultan, *J.Appl. Polym. Sci.*, **42**, 1185（1991）
13) T.Hjertberg, M.Palmlof and B.A.Sultan, *J.Appl. Polym. Sci.*, **42**, 1193（1991）
14) D.J.Bullen, G.Capaccio and C.J.Frye, *Brit. Polym. J.*, **21**, 117（1989）
15) M.Narkis, A.Tzur and A.Vaxman, *Eng. and Sci.*, **25**, 857（1985）
16) R.C. Chambers, H.-G.Woo, J. F.Walzer and T.D. Tilley, *Chem.Mater.*,5,1481（1993）
17) M.Mazur,V.Mlynarik,M.Valko and P.Plikan, *Appl.Magn.Reson.*, **16**, 547（1999）

3 ポリプロピレンのリサイクル：機能性化合物の合成

澤口孝志*

3.1 はじめに

　プラスチックのほぼ1割を占めるポリエステルやポリアミドなど逐次重合系高分子を生成する基本反応は平衡反応系であり，熱分解あるいは加溶媒分解による原料モノマーへのリサイクルが比較的容易であることが古くから知られている[1]。

　一方，プラスチックの7割近くを占める連鎖重合（ビニル）系汎用プラスチックにおいて，熱分解反応初期に側鎖が脱離する側鎖脱離型汎用プラスチック（ポリ塩化ビニル）からモノマーの回収は反応論的に難しい[1a, 1b]。また，主鎖切断が主反応となる主鎖切断型プラスチック（ポリエチレン（PE），ポリプロピレン（PP），ポリスチレン（PS））の場合，現在のところ，モノマーを生成する解重合（重合の逆反応）以外のいくつかの素反応を抑制できないので，現状ではモノマーへの完全変換（100％）は望めない[1a, 1b, 2]。新しい素反応制御法の出現に期待したい。

　PPは最も幅広く用いられている高分子材料の一つであり，現在も耐衝撃性，耐熱性，極性材料との親和性などの物性を改善する研究が活発に行われている。PP鎖末端の官能化による改良において，可溶性バナジウム触媒を用いたシンジオタクティシティリッチな片末端官能化PPとブロック共重合体の合成はよく知られている[3]。さらに近年話題のメタロセン触媒を用いてプロピレンを重合すると，片末端にビニリデンを有する立体規則性PPが生成することが明らかになり[4]，それらの末端官能化とブロック共重合化が盛んに研究されている[5]。とくに得られた共重合体は新しいポリオレフィン機能材料としての利用が期待されている。また，最近，重合反応で両末端に官能基を持つPPの合成が試みられ，いくつか報告され，その応用が待たれる[6]。

　われわれは，最近独自に開発した一次揮発生成物の二次反応を抑制できる高度制御熱分解装置を用い，ビニル系主鎖切断型汎用プラスチックから高分子原料として有用な新規高付加価値オリゴマー（テレケリックスおよびモノケリックス）を創り出し（図1）[7]，さらに「ポリマーから末端反応性オリゴマー，そしてポリマーへ」のケミカルリサイクルシステム（図2）を提唱している[8]。PPの高度制御熱分解反応によって，末端ビニリデン二重結合（TVD）を両末端に持つテレケリックス（数平均分子量Mn千～数万の範囲で調製可能）および片末端に持つモノケリックス（Mn千以下）を選択的に高収率で調製できるが，本稿では，とくに，通常の有機合成や重合では容易に合成できない，末端ビニリデン基（TVD，イソプロペニル基）を2個持つテレケリックオリゴマー（TVDの一分子あたりの平均数，官能度，f_{TVD}値2のテレケリックス）[7a, c, g]の生成機構，キャラクタリゼーションおよび新規ブロック共重合，とくにリサイクル性ポリオレフィ

---

*　Takashi Sawaguchi　日本大学　理工学部　物質応用化学科　教授

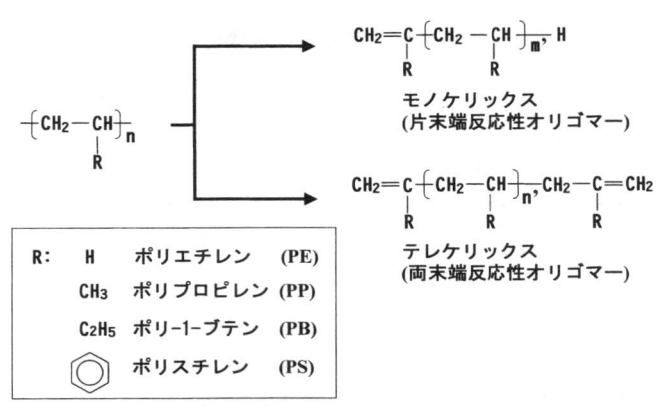

図1 ビニルポリマーの高度制御熱分解による末端反応性オリゴマーの合成

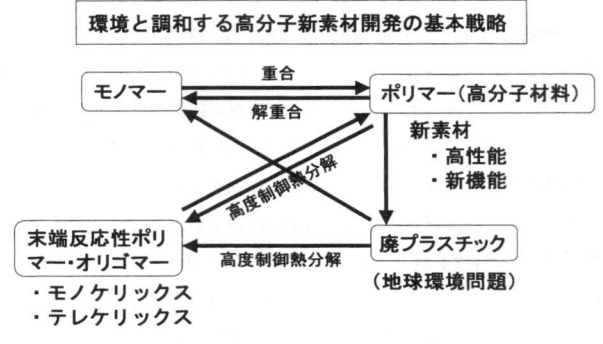

図2 ビニルポリマーの新しいケミカルリサイクル

ンへの応用について紹介する。

3.2 テレケリックオリゴプロピレンの生成機構

　PPやポリエチレン，ポリイソブチレン，ポリスチレン，あるいはポリメタクリル酸メチルなど，主鎖切断型ビニル系高分子の熱分解反応は一般にフリーラジカル連鎖機構で進行すると解釈されている[9]。熱分解反応の特徴は，反応進行とともにメルトしたポリマー分子（溶融ポリマー相）の分子量が低下すること，そして溶融ポリマー相で生成した低沸点成分が気化・移動により反応系外に留出し溶融ポリマー相の体積が減少することにある。われわれはごく最近，ポリイソブチレンの熱分解反応で生成する一次生成物の二次反応を抑制することによって，副生成物の生

第9章 リサイクルおよび機能性材料合成のための分解反応

成を少なくできる装置を開発した。これによって，生成物分布がシンプルになっただけでなく，生成物の構造変化とラジカル連鎖機構との対応も明確になり，従来の反応機構の誤りも明らかになってきている[7b, 10]。溶融ポリマー相で発生した末端高分子量ラジカル（末端マクロラジカル）が，逆成長過程において種々の素反応を競争的にひき起こし，一次生成物を生成する。逆成長過程における主要な素反応をスキーム1に示す。

ビニルポリマー $-(CH_2-CHR)_n-$ の開始反応において，一級(P)および二級(s)末端マクロラジカ

・**解重合**

$$\text{〜CH}_2-\overset{\cdot}{\underset{R}{C}H}\;(Rs\cdot) \longrightarrow CH_2=\underset{R}{CH} + Rs\cdot \quad (1)$$

・**分子内水素引き抜き(Back-biting) [(2)式] と続く1位での β 切断 [(4)式]**

$$Rs\cdot \longrightarrow \text{〜CH}_2-\underset{R}{\overset{1}{CH}}-CH_2-\underset{R}{\overset{2}{C}}-CH_2-\underset{R}{\overset{*}{CH}}(CH_2-\underset{R}{\overset{*}{CH}})_n CH_2-\underset{R}{CH_2}\;(Rosb\cdot) \quad (2)$$

$$Rosb\cdot \begin{cases} \xrightarrow{1} Rs\cdot + CH_2=\underset{R}{C}(CH_2-\underset{R}{\overset{*}{CH}})_n CH_2-\underset{R}{CH} \uparrow & (3) \\ \xrightarrow{2} \text{〜CH}_2-\underset{R}{CH}-CH_2-\underset{R}{C}=CH_2\;(TVD) + \underset{R}{\overset{\cdot}{C}H}(CH_2-\underset{R}{\overset{*}{CH}})_n CH_2-\underset{R}{CH}\;(S\cdot) \uparrow & (4) \end{cases}$$

・**Rs・の分子間水素引き抜き [(5)式] と続く β 切断 [(7)式]**

$$Rs\cdot + \text{〜〜}\underset{R}{CH}-CH_2\text{〜〜} \longrightarrow \text{〜〜}\underset{R}{CH}-CH_2-\underset{R}{CH_2}(nR) + \text{〜CH}_2-\underset{R}{\overset{\cdot}{C}}-CH_2\text{〜}\;(Rot\cdot) \quad (5)$$

$$Rot\cdot \longrightarrow TVD + Rs\cdot \quad (6)$$

・**S・の分子間水素引き抜き [(5)式] と続く β 切断 [(7)式]**

$$S\cdot + \text{〜〜}\underset{R}{CH}-CH_2\text{〜〜} \longrightarrow SH + Rot\cdot \quad (7)$$

$$Rot\cdot \longrightarrow TVD + Rs\cdot \quad (6)$$

スキーム1 末端反応性オリゴマーの生成のための主な素反応

高分子の架橋と分解―環境保全を目指して―

ル（Rp・とRs・）が生成するにもかかわらず，主生成物（構造変化）の大部分はRs・の各素反応経由で生成し，Rp・からの生成物は極めて少ない。このような結果は全反応が大きな速度論的連鎖長（逆成長過程での全素反応速度／開始速度（または停止速度））で進行するため，結局，Rp・に比較してRs・の定常濃度がはるかに高くなることで合理的に説明される[7a, c, d, 9]。反応中に徐々に低分子量化するポリマー分子中に生成する末端基もまたRs・の素反応経由によるもので，Rp・の反応から生成が予期される末端構造は確認されなかった。生成物分布は開始に続く解重合・連鎖移動・停止のサイクルにおける逆成長過程の各素反応（解重合，連鎖移動）の相対速度に依存し，各素反応の速度は主に関与するラジカル種の反応性に支配される。

一次揮発生成物であるモノマーは，Rs・の直接β切断［(1)式，解重合］により生成する。また，ラジカル連鎖移動反応のうち，分子内水素引き抜き［(2)式］に続いて1位でβ切断［(3)式］が起こすると，低分子量のモノオレフィン（末端反応性オリゴマー，モノケリックス；一次揮発生成物）が生成する。一方，分子間水素引き抜き［(5)式］に続くβ切断［(6)式］が起こると，主鎖が切断され末端二重結合（TVD）をもつポリマーが生成する。この逆成長過程では，どの反応においてもβ切断が起こると1個の二重結合と1個の末端マクロラジカルが生成する。速度論的解析は比較的困難な場合が多いが，気相反応の速度データを用いて各素反応の速度パラメータが予測されている[9]。解重合の活性化エネルギーは連鎖移動（水素引き抜き）よりも高いので，モノマーの生成は高温度側で，逆にオリゴマーの生成は低温度側で優位である。

PPの熱分解反応におけるテレケリックスの生成メカニズムは次のように考えられる[7a, g]。Rs・が分子間水素引き抜きすると，飽和末端（n-アルキル基，nR）を1個持つポリマーと三級鎖上マクロラジカル（Rot・）が生成し［(5)式］，このRot・の直接β切断によってTVDを1個持つポリマーとRs・を生成する［(6)式］。ポリマー分子の低分子量化が(5)および(6)式だけで起生するならば，f_{TVD}値は統計的に1に近づく。しかし，f_{TVD}の実測値は1.8程度であった。

われわれは，(3)式経由で生成するTVD型モノオレフィンを約70wt％含む揮発性オリゴマー中に約20wt％存在する飽和成分に注目した[11]。もし，Rs・の逐次分子内水素引き抜き（back-biting）［(2)式］に続くβ切断が末端側2［(4)式］で生起するとTVDを1個持つポリマーと二級末端スモールラジカル（S・）が生成する。続いてこのS・の分子間水素引き抜きが起こると［(7)式］，飽和成分SHとRot・が生成する。このRot・は(5)式経由のそれと区別できず，β切断してTVDとRs・を生成する［(6)式］。もし，ポリマーの低分子量化が(4)と(7)式そして(6)式だけで起こるならば，(7)式で生成した飽和成分SHは揮発性生成物として溶融ポリマー相から反応系外に移動するので，結果としてf_{TVD}値は2になる。f_{TVD}の実測値1.8はRs・の反応［(5)と(6)式］よりも，むしろS・の反応［(7)と(6)式］がポリマーの末端基の生成（低分子量化）に寄与していることを示している。このような"溶融ポリマーから水素を引き抜くが，自身は揮発成分として溶融ポリマー

第9章　リサイクルおよび機能性材料合成のための分解反応

相外に移動する"という役割を果たすスモールラジカルS·は分解反応時に種々の素反応で生成するが，現在まで無視されていた。

上に述べてきたように，RoS·はRs·とS·の分子間水素引き抜き反応（(5)と(7)式）どちらによっても生成するので，結果として，TVDとnRのモル組成，2個のTVDを持つポリマー（TVD-TVD，テレケリックス），1個のTVDを持つポリマー（nR-TVD，モノケリックス）および2個のnRを持つ（TVDを全く持たない）ポリマー（nR-nR）のモル組成，およびf_{TVD}値の変化は，それら2つの分子間水素引き抜き速度の比で統計的に推算される[7a, g, 8c]。Rs·の分子間水素引き抜き[(5)式]速度に対するS·の分子間水素引き抜き[(7)式]速度比（α）と各パラメータの関係から，α値が0.01程度まで減少，すなわち，(5)式だけが起こる場合，nR/TVD＝1，TVD-TVD＝nR-nR＝25mol％，nR-TVD＝50mol％，そしてf_{TVD}値は平均値として1になる。α値が増加（(7)式の寄与が増大）すると，nRが急激に減少し，TVDが増加し，f_{TVD}値が2に近づくので，nR-nRとnR-TVD分子の数は減少し，TVD-TVD分子が増加する。つまり，ほとんどすべての分子がテレケリックスになる。この統計解析では，f_{TVD}の実測値1.8は，オリゴマーが80mol％のテレケリックス，そして19mol％のモノケリックスから成ることを示している。

反応制御によるテレケリックスの選択的合成の目指す方向の一つは，反応条件下でスモールラジカルの発生と続くポリマーからの水素引き抜きを効果的に起こす反応システムの確立であろう。

3.3　キャラクタリゼーション

表1に得られたテレケリックオリゴマーのキャラクタリゼーションを示す[8c]。試料イソタクチックPP（iPP），シンジオタクチックPP（sPP）およびアタクチックPP（aPP）約1gを370℃で熱分解した結果である。オリゴマーのf_{TVD}値はどの場合も1.8程度であり，Mnは千～数万の範囲で調製できる。分子量分布（Mw/Mn）はそれぞれオリジナル試料よりはるかに狭くなり，

表1　テレケリックオリゴプロピレンの分子特性

数平均分子量（Mn）	$10^3 \sim 10^4$
分子量分布（Mw/Mn）	2以下
末端ビニリデン官能度（f_{TVD}）	1.8程度
原料PPの初期分子量とともに増加	：最大値1.87
テレケリックオリゴマー　（TVD2個）	：88mol％
マクロモノマー　　　　　（TVD1個）	：11mol％
両末端飽和のオリゴマー　（TVD0個）	：1mol％
立体規則性	オリジナルPPのミクロタクティシティを高度に保持

立体規則性（ミクロタクティシティ）はほとんどそのまま保持しているが，結晶融解温度（融点）はiPPでは幾分低下する。融解熱（ΔH）はオリジナル試料より高くなるが，sPPにおいて著しい。

高度制御熱分解によって生成したテレケリックオリゴマーの特徴の一つは，オリジナル試料の立体規則性をほとんどそのまま保持していることにある。われわれはこれに関して合理的な説明を与えた[7d]。PPの熱分解において，揮発生成物中にオリジナル試料の立体規則性と異なる構造が確認されている。これらの立体異性体は，(2)式に示すような Rs·の逐次 back-biting（分子内水素引き抜き）を経由して生成する。この立体異性化は，不斉炭素に結合した水素が引き抜かれ，生成したsp2平面構造の炭素ラジカルが，さらに水素を引き抜き，sp3に変化するとき，ランダム統計にしたがい化学反転（★）することに起因する。また，back-bitingは遷移状態で疑似六員環構造を形成し易いことをプロピレン五量体の精細な構造解析から明らかになった。このような結果に基づいて，テレケリックオリゴマー末端（TVD, nR）のミクロ構造を解析した。その結果，末端からモノマーユニット数5個程度の範囲内で立体異性化していることが明らかになった。反応モデルに基づいたシミュレーション結果との一致から，鎖上マクロラジカル Rot·がβ切断［(6)式］する前に疑似六員環構造を経由する逐次分子内水素引き抜きを1回（20%）〜2回（80%）起こすことを明らかにした。また，この結果は末端マクロラジカル Rs·の逐次 back-biting がモノマーユニット15個程度の範囲まで及んでいることと対照的であり，ポリマー鎖末端セグメントとポリマー鎖中央セグメントとの運動性の相違を反映したものと解釈した。

3.4 ブロック共重合

片末端ビニリデンPPのTVDを利用する末端官能基化とブロック共重合への応用が精力的に行われているので[5]，それらの合成反応はほとんどそのまま両末端TVDのPPに応用できる。われわれが合成している両末端官能基化オリゴプロピレンの一例をスキーム2に示す[12]。

ブロック共重合体はTVDの反応性を利用した直接合成か，あるいは末端官能基化PPを経由して合成するルートがある。PP末端を開始点とするモノマーの重合反応，あるいは片末端官能基化ポリマーとのカップリングを利用して，PP鎖を中央ブロック（A）とするBABトリブロック共重合体が合成できる。B成分に両末端官能基化ポリマーを選択してカップリングさせると，(AB)nマルチブロック共重合体が生成する。このようなBABおよび(AB)nタイプのブロック共重合体は，メタロセン触媒重合で得られる片末端ビニリデンPPからは合成できない。B成分にPPと性質の異なるブロック鎖を選ぶと全く新しい機能を持つ高性能なポリマーが得られる可能性がある。

テレケリックオリゴプロピレンを用いた例として，われわれが合成した(AB)nブロック共重

第9章　リサイクルおよび機能性材料合成のための分解反応

スキーム2　両末端ビニリデンオリゴプロピレンの末端官能基化

合体[13)]について紹介する。一つはB成分がα, ω-ジヒドロシリルポリジメチルシロキサン(PDMS)であり，テレケリックスのTVDのヒドロシリレーションによるカップリングの利用である[13a, b, c)]。PDMSは鎖の柔軟性，低ガラス転移温度，低表面エネルギーなどの特徴的物性を有しているので，結晶性PPとのマルチブロック共重合体は新機能や高性能ポリマーとしての応用が期待される。反応に用いたテレケリックiPPとsPP，PDMSのキャラクタリゼーションおよび反応条件と合成方法の詳細は上述の引用文献を参照されたい。得られた共重合体は互いに性質の全く異なるブロック鎖から強く偏析しており，特異な相分離構造の形成が示唆された。

テレケリックスのTVDを官能基変換した後，逐次重合によってマルチブロック共重合化することにより用いたオリゴマーブロック鎖の性質を活かしつつ，加溶媒分解により原料オリゴマーにケミカルリサイクル可能な新規ポリオレフィンの合成が可能となる[13d, e)]。スキーム3に両末端官能基化したイソタクチックおよびシンジオタクチックテレケリックPP（iPP，sPP；Mnともに数千）とイソタクチックテレケリックオリゴ-1-ブテン（iPB；Mn数千）の逐次エステル化によるマルチステレオブロック共重合体の合成反応式を示す。合成条件によって生成する共重合体の構造と物性は大きく異なるが，p-トルエンスルホン酸触媒を用いてデカリン還流下で加

275

高分子の架橋と分解―環境保全を目指して―

スキーム3　逐次エステル化反応によるマルチブロック共重合体の合成

熱すると，溶媒に可溶な線状共重合体（iPB-b-iPPおよびiPB-b-sPP）が生成する．最大分子量は数百万に達した．iPB-b-iPPおよびiPB-b-sPPは，各ブロック鎖がエステル結合で〜200個程度交互に繰り返し繋がったマルチブロック体であり，また，エステル結合ごとにカルボキシル基が1個導入されていることから，カルボキシル基を利用したグラフト化による改質が可能である．つまり，これらのブロック共重合体は，用いるオリゴマーの分子量によりオレフィン非極性ブロック鎖と極性ブロック鎖の制御が可能であり，また，エステル基の加溶媒分解による原料オリゴマーへのリサイクルが可能な新規な機能性ポリオレフィンである．事実，これらの共重合体は超臨界メタノールにより，原料オリゴマーにほぼ完全に分解した．これらのDSC曲線から求めたiPBブロック鎖のΔH値はブレンド体のΔH値より著しく低く，共重合化によって，iPBブロック鎖の結晶化がiPPブロック鎖に比較してより阻害されていることが示された．iPB-b-iPPおよびiPB-b-sPPのTEM写真を図3に示す．TEM写真は，iPPブロック鎖のラメラ結晶が筋状で観察され，各ブロック鎖がナノオーダーでドメインを形成していることを示している．このようなマルチブロック共重合体は，高度制御熱分解により両末端反応性オリゴプロピレン（テレケリックス）が選択的・高収率で簡便に調製されたことによって，合成可能となった極めて特異な機能性共重合体であり，その応用展開が大いに期待される．

　テレケリックスを利用して調製した，これらの共重合体はエラスチックな様相を呈しており，さらに親水性を付与することにより，熱可塑性エラストマー，ブレンド相溶化剤，表面改質剤，あるいは生体適合材料などとして利用され高性能材料や新機能材料の構築に役立つと期待される．

第9章　リサイクルおよび機能性材料合成のための分解反応

iPB-*b*-iPP　　　　　　　　**iPB-*b*-sPP**

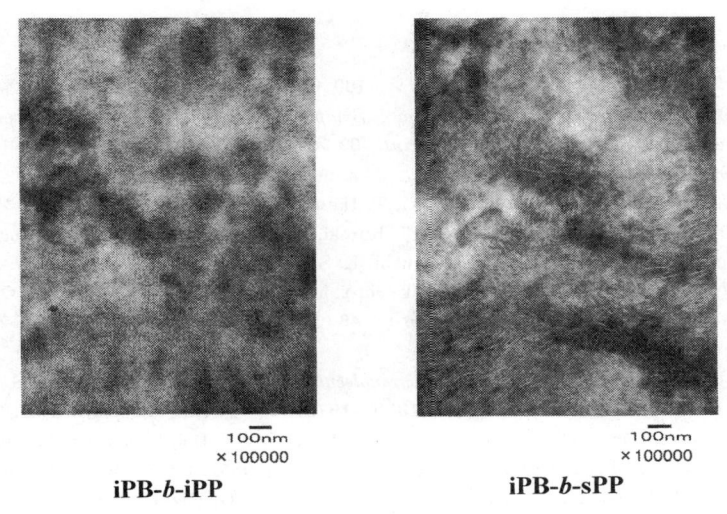

図3　マルチステレオブロック共重合体のTEM写真

3.5　おわりに

　ポリマーの熱分解は，従来より，非常に複雑な反応が生起し，解析や反応制御は本質的に難しいとのイメージが先行してきたが，本稿で紹介したように，溶融ポリマー鎖がつくる粘性の高い反応場で起こる熱力学的および速度論的支配の反応のコンビネーションで説明できる案外シンプルな反応と言える。

　熱分解によって簡便かつ高効率的に生成するテレケリックスやモノケリックスは，通常の有機合成や重合では容易に合成できない高付加価値高分子原料であり，新規ブロック共重合体の合成に有用であることが明らかとなった。これは，われわれが独自に開発した高度制御熱分解法を用い，ポリマーの熱分解反応が制御可能なレベルで解析できたことによる。立体規則性の異なるPPブロック鎖をベースとしたケミカルリサイクル可能な接着性ポリオレフィン弾性体など，新機能・高性能ポリオレフィンへの発展に期待したい。

　また，述べてきたポリマーの熱分解プロセスは持続可能な社会構築に向けた，比較的単一成分で排出・収集される廃棄汎用プラスチックの新しいケミカルリサイクル技術として社会に貢献できるものと思われる。

高分子の架橋と分解—環境保全を目指して—

文　献

1) 例えば，(a)三宅彰，プラスチックエージ，100（1993）；(b)三宅彰，高分子，**46**(6), 406 (1997)；(c)Chen Chong Lin, *Macromol. Symp.*, **135**, 129 (1998)；(d)S. Bodrero, E. Canivenc, F. Cansell, *Polymer Preprints*, **39**(2), (1998)；(e)後藤元信，化学，**54**(6), 64 (1999)

2) 例えば，(a)T. Sawaguchi, T. Kuroki, T. Ikemura, *Bull. Jpn. Pet. Inst.*, **19**(2), 124 (1977)；(b)T. Sawaguchi, T. Inami, T. Kuroki, T. Ikemura, *Ind. Eng. Chem. Proc. Des. Dev.*, **19**, 174 (1979)；(c)T. Sawaguchi, K. Suzuki, T. Kuroki, T. Ikemura, *J. Appl. Polym. Sci.*, **26**, 1267 (1981)；(d)A. Ueno, Y. Morioka, N. Azuma, T. Hirose, M. Okada, US pat., 404, 407；(e)上野晃史，高分子，**46**，85 (1997)；(f)関根泰，化学と工業，**54** (12), 1352 (2001)

3) 例えば(a)Y. Doi, S. Ueki, T. Keii, *Macromolecules*, **12**, 814 (1979)；(b)Y. Doi, S. Ueki, T. Keii, *Makromol. Chem.*, **180**, 1359 (1979)；(c)Y. Doi, M. Murata, K. Soga, *Makromol. Chem., Rapid Commun.*, **5**, 811 (1984)；(d)Y. Doi, F. Nozawa, M. Murata, S. Suzuki, K. Soga, *Makromol. Chem.*, **186**, 1825 (1985)；(e)Y. Doi, T Koyama, K. Soga, *Makromol Chem.*, **186**, 11 (1985)；(f)Y. Doi, G. Hizal, K. Soga, *Makromol Chem.*, **188**, 1273 (1987)；(g)Y. Doi, M. Nunomura, N. Ogiwara, K. Soga, *Mokromol. Chem., Rapid Commun.*, **12**, 245 (1991)；(h)村田昌英，植木聡，高分子，**44**，43 (1995)

4) T. Tsutsui, A. Mizuno, N. Kashiwa, *Polymer*, **30**, 428 (1989)

5) 例えば(a)R. Mülhaupt, T. Duschek, B. Rieger, *Makromol. Chem., Makromol. Symp.* **48/49**, 317 (1991)；(b)T. Duschek, R. Mülhaupt, *Polym. Prep. (Am. Chem. Soc., Div. Polym. Chem.)*, **33**, 70 (1992)；(c)T. Shiono, K. Soga, *Macromolecules*, **25**, 3356 (1992)；(d)塩野毅，黒沢弘樹，石田修，曽我和雄，高分子論文集，**49**，848 (1992)；(e)T. Shiono, K. Soga, *Makromol. Chem., Rapid Commun.*, **13**, 371 (1992)；(f)T. Shiono, H. Kurosawa, O. Ishida, K. Soga, *Macromolecules*, **26**, 2985 (1993)；(g)R. Mülhaupt, T. Duschek, D. Fischer, S. Setz, *Polym. Adv. Technol.*, **4**, 439 (1993)；(h)R. Mülhaupt, T. Duschek, J. Rosch, *Polym. Adv. Technol.*, **4**, 465 (1993)；(i)T. Shiono, Y. Akino, K. Soga, *Macromolecules*, **27**, 6229 (1994)

6) (a)M. Murata, Y. Fukui, K. Soga, *Macromol. Rapid Commun.*, **19**, 267 (1998)；(b)T. Ishihara, T. Shiono, *Macromolecules*, **36**, 9675 (2003)

7) (a)T. Sawaguchi, T. Ikemura, M. Seno, *Macromolecules*, **28**, 7978 (1995)；(b)T. Sawaguchi, T. Takesue, T. Ikemura, M. Seno, *Macromol. Chem. Phys.*, **196**, 4139 (1995)；(c)T. Sawaguchi, M. Seno, *Polym. J.*, **28**, 817 (1996)；(d)T. Sawaguchi, M. Seno, *Macromol. Chem. Phys.*, **197**, 3995 (1996)；(e)T.Sawaguchi, M. Seno, *Polymer*, **37**, 3697 (1996)；(f)T. Sawaguchi, M. Seno, *J. Polym. Sci., Polym. Chem. Ed.*, **36**, 209 (1998)；(g)T. Sawaguchi, H. Saito, S. Yano, M. Seno, *Polym. Deg. Stab.*, **72**, 383 (2001)

8) (a)澤口孝志，高分子，**45**(9), 671 (1996)；(b)澤口孝志，高分子加工，**46**(8), 375 (1997)；(c)

第9章 リサイクルおよび機能性材料合成のための分解反応

澤口孝志, 機能材料, **17**(10), 5（1997）；(d)T. Sawaguchi, S. Yano, M. Seno, *Recent Res. Devel. in Macromol. Res.*, **3**, 385（1998）；(e)T. Sawaguchi, Y. Suzuki, A. Sakaki, H. Saito, S. Yano, M. Seno, *Polym. Int.*, **49**, 921（2000）；(f)澤口孝志, マテリアル学会誌, **14**(2), 63（2002）
9) I. Mita, Aspects of Degradation and Stabilization of Polymers, H. H. Jelinek, Ed., Elsevier, New York, 1978, p. 249
10) (a)T. Sawaguchi, T. Ikemura, M. Seno, *Macromol. Chem. Phys.*, **197**, 215（1996）；(b)T. Sawaguchi, M. Seno, *Polym. J.*, **28**, 392（1996）；(c)T. Sawaguchi. T. Ikemura, M. Seno, *Polymer*, **37**, 5411（1996）；(d)T. Sawaguchi. M. Seno, *Polymer*, **37**, 5607（1996）；(e)T. Sawaguchi. M. Seno, *Polym. Deg. Stab.*, **54**, 23（1996）；(f)T. Sawaguchi, M. Seno, *Polym. Deg. Stab.*, **54**, 33（1996）；(g)T. Sawaguchi, M. Seno, *Polymer*, **37**, 4249（1998）
11) 飯田武揚, 飯田武夫, 野崎弘, 鍬柄光則, 日本化学会誌, 843（1976）
12) T. Sawaguchi, T. Hagiwara, S. Yano, M. Seno, 1st INTERNATIONAL CONFERENCE ON POLYMER MoDIFICATION, DeGRADATION and StABLIZATION（MoDeSt 2000）, Proceedings MoDeSt 2000, 2/W/14（Sep. 3-7, 2000）（PALERMO, ITALY）
13) (a)澤口孝志, 妹尾学, 丸山照仁, 特開平 09-278895, EP802216, DE6970201, US5744541；(b)澤口孝志, 妹尾学, 丸山照仁, 特開平 09-278896, EP802216, DE6970201, US5744541；(c)T. Sawaguchi, M. Seno, *J. Polym. Sci., Polym. Chem. Ed.*, **34**, 3625（1996）；(d)澤口孝志, 国際出願公開番号 WO 02/42340 A1, 国際出願公開番号 WO 2003-082957；(e)T. Sawguchi, M. Kikuchi, T. Hagiwara, S. Yano, IUPAC Polymer Conference on the Mission and Challenges of Polymer Science and Technology（IUPAC-PC2002）PREPRINTS, 643-644（2002）（Dec. 2-5, 2002）（Kyoto Japan）

4 天然素材リグニンを利用する機能性材料の開発

舩岡正光[*1], 永松ゆきこ[*2]

4.1 はじめに

近年生物素材を機能材料へと活用する試みが活発化している。生物素材は、生態系における持続的な物質の流れを構成する1ユニットとして固有の分子設計を有しており、機能材料として効果的に活用するためには、生態系におけるその機能設計を解読し、その基本システムを材料の中で再現する必要がある。

リグニンは植物細胞壁を構成する芳香族系高分子である。樹木中において細胞間接着、樹体の支持、道管のシール、紫外線バリアなど非常に重要な機能を司っており、さらに土壌中ではフミン系物質として植物栄養素、微量金属元素の吸着固定等に対し長期間持続的に機能している。リグニンはポスト石油資源として、量、質ともに非常に高いポテンシャルを有するが、その構造の複雑性、環境変化に対する鋭敏な応答性のゆえに、精密な構造制御が困難であり、現在なお機能材料が見出され得ない異色の天然素材である。

本稿では天然高分子リグニンについて、構造の特徴、分子内に組み込まれた循環設計、その機能を応用する新しい循環型リグニン系素材(リグノフェノール)の誘導システムについて解説するとともに、リグニン資源の新しい機能的循環活用について紹介したい。

4.2 リグニン高分子の形成と構造的特徴

リグニンの高分子ネットワークは主に2つのルートにより構築される。第1は前駆体の酵素的脱水素およびそれに続くラジカル共鳴混成体のランダムなカップリングによるルートである。結果として各構成単位にはそのフェノール性水酸基、芳香核C5位およびC1位、側鎖Cβ位に隣接単位との接点が形成される。しかしこれらの結合形成頻度は必ずしもランダムではなく、前駆体ラジカル濃度、ラジカルスピン密度、立体因子等が関与する結果、Cβ-O-アリールエーテル構造がもっとも高頻度で形成され、その量は全単位間結合の約50％にも達する。第2のルートは前駆体Cβラジカル構造に含まれる活性キノンメチドの安定化に伴う構造構築メカニズムであり、結果として側鎖Cα位に多様な含酸素活性官能基が形成される。

分枝構造に関しては、構成単位がグアイアシル型かシリンギル型かによって異なる。芳香核C3およびC5位がメトキシル基で置換されているシリンギル単位はもっぱらそのフェノール性水酸基および側鎖Cβ位で隣接単位とリンクすることになり、結果としてリニア型に成長する。し

[*1] Masamitsu Funaoka 三重大学 生物資源学部 教授
[*2] Yukiko Nagamatsu 三重大学 舩岡研究室 科学技術振興機構 (JST) CREST研究員

第9章　リサイクルおよび機能性材料合成のための分解反応

かし,芳香核C5位がオープンなグアイアシル単位ではフェノール性水酸基,側鎖Cβ位でのリンクに加え,C5位でのカップリングによって分枝構造が形成される。したがって,シリンギル型およびグアイアシル型両タイプからなる広葉樹リグニンに対し,もっぱらグアイアシル型構造からなる針葉樹リグニンではより分枝度が高く,構造的にリジッドとなる。

　天然リグニンの構造は一見不規則かつ多様であるが,その形成メカニズムから構造を集約すると以下の特性が浮かび上がる。

① Building unit：Phenylpropanoid
② Activity：Phenolic (latent)
③ Polymer structure (polymer subunits formed by dehydrogenative polymerization)
　　Linear → Network：Syringyl type ＞ Guaiasyl-syringyl type ＞ Guaiasyl type
④ Major interunit linkage：Cβ-O-aryl ether
⑤ Major linkage between polymer subunits：Benzyl aryl ether
⑥ Stability of interunit linkages：Benzyl aryl ether ＜＜ Others
⑦ Most reactive site：Benzyl carbons

4.3　天然リグニンを循環型機能性高分子へ

　リグニン機能制御のポイントは,潜在性フェノール活性（アルキルアリールエーテルユニット）をいかに持続的に制御するか,そして活性ベンジル位による迅速な環境対応機能をいかに機能性素材開発を意図したリグニンの構造制御に活用するかにある。

　リグニンを潜在性フェノール系高分子として長期間循環活用するため,次の1次構造制御を設計し,それを具現化する新しいリグニンの選択的構造制御システム（相分離系変換システム）を考案した[1〜4]。

4.3.1　1次変換設計

① Cα-aryl ether units：選択的切断 → ネットワークからリニアタイプへの変換
② Reactive benzyl carbon（環境対応サイト）：選択的フェノールグラフティングによる1,1-bis(aryl)propane型ユニットの構築
③ Cα-phenol-Cβ-aryl ether units：分子内機能変換（スイッチング）素子

　Cα-aryl etherを選択的に切断するとともに,Cα位にフェノール系化合物を選択的にグラフティングすると,各構成単位が1,1-ビス（アリール）プロパン型構造を形成することになり,構造および反応性の均一化,素材としての安定化が導かれる。これはリグニン母体のフェノール活性を大幅に変化させることなく,導入フェノール核によって総体としてのフェノール活性を高め,リグニンにフェノール系高分子としての特徴を与えることになる。さらに,Cα位に導入し

たフェノール核は側鎖に対しリグニン芳香核と対等な関係を形成することになり，導入フェノール核の特性はリグニンと構成単位レベルでハイブリッド化され，新たな機能が発現することになる。

4.3.2 選択的構造制御システム（相分離系変換システム）

システムのキーポイントは，リグノセルロース系複合体を形成している親水性炭水化物および疎水性リグニンに対し，それぞれ相互に混合しない機能環境媒体（リグニン：フェノール誘導体，炭水化物：酸水溶液）を設定し，両相の界面で素材個々に精密構造変換を行うことにある。

リグノセルロース系複合体をフェノール誘導体で溶媒和した後，酸水溶液中に微粒子状に分散させる。界面での酸との接触により炭水化物は膨潤，部分加水分解をうけ，細胞壁における高度なフレームワーク構造がほぐれる。一方リグニンの高反応性サイト（$C\alpha$）は，$C\alpha$-アリールエーテルの切断，フェノールグラフティングを受け，結果として3次元ネットワーク構造が解放される（1st Control）。加水分解を受けた親水性炭水化物はフェノール相から水相へと抜けだし（2nd Control），一方変換によって疎水性の高まったリグニンは粒子界面から中心部へと移行し，結果として酸との接触による複雑な2次変性は可及的に抑制される（3rd Control）。系の攪拌を停止すると，両相の比重差により反応系は機能制御リグニンを含む有機相と炭水化物を溶解した水相に分離する（図1）。

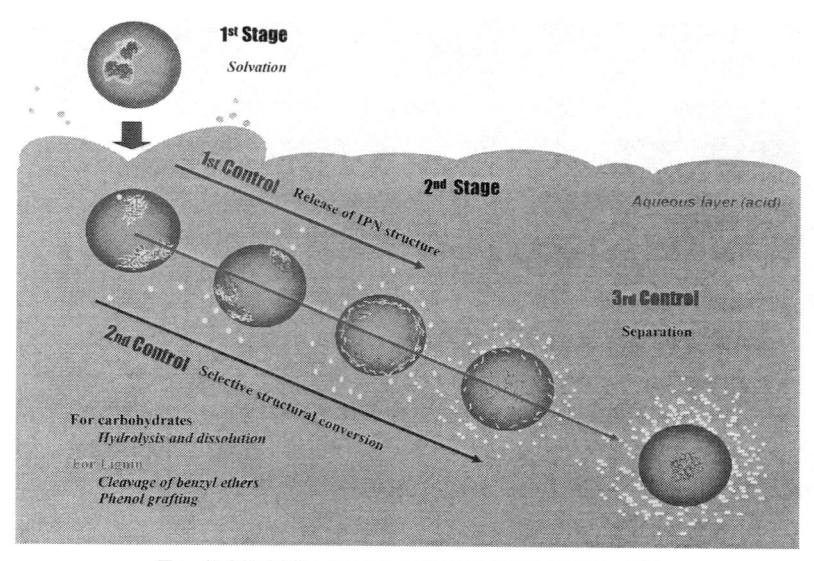

図1 相分離系変換システムによる植物系分子素材の変換・分離

第9章 リサイクルおよび機能性材料合成のための分解反応

一連の上記変換反応は，室温，開放系にて短時間の撹拌処理（10〜60分）で進行し，針葉樹，広葉樹，草本などいずれのリグノセルロース系複合体からも，その天然リグニンはほぼ定量的に1,1-ビス（アリール）プロパンユニットを高頻度で含むリニア型フェノール系リグニン素材（リグノフェノール）に変換され，白色粉末状で分離される。水相に分離する炭水化物区分は，主として分子量2000以下の低分子画分および分子量10万以上の水溶性ポリマー画分からなり，処理時間の延長と共に，低分子画分へと移行する。

4.3.3 分子内機能変換素子とその効果

相分離系変換システムにより，リグノフェノール分子内には1,1-ビス（アリール）プロパン-2-O-アリールエーテル構造が高頻度で形成される。この分子内構造ユニットをリグニン素材の機能変換ポイントとして位置づけ，Cαフェノール核を隣接エーテル結合の解裂スイッチとして機能させることによって，リグニンの特性（分子量とフェノール活性）は自在に制御可能となる。

フェノール核のスイッチング機能には，電子欠損した隣接炭素に対する求核攻撃性を活用し，その開始はフェノール核の塩基性と運動性によって制御する。p-アルキル置換フェノールはフェノール性水酸基のオルト位でリグニンとC-C結合を形成する結果，立体的にフェノール性水酸基が隣接炭素を攻撃可能となり，それによってフェノール活性が結合フェノールからリグニン母体へと交換され，その個所で分子鎖が解放される[5]（図2）。2次素材の機能はスイッチング

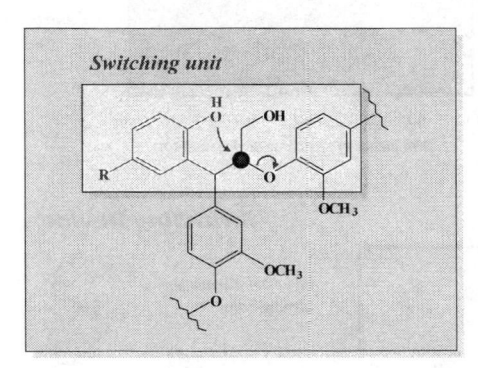

図2 分子内スイッチング素子の構造

素子の分子内頻度によって決定され，それは天然リグニンから1次素材を誘導する際，フェノール系機能環境媒体におけるスイッチング素子とコントロール素子の混合比によって制御可能である[6]（図3）。

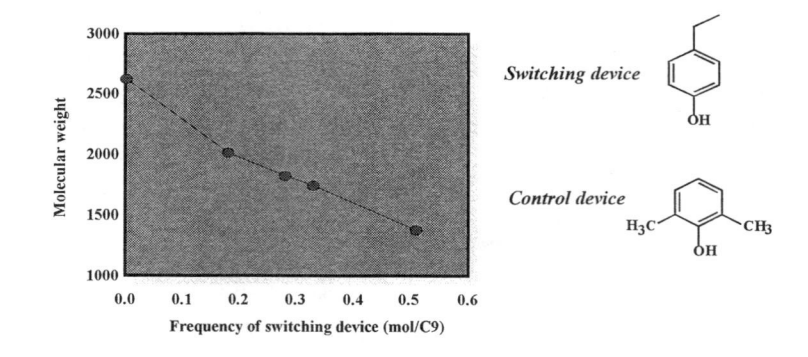

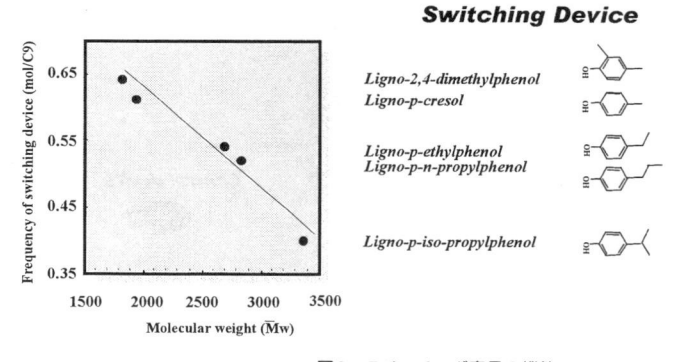

スイッチング素子の隣接基効果によって機能変換された2次素材は，オリジナル素材と比較し分子サイズは大きく異なるもののそのフェノール性水酸基総量に大差はない。しかし，スイッチング素子とリグニン母体芳香核はプロパン側鎖に対し構造的には対等であるが，水酸基に隣接するバルキーなメトキシル基の有無によってそのフェノール活性の発現性は大きく異なる。さらに，個々の分子におけるその水酸基の分子内分布，配向はオリジナル素材と大きく異なり，このような構造制御は分子サイズの規制と相まって，分子に大きな機能変換をもたらすことになる。

4.3.4 高次構造制御

リグノフェノール分子内に組み込むスイッチング素子の特性をさらに発展させることによっ

図3 スイッチング素子の機能

第9章 リサイクルおよび機能性材料合成のための分解反応

て、リグニン系高分子の高次構造を制御することが可能である。芳香核上に活性ポイントを保持したフェノール核（反応性素子）は、架橋により隣接分子との接合ユニットとして機能し、リグノフェノール分子は安定な3次元構造へと成長するが、一方活性ポイントを有しないフェノール核（安定素子）を保持した素材では、分子末端でのみ結合が生じ、リニア型へと成長する[7]（図4）。

例えば、p-クレゾール核（反応性素子）と2,4-ジメチルフェノール核（安定素子）を分子内に異なる比率で組み込んだリグノフェノールは、いずれも150～160℃付近で明確な相転移を示す1,1-ビス（アリール）プロパン型ポリマーであるが、p-クレゾール核の分布頻度増大とともに、導入メチロール基量が上昇し、架橋により剛直性の高いポリマーとなる。同様の効果は、反応性素子あるいは安定素子を組み込んだリグノフェノールのブレンドによっても発現する（図5）。

p-クレゾールおよび2,4-ジメチルフェノールはいずれもp-アルキル置換体であり、分子内スイッチング素子として同等に機能する。しかし、架橋構造を形成させた場合、反応性素子はその分子内運動性が低下し、スイッチング速度は低下する。一方、安定素子は分子間架橋には関与せず、分子が高次構造を形成した後もスイッチング素子として同様に機能する。したがって、反応性素子および安定素子の分子内頻度のコントロールによって、リグニン系高分子の高次構造あるいはその分子解体特性（循環性）を自在に制御することができ、目的に応じて、様々な分野で分子循環ユニットとしての活用が期待される（図6）。

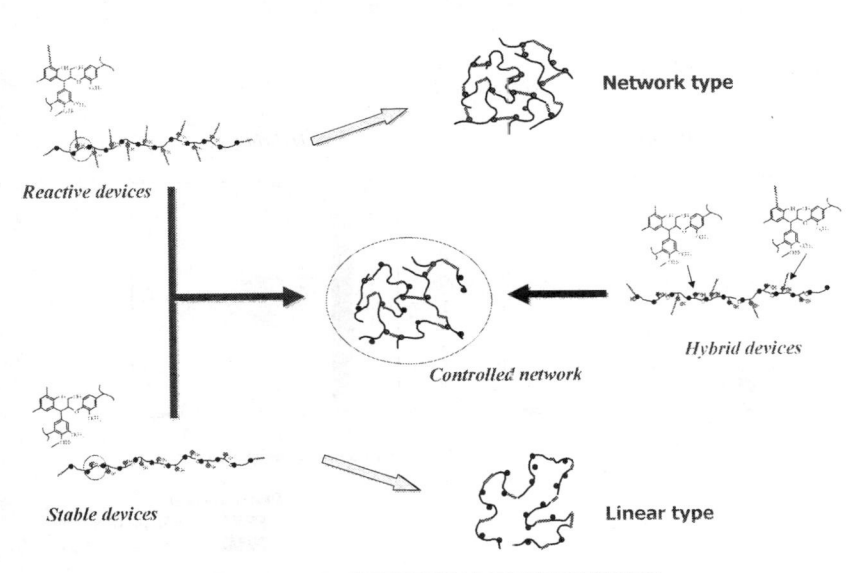

図4 スイッチング素子の応用による高分子高次構造制御

高分子の架橋と分解—環境保全を目指して—

図5 スイッチング素子による高分子構造制御

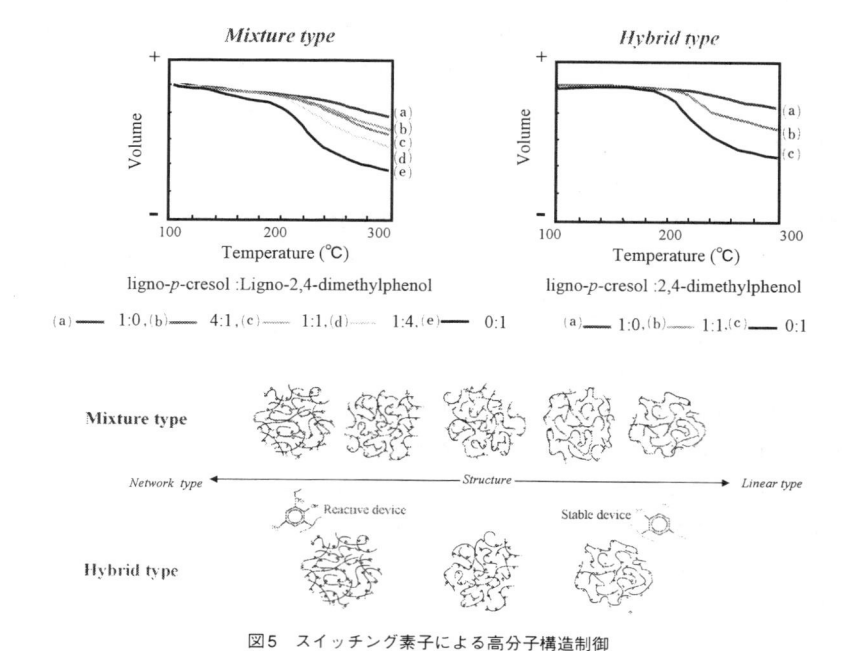

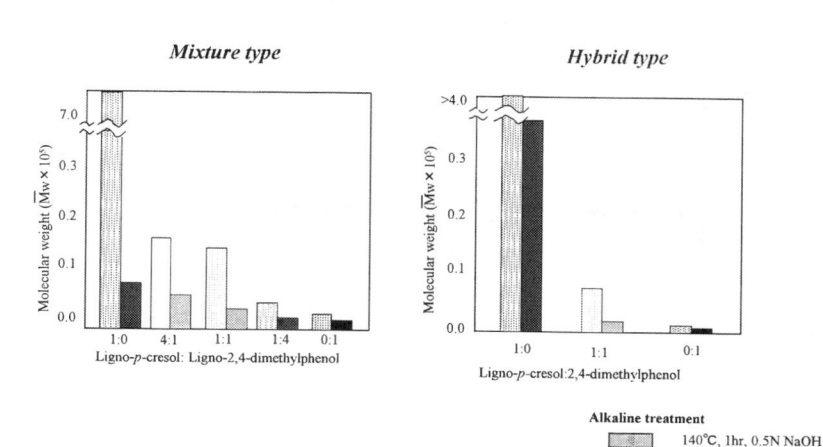

図6 スイッチング素子による高分子循環機能制御

第9章　リサイクルおよび機能性材料合成のための分解反応

リグノフェノールの特性を図7に総括する。相分離工程にて天然リグニンを変換する際，長期視点でその循環活用システムを計画し，それにしたがい最適の機能変換素子を最適頻度で分子内に組み込む。これによって長期循環資源であるリグニンを，エネルギーミニマム型に，そしてさまざまな機能性素材として，姿を変えながら長くわれわれの生活空間を通してフローさせることができるようになる。

4.4　リグニンの逐次循環活用

構造可変機能を有するリグノフェノールを部品として用いることにより，複合素材に「循環」というキーワードが付与される。以下に2，3の例を示す。

4.4.1　セルロース複合系

相分離系変換システムにおいて，水系機能環境媒体の酸強度をコントロールすることにより天然リグニンをリグノフェノールへと高度に変換しながら，炭水化物の加水分解レベルを制御し，植物細胞壁の強固なIPN複合構造を解放したリグノフェノール－炭水化物複合体を誘導することができる。この素材は，リグノフェノールが可塑化する150～170℃付近の温度領域で総体として高度に流動し，合成系可塑剤を添加することなく任意な形状に成形加工が可能である[8]。また，リグノフェノールの架橋，あるいはアセチル化による水酸基のブロックなどにより，複合体に耐水性，安定性，呼吸性など様々な機能を付与することができる。オリジナルリグノフェノールによる複合体は溶媒抽出によりリグノフェノールと炭水化物区分に容易に分離可能であり，またアセチル化体は総体として有機溶媒に溶解するため，リグノセルロースフィルムを誘導することも可能である。

複合体より抽出したリグノフェノールをマトリクスとしてセルロース系素材と複合化させることにより，リグニンが本来有する疎水特性および凝集力が再び効果的に発揮され，優れた木質系循環型複合素材が誘導される。古紙などファイバー状木質系廃棄物とリグノフェノールより得られた複合成形素材は，木材に似た風合いを有しており，熱・圧力を一切加えていないにもかかわらず木材を超える物理的強度および高い寸法安定性を有している。さらに単純な溶媒浸漬によっ

- ■ Polymer type: *Linear-type*
- ■ Unit: *1,1-Bis(aryl)propane*
- ■ Interunit linkage: *Alkyl-aryl ether*
- ■ Molecular weight ($\overline{\text{Mw}}$): *Softwood type　3000-8000*
  　Hardwood type　2000-5000
- ■ Solid-liquid transformation: *Softwood type　170℃*
  　Hardwood type　130℃

- ■ Activity: *Phenolic (latent)*
- ■ Functionality:
  Reactivity controllable
  Structure controllable
  Molecular weight controllable

図7　リグノフェノールの特性

て定量的に素材を再分離可能である。さらに，繊維形態を保持していないセルロース微粉末もリグノフェノールを収着後，加熱圧縮することにより複合成形材料へと誘導可能であり，これは切削，研磨など二次加工が可能な循環型素材として活用することができる[9〜12]。

4.4.2 無機質複合系

タルク，ガラス粉末や金属粉末など各種無機系素材についても，リグノフェノールをマトリクスとして高度に集合化させることが可能である[13,14]。

3次元高次構造を有するリグノフェノールをマトリクスとする無機質複合素材は，高い寸法安定性を有しながら，その吸水特性は複合化に用いる無機素材の親水性に依存し，例えば多孔質ガラスとの複合体は20％程度の吸水性を発現する。タルクなど水膨潤性を有しない疎水性素材との高密度複合系の場合，リグノフェノールと試薬とのアクセシビリティーが低く，そのスイッチング特性は若干低下するが，両者の界面にセルロースなどの親水性素材を介在させることにより，その複合系分離特性は大きく改善される。

4.4.3 タンパク質複合系

リグノフェノールは，従来のリグニン試料に比べて5〜10倍もの高いタンパク質吸着活性を示す。リグノフェノールに吸着された酵素は，自由度が高く，ネイティブに匹敵する活性を保持している。タンパク質吸着活性はC1-構成フェノール核のOH基数と相関しており，モノ-，ジ-，トリフェノールの順で増大する[4,15〜17]。リグノフェノールのスイッチング機能を活用し，分子内フェノール活性を制御し，かつスチルベン型平面構造を生成させると，そのタンパク質吸着能は，オリジナルリグノフェノールの7倍，工業リグニン試料の約70倍に増幅される[18]。得られたリグノフェノール-タンパク質複合体は，水系から非水系への溶媒交換により速やかに分離し，新規脱着型酵素固定化システムとしての活用が期待される。

4.4.4 ポリエステル複合系

水素細菌などの微生物が生産する3-ヒドロキシブチレートからなるバイオポリエステル［p(3HB)］は結晶性が高く，非常に脆いため，これまで異種構造ユニットの組み込みによる内部可塑化，BHAやトリアセチンなどによる外部可塑化が検討されてきた。スイッチング機能の活用によるリグノフェノール2次機能変換体は，p(3HB)とのなじみが高く，例えば5％の複合化により，その伸び率はコントロールの約20倍となる[19]。リグノフェノールとの複合フィルムは紫外線吸収能を保持しており，従来のバイオポリエステル単体では不可能であった紫外線カットフィルムとしての新しい応用分野が期待される。リグノフェノールとp(3HB)間に結合は生じておらず，単純な溶媒処理により両素材は定量的に再分離される。

その他，鉛蓄電池負極添加剤[20]，リグニン系太陽電池[21]，フォトレジスト[22]，分子分離膜[23]，電磁波シールド材[24]など，リグニン資源の新しい活用分野が見出されつつある。

第9章　リサイクルおよび機能性材料合成のための分解反応

4.5　おわりに

「環境共生型社会」,「持続的社会」……それは生態系を攪乱しない社会である。その構築には,生物素材の利用に際し,生態系におけるそのポテンシャルを「機能」と「時間」のファクターで理解し,それを材料の前進型の流れに再現することが必要である。

リグニンは,生態系において構造を転換しながら我々の世代を越えて機能する異色の長期循環資源である。したがって,その利用に際しては,特定の材料化を意図する前に,天然リグニンからその構造,機能を精密に制御できるリグニン系素材を誘導しなければならない。

相分離系変換システムを応用することにより,各種天然リグニンから機能可変型リグニン系素材（リグノフェノール）を定量的に誘導することができる。分子内に組み込んだスイッチング素子を活用することにより,その分子特性を任意に変換することができ,新しいリグニン資源の活用分野が開拓されつつある。

木材,紙を越えた森林資源の循環型機能材料としての新しい流れが社会に形成されることを期待している。

文　　献

1) M. Funaoka et al, Tappi .J., **72**, 145（1989）
2) M. Funaoka et al, Biotechnol. Bioeng., **46**, 545（1995）
3) M. Funaoka et al., Holzforschung, **50**, 245（1996）
4) M. Funaoka, *PolymerInternational*, **47**, 277（1998）
5) 永松ゆきこ,舩岡正光,繊維学会誌,**57**,54（2001）
6) 永松ゆきこ,舩岡正光,繊維学会誌,**57**,82（2001）
7) 永松ゆきこ,舩岡正光,繊維学会誌,**57**,75（2001）
8) M. Uehara, Y. Nagamatsu and M. Funaoka, *Material Sci. Res.International*, **10**, 84（2004）
9) 永松ゆきこ,舩岡正光,接着学会誌,**37**,479（2001）
10) Y. Nagamatsu, M.Funaoka, *Trans. Materials Res. Soc.J*, **26**, 821（2001）
11) Y. Nagamatsu, M. Funaoka, *J. Advan. Sci.*, **13**, 402（2002）
12) Y. Nagamatsu, M. Funaoka, *Material Sci. Res.International*, **9**, 108（2002）
13) Y. Nagamatsu, M. Funaoka, *Green Chemistry*, **5** 595（2003）
14) 永松ゆきこ,舩岡正光,ネットワークポリマー,**24**,2（2003）
15) 舩岡正光,熱硬化性樹脂,**16**,151（1995）
16) M. Funaoka, H.Ioka, N. Seki, *Trans.Material. Res.Soc.J.*, **20**, 163（1996）
17) N. Seki, M. Funaoka, Proc. The Fourth International Conference on Ecomaterials, 655

(1999)
18) 舩岡正光．高分子加工．**48**．66（1999）
19) E. Ohmae, M. Funaoka, S. Fujita, *Material Sci. Res.International*, **10**, 78（2004）
20) M. Funaoka, H. Tamura, CREST Symp.（Mie Univ.），2001
21) M. Aoyagi, M. Funaoka, *J. Photochemistry and Photobiology A ; Chemistry*, **164**, **53** (2004)
22) J. Kadota, K. Hasegawa, M. Funaoka, T. Uchida, K. Kitashima, *Network Polymer*, **23**, 15（2002）
23) H. Kita, K. Nanbu, T. Hamano, M. Yoshino, K. Okamoto, M. Funaoka, *J. Polymers, Environment*, **10**, 69（2002）
24) Xiao-S. Wang, T. Suzuki, M. Funaoka, Y. Mitsuoka, T. Yamada, S. Hosoya, *Material Sci. Res. International,* **8**, 249（2002）

5 エンプラのフォトレジストへの応用

友井正男*

5.1 はじめに

優れた耐熱性および電気絶縁性を有するエンジニアリングプラスチック（エンプラ）であるポリイミドは，その潜在的な応用のために特にエレクトロニクス分野で盛んに研究されている。現在，半導体デバイスの保護膜，多層プリント配線板の層間絶縁膜などへ利用されている。しかし，従来のポリイミドの微細加工法は非常に煩雑であり，この工程を簡素化するために感光性ポリイミドは開発された。

ポリイミド自身は溶剤不溶性のものが多く，実用化されている主な感光性ポリイミドは，その前駆体ポリアミド酸のカルボキシル基へエステル結合あるいはイオン結合を介して「光反応性基」である（メタ）アクリロイル基を導入したネガ型であり，有機現像によりパターンを形成する。これらは，最終的に高温キュアしてポリイミドへ変換するため高性能な膜形成が可能である反面，高いイミド化温度（300～400℃）によりその用途は制限されている（図1）。

ポジ型としては，ポリマー側鎖基としてアルカリなどと反応可能な「溶解促進基」を有するポリイミドと光分解性感光剤を組み合わせた，いわゆる「溶解抑制型フォトレジスト」がある（図1）。

実装用に使用されている高性能熱可塑性ポリマー（エンジニアリングプラスチック）としては，

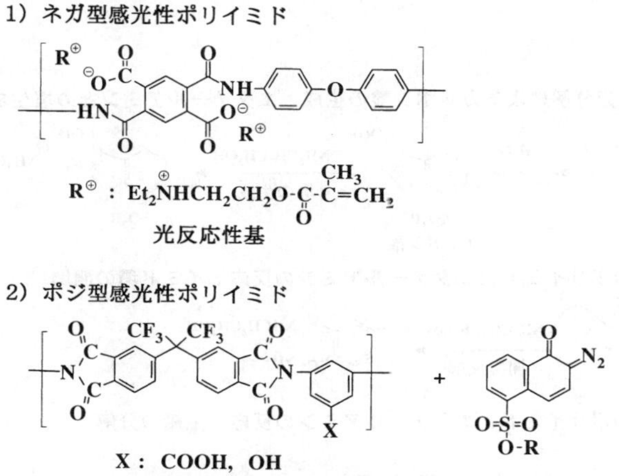

図1 従来型感光性ポリイミドの例

---

* Masao Tomoi　横浜国立大学大学院　工学研究院　教授

上記のポリイミドやポリベンゾオキサゾール等のポリマーに限定されている。その理由の一つとして，エンジニアリングプラスチック（エンプラ）への感光性の付与のために不可欠な条件である，「光反応性基」や「溶解促進基」をエンプラの側鎖部などへ導入することの困難さがある。

次世代の大容量・高速信号伝送を達成するための実装用材料としてエンプラは有望な材料の一つであり，新しいエンプラに感光性を付与する方法の開発が強く望まれている。

5.2 反応現像画像形成法：エンプラと求核試薬の反応

われわれは「感光性ポリイミド」に対して新しい画像形成コンセプト：反応現像画像形成 (Reaction Development Patterning：RDP) 法を提案した[1, 2]。この新規の画像形成原理は従来の原理と異なり，感光性ポリイミドへ光照射した後の「現像」工程で微細パターンを発現させるものである。このRDP法では現像液として使用された有機アミン化合物（エタノールアミン）が，感光剤の分解で生成したカルボン酸の存在により露光部のポリイミドと選択的に反応し，ポリイミドが分解・低分子化して溶解することによりポジ型画像を形成する（図2）。すなわち，有機アミンがポリイミドの主鎖中のイミド基と反応することでポリマーの分解・低分子化が進行する。そのため，使用するポリイミドに感光性や溶解性を発現させるための特定の官能基を導入する必要はない。

このような画像形成原理は，ポリイミドだけでなく，多くのエンプラに適用できると期待され

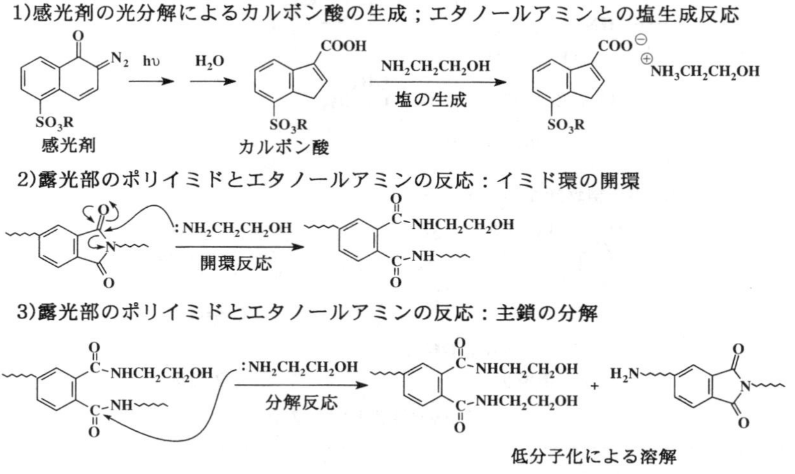

図2 反応現像型感光性ポリイミド（ポジ型）の画像形成機構

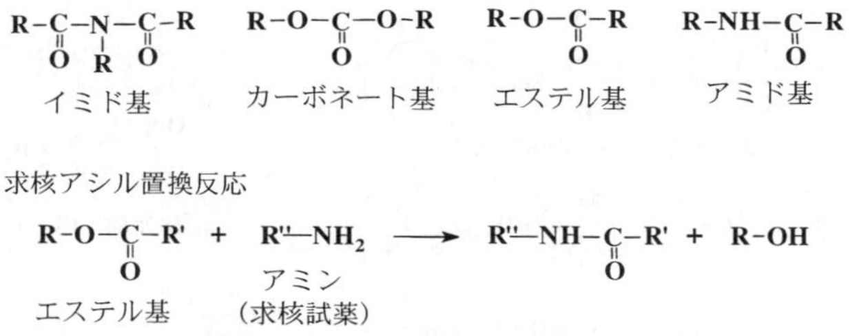

第9章 リサイクルおよび機能性材料合成のための分解反応

$$R-\underset{\underset{O}{|}}{\overset{}{C}}-\underset{\underset{R}{|}}{N}-\underset{\underset{O}{|}}{\overset{}{C}}-R \quad R-O-\underset{\underset{O}{|}}{\overset{}{C}}-O-R \quad R-O-\underset{\underset{O}{|}}{\overset{}{C}}-R \quad R-NH-\underset{\underset{O}{|}}{\overset{}{C}}-R$$

　　イミド基　　　　カーボネート基　　　エステル基　　　アミド基

求核アシル置換反応

$$R-O-\underset{\underset{O}{|}}{\overset{}{C}}-R' \; + \; R''-NH_2 \; \longrightarrow \; R''-NH-\underset{\underset{O}{|}}{\overset{}{C}}-R' \; + \; R-OH$$

　エステル基　　　アミン
　　　　　　　　（求核試薬）

図3　求核試薬との反応性を持つ官能基と求核アシル置換反応

る。すなわちエンプラの多くはヘテロ原子に結合したカルボニル基を主鎖に持つ構造を有する。図3に示すような官能基のカルボニル基は，程度の違いはあるが，求核試薬と反応してカルボニル基とヘテロ原子間の結合が開裂する（求核アシル置換反応）。エンプラは高性能ポリマーとして知られているが，耐薬品性という観点からすれば，非晶性のエンプラは求核性試薬に対する耐性の高いポリマーとは言えない。

　このような新規の画像形成原理を適用すれば，従来感光性ポリマーとして使用されていない高性能熱可塑性ポリマー（エンプラ）を「感光性エンプラ」に変換することができると考えられる。

5.3　反応現像画像形成（RDP）法を基盤とする感光性エンプラの開発

　感光性ポリイミドの場合と同様，N-メチルピロリドン（NMP）中に市販のポリカーボネート，ポリアリレート（Uポリマー[TM]），ポリエーテルイミド（Ultem[TM]）などとジアゾナフトキノン系感光剤（PC-5[TM]など：ポリマーに対して20～30wt％添加）を単に溶解する方法で反応現像型感光性エンプラ溶液を調製できる（図4）。

　スピンコートにより銅箔等の基板上に形成した感光性エンプラ薄膜（厚さ10～20ミクロン）に紫外線露光後，エタノールアミン／NMP／水混合液を用いた現像によりポジ型微細パターンが得られる（図5）。

　上記のような感光性エンプラを用いて形成された微細パターンのSEM写真を図6～8に示した[3～5]。現像条件は異なるが，いずれの場合もほとんど膜減りがなく，将来的に実装分野で要求される10ミクロン程度のライン／スペースパターンを得ることが出来た。従来このような市販エンプラは感光性ポリマーとしては全く使用されていなかったが，今回の新画像形成原理を適用することで感光性エンプラに変換できることが実証された[6,7]。

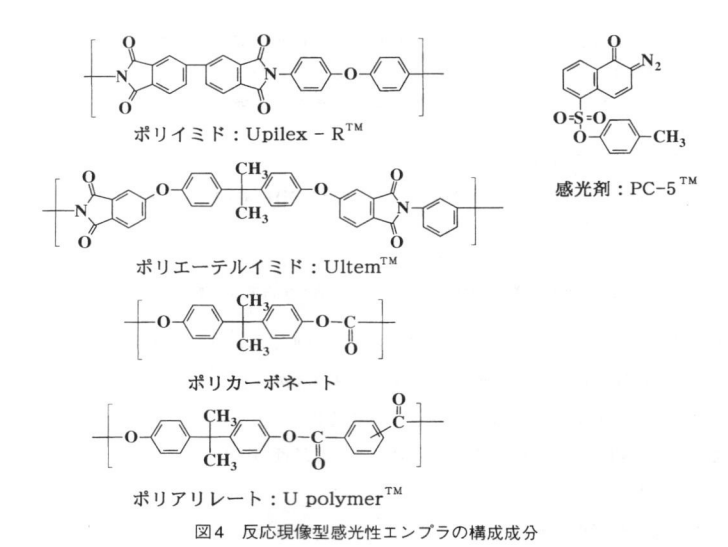

高分子の架橋と分解—環境保全を目指して—

ポリイミド：Upilex - R™

ポリエーテルイミド：Ultem™

ポリカーボネート

ポリアリレート：U polymer™

感光剤：PC-5™

図4　反応現像型感光性エンプラの構成成分

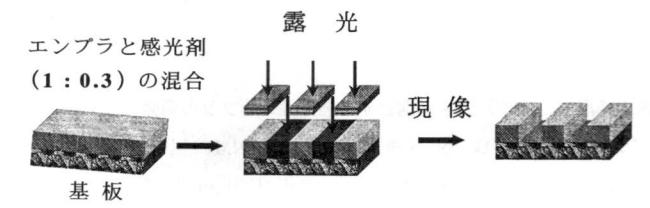

図5　感光性エンプラのパターン形成プロセス

現　像：エタノールアミン含有溶液の使用
（エタノールアミン／N-メチルピロリドン(NMP)／水）

5.4　微細パターン形成のメカニズム

　図6〜8に示したポジ型微細パターンが，感光性ポリイミドの場合と同じメカニズムで形成されたことを確認するために現像前後のポリカーボネートの分子量の変化を調べた（図9）[3]。現像液中へ溶解した露光部の分子量は現像前に比べて大きく低下し，この場合のパターン形成が反応現像画像形成により進行したことを支持している。ポリアリレートやポリエーテルイミドについても同様の分子量低下が認められた[4,5]。また，ポリカーボネートとエタノールアミンの反応生成物の構造解析などから，図10に示すようにエタノールアミンがカーボネート基を攻撃し，ポリマー主鎖を切断していることが確認された[3]。

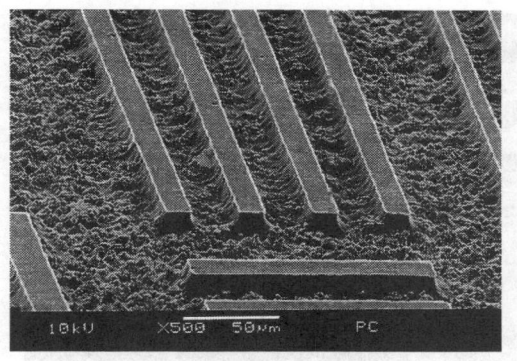

第9章　リサイクルおよび機能性材料合成のための分解反応

図6　感光性ポリカーボネートの微細パターン
　　　L／Sパターン：10ミクロン；膜厚：10ミクロン；
　　　現像液：エタノールアミン／NMP／水（重量比）＝
　　　1／1／1（40℃；7分現像）

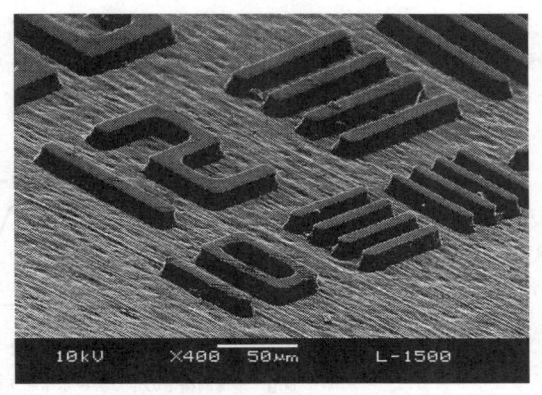

図7　感光性ポリアリレートの微細パターン
　　　L／Sパターン：10-15ミクロン；膜厚：10ミクロン；
　　　現像液：エタノールアミン／NMP／水（重量比）＝
　　　4／1／1（40～45℃；10分現像）

　主鎖にヘテロ原子と結合したカルボニル基を含むポリマーにジアゾナトキノン感光剤を添加することで，反応現像型の感光性エンプラを調製することができる。この反応現像画像形成（RDP）によるポジ型パターン形成の原理を模式的に図11に示した。露光部では感光剤が光分解しカルボン酸が生成する。現像時に現像液中のエタノールアミンがこのカルボン酸と反応し塩が生成する。この極性の高い塩を含むポリマー露光部へエタノールアミンが選択的に浸透し，ポリ

図8 感光性ポリエーテルイミドの微細パターン
L／Sパターン：10〜20ミクロン；膜厚：11ミクロン；
現像液：エタノールアミン／NMP／水（重量比）＝
4／1／1（41〜45℃；13分現像）

マー主鎖のカルボニル基と反応することによりポリマーの分解・低分子化が進行し現像液中へ溶解することでポジ型のパターンが生成する．

5.5 エンプラおよび求核剤の構造と感光特性の関連

図11に示したRDP法の原理からわかるように，感光性エンプラからのパターン形成はエンプラと求核剤（アミン類）の反応性に強く依存する．種々のビスフェノールから合成されたポリアリレートに対してRDP法を適用した場合，その構造と感光特性（現像時間，現像液組成，現像温度など）との間に相間関係が認められた（図12)[8]．図7に示した現像液を使用した場合，Uポリマー（$R=C(CH_3)_2$）では10分間以上の現像が必要であるが，ビスフェノール成分中のRが電子求引性のポリアリレートでは図12に示すような序列で現像時間が短縮され，$R=SO_2$では1分以内となる．また電子求引性のRを含むポリマーの場合では，より低濃度のアミンの使用で現像が可能となる（図13）．この結果は，電子求引性のRを含む場合に図3に示した求核アシル置換が促進され，ポリアリレートの分解がより容易になることを示している．このようにエンプラの構造を適当に分子設計することにより，要求される感光特性を

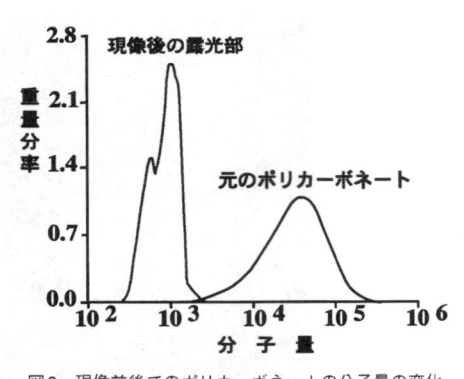

図9 現像前後でのポリカーボネートの分子量の変化

第9章　リサイクルおよび機能性材料合成のための分解反応

1) インデンカルボン酸とエタノールアミンの反応

2) カーボネート基とエタノールアミンの反応(分解・解重合)

求核的アシル置換

図10　反応現像型感光性ポリカーボネートのパターン形成機構

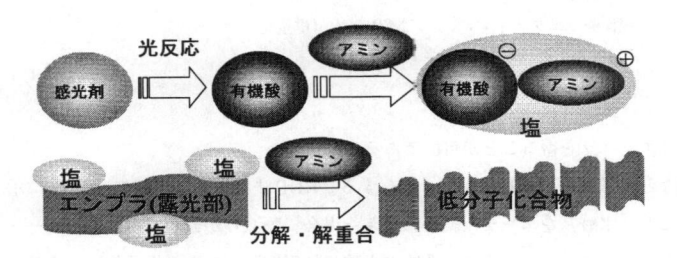

図11　反応現像画像形成（RDP）によるパターン形成機構

$m:p = 1:1$

現像所要時間

図12　RDP法での現像所要時間と分子構造の関連

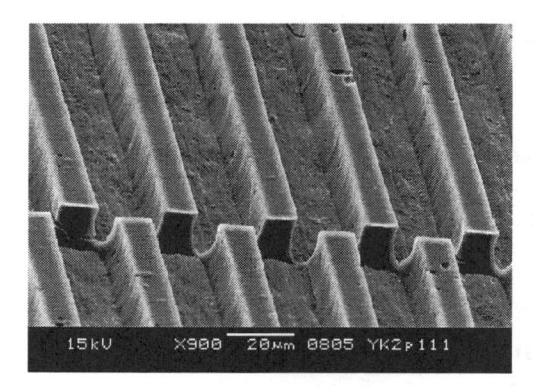

高分子の架橋と分解―環境保全を目指して―

有効な求核剤

$HOCH_2CH_2NH_2$
$HOCH_2CH_2CH_2NH_2$
$HONH_2$
H_2NNH_2
$NaOCH_2CH_2NH_2$

有効でない求核剤

$CH_3OCH_2CH_2NH_2$
$CH_3OCH_2CH_2CH_2NH_2$
$(CH_3)_4N^+OH^-$

図14 RDP法で使用される求核剤

図13 感光性ポリアリレート共重合体の微細パターン
L/Sパターン：15ミクロン；膜厚：10ミクロン；
現像液：エタノールアミン／NMP／水（重量比）
＝1／1／1（40～42℃；2分40秒現像）

有する感光性エンプラを得ることが可能である。

現像時間などは求核剤の構造にも強く依存する。RDP法に有効な求核剤は図14に示すような化合物であるが、水酸基をエーテル結合に変えた場合、膜減りが激しく事実上パターンは形成できない。エタノールアミンのような化合物の水酸基は現像液中の水と相互作用することでエンプラ薄膜中への浸透が抑制されており、そのため未露光部への浸透・溶解（膜減り）が起こりにくいと考えられる[9]。エーテル結合含有アミンでは水との相互作用が弱く、露光部だけでなく未露光部へも容易に浸透するため膜減りが生じる。また、$(CH_3)_4N^+OH^-$等は親水性が高すぎるため、露光部のエンプラ薄膜中へも浸透できなくなりRDP法では有効でない。

5.6 おわりに

求核試薬による分解反応を利用した新規微細パターン形成法である反応現像画像形成（RDP）法を適用することで容易に市販のエンプラを感光性エンプラに変えることができることを示した。

この技術が実用化されるためにはいくつかの問題がある。一つは残存するレジスト中に感光剤が含まれていることである。加熱や溶剤によるブリーチングにより感光剤の除去がある程度は可能であるが、感光剤やその分解生成物の残存によりレジスト膜の電気特性・光学特性・耐溶剤性

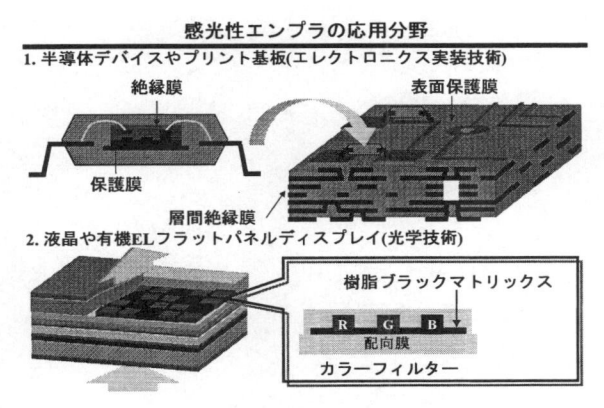

第9章 リサイクルおよび機能性材料合成のための分解反応

図15 感光性エンプラの応用分野

などが低下する可能性がある。二つ目の問題は現像液としてエタノールアミンやNMPなどの有機化合物を使用することである。

このような問題やデメリットに対応する技術が確立され、反応現像画像形成法が色々の分野へ応用されることを期待している（図15）。

文　献

1) T. Fukushima, T. Oyama, T. Iijima, M. Tomoi, H. Itatani, *J. Polym. Sci. Part A Polym. Chem.*, **39**, 3451-3463（2001）
2) 福島誉史、友井正男、高分子加工、**50**, 553-560（2001）
3) T. Oyama, Y. Kawakami, T. Fukushima, T. Iijima, M. Tomoi, *Polym. Bull.*, **47**, 175-181（2001）
4) T. Oyama, A. Kitamura, T. Fukushima, T. Iijima, M. Tomoi, *Macromol. Rapid Commun.*, **23**, 104-108（2002）
5) T. Fukushima, Y. Kawakami, T. Oyama, M. Tomoi, *J. Photopolym. Sci. Tech.*, **15**, 191-196（2002）
6) 大山俊幸、福島誉史、友井正男、マテリアルステージ、**2**(4), 90-96（2002）
7) 福島誉史、大山俊幸、友井正男、機能材料、**22**(5), 24-33（2002）
8) 喜多村明、大山俊幸、友井正男、第53回高分子学会年次大会（2004）
9) 佐藤英一、大山俊幸、友井正男、第53回高分子学会年次大会（2004）

《CMCテクニカルライブラリー》発行にあたって

　弊社は、1961年創立以来、多くの技術レポートを発行してまいりました。これらの多くは、その時代の最先端情報を企業や研究機関などの法人に提供することを目的としたもので、価格も一般の理工書に比べて遙かに高価なものでした。
　一方、ある時代に最先端であった技術も、実用化され、応用展開されるにあたって普及期、成熟期を迎えていきます。ところが、最先端の時代に一流の研究者によって書かれたレポートの内容は、時代を経ても当該技術を学ぶ技術書、理工書としていささかも遜色のないことを、多くの方々が指摘されています。
　弊社では過去に発行した技術レポートを個人向けの廉価な普及版《CMCテクニカルライブラリー》として発行することとしました。このシリーズが、21世紀の科学技術の発展にいささかでも貢献できれば幸いです。

2000年12月

株式会社　シーエムシー出版

高分子の架橋・分解技術
——グリーンケミストリーへの取組み——　　(B0876)

2004年　6月30日　初　版　第1刷発行
2009年　5月20日　普及版　第1刷発行

監　修　角岡　正弘，白井　正充　　Printed in Japan
発行者　辻　　賢司
発行所　株式会社　シーエムシー出版
　　　　東京都千代田区内神田1-13-1　豊島屋ビル
　　　　電話 03 (3293) 2061
　　　　http://www.cmcbooks.co.jp

〔印刷　倉敷印刷株式会社〕　　© M. Tsunooka, M. Shirai, 2009

定価はカバーに表示してあります。
落丁・乱丁本はお取替えいたします。

ISBN978-4-7813-0084-9 C3043 ¥4200E

本書の内容の一部あるいは全部を無断で複写（コピー）することは、法律で認められた場合を除き、著作者および出版社の権利の侵害になります。

CMCテクニカルライブラリー のご案内

機能性ナノガラス技術と応用
監修／平尾一之／田中修平／西井準治
ISBN978-4-7813-0063-4　　　B870
A5判・214頁　本体3,400円＋税（〒380円）
初版2003年12月　普及版2009年3月

構成および内容：【ナノ粒子分散・析出技術】アサーマル・ナノガラス【ナノ構造形成技術】高次構造化／有機-無機ハイブリッド（気孔配向膜）／ゾルゲル法／外部場操作【光回路用技術】三次元ナノガラス光回路【光メモリ用技術】集光機能（光ディスクの市場）／コバルト酸化物薄膜／光メモリヘッド用ナノガラス（埋め込み回折格子）　他
執筆者：永金知浩／中澤達洋／山下　勝　他15名

ユビキタスネットワークとエレクトロニクス材料
監修／宮代文夫／若林信一
ISBN978-4-7813-0062-7　　　B869
A5判・315頁　本体4,400円＋税（〒380円）
初版2003年12月　普及版2009年3月

構成および内容：【テクノロジードライバ】携帯電話／ウェアラブル機器／RFIDタグチップ／マイクロコンピュータ／センシング・システム【高分子エレクトロニクス材料】エポキシ樹脂の高性能化／ポリイミドフィルム／有機発光デバイス用材料【新技術・新材料】超高速デジタル信号伝送／MEMS技術／ポータブル燃料電池／電子ペーパー　他
執筆者：福岡義孝／八甫谷明彦／朝桐　智　他23名

アイオノマー・イオン性高分子材料の開発
監修／矢野紳一／平沢栄作
ISBN978-4-7813-0048-1　　　B866
A5判・352頁　本体5,000円＋税（〒380円）
初版2003年9月　普及版2009年2月

構成および内容：定義, 分類と化学構造／イオン会合体（形成と構造／転移）／物性・機能（スチレンアイオノマー／ESR分光法／多重共鳴法／イオンホッピング／溶液物性／圧力センサー機能／永久帯電他／イオン性アイオノマー／ポリマー改質剤／燃料電池用高分子電解質膜／スルホン化EPDM／歯科材料（アイオノマーセメント）他
執筆者：池田裕子／杏水祥一／舘野　均　他18名

マイクロ/ナノ系カプセル・微粒子の応用展開
監修／小石眞純
ISBN978-4-7813-0047-4　　　B865
A5判・332頁　本体4,600円＋税（〒380円）
初版2003年8月　普及版2009年2月

構成および内容：【基礎と設計】ナノ医療：ナノロボット他【応用】記録・表示材料（重合法トナー他）／ナノパーティクルによる薬物送達／化粧品・香料／食品（ビール酵母／バイオカプセル他）／農薬／土木・建築（球状セメント他）【微粒子技術】コアーシェル構造球状シリカ系粒子／金・半導体ナノ粒子／Pbフリーはんだボール他
執筆者：山下　俊／三島健司／松山　清　他39名

感光性樹脂の応用技術
監修／赤松　清
ISBN978-4-7813-0046-7　　　B864
A5判・248頁　本体3,400円＋税（〒380円）
初版2003年8月　普及版2009年1月

構成および内容：医療用（歯科領域／生体接着／創傷被覆剤／光硬化性キトサンゲル）／光硬化, 熱硬化併用樹脂（接着剤のシート化）／印刷（フレキソ印刷／スクリーン印刷）／エレクトロニクス（層間絶縁膜材料／可視光硬化型シール剤／半導体ウェハ加工用粘・接着テープ）／塗料, インキ（無機・有機ハイブリッド塗料／デュアルキュア塗料）他
執筆者：小出　武／石原雅之／岸本芳男　他16名

電子ペーパーの開発技術
監修／面谷　信
ISBN978-4-7813-0045-0　　　B863
A5判・212頁　本体3,000円＋税（〒380円）
初版2001年11月　普及版2009年1月

構成および内容：【各種方式（要素技術）】非水系電気泳動型電子ペーパー／サーマルリライタブル／カイラルネマチック液晶／フォトンモードでのフルカラー書き換え記録方式／エレクトロクロミック方式／消去再生可能な乾式トナー作像方式　他【応用開発技術】理想的ヒューマンインターフェース条件／ブックオンデマンド／電子黒板　他
執筆者：堀田吉彦／関根啓子／武藤秀昭　他11名

ナノカーボンの材料開発と応用
監修／篠原久典
ISBN978-4-7813-0036-8　　　B862
A5判・300頁　本体4,200円＋税（〒380円）
初版2003年8月　普及版2008年12月

構成および内容：【現状と展望】カーボンナノチューブ　他【基礎科学】ピーポッド　他【合成技術】アーク放電法によるナノカーボン／金属内包フラーレンの量産技術／2層ナノチューブ【実際技術】燃料電池／フラーレン誘導体を用いた有機太陽電池／水素吸着現象／LSI配線ビア／単一電子トランジスター／電気二重層キャパシタ／導電性樹脂
執筆者：宍戸　潔／加藤　誠／加藤立久　他29名

※書籍をご購入の際は、最寄りの書店にご注文いただくか、(株)シーエムシー出版のホームページ(http://www.cmcbooks.co.jp/)にてお申し込み下さい。

CMCテクニカルライブラリーのご案内

プラスチックハードコート応用技術
監修／井手文雄
ISBN978-4-7813-0035-1　　　B861
A5判・177頁　本体2,600円＋税（〒380円）
初版2004年3月　普及版2008年12月

構成および内容：【材料と特性】有機系（アクリレート系／シリコーン系 他）／無機系／ハイブリッド系（光カチオン硬化型 他）【応用技術】自動車用部品／携帯電話向けUV硬化型ハードコート剤／眼鏡レンズ／ハイインパクト加工他／建築材料（建材化粧シート／環境問題 他）／光ディスク【市場動向】PVC床コーティング／樹脂ハードコート 他
執筆者：栢木 實／佐々木裕／山谷正明 他8名

ナノメタルの応用開発
編集／井上明久
ISBN978-4-7813-0033-7　　　B860
A5判・300頁　本体4,200円＋税（〒380円）
初版2003年8月　普及版2008年11月

構成および内容：機能材料（ナノ結晶軟磁性合金／バルク合金／水素吸蔵 他）／構造用材料（高強度軽合金／原子力材料／蒸着ナノAl合金 他）／分析・解析技術（高分解能電子顕微鏡／放射光回折・分光法 他）／製造技術（粉末固化成形／放電焼結法／微細精密加工／電解析出法 他）／応用（時効析出アルミニウム合金／ピーニング用高硬度投射材 他）
執筆者：牧野彰宏／沈 宝龍／福永博俊 他49名

ディスプレイ用光学フィルムの開発動向
監修／井手文雄
ISBN978-4-7813-0032-0　　　B859
A5判・217頁　本体3,200円＋税（〒380円）
初版2004年2月　普及版2008年11月

構成および内容：【光学高分子フィルム】設計／製膜技術 他【偏光フィルム】高機能性／染料系 他【位相差フィルム】λ/4波長板 他【輝度向上フィルム】集光フィルム・プリズムシート 他【バックライト用】導光板／反射シート 他【プラスチックLCD用フィルム基板】ポリカーボネート／プラスチックTFT 他【反射防止】ウェットコート 他
執筆者：網島研二／斎藤 拓／善如寺芳弘 他19名

ナノファイバーテクノロジー －新産業発掘戦略と応用－
監修／本宮達也
ISBN978-4-7813-0031-3　　　B858
A5判・457頁　本体6,400円＋税（〒380円）
初版2004年2月　普及版2008年10月

構成および内容：【総論】現状と展望（ファイバーにみるナノサイエンス 他）／海外の現状【基礎】ナノ紡糸（カーボンナノチューブ 他）／ナノ加工（ポリマークレイナノコンポジット／ナノボイド 他）／ナノ計測（走査プローブ顕微鏡他）【応用】ナノバイオニック産業（バイオチップ 他）／環境調和エネルギー産業（バッテリーセパレータ 他）他
執筆者：梶 慶輔／梶原莞爾／赤池敏宏 他60名

有機半導体の展開
監修／谷口彬雄
ISBN978-4-7813-0030-6　　　B857
A5判・283頁　本体4,000円＋税（〒380円）
初版2003年10月　普及版2008年10月

構成および内容：【有機半導体素子】有機トランジスタ／電子写真用感光体／有機LED（リン光材料 他）／色素増感太陽電池／二次電池／コンデンサ／圧電・焦電／インテリジェント材料（カーボンナノチューブ／薄膜から単一分子デバイスへ 他）【プロセス】分子配列・配向制御／有機エピタキシャル成長／超薄膜作製／インクジェット製膜【索引】
執筆者：小林俊介／堀田 収／柳 久雄 他23名

イオン液体の開発と展望
監修／大野弘幸
ISBN978-4-7813-0023-8　　　B856
A5判・255頁　本体3,600円＋税（〒380円）
初版2003年2月　普及版2008年9月

構成および内容：合成（アニオン交換法／酸エステル法 他）／物理化学（極性評価／イオン拡散係数 他）／機能性溶媒（反応場への適用／分離・抽出溶媒／光化学反応 他）／機能設計（イオン伝導／液晶型／非ハロゲン系 他）／高分子化（イオンゲル／両性電解質型／DNA 他）／イオニクスデバイス（リチウムイオン電池／太陽電池／キャパシタ 他）
執筆者：萩原理加／宇恵 誠／菅 孝剛 他25名

マイクロリアクターの開発と応用
監修／吉田潤一
ISBN978-4-7813-0022-1　　　B855
A5判・233頁　本体3,200円＋税（〒380円）
初版2003年1月　普及版2008年9月

構成および内容：【マイクロリアクターとは】特長／構造体・製作技術／流体の制御と計測技術／世界の最先端の研究動向／化学合成・エネルギー変換・バイオプロセス／化学工業のための新生技術 他【マイクロ合成化学】有機合成反応／触媒反応と重合反応【マイクロ化学工学】マイクロ単位操作研究／マイクロ化学プラントの設計と制御
執筆者：菅原 徹／細川和生／藤井輝大 他22名

帯電防止材料の応用と評価技術
監修／村田雄司
ISBN978-4-7813-0015-3　　　B854
A5判・211頁　本体3,000円＋税（〒380円）
初版2003年7月　普及版2008年8月

構成および内容：処理剤（界面活性剤系／シリコン系／有機ホウ素系 他）／ポリマー材料（金属薄膜形成帯電防止フィルム 他）／繊維（導電材料混入型／金属化合物型 他）／用途別（静電気対策包装材料／グラスライニング／衣料 他）／評価技術（エレクトロメータ／電荷減衰測定／空間電荷分布の計測 他）／評価基準（床、作業表面、保管棚 他）
執筆者：村田雄司／後藤伸也／細川泰徳 他19名

※書籍をご購入の際は、最寄りの書店にご注文いただくか、㈱シーエムシー出版のホームページ（http://www.cmcbooks.co.jp/）にてお申し込み下さい。

CMCテクニカルライブラリー のご案内

強誘電体材料の応用技術
監修／塩﨑 忠
ISBN978-4-7813-0014-6　B853
A5判・286頁　本体4,000円＋税（〒380円）
初版2001年12月　普及版2008年8月

構成および内容：【材料の製法，特性および評価】酸化物単結晶／強誘電体セラミックス／高分子材料／薄膜（化学溶液堆積法 他）／強誘電性液晶／コンポジット【応用とデバイス】誘電（キャパシタ 他）／圧電（弾性表面波デバイス／フィルタ／アクチュエータ 他）／焦電・光学／記憶・記録・表示デバイス【新しい現象および評価法】材料，製法
執筆者：小松隆一／竹中 正／田實佳郎 他17名

自動車用大容量二次電池の開発
監修／佐藤 登／境 哲男
ISBN978-4-7813-0009-2　B852
A5判・275頁　本体3,800円＋税（〒380円）
初版2003年12月　普及版2008年7月

構成および内容：【総論】電動車両システム／市場展望【ニッケル水素電池】材料技術／ライフサイクルデザイン【リチウムイオン電池】電解液と電極の最適化による長寿命化／劣化機構の解析／安全性【鉛電池】42Vシステムの展望【キャパシタ】ハイブリッドトラック・バス【電気自動車とその周辺技術】電動コミュータ／急速充電器 他
執筆者：堀江英明／竹下秀夫／押谷政彦 他19名

ゾル-ゲル法応用の展開
監修／作花済夫
ISBN978-4-7813-0007-8　B850
A5判・208頁　本体3,000円＋税（〒380円）
初版2000年5月　普及版2008年7月

構成および内容：【総論】ゾル-ゲル法の概要【プロセス】ゾルの調製／ゲル化と無機バルク体の形成／有機・無機ナノコンポジット／セラミックス繊維／乾燥／焼結【応用】ゾル-ゲル法バルク材料の応用／薄膜材料／粒子・粉末材料／ゾル-ゲル法応用の新展開（微細パターニング／太陽電池／蛍光体／高活性触媒／木材改質）／その他の応用 他
執筆者：平野眞一／余語利信／坂本 渉 他28名

白色LED照明システム技術と応用
監修／田口常正
ISBN978-4-7813-0008-5　B851
A5判・262頁　本体3,600円＋税（〒380円）
初版2003年6月　普及版2008年6月

構成および内容：白色LED研究開発の状況：歴史的背景／光源の基礎特性／発光メカニズム／青色LED、近紫外LEDの作製（結晶成長／デバイス作製 他）／高効率近紫外LEDと白色LED（ZnSe系白色LED 他）／実装化技術（蛍光体とパッケージング 他）／応用と実用化（一般照明装置の製品化 他）／海外の動向、研究開発予測および市場性 他
執筆者：内田裕士／森 哲／山田曉一 他24名

炭素繊維の応用と市場
編著／前田 豊
ISBN978-4-7813-0006-1　B849
A5判・226頁　本体3,000円＋税（〒380円）
初版2000年11月　普及版2008年6月

構成および内容：炭素繊維の特性（分類／形態／市販炭素繊維製品／性質／周辺繊維 他）／複合材料の設計・成形・後加工・試験検査／最新応用技術／炭素繊維・複合材料の用途分野別の最新動向（航空宇宙分野／スポーツ・レジャー分野／産業・工業分野 他）／メーカー・加工業者の現状と動向（炭素繊維メーカー／特許からみたCFメーカー／FRP成形加工業者／CFRPを取り扱う大手ユーザー 他）他

超小型燃料電池の開発動向
編著／神谷信行／梅田 実
ISBN978-4-88231-994-8　B848
A5判・235頁　本体3,400円＋税（〒380円）
初版2003年6月　普及版2008年5月

構成および内容：直接形メタノール燃料電池／マイクロ燃料電池・マイクロ改質器／二次電池との比較／固体高分子電解質膜／電極材料／MEA（膜電極接合体）／平面積層方式／燃料の多様化（アルコール、アセタール系／ジメチルエーテル／水素化ホウ素燃料／アスコルビン酸／グルコース 他）／計測評価法（セルインピーダンス／パルス負荷 他）
執筆者：内田 勇／田中秀治／畑中達也 他10名

エレクトロニクス薄膜技術
監修／白木靖寛
ISBN978-4-88231-993-1　B847
A5判・253頁　本体3,600円＋税（〒380円）
初版2003年5月　普及版2008年5月

構成および内容：計算化学による結晶成長制御手法／常圧プラズマCVD技術／ラダー電極を用いたVHFプラズマ応用薄膜形成技術／触媒化学気相堆積法／コンビナトリアルテクノロジー／パルスパワー技術／半導体薄膜の作製（高誘電体ゲート絶縁膜 他）／ナノ構造磁性薄膜の作製とスピントロニクスへの応用（強磁性トンネル接合(MTJ) 他）他
執筆者：久保百司／高見誠一／宮本 明 他23名

高分子添加剤と環境対策
監修／大勝靖一
ISBN978-4-88231-975-7　B846
A5判・370頁　本体5,400円＋税（〒380円）
初版2003年5月　普及版2008年4月

構成および内容：総論（劣化の本質と防止／添加剤の相乗・拮抗作用 他）／機能維持剤（紫外線吸収剤／アミン系／イオウ系・リン系／金属捕捉剤 他）／機能付与剤（加工性／光化学性／電気性／表面性／バルク性 他）／添加剤の分析と環境対策（高温ガスクロによる分析／変色トラブルの解析例／内分泌かく乱化学物質／添加剤と法規制 他）
執筆者：飛田悦男／児島史利／石井玉樹 他30名

※書籍をご購入の際は、最寄りの書店にご注文いただくか、㈱シーエムシー出版のホームページ（http://www.cmcbooks.co.jp/）にてお申し込み下さい。

CMCテクニカルライブラリー のご案内

農薬開発の動向 -生物制御科学への展開-
監修／山本 出
ISBN978-4-88231-974-0   B845
A5判・337頁　本体5,200円＋税（〒380円）
初版2003年5月　普及版2008年4月

構成および内容：殺菌剤（細胞膜機能の阻害剤 他）／殺虫剤（ネオニコチノイド系剤 他）／殺ダニ剤（神経作用性 他）／除草剤・植物成長調節剤（カロチノイド生合成阻害剤 他）／製剤／生物農薬（ウイルス剤 他）／天然物／遺伝子組換え作物／昆虫ゲノム研究の害虫防除への展開／創薬研究へのコンピュータ利用／世界の農薬市場／米国の農薬規制
執筆者：三浦一郎／上原正浩／織田雅次 他17名

耐熱性高分子電子材料の展開
監修／柿本雅明／江坂 明
ISBN978-4-88231-973-3   B844
A5判・231頁　本体3,200円＋税（〒380円）
初版2003年5月　普及版2008年3月

構成および内容：【基礎】耐熱性高分子の分子設計／耐熱性高分子の物性／低誘電率材料の分子設計／光反応性耐熱性材料の分子設計【応用】耐熱注型材料／ポリイミドフィルム／アラミド繊維紙／アラミドフィルム／耐熱性粘着テープ／半導体封止用成形材料／その他注目材料（ベンゾシクロブテン樹脂／液晶ポリマー／BTレジン 他）
執筆者：今井淑夫／竹中 力／後藤幸平 他16名

二次電池材料の開発
監修／吉野 彰
ISBN978-4-88231-972-6   B843
A5判・266頁　本体3,800円＋税（〒380円）
初版2003年5月　普及版2008年3月

構成および内容：【総論】リチウム系二次電池の技術と材料・原理と基本材料構成【リチウム系二次電池材料】コバルト系・ニッケル系・マンガン系・有機系正極材料／炭素系・合金系・その他非炭素系負極材料／イオン電池用電解液／ポリマー・無機固体電解質 他【新しい蓄電素子とその材料編】プロトン・ラジカル電池 他【海外の状況】
執筆者：山崎信幸／荒井 創／櫻井庸司 他27名

水分解光触媒技術 -太陽光と水で水素を造る-
監修／荒川裕則
ISBN978-4-88231-963-4   B842
A5判・260頁　本体3,600円＋税（〒380円）
初版2003年4月　普及版2008年2月

構成および内容：酸化チタン電極による水の光分解の発見／紫外光応答性一段光触媒による水分解の達成（炭酸塩添加法／Ta系酸化物へのドーパント効果 他）／紫外光応答性二段光触媒による水分解／可視光応答性光触媒による水分解の達成（レドックス媒体／色素増感光触媒 他）／太陽電池材料を利用した水の光電気化学的分解／海外での取り組み
執筆者：藤嶋 昭／佐藤真理／山下弘巳 他20名

機能性色素の技術
監修／中澄博行
ISBN978-4-88231-962-7   B841
A5判・266頁　本体3,800円＋税（〒380円）
初版2003年3月　普及版2008年2月

構成および内容：【総論】計算化学による色素の分子設計 他【エレクトロニクス機能】新規フタロシアニン化合物 他【情報表示機能】有機EL材料 他【情報記録機能】インクジェットプリンタ用色素／フォトクロミズム 他【染色・捺染の最新技術】超臨界二酸化炭素流体を用いる合成繊維の染色 他【機能性フィルム】近赤外線吸収色素 他
執筆者：蛭田公広／谷口彬雄／雀部博之 他22名

電波吸収体の技術と応用 II
監修／橋本 修
ISBN978-4-88231-961-0   B840
A5判・387頁　本体5,400円＋税（〒380円）
初版2003年3月　普及版2008年1月

構成および内容：【材料・設計編】狭帯域・広帯域・ミリ波電波吸収体【測定法編】材料定数／電波吸収量【材料編】ITS（弾性エポキシ／ITS用吸音電波吸収体 他）／電子部品（ノイズ抑制・高周波シート 他）／ビル・建material・電波暗室（透明電波吸収体 他）【応用編】インテリジェントビル／携帯電話など小型デジタル機器／ETC【市場編】市場動向
執筆者：宗 哲／栗原 弘／戸高嘉彦 他32名

光材料・デバイスの技術開発
編集／八百隆文
ISBN978-4-88231-960-3   B839
A5判・240頁　本体3,400円＋税（〒380円）
初版2003年4月　普及版2008年1月

構成および内容：【ディスプレイ】プラズマディスプレイ 他【有機光・電子デバイス】有機EL素子／キャリア輸送材料 他【発光ダイオード（LED）】高効率発光メカニズム／白色LED 他【半導体レーザ】赤外半導体レーザ 他【新機能光デバイス】太陽光発電／光記録技術 他【環境調和型光・電子半導体】シリコン基板上の化合物半導体 他
執筆者：別井圭一／三上明義／金丸正剛 他10名

プロセスケミストリーの展開
監修／日本プロセス化学会
ISBN978-4-88231-945-0   B838
A5判・290頁　本体4,000円＋税（〒380円）
初版2003年1月　普及版2007年12月

構成および内容：【総論】有名反応のプロセス化学的評価 他【基礎的反応】触媒的不斉炭素-炭素結合形成反応／進化するBINAP化学 他【合成の自動化】ロボット合成／マイクロリアクター 他【工業的製造プロセス】7-ニトロインドール類の工業的製造法の開発／抗高血圧薬塩酸エホニジピン原薬の製造研究／ノスカール錠用固体分散体の工業化 他
執筆者：塩入孝之／富岡 清／左右田 茂 他28名

※ 書籍をご購入の際は、最寄りの書店にご注文いただくか、㈱シーエムシー出版のホームページ（http://www.cmcbooks.co.jp/）にてお申し込み下さい。

CMCテクニカルライブラリー のご案内

UV・EB硬化技術 IV
監修／市村國宏　編集／ラドテック研究会
ISBN978-4-88231-944-3　B837
A5判・320頁　本体4,400円+税（〒380円）
初版2002年12月　普及版2007年12月

構成および内容:【材料開発の動向】アクリル系モノマー・オリゴマー／光開始剤 他【硬化装置及び加工技術の動向】UV硬化装置の動向／レーザーと加工技術 他【応用技術の動向】缶コーティング／粘接着剤／印刷関連材料／フラットパネルディスプレイ／ホログラム／半導体用レジスト／光ディスク／光学材料／フィルムの表面加工 他
執筆者：川上直彦／岡崎栄一／岡 英隆 他32名

電気化学キャパシタの開発と応用 II
監修／西野 敦／直井勝彦
ISBN978-4-88231-943-6　B836
A5判・345頁　本体4,800円+税（〒380円）
初版2003年1月　普及版2007年11月

構成および内容:【技術編】世界の主なEDLCメーカー【構成材料編】活性炭／電解液／電気二重層キャパシタ（EDLC）用半製品，各種部材／装置・安全対策ハウジング，ガス透過弁【応用技術編】ハイパワーキャパシタの自動車への応用例／UPS 他【新技術動向編】ハイブリッドキャパシタ／無機有機ナノコンポジット／イオン性液体 他
執筆者：尾崎潤二／齋藤貴之／松井啓真 他40名

RFタグの開発技術
監修／寺浦信之
ISBN978-4-88231-942-9　B835
A5判・295頁　本体4,200円+税（〒380円）
初版2003年2月　普及版2007年11月

構成および内容:【社会的位置付け編】RFID活用の条件 他【技術的位置付け編】バーチャルリアリティーへの応用 他【標準化・法規制編】電波防護 他【チップ・実装・材料編】粘着タグ 他【読み取り書きこみ機編】携帯式リーダーと応用事例【社会システムへの適用編】電子機器管理 他【個別システムの構築編】コイル・オン・チップ RFID 他
執筆者：大見孝吉／椎野 潤／吉本隆一 他24名

燃料電池自動車の材料技術
監修／太田健一郎／佐藤 登
ISBN978-4-88231-940-5　B833
A5判・275頁　本体3,800円+税（〒380円）
初版2002年12月　普及版2007年10月

構成および内容:【環境エネルギー問題と燃料電池】自動車を取り巻く環境問題とエネルギー問題／燃料電池の電気化学 他【燃料電池自動車と水素自動車の開発】燃料電池自動車市場の将来展望 他【燃料電池と材料技術】固体高分子型燃料電池用改質触媒／直接メタノール形燃料電池 他【水素製造と貯蔵材料】水素製造技術／高圧ガス容器 他
執筆者：坂本良悟／野崎 健／柏木孝夫 他17名

透明導電膜 II
監修／澤田 豊
ISBN978-4-88231-939-9　B832
A5判・242頁　本体3,400円+税（〒380円）
初版2002年10月　普及版2007年10月

構成および内容:【材料編】透明導電膜の導電性と赤外遮蔽特性／コランダム型結晶構造ITOの合成と物性 他【製造・加工編】スパッタ法によるプラスチック基板への製膜／塗布光分解法による透明導電膜の作製 他【分析・評価編】FE-SEMによる透明導電膜の評価【応用編】有機EL用透明導電膜／色素増感太陽電池用透明導電膜 他
執筆者：水橋 衛／南 内嗣／太田裕道 他24名

接着剤と接着技術
監修／永田宏二
ISBN978-4-88231-938-2　B831
A5判・364頁　本体5,400円+税（〒380円）
初版2002年8月　普及版2007年10月

構成および内容:【接着剤の設計】ホットメルト／エポキシ／ゴム系接着剤 他【接着層の機能－硬化接着物を中心に－】力学的機能／熱的特性／生体適合性／複合機能 他【表面処理技術】光オゾン法／プラズマ処理／プライマー 他【塗布技術】スクリーン技術／ディスペンサー 他【評価技術】塗布性の評価／放散VOC／接着試験法
執筆者：駒峯郁夫／越智光一／山口幸一 他20名

再生医療工学の技術
監修／筏 義人
ISBN978-4-88231-937-5　B830
A5判・251頁　本体3,800円+税（〒380円）
初版2002年6月　普及版2007年9月

構成および内容:【再生医療工学序論】【再生用工学技術】再生用材料（有機系材料／無機系材料 他）／再生支援法（細胞分離法／免疫拒絶回避法 他）【再生組織】全身（血球／末梢神経）／頭・頸部（頭蓋骨／網膜 他）／胸・腹部（心臓弁／小腸 他）／四肢部（関節軟骨／半月板 他）【これからの再生用細胞】幹細胞／毛幹細胞（ES細胞 他）
執筆者：森田真一郎／伊藤敦夫／菊地正紀 他58名

難燃性高分子の高性能化
監修／西原 一
ISBN978-4-88231-936-8　B829
A5判・446頁　本体6,000円+税（〒380円）
初版2002年6月　普及版2007年9月

構成および内容:【総論編】難燃性高分子材料の特性向上の理論と実際／リサイクル性【規制・評価編】難燃規制・規格および難燃性評価方法／実用評価【高性能化事例編】各種難燃剤／各種難燃性高分子材料／成形加工技術による高性能化事例／各産業分野での高性能化事例（エラストマー／PBT）【安全性編】難燃剤の安全性と環境問題
執筆者：酒井賢郎／西澤 仁／山崎秀夫 他28名

※ 書籍をご購入の際は、最寄りの書店にご注文いただくか、㈱シーエムシー出版のホームページ（http://www.cmcbooks.co.jp/）にてお申し込み下さい。